확률과 통계

Statistics, Probability, Random Variables, and Random Processes

박 대 철 지음

이 책의 특징 _ 단순한 이론적인 전개나 모델링에 그치지 않고 간단한 컴퓨터 모의실험을 수치 처리 가능한 통계적 패캐지나 MATLAB 및 관련 toolbox 소프트웨어를 사용하여 예제와 연습문제를 수행할 수 있도록 구성하였으며, 매 장의 끝에 컴퓨터 활용 부분을 두어 실제적인 컴퓨터 활용 기법을 터득할 수 있도록 하였다. 공학도가 필요로 하는 주요 내용을 균형 있게 다루고 있으며 신호처리, 통신 이론, 컴퓨터 통신망, 디지털 전송 이론, 정보와 부호화 이론, 통신 시스템 등의 분야를 더 공부해야 할 학생들에게 공학인증의 MSC 과정으로서 좋은 교과 내용과 연습문제를 다루고 있다.

도서출판 GS인터비전

서 문

이 책을 사용하는 법

본서는 한 학기에 다룰 수 있는 분량보다 더 많은 내용을 포함하고 있다. 따라서 담당 강사들은 전자 · 정보통신 공학 실습에 있어서 전공에서 요구하는 요구사항에 부합되도록 선택을 해야 할 것이다.

데이터 정리를 위한 통계적 처리 기법들은 1장에서 간략히 소개되었으며, 확률론적 방법에서 전통적 교과 과정은 2, 3, 4, 5장과 6장과 7장 중의 한 부분을 다루는 것이다. 목차에 나타난 주제들을 잠깐 살펴보면 2, 3, 4장은 공리에서 다수의 랜덤 변수에 이르기까지 본질적 확률 개념과 법칙들을 다루었다. 어떤 경우이든 이 세 장은 전자 · 정보통신 공학도들에겐 어떤 확률론 방법의 교과 과정에서도 핵심적 요소가 되므로 강의 시 포함되어야 할 것이다. 5장은 광의의 정상 랜덤 프로세스에 대해 기술하고 있으며 바로 신호처리와 통신 이론을 뒷받침해 주고 있다. 그리고 시간이 허락된다면 7장에서 다루어야 할 주요 부분은 이항(binomial) 변수와 푸아송 이산 랜덤 변수를 소개하는 부분이라 말할 수 있다.

나머지 세 장인 6, 7, 8장은 독립적으로 구성되어 있으며, 임의의 순서로 선택되어 강의하는 것은 담당 강사의 몫이다.

연습문제

이 책 각 장의 끝에는 다양한 내용의 연습문제들이 있다. 많은 경우에 한 연습문제는 단지 문제 번호만 변형하여 반복되고 있다. 이는 "해답"을 되풀이하기 전에 학기별로 다르게 연습문제를 이용할 수 있으므로 강사들에게 도움이 될 것이다. 선택된 몇몇 연습문제의 해답은 부록에 주어졌다.

저자 서언

확률과 통계는 사물의 속과 겉과 같이 필요 불가결한 관련이 있으며 우리는 허다한 데이터와 확률적인 이론에 기초한 세상에 노출되어 살아가고 있다. 확률적 개념은 도처에 산재해 있으며, 공학적 측면에서의 확률론적인 방법의 연구는 제품 생산, 품질 개선, 랜덤 데이터 모델링, 네트워크 큐잉, 잡음의 해석, 부호화 이론, 통신 시스템 성능 분석 등 정보의 디지털화에 따라 매우 흥미로운 주제가 되고 있다.

국내의 전문 대학이나 대학에서 전자 · 정보통신 · 전산학을 전공하려는 학부생들에게 공학 확률 통계 교과목은 대부분 교양 필수과목으로 지정되어 있지만 2학년 수준에 걸 맞는 공학 확률 통계 교재를 찾기란 그리 쉽지 않다. 특히 공학인증에서 요구하는 수학적 지식을 충족하기 위해서는 시스템의 분석, 합성, 시험, 평가 등 요소 설계 시에 확률과 통계 기법뿐만 아니라 확률 변수, 랜덤 프로세스, 카운팅 프로세스, 통계적 추정과 시스템/부품의 신뢰도 문제 등 설계 시에 고려해야 할 많은 수학적 배경을 요구하고 있다.

지난 수 년 간에 걸쳐 이 과목을 가르쳐 오면서 이 분야의 과목이 대부분 통계학과 교수님들에 의해 쓰였기 때문에 공학도에겐 필요로 하지 않는 여러 통계적 기법을 다루는 데 지면을 할애한 경우가 많음을 보았다. 확률론적인 방법론에 기초한 통계학의 데이터 처리, 확률의 성질, 랜덤 변수의 이론과 모델링, 카운팅 프로세스, 통계적 추정과 신뢰 수준 결정, 신뢰도, 랜덤 신호 및 시스템 프로세스에 관한 공학적 접근 등이 주로 전자 · 정보통신 · 전산을 전공하려는 학생들에게 필요로 하는 주된 내용이 된다. 본서의 내용 안에는 위에서 언급한 공학도가 필요로 하는 주요 내용을 균형 있게 다루고 있으며 신호처리, 통신 이론, 컴퓨터 통신망, 디지털 전송 이론, 정보와 부호화 이론, 통신 시스템 등의 분야를 더 공부해야 할 학생들에게 공학인증의 MSC 과정으로서 좋은 교과 내용과 연습문제를 다루고 있다.

또한 이 책의 특징 중의 하나는 단순한 이론적인 전개나 모델링에 그치지 않고 간단한 컴퓨터 모의실험을 수치 처리 가능한 통계적 패캐지나 MATLAB 및 관련 toolbox 소프트웨어를 사용하여 예제와 연습문제를 수행할 수 있도록 구성하였으며, 매 장의 끝에 컴퓨터 활용 부분을 두어 실제적인 컴퓨터 활용 기법을 터득할 수 있도록 하였다. 확률통계 용어의 선택에 있어 가능한 일반적으로 통용되는 용어를 정확히 전달하고자 하였지만 확률과 통계학에서 사용되어온 용어를 사용한 경우도 많았고, 이 점에 있어 충분히 산업공학 용어나 한국통계학 통계 용어를 충분히 활용하지 못한 점에 대한 양해를 바란다. 보다 충실한 용어 사용과 용어상의 미비한 점은 차후에 좀더 보강하고자 하며 미디어 통신 연구실의 사이트인 http://picaso.hnu.kr를 통해 강의 보조 자료 등을 제공하고자 한다.

감사의 말

어렵게 느껴졌던 확률과 랜덤 과정을 쉽게 풀어 설명한 UNM의 Richard H. Williams 교수에게 감사드리고, 이 책을 통하여 지난 수 년 간에 걸쳐 함께 배워나가며 질문을 해 주었던 수많은 학생들, 넥스트 사업의 지원으로 도움을 준 학과 교수님들과 더불어 언제나 칭찬과 격려를 아끼지 않는 나의 아내에게도 감사의 마음을 표현하고 싶다.

끝으로 이 책을 만드는 데 수고한 미디어 통신 연구실의 연구조교들과 출판을 맡아주신 GS인터비젼 출판사의 관계자 여러분에게 진심으로 감사를 드린다.

차 례

제1장 자료 정리와 통계적 기법들

1.1 서 론 ········ 11
1.2 확률과 통계 개관 ········ 12
1.3 자료의 정리와 표현 ········ 14
1.4 표본 공분산과 상관계수 ········ 17
1.5 균일한 분포를 갖는 난수 발생기의 모의실험 ········ 22
1.6 빈도수와 누적 빈도수 ········ 24
1.7 몬테 칼로(Monte Carlo) 모의실험 방법 ········ 31
1.8 통계적 공정 제어 ········ 34
▸ 연습문제 ········ 37
▸ 컴퓨터 활용 ········ 39

제2장 확률론

2.1 확률 개념 ········ 43
2.2 본장의 개요 ········ 44
2.3 균일하게 발생하는 확률 ········ 44
2.4 확률 계산 ········ 49
2.5 랜덤 실험의 반복 시행 ········ 67
▸ 복 습 ········ 73
▸ 연습문제 ········ 75
▸ 컴퓨터 활용 ········ 79
▸ 실습 과제 ········ 81

제3장 단일 랜덤 변수론

3.1 서론 ········ 85
3.2 확률 모델들: 확률밀도함수 ········ 90
3.3 기댓값 ········ 101
3.4 특성 함수(characteristic function) ········ 110
3.5 단일 랜덤 변수의 함수 변환 ········ 113
3.6 조건 랜덤 변수 ········ 122
3.7 부등식 ········ 126
▸ 복 습 ········ 128
▸ 연습문제 ········ 130
▸ 컴퓨터 활용 ········ 135
▸ 실습 과제 ········ 139

제4장 다변량 랜덤 변수론

4.1 서론 143
4.2 이변량 누적 확률 분포 및 확률 밀도 함수 144
4.3 이변량 랜덤 변수의 기댓값 155
4.4 이변량 랜덤 변수의 함수 변환 159
4.5 가우시언 이변량 랜덤 변수 164
4.6 독립적인 랜덤 변수의 합 167
4.7 독립적인 동등한 분포를 갖는 랜덤 변수의 합 173
4.8 조건부 결합 확률 분포 182
▸ 복 습 190
▸ 연습문제 193
▸ 컴퓨터 활용 196
▸ 실습 과제 200

제5장 랜덤 프로세스

5.1 서론 203
5.2 앙상블 204
5.3 확률 밀도 함수 205
5.4 정상성(Stationarity) 209
5.5 상관 함수 210
5.6 에르고딕 랜덤 프로세스 222
5.7 전력 스펙트럼 밀도 226
5.8 선형 시스템 239
5.9 잡음 246
5.10 정합 필터 프로세스 249
▸ 복 습 254
▸ 연습문제 257
▸ 컴퓨터 활용 261
▸ 실습 과제 262

제6장 통계적 추정과 신뢰성

6.1 추정량의 바람직한 특성들 265
6.2 Maximum Likelihood(ML) 기법 268
6.3 평균과 분산의 추정 269
▸ 복 습 282
▸ 연습문제 283
▸ 컴퓨터 활용 285
▸ 실습 과제 287

제7장 랜덤 카운팅 프로세스

7.1 서론 291
7.2 카운팅 프로세스 개념 292
7.3 푸아송 카운팅 프로세스 297
7.4 Erlang 랜덤 변수 305

7.5 큐잉 ······ 308
▸ 복 습 ······ 318
▸ 연습문제 ······ 319
▸ 컴퓨터 활용 ······ 322
▸ 실습 과제 ······ 325

제8장 신뢰도

8.1 서론 ······ 329
8.2 신뢰도 ······ 330
8.3 고장률 ······ 333
8.4 시스템의 신뢰도 ······ 336
8.5 와이블(Weibull) 모델 ······ 346
8.6 로그노말 모델 ······ 351
8.7 가속 수명 시험 ······ 354
▸ 복 습 ······ 358
▸ 연습문제 ······ 362
▸ 컴퓨터 활용 ······ 365
▸ 실습 과제 ······ 366

부 록

A. 난수 발생기에 대한 알고리듬 ······ 369
B. 몇 가지 카운팅 기법의 간단한 복습 ······ 375
C. 정규 가우시언 누적 분포 함수 ······ 377
D. 가우시언과 레이라이 확률 모델의 유도 ······ 378
E. 누적확률분포 표: χ^2와 t-분포 ······ 382
F. Wiener-Khinchin 관계식 ······ 385
G. 일부 확률 모델 함수들 ······ 388
H. 일부 연습문제 해답 ······ 394

■ 참고문헌 _ 401
■ 찾아보기 _ 403

자료 정리와 통계적 기법들

기술 통계학

확률 교과과정에 들어오는 학생들은 적당한 양의 데이터를 조작하는 기술적인(descriptive) 측면에 있어서도 커다란 차이를 보인다. 이같은 차이가 감소될 수 있다면 본 교과과정의 질적인 면은 증가될 것이다. 이를 위해 표본 평균, 표본 분산, 표본 상관, 도수 분포도, 누적 도수 분포도 등의 원리를 포함하여 1장을 대략 한 주의 강의로 학기를 시작할 것을 제안한다. 학생들은 이러한 기술적 통계학에 대해 스스로 컴퓨터 코드를 작성할 수 있도록 도움을 주어야 한다. 여기서 투자된 시간은 후에 컴퓨터에 기반한 연습문제들이 랜덤 작용의 특수한 모델을 설명하는 데에 사용되어질 때 학생들에게 더 풍부한 이해력으로 보상받게 될 것이다.

학습목표

1. 관측된 자료에 대한 기술(descriptive) 통계기법을 사용하여 그 자료의 분포와 특성을 파악할 수 있다.
2. 관측된 자료를 도수 분포와 히스토그램으로 나타내고, 그 자료의 분포와 특성을 분석하여 표현할 수 있다.
3. 대표값으로서 평균, 중앙값, 최빈값을 구할 수 있다.
4. 자료의 분포의 퍼짐 정도를 나타내는 산포도로서 범위, 분산(혹은 표준편차), 최대/최소값을 구할 수 있다.
5. 통계적 데이터 분석을 위한 컴퓨터 모의실험인 몬테-칼로 분석기법을 사용할 수 있다.

1.1 서론

실제로 기술자들은 종종 확률적으로 변하는 데이터를 분석하고 해석하기 쉬운 형태로 정리 · 정돈해야 한다. **기술**(記述: descriptive) 통계학에서 다루게 되는 여러 주제들은 이같은 "데이터 축소" 임무를 수행함으로써 기술자들을 도와 줄 것이다. 記述 통계학은 또한 확률이론의 존재에 대한 훌륭한 안목을 제공해준다. 확률 이론의 연구에 대한 기초로써 記述 통계학에서 선택된 주제들은 다음과 같은 것을 포함한다: 평균(표본 평균), 분산(표본 분산), 표본 데이터 간의 상관관계 등 데이터의 변화성을 나타내주는 도표적인 기법들(예를 들면 빈도수, 누적도수 도표)도 또한 제시된다. 확률통계 처리의 한 응용 예로서 간단한 통계적 공정 제어를 소개하였다.

본장의 요지를 이해하기 위해 컴퓨터와 프로그래밍 언어(예를 들면, MATLAB)를 사용한 실습이 반드시 필요한 것은 아니지만 컴퓨터 사용방법과 도구들을 익히는 것은 공학적 해결을 위한 분석, 합성 및 설계 능력을 길러준다. 본 장은 이같은 관점을 고려하여 필요한 부분을 컴퓨터로 실습할 수 있도록 마지막 부분에 별도로 설명되었다. 독자는 0과 1사이 균일하게 분포된 랜덤 수 발생기에 대한 컴퓨터 알고리듬을 직접 작성할 수 있거나 아니면 통계처리 S/W에 나오는 난수 발생기 사용법을 충분히 익힐 것을 권장한다(본서 부록 A의 알고리듬 참고하기 바람). 많은 공학문제의 모델링에 있어 측정 데이터의 확률적 변화성을 모의 실험하기 위해 이같은 알고리듬이 자주 사용된다. 특히 마지막 절에서는 Monte-Carlo라고 하는 비교적 복잡한 시스템에서 통계적 변화성을 시험하고자 할 때 사용되는 통계적 시뮬레이션 기법을 살펴보고자 한다.

1.2 확률과 통계 개관

記述 통계학은 자료의 구성, 요약, 표현 등과 연관된 통계학의 한 분야이며 반면에 추론(Inferential) 통계학은 모집단(population)에 대한 결론을 도출하기 위해 표본의 사용과 연관된 통계학의 한 분야이다. 통계학에서 사용되는 변수(parameter)란 모집단 특성에 대한 수치적 기술이며, 통계(statistics)란 표본집단(sample) 특성에 대한 수치적 기술이다.

또한 통계적 자료에는 정성적 자료와 정량적 자료가 있다. 정성적 자료란 속성, 라벨 혹은 비수치적 항목으로 구성되며, 정량적 자료란 수치적 측정이나 수로 구성된다.

통계적 연구 설계 방법 tip

통계적 연구 설계 방법에 대한 가이드라인은 다음의 과정을 거친다.

(1) 연구 대상에 대한 중심 변수와 모집단을 파악한다.
(2) 자료를 수집하기 위한 상세 계획을 세운다. 예를 들어 표본의 선택에 대한 타당성과 대표성 여부를 결정한다.
(3) 자료를 수집한다.
(4) 記述 통계학 기법을 사용하여 자료를 기술한다.
(5) 추론 통계학 기법을 사용하여 자료를 해석하고 모집단에 대한 결론을 도출한다.
(6) 모든 가능한 오류를 확인한다.

오늘날의 공학은 비확정적인(non-deterministic) 즉 확률적인 광범위한 응용을 포함하고 있다. 우리의 일상생활에서도 그 결과가 우연적이라고 생각되는 사건을 경험하게 된다. 이러한 우연한 사건들은 그 발생 가능성을 확률적으로 표현하여 수학적 모델링에 의해 분석할 수 있다. 특히 기술자에게 있어 확률은 확률적인 시스템의 응용 효과를 이해하고 기술하기 위해서 사용되어지는 수학적 도구라고 볼 수 있다.

확률에는 3가지 유형의 확률, 즉 **고전적(혹은 이론적) 확률**, **경험적(혹은 통계적) 확률** 그리고 **주관적 확률**이 있다. 이론적 확률이란 표본 공간의 결과의 경우의 수가 알려져 있고, 각 결과는 똑같이 발생한다고 가정하여 구해진다. 수식적 표현은

$$P(E) = \frac{\text{사건 } E\text{의 발생 경우의 수}}{\text{표본공간의 발생 경우의 총수}}$$

통계적 확률이란 표본 공간의 결과의 빈도수를 실험을 통하여 추정한 후 해당 사건의 빈도수와의 비를 구하여 얻어진다. 이를 수식으로 표현하면

$$P(E) = \frac{\text{사건 } E\text{의 발생 빈도수}}{\text{총빈도수}}$$

반면 주관적 확률이란 추상적이며 직관, 교육적 추측, 추정 등으로부터 확률값을 얻는다.

실생활 통계분석 데이터 이해하기

2004년도 학생 1인당 월평균 교육비 지출액에 대한 통계 자료이다.

[표 1.1]로부터 월 평균 교육비 지출 내역을 보면 남자의 경우 30.8만원, 여자의 경우 25.6만원임을 알 수 있다. 또한 나이별로도 50~59세 연령 분포의 가정이 월 평균 교육비가 제일 높음을 알 수 있다.

표 1.1 월 교육비 지출내역

교육정도 연 령 직 업 별	2004					
	가구당 평균학생수(명)	지출총액(만원)	지출총액평균(만원)			
			초등학교	중학교	고등학교	대학 이상
계	1.5	30.1	19.2	26.8	36.7	49.8
남 자	1.4	30.8	19.9	27.4	37.5	51.3
여 자	1.5	25.6	14.7	23.3	29.8	42.5
30-39세	1.1	18.5	17.8	21.9	31.5	22.5
40-49세	1.7	31.9	21.3	27.4	38.7	51
50-59세	1.3	42.6	14.1	28.6	29.4	49
60세 이상	1.3	30.6	10.2	28.2	14	47.5
65세 이상	1.3	25.3	8.2	28.2	14	51.7
초졸 이하	1.3	26.8	10.2	13.1	23.8	42.5
중 졸	1.3	26	10.6	20	14.5	43.8
고 졸	1.5	24.7	15	21.6	27.8	43.3
대졸 이상	1.5	36.1	24.1	33.2	49.7	63.3

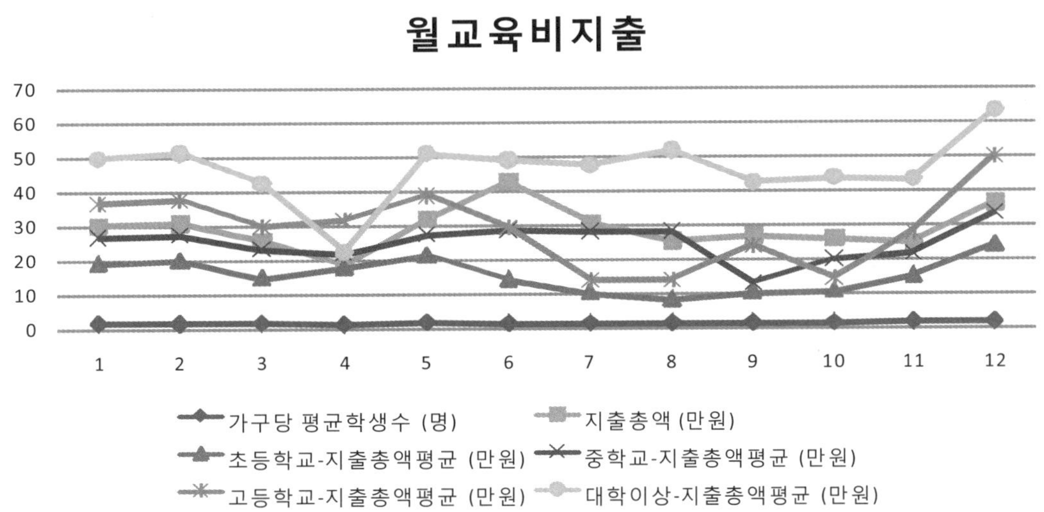

출처: http://www.kosis.kr/planstic/stat_theme/use_index.jsp

1.3 자료의 정리와 표현

일반적으로 측정된 데이터는 모든 가능한 데이터의 더 큰 집합(모집단)으로부터 얻어진 것이다. 만일 같은 모집단으로부터 독립적인 또 하나의 측정이 이루어진다면 또 다른 표본 데이터가 얻어질 것이다. 다른 표본 데이터에 기초한 계산은 다른 결과를 발생시킨다. 데이터를 수집할 때 표본화 과정은 매우 중요한 결과를 초래할 수 있다. 우리가 **표본 계산**이라고 말할 때 이같은 사실을 인식하고 있는 것이다.

일반적으로 n개의 표본 자료 $x_i, i=1, 2, 3, \cdots, n$ (보통 데이터는 이런 식으로 정렬됨)의 총합을 표본크기 N으로 나눈 것을 자료 x_i의 **표본 평균** $\bar{x}$이라고 하며 다음 식을 사용하여 계산된다.

$$\bar{x} = \frac{1}{n}\sum_{i=1}^{n} x_i \tag{1.1}$$

예제 1.1 **표본 평균값 계산**

5개의 디지털 소형카메라의 가격을 3개월간에 걸쳐 온라인상에서 조사한 가격표를 [표 1.2]에 주어졌다. 디지털 카메라의 가격의 합은 $\sum x_i$=4315000이고 따라서 표본 평균은 $\bar{x} \approx$ 287666.7이다.

표 1.2 3개월간 조사한 소형 디지털 카메라의 가격 변동

달	가격(단위:원)				
첫째달	210000	340000	265000	310000	375000
둘째달	210000	320000	240000	300000	330000
셋째달	200000	325000	245000	300000	345000

특수한 표본으로부터 구해진 산술적 평균인 표본 평균은 표본 데이터가 한 대표점에 대해 변화하게 될 것이다. 표본 데이터와 표본 평균사이의 차 d_i를 **나머지**(residual)라고 한다:

$$d_i = x_i - \bar{x} \tag{1.2}$$

만일 나머지를 모두 더하면 결과는 0이 된다. 이것은 식(1.2)를 다음과 같이 수정함으로써 알 수 있다:

$$\sum x_i - n\bar{x} = \sum(x_i - \bar{x}) = \sum d_i = 0 \tag{1.3}$$

식(1.3)에서 두 번째 항은 상수 $\bar{x}$가 n번 더해지면 결과는 $n\bar{x}$가 된다는 사실을 사용하고 있다. 식(1.3)으로부터 알 수 있듯이 나머지의 평균은 0이 되기 때문에 나머지로부터는 데이터가 얼마나 많이 변동하는지에 대한 척도로 사용될 수 없다. 또한 식(1.3)은 오직 (n-1)항만이 독립적이며 마지막 값은 식(1.3)

으로부터 계산이 가능함을 알 수 있다.

나머지(d_i)의 제곱 합이 모두 0이 아니면 합의 결과는 0이 되지 않는다. 이 계산은 매우 유용하며 **표본 분산**(sample variance)으로 정의된다:

$$s_X^2 = \frac{1}{n-1}\sum_{i=1}^{n}(x_i - \overline{x})^2 \tag{1.4}$$

식(1.4)의 분모 항으로 (n-1)개만을 사용하였는데 이는 나머지 중 (n-1)개만이 독립적이기 때문이다. 식(1.4)를 전개하면:

$$\begin{aligned}\sum(x_i - \overline{x})^2 &= \sum(x_i^2 - 2\overline{x}x_i + \overline{x^2}) \\ &= \sum x_i^2 - 2\overline{x}\sum x_i + n\overline{x^2}\end{aligned}$$

평균식(1.1)을 사용하면 윗식은

$$\begin{aligned}\sum(x_i - \overline{x})^2 &= \sum x_i^2 - \frac{2}{n}\left(\sum x_i\right)^2 + \frac{1}{n}\left(\sum x_i\right)^2 \\ &= \sum x_i^2 - \frac{1}{n}\left(\sum x_i\right)^2\end{aligned}$$

이 된다. 그러므로 표본 분산에 대한 다른 표현은

$$s_x^2 = \frac{n\sum x_i^2 - (\sum x_i)^2}{n(n-1)} \tag{1.5}$$

표본 평균은 데이터가 표본 평균으로부터 얼마 정도 변동하는가에 대한 척도가 된다. 또 다른 척도로는 **표본 표준 편차**(standard deviation)가 사용되며 이는 표본분산의 양수 제곱근이다.

$$s_x = \sqrt{\frac{n\sum x_i^2 - (\sum x_i)^2}{n(n-1)}} \tag{1.6}$$

표본 표준 편차는 데이터와 같은 단위를 갖는다.

예제 1.2 표본 표준편차

[표 1.2]에 주어진 n=15 카메라의 가격 데이터를 조사해보면 $\sum x_i$=4315000, $\sum x_i^2 \approx 1.2843\times 10^{12}$이다. 식(1.5)와 식(1.6)를 사용하여 표본 분산을 구하면 $s_x^2 \approx 3.0745\times 10^9$이고 표준편차는 $s_x \approx 5.5448\times 10^4$이다.

수치해석적 고찰

식(1.4)와 식(1.5)에서 표본 분산을 계산하는 표현은 수학적으로 동등하다. 수식적으로는 각각 장단점을 갖고 있다. 식(1.4)에서 표본 분산은 데이터를 두 번 조작하는 것이 요구된다. 즉 한 번은 표본 평균이고 두 번째는 표본 분산 계산을 위해서 필요하다. 반면 식(1.5)는 식(1.5)에서 두 개의 합이 계산된다면 오직 한 번만 계산을 요한다. 이는 식(1.5)가 컴퓨터 알고리듬 사용에 더 효율적임을 알 수 있다. 그러나 식(1.5)는 수치적 계산으로 보면 불안전하다. 분자는 두 개의 큰 수의 차가되며 중요한 계산오차를 발생시킬 수 있다. 식(1.4)의 표본 분산은 이같은 계산적인 불안전성을 갖고 있지 않다.

측정에 있어 표본 평균과 표준 편차는 다음과 같이 **정확도**(accuracy)와 **정밀도**(precision)와 관련이 있다. 먼저 측정이란 관심의 대상이 되는 어떤 특성을 갖는 참값을 찾으려는 시도라고 가정한다. 다음에 우리가 찾으려는 참값 τ는 미지(unknown)이며 실제적으로 미지수임을 인정해야 한다. 아무튼 측정 과정에 있어 오차를 다음과 같이 개념화할 수 있다:

$$\text{오차} = x_i - \tau \tag{1.7}$$

여기서 x_i의 값들은 n개의 측정에 해당한다. 오차는 식(1.2)의 나머지와는 다르다는 것을 주목하라. τ는 미지이지만 $\bar{x}$는 데이터로부터 계산된다. 만일 오차 식(1.7)에서 순간 측정값 대신 평균값을 사용하면 **체계적인 오차**(systematic error)를 얻는다 :

$$\text{체계적인오차} = \bar{x} - \tau \tag{1.8}$$

체계적인 오차에 의한 네 가지 경우를 그림 1.1에 도시하였다. (a)에서의 측정은 (c)에서의 오차보다 더 적은 체계적인 오차를 갖는다. 이와 같이 (b)에서의 측정은 (d)에서보다 더 작은 체계적인 오차를 갖는다.

측정의 정밀도란 측정한 표본 데이터 간에 얼마나 잘 일치하는가를 설명해준다. 반면 부정밀도란 데이터의 변화가 편재되어 있음을 나타내준다. 따라서 표본 표준 편차(혹은 표본 분산)는 측정과정의 부정밀도를 설명해준다. 작은 표본 표준 편차는 좋은 정밀도를 특징지어준다. 이것 또한 그림 1.1에 예시되었다. (a)에서의 측정은 (b)에서의 측정보다 더 정밀하다. 이와 같이 (c)에서의 측정은 (d)에서의 측정보다 더 정밀하다고 말할 수 있다.

측정과정의 정확도란 측정이 참값 τ에 얼마나 근접한가를 설명해준다. 그러므로 정확도는 체계적인 오차와 정밀도의 개념 모두를 포함한다. 그림 1.1에서 (a)에서의 측정은 (c)에서의 측정보다 더 정확하다.

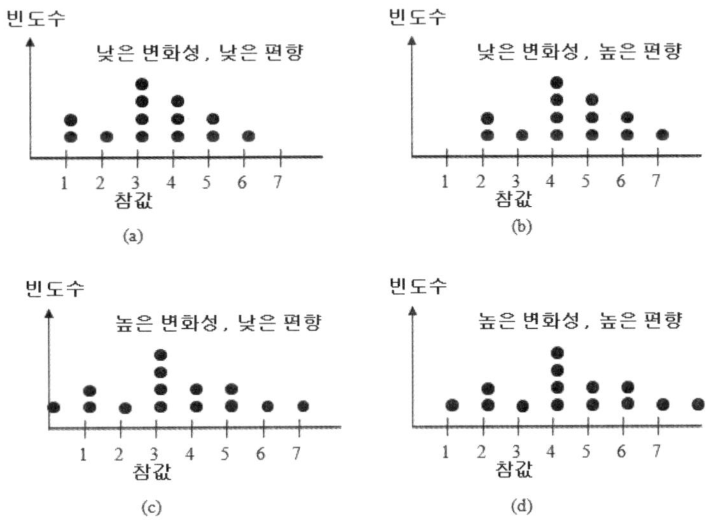

그림 1.1 일련의 측정데이터에서 체계적인 오차, 정밀도, 정확도의 예시

1.4 표본 공분산과 상관계수

랜덤 데이터가 쌍(x, y)으로 발생할 때 **이변량 변수**(bivariate) 데이터라고 한다. 이같은 데이터가 발생할 때 (직관적으로 보이지 않을지 모르지만) 데이터 값의 변동 때문에 관측된 두 데이터 값 x와 y값 간의 어떤 관계성을 찾고 싶어 한다. 예를 들면 그림 1.2에 [표 1.3]에 주어진 데이터를 (x_i, y_i) 데이터값으로 그려 보았다. 그림으로부터 직관적으로는 x와 y 사이의 어떤 간단한 관계를 찾기가 쉽지 않다. 사실상 이같은 데이터에 대해서는 아마도 관련성을 찾아내는 가장 좋은 방법은 양의 기울기를 갖는 직선의 근사식과 데이터 간에 관계식을 주목할 필요가 있다.

표 1.3 n=20 측정데이터 값

i	x_i	y_i	i	x_i	y_i
1	-19.8	-18.9	11	-12.3	-7.9
2	15.6	-0.9	12	-12.8	13.5
3	44.8	44.5	13	40.7	17.2
4	-20.6	1.7	14	-9.2	-30.1
5	5.6	1.7	15	36.5	57.7
6	-12.3	-22.0	16	-23.4	-43.1
7	48.2	51.8	17	-9.0	-34.3
8	-11.7	-26.7	18	41.1	65.8
9	50.0	41.4	19	-8.5	-51.9
10	37.4	15.5	20	11.2	41.4

그림 1.2 [표 1.3]에 기록된 20개의 데이터 (x_n, y_n)에 대한 분포도. x축 데이터는 시간 t_i에서의 통신시스템에 대한 입력이고, y_i축 데이터는 입력 x_i에 대한 시스템의 반응이라고 가정한다. 아무튼 x_i와 y_i 사이의 관계는 어떤 원하지 않는 랜덤한 잡음 때문에 직선적이 아니다.

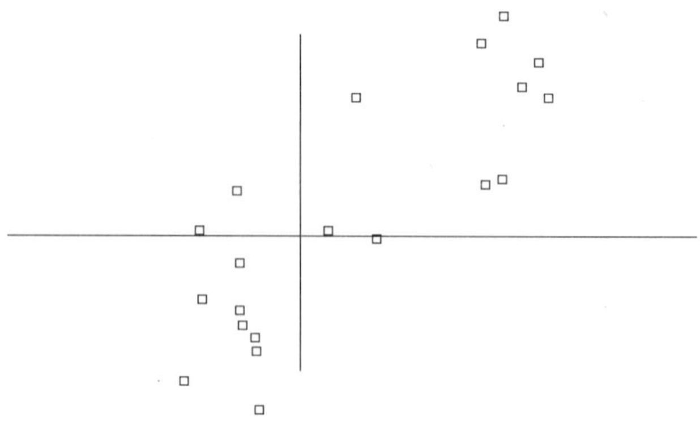

데이터 fitting을 위한 직선의 근사식은 다음과 같다고 하자.

$$y = \alpha x + \beta \tag{1.9}$$

주어진 이변량 데이터 set을 사용하여 가장 잘 맞는 직선의 상수 α와 β값을 결정하고자 한다. 여기서 *가장 잘 맞는다*는 말에 대한 기준을 설정할 필요가 있다. 한 기준으로 사용하는 것이 식(1.4)의 표본 분산식으로 주어지는 **최소 자승법**(least square method)을 사용한다.

최소 자승법에 의한 근사화

실제 측정 데이터 (x_i, y_i)와 이 데이터를 사용한 선형 근사식(1.9) 사이의 제곱차의 평균을 ϵ이라고 정의하자:

$$\epsilon = \frac{1}{n-1}\sum(y_i - \alpha x_i - \beta)^2$$

다음에 ϵ를 최소가 되게 하는 α와 β 값을 찾기 위해 편미분을 수행한다. 오차를 최소화하기 위해 α에 대해 ϵ를 편미분하여 결과를 0으로 두면 최소값이 얻어진다:

$$\frac{\partial\epsilon}{\partial\alpha} = \frac{-2}{n-1}\sum(y_i - \alpha x_i - \beta)x_i = 0$$

이것을 간단히 하면

$$\sum x_i^2\alpha + \sum x_i\beta = \sum x_i y_j \tag{1.10}$$

같은 방법으로 최소값을 찾기 위해 β에 대해 ϵ를 편미분하여 0으로 두면

$$\frac{\partial\epsilon}{\partial\beta} = -\frac{2}{n-1}\sum(y_i - \alpha x_i - \beta) = 0$$

간단히 하면

$$\sum x_i\alpha + n\beta = \sum y_i \tag{1.11}$$

식(1.10)과 식(1.11)의 두 연립 방정식을 세우면

$$\begin{bmatrix}\sum x_i^2 & \sum x_i\\ \sum x_i & n\end{bmatrix}\begin{bmatrix}\alpha\\ \beta\end{bmatrix} = \begin{bmatrix}\sum x_i y_i\\ \sum y_i\end{bmatrix} \tag{1.12}$$

연립 방정식의 determinant(Δ)를 구하면:

$$\Delta = n\sum x_i^2 - \left(\sum x_i\right)^2$$

표본 분산식(1.5)를 사용하면 윗 식은 다음과 같이 표현된다:

$$\Delta = n(n-1)s_X^2$$

만일 x에 대한 표본 분산이 0이 아니라면 determinant는 0이 아니고 α와 β에 대한 해를 찾을 수 있다. 식(1.12)를 풀면

$$\alpha = \frac{n\sum x_i y_i - \sum x_i \sum y_i}{n(n-1)s_x^2}$$

$$\beta = \bar{y} - \alpha\bar{x}$$

여기서 표본 평균은 식(1.1)에 의해 정의되었다.

표본 공분산(covariance) c_{xy}를 정의하자:

$$c_{xy} = \frac{1}{n-1}\sum(x_i - \overline{x})(y_i - \overline{y}) \tag{1.13}$$

곱을 전개하면 표본 공분산에 대한 동등한 또 다른 표현이 얻어진다:

$$c_{xy} = \frac{n\sum x_i y_i - \sum x_i \sum y_i}{n(n-1)} \tag{1.14}$$

그러므로 표본 공분산을 사용하면 상수 α는

$\alpha = \dfrac{c_{xy}}{s_x^2}$로 표현될 수 있다. 찾은 α와 β를 직선의 근사식에 대입하면 다음식을 얻는다.

$$y = \frac{c_{xy}}{s_x^2}x + (\overline{y} - \frac{c_{xy}}{s_x^2}\overline{x}) \tag{1.15}$$

식(1.15)를 얻기 위해 사용했던 통계적인 기법을 **회귀 분석**(regression analysis) 기법이라고 하며 식(1.15)의 직선식을 **회귀선**이라 한다.

두 변수 사이의 상관의 척도로 사용되는 상관계수는 변수 x_i와 y_i가 함수관계가 아닌 상관관계에 있을 때(예컨대 두 변수가 서로 직접 의존하지 않는 경우) 어느 x_i값에 대응되는 y_i값의 최적 값을 구할 수는 없고 가장 가능성이 높은 y_i값밖에 얻을 수 없다. 측정값이 가장 가능성이 높은 값에 가까울수록 x_i와 y_i는 상관관계가 보다 명확하게 된다. 이와 같은 사고방식은 상관의 정도를 알기 위한 여러 가지 수식적인 척도의 기초가 된다.

Pearson의 **표본 상관계수**(sample correlation coefficient)는 계산에 가장 편리한 것 중의 하나로, 두 변수 x_i, y_i가 선형 관계라면 다음과 같이 계산된다.

표본 상관계수 r_{xy}를 정의하면

$$r_{xy} = \frac{c_{xy}}{s_x s_y} \tag{1.16}$$

회귀선식(1.5)를 정규화된 형태로 표현하면

$$\frac{y - \overline{y}}{s_y} = r_{xy}\frac{x - \overline{x}}{s_x} \tag{1.17}$$

만일 $r_{xy} = 0$이면 회귀선은 없어지며 이때 표본 이변량 데이터는 상호 **무관**(uncorrelated)하다고 한다.

다른 또 하나의 극단적인 경우로서 데이터 x_i와 y_i가 선형적인 관계가 있다고 가정하자:

$$y_i = mx_i + b$$

이때 다음을 보일 수 있다.

$$\bar{y} = m\bar{x} + b \tag{1.18}$$

$$s_y^2 = \frac{1}{n-1}\sum(y_i - \bar{y})^2 = m^2 s_x^2 \tag{1.19}$$

$$c_{xy} = \frac{1}{n-1}\sum(x_i - \bar{x})(y_i - \bar{y}) = m s_x^2 \tag{1.20}$$

식(1.16)에 식(1.19)과 식(1.20)을 사용하면 이 경우 표본 상관계수는

$$r_{xy} = \frac{m}{\sqrt{m^2}} = \pm 1$$

이 된다.

크기는 1이고 부호는 m의 부호와 같다.

표본 상관 계수는 표본 이변량 데이터를 분석하는데 유용하다. r_{xy}의 크기는 0과 1 사이로 제한되어 있다. 이것을 증명하기 위하여 다음 부등식으로부터 시작해보자.

$$\frac{1}{n-1}\sum\left\{\frac{x_i - \bar{x}}{s_x} \pm \frac{y_i - \bar{y}}{s_y}\right\}^2 \geq 0$$

이 부등식은 복잡해 보이지만 이것으로부터 유용한 결과를 유도해낼 수 있다. 좌변 부등식은 결코 음수가 될 수 없으며 좌변의 제곱을 전개하면:

$$\frac{1}{n-1}\sum\left\{\frac{(x_i - \bar{x})^2}{s_x^2} \pm 2\frac{(x_i - \bar{x})(y_i - \bar{y})}{s_x s_y} + \frac{(y_i - \bar{y})^2}{s_y^2}\right\} \geq 0$$

식(1.4)와 식(1.13)을 사용하면,

$$1 \pm 2\frac{c_{xy}}{s_x s_y} + 1 \geq 0 \Leftrightarrow \pm\frac{c_{xy}}{s_x s_y} \geq -1 \Rightarrow 0 \leq |r_{xy}| \leq 1 \tag{1.21}$$

여기서 상관계수의 값 0(zero)은 데이터가 무관함을 나타내며 1(one)은 데이터 x_i와 y_i 사이에 정확히 선형적인 관계가 존재함을 의미한다. 0과 1 사이에 놓이는 샘플 상관계수의 크기는 x_i와 y_i 사이에 통계적 상관을 설명해준다. 통계적 상관이란 직선 식(1.15)나 식(1.17)이 평균적으로 의미를 갖는다는 것을

뜻한다. $|r_{xy}|$가 더 클 때 (1에 가까울수록) 데이터 x_i와 y_i는 더 상관성이 있다고 하며 작을수록 (0에 가까울수록) 더 상관성이 적다고 한다. 양의 상관관계는 종속변수가 독립변수와 양의 기울기를 갖으며, 음의 상관관계는 평균 상관의 기울기가 음수일 때 발생한다.

예제 1.3 회귀분석

다시 한 번 [표 1.3]의 표본화한 통신 데이터를 참조하여 다음을 계산한다:

$$\sum x_i = 191.50 \qquad \sum x_i^2 = 15,512.31$$

$$\sum y_i = 116.40 \qquad \sum y_i^2 = 24,725.50$$

$$\sum x_i y_i = 15,991.56 \quad n = 20$$

그러므로 본 예제에 대해,

$$\bar{x} = 9.58 \qquad \bar{y} = 5.82$$

$$s_x^2 = 719.93 \quad s_y^2 = 1265.69$$

$$c_{xy} = 783.00 \quad r_{xy} = 0.82$$

그림 1.3은 그림 1.2에 나와 있는 데이터와 같은 이변량 데이터를 보여주지만 이 예제에서 데이터에 의해 결정된 회귀선 식(1.15)를 더 그려 넣었다. 표본 이변량 데이터는 양의 상관계수 r_{xy} =0.82>0를 갖는다. 제시한 통계적 기법은 정량적인 해석을 허용해주며 주어진 통신 데이터에 대하여 두 표본간의 상관계수는 +0.82라고 말할 수 있다.

그림 1.3 데이터의 회귀선의 그래프를 포함한 [표 1.3]에 기록된 20개 데이터의 그래프

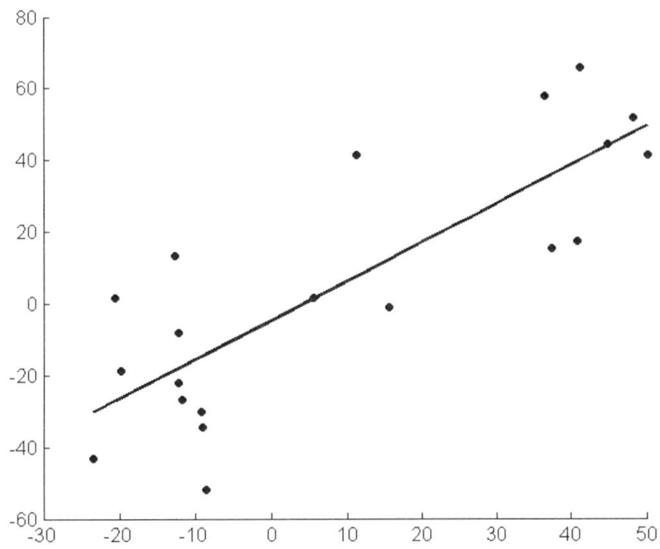

1.5 균일한 분포를 갖는 난수 발생기의 모의실험

본 절의 예제 1.4에서 보여주듯이 다음 특징을 갖는 **균일 난수 발생기**(Uniform Random Number Generator, URNG) 알고리듬을 가질 필요성이 있다.

1. 알고리듬을 시작하기 위해 seed라고 하는 초기치 정수값 I_0를 필요로 한다.
2. 초기화한 후 알고리듬의 반복적인 사용은 일련의 수를 발생시킨다:

   $$x_1, x_2, \cdots, x_n, \cdots$$

   다른 seed는 다른 시퀀스를 발생시킨다.
3. 난수 x_i는 0(zero)과 1(one)사이에 균일하게 분포된 수가 될 것이다.
4. 어떤 수 x_i는 $i \neq j$에 대해 다른 어떤 수 x_j와 상관관계가 없다.

실제적인 알고리듬은 단지 이같은 기준을 근사화할 뿐이다. 때문에 **균일 의사 난 수**(pseudo random number) 발생기라고 한다.

대부분의 컴퓨터는 소위 *균일 난수 발생기*라는 발생기를 가지고 있다. 부록 A에 간단한 URNG에 대한 소스코드를 제공하였다. 이 알고리듬이 MATLAB 언어로 쓰여졌지만 다른 컴퓨터 언어로 쉽게 변경할 수 있다. 컴퓨터 모의실험을 위해 독자들은 설계한 URNG나 다른 MATLAB의 난수 발생기를 사용할 수 있다. 사용이 요구될 때는 부록에 나온 알고리듬을 사용하든지 아니면 다른 알고리듬을 사용해도 좋다. 편의상 알고리듬을 참고하기 위해 앞으로는 "URNG"라고 하겠다.

예제 1.4

다음은 URNG를 사용하여 총 10개의 랜덤수를 발생시키는 **의사코드**(pseudocode)를 설명해준다. 알고리듬은 MATLAB으로 코드화되어 실행된다. 대표적인 시뮬레이션 결과를 의사코드 다음에 나타냈다.

```
Set the SEED for the URNG
For I=1 to 10
   x = URNG
   print I, x
Endfor
```

```
rand('twister',1234);
for i=1:10
   x = rand;
   fprintf(1,'%7d %10.4f\n', i, x)
end
```

1	0.2190	2	0.0470
3	0.6789	4	0.6793
5	0.9347	6	0.3835
7	0.5194	8	0.8310
9	0.0346	10	0.0535

출력의 각 데이터는 0과 1사이의 수임을 주목하라. 10개의 수는 0과 1사이 꽤 균일하게 분포되어 있다. 이 알고리듬에 사용된 seed는 임의적으로 선정된 임의의 정수이다. 알고리듬을 다시 실행시키면 똑같은 10개의 수가 발생한다. 10을 20으로 바꾸면 0과 1사이의 또 다른 균일하게 분포된 10개의 랜덤수를 본 예제의 처음 10개의 랜덤수 후에 나타날 것이다. 만약 다른 seed가 선정되어 알고리듬을 다시 실행시키면

또 다른 일련의 10개 랜덤수가 아래와 같이 나타날 것이다:

1	0.9225	2	0.2594
3	0.1448	4	0.1680
5	0.1543	6	0.1992
7	0.1710	8	0.3417
9	0.5731	10	0.6568

예제 1.5

0과 1사이의 범위 내에 분포된 URNG의 출력은 **이동**(shifting)과 **스케일**(scaling) 변환에 의해 다른 범위를 갖는 난수를 발생하도록 변경시킬 수 있다. 예를 들면 만일 x가 0과 1사이라면 $2x-1$은 ± 1 사이가 된다. 이같은 변환을 사용해서 $\pm\pi$사이에 균일하게 분포된 랜덤 수를 발생시킬 수 있다. 즉

$$y=\pi(2x-1)$$

이것을 의사코드로 작성하면

```
Set the SEED for URNG
For I=1 to 10
   x = URNG
   y = π (2x -1 )
   print I, y
Endfor
```

```
rand('twister', 1234);
for i=1:10
    x = rand;
    y = pi*(2*x - 1);
    fprintf(1,'%7d %10.4f\n', i, y)
end
```

처음 10개 데이터 x를 사용하여 출력된 y를 보면:

1	-1.7658	2	-2.8460
3	1.1238	4	1.1266
5	2.7313	6	-0.7320
7	0.1220	8	2.0795
9	-2.9244	10	-2.8057

예제 1.6

URNG를 사용해 정직한 동전을 던지는 모의 험을 수행할 수 있다. x가 0과 1사이에 균일하게 분포된 랜덤수라고 하면 $x<0.5$인 경우는 전체의 절반만큼 발생하며 $x\geq 0.5$인 경우는 나머지 반만큼 발생할 것이다. 만일 x를 다른 값과 비교하면 이를 일반화시킬 수 있다. 예를 들어 다음의 If-Then-Else 문장은 1/3은 "1"를 발생시키고 나머지 2/3는 "0"을 발생시킬 것이다. 이것을 의사코드로 표현하면 결과는 0과 1를 나열할 것이다. "1"은 대략 1/3정도 나타나고 2/3는 "0"이 발생될 것이다.

```
Set the SEED for the URNG
For I = 1 to 10
   x = URNG
   if x < 1/3 Then y = 1 Else y = 0
   Print I, y
Endfor
```

```
s = rand('twister');
for i=1:10
    x = rand;
    if x < 1/3
        y =1;
    else
        y = 0;
    end
    fprintf(1,'%7d %10.4f\n', i, y)
end
rand('twister',s);%save the current state
```

예제 1.4에 나온 10개의 데이터를 사용한 출력 데이터는:

1	0.0000	2	1.0000
3	1.0000	4	1.0000
5	1.0000	6	1.0000
7	1.0000	8	0.0000
9	0.0000	10	0.0000

예제 1.7

URNG의 출력은 정수 함수를 사용할 때 정수를 발생시키는데 사용될 수 있다. 여기서 $\lfloor y \rfloor$는 y보다 작거나 같은 가장 큰 정수를 나타낸다(MATLAB 함수에서는 floor()). 예를 들면 $\lfloor 6.74 \rfloor = 6$. URNG는 0과 1사이의 균일 랜덤 수를 발생하지만 정확히 0과 1은 발생시킬 수 없다. 그러므로 만일 x가 URNG로부터 나온 수이면 $y = \lfloor 10x \rfloor$는 0에서 9까지를 포함하는 정수를 나타낸다. 만일 $y = \lfloor 10x \rfloor + 1$이면 y는 1에서 10까지의 정수(1과 10포함)를 취할 것이다. 다음의 의사코드는 1(포함)과 10(포함) 사이에 균일하게 분포된 정수를 발생시킬 것이다.

```
Set the SEED for the URNG
For I = 1 to 10
    x = URNG
    y = ⌊10x⌋ +1
    Print I, y
Endfor
```

```
s = rand('twister');
for i=1:10
    x = rand;
    y = floor(10*x)+ 1;
    fprintf(1,'%7d %10.4f\n', i, y)
end
rand('twister',s);%save the current state
```

처음 10개의 데이터의 값을 생성하면 출력은 다음과 같을 것이다:

1	9.0000	2	5.0000
3	5.0000	4	2.0000
5	10.0000	6	5.0000
7	9.0000	8	7.0000
9	4.0000	10	9.0000

1.6 빈도수와 누적 빈도수

관측된 자료는 대부분 수치적으로 나타나기 때문에 자료의 분포 상태나 특성을 곧바로 파악하기가 쉽지 않다. 관측된 지료를 어떤 사용 목적에 맞게 정리하여 표현할 필요가 있다. 여기에는 도수 분포와 히스토그램이 있다.

자료의 값을 일정 구간으로 나눈 구간을 **계급**(class)이라고 하며 각 계급에 속하는 자료의 개수를 **도수**(frequency)라고 한다. 이와 같이 자료를 계급에 대한 도수로 정리하여 나타낸 표를 **도수분포표**(frequency distribution)라고 한다. 도수분포표에서 계급의 폭을 밑변으로 하고, 도수를 높이로 하는 그래프를 **히스토그램**(histogram)이라고 한다.

예제 1.8 인터넷 사용시간

다음 표본 자료는 50명의 인터넷 사용자의 하루 동안에 사용한 시간 수를 분단위로 측정하여 나타낸 것이다.

50 40 41 17 11 7 22 44 28 21 19 23 37 51 54 42 88 41 78 56 72 56 17 7 69
30 80 56 29 33 46 31 39 20 18 29 34 59 73 77 36 39 30 62 54 67 39 31 53 44

7개의 구간으로 나눠진 도수분포표를 만들고 히스토그램을 그려라.

사용시간 구간범위	사용자 수(빈도수)
7-18	6
19-30	10
31-42	13
43-54	8
55-66	5
67-78	6
79-90	2
합계	50

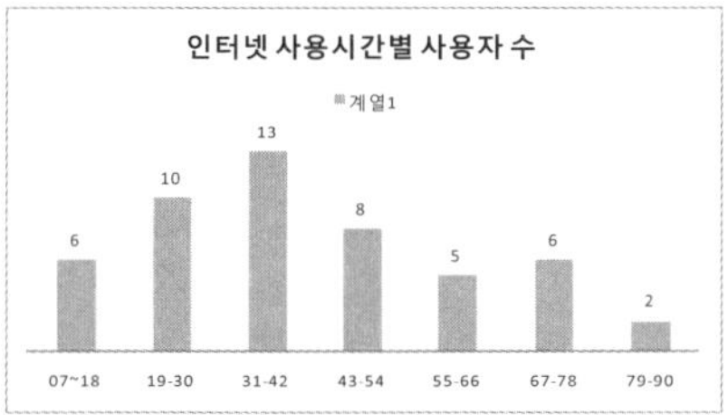

(1) 먼저 주어진 자료의 최대, 최소 사용시간(분)을 알아낸 후 각 구간의 폭을 결정한다.
최대시간 = 88분, 최소시간 = 7분, 7개 구간으로 나누어야 하므로 대략적인 한 구간의 폭은

구간 폭 = (최대사용시간—최소사용시간)/구간수 = (88—7)/7 = 11.7 → 12

(2) 구간의 범위를 결정하기 위해 첫 번째 구간의 하한은 최소 사용시간이 된다. 구간폭은 12이므로 첫 번째 구간 범위의 하한은 7이 되고, 상한은 7+12-1=18이 된다. 즉 (7, 18)이 구간 범위를 나타낸다. 두 번째 구간의 하한은 19, 상한은 마찬가지 계산 방법으로 19+12-1=30이 된다. 이같은 방법으로 나머지 구간에 대해서 구간 범위를 구하면 다음과 같다.

첫 번째 구간 범위 : (7, 18), 두 번째 구간 범위 : (19, 30), 세 번째 구간 범위 : (31-42)
네 번째 구간 범위 : (43-54), 다섯 번째 구간 범위 : (55-66), 여섯 번째 구간 범위 : (67-78)
일곱 번째 구간 범위 : (79-90)

(3) 도수분포표를 계급에 대한 도수로 표를 만든다.

[표 1.4]는 100개의 64Kx1 RAM 칩에 대한 불량 발생 빈도수를 조사하여 빈도수 와 누적 도수를 나타낸 것이다. 예를 들면 제조된 칩 중 26개가 0개의 불량을 가지며 20개는 정확히 1개의 불량을, 14개는 2개의 불량을 갖는다. [표 1.4]에 보인바와 같이 데이터의 누적도수 N_k는:

$$N_k = \sum_{i=1}^{k} n_i \tag{1.22}$$

그림 1.4는 [표 1.4]에 나온 데이터에 대한 빈도수와 누적 빈도수의 plot를 보여준다. 히스토그램으로 알려진 빈도수 그래프는 전통적으로 데이터 분포를 표시하기 위해 사용되어 왔다. **누적 빈도수 분포**표는 데이터를 나타내는 또 다른 방법이다.

식(1.22)의 인덱스 k는 1에서부터 빈도수와 누적빈도수 분포표에 유용한 최대 인덱스인 k_M까지 변한다. 다음 등식은 [표 1.4]의 정수 데이터에 적용된다:

$$\sum_{i=1}^{n} x_i = \sum_{k=1}^{k_M} n_k x_k \tag{1.23}$$

그림 1.4 (a) 빈도수와 (b) 누적빈도수의 plot 종축은 64Kx1 RAM에 대한 칩당 불량의 수이다.

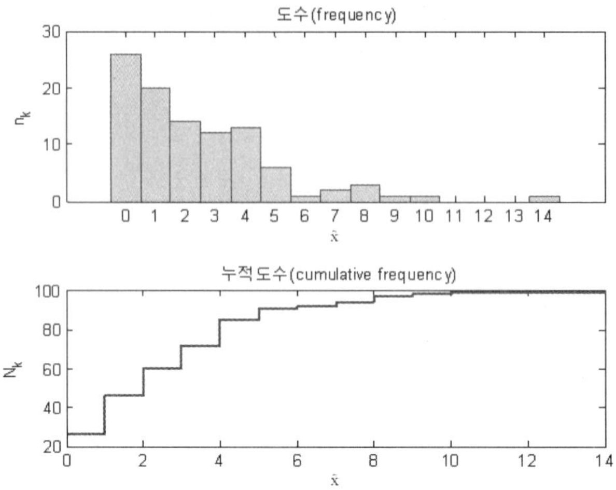

$$\sum_{i=1}^{n} x_i^2 = \sum_{k=1}^{k_M} n_k \widetilde{x_k^2} \tag{1.24}$$

여기서 틸다(tilde) ~부호는 구간 k안의 x의 값을 나타내기 위하여 사용하였다. 이렇게 하면 식(1.23)과 식(1.24)에 있는 2개의 다른 합사이의 어떤 혼동을 피할 수 있다.

표 1.4 100개의 64Kx1 RAM 칩 불량 측정 데이터의 요약

		데이터	도수	누적도수	
k	$\widetilde{x_k}$	n_k	N_k	$n_k\widetilde{x_k}$	$n_k\widetilde{x_k^2}$
1	0	26	26	0	0
2	1	20	46	20	20
3	2	14	60	28	56
4	3	12	72	36	108
5	4	13	85	52	208
6	5	6	91	30	150
7	6	1	92	6	36
8	7	2	94	14	98
9	8	3	97	24	192
10	9	1	98	9	81
11	10	1	99	10	100
12	11	0	99	0	0
13	12	0	99	0	0
14	13	0	99	0	0
15	14	1	100	14	196
				243	1245

[표 1.4]의 데이터는 정수이기 때문에 쉽게 그림 1.4의 빈도수와 누적 빈도수 그래프로 표현될 수 있다. 만일 데이터가 정수값 대신에 연속적인 값을 갖는다면 좀 복잡한 문제가 발생한다. 균일 랜덤 수 발생기에서 나온 데이터를 생각해보라. 데이터가 실제적으로 0과 1 구간 사이에 얼마나 균일하게 분포되었는지를 알아볼 필요가 있다. 이를 위해 많은 수의 데이터를 발생 시켜서 예를 들면 10개의 셀(cell) 혹은 구간으로 나눈다.

$$\begin{array}{ll} \text{Cell 1} & 0 \le x < 0.1 \\ \text{Cell 2} & 0.1 \le x < 0.2 \\ & \vdots \\ \text{Cell 10} & 0.9 \le x < 1.0 \end{array} \qquad (1.25)$$

데이터가 균일하게 발생되었다면 대략 데이터의 10분의 1은 10개의 각 셀에서 발생해야한다. 우리의 관심은 식(1.25)로 표시된 10개의 각 셀에서 발생하는 데이터의 빈도수에 있다. 이와 같은 연구에서 데이터의 빈도수를 계산하는 데는 여러 가지 방법이 사용될 수 있다. 사용하려는 방법을 다음 예제에서 소개하였다.

예제 1.9

URNG 알고리듬을 사용하여 얻은 1000개의 각 데이터에 대해 정수 k를 다음 식에 따라 계산한다고 하자.

$$k = \lfloor x/0.1 \rfloor + 1 \qquad (1.26)$$

데이터가 첫 번째 셀의 구간에서 발생하면 식(1.26)에서 k는 1로 계산된다. 두 번째 셀에서 발생하면 k=2로 계산된다. 이 예제에서 k의 최대치는 $k_M = 10$이다. 그러므로 n=1000개의 데이터 각각은 적당한 셀로 분류되어 정수 $1 \le k \le 10$사이의 수를 계산하는 데 식(1.25)가 사용된다. 다음, 셀의 수 혹은 계급의 수(이 예제에서는 10)와 같은 차원을 갖는 배열 즉 freq(k)을 사용한다. 배열의 각 entry는 0으로 초기화된다. 해당 정수값 k에 따라 식(1.26)에 의해 빈도수가 계산된다:

$$freq(k) = freq(k) + 1 \qquad (1.27)$$

식(1.26)과 식(1.27)은 n(=1000)개의 모든 데이터의 배열에 남아 있는 정수는 빈도수 n_k가 된다.

$$freq(k) = n_k,\ k = 1, 2, 3, \cdots, 10$$
$$\sum freq(k) = \sum n_k = n$$

이것을 [표 1.5]에 나타내었다. 여기서 데이터는 7524의 seed를 사용하여 부록 A에 나온 URNG로부터 얻어졌다. [표 1.5]에서 다음을 관찰할 수 있다:

1. 각 셀은 정수 k로 명시되었다. 각 셀의 하한은 x_l, 상한은 x_u, 중앙값은 $\widetilde{x_k}$(셀 마크라고도 함)으로 보였다. 하한은 셀에 포함되지만 상한은 그렇지 않다. 즉 구간 혹은 셀(혹은 계급)은

$$x_{l(k)} \leq x < x_{u(k)}$$

이다.

2. 각 셀에서 발생하는 빈도수는 n_k이다. 빈도수 데이터는 그림 1.5(a)에 그래프로 나타내었다.

3. 누적도수 데이타 N_k는 셀 k와 그 이하에 있는 모든 n_k의 합이다. 누적 빈도 데이터는 그림 1.5(b)에 나타내 보였다.

4. 셀 k에서 발생하는 모든 데이터는 셀 $\widetilde{x_k}$의 중앙에 있는 값으로 근사화가 가능하다. 셀 k에 있는 모든 개별적인 데이터의 근사적(approximate)합은 $n_k\widetilde{x_k}$이다. 식(1.23)을 이용하여 쓰면

$$\sum_{i=1}^{n} x_i \approx \sum_{k=1}^{k_M} n_k \widetilde{x_k} = 499.40$$

이 값은 [표 1.5]의 오른쪽 두 번째 칼럼으로부터 얻어진다.

표 1.5 균일 랜덤 수 발생기(URNG) 알고리듬으로 얻어진 데이터

k	x_l	x_u	$\widetilde{x_k}$	n_k	N_k	$n_k\widetilde{x_k}$	$n_k\widetilde{x_k^2}$
1	0.0	0.1	0.05	111	111	5.55	0.2775
2	0.1	0.2	0.15	90	201	13.50	2.0250
3	0.2	0.3	0.25	99	300	24.75	6.1875
4	0.3	0.4	0.35	96	396	33.60	11.7600
5	0.4	0.5	0.45	100	496	45.00	20.2500
6	0.5	0.6	0.55	104	600	57.20	31.4600
7	0.6	0.7	0.65	99	699	64.35	41.8275
8	0.7	0.8	0.75	105	804	78.75	59.0625
9	0.8	0.9	0.85	95	899	80.75	68.6375
10	0.9	1.0	0.95	101	1000	95.95	91.1525
						499.40	332.6400

이와 비슷하게 식(1.24)로부터

$$\sum_{i=1}^{n} x_i^2 \approx \sum_{k=1}^{k_M} n_k \widetilde{x_k^2} = 332.640$$

이 값은 [표 1.5]의 맨 오른쪽 칼럼을 사용하여 얻어졌다. 이 값들은 표본 평균 $\bar{x}=0.4994$와 표본 표준편차 $s_x = 0.2887$을 계산하기 위해 식(1.1)과 식(1.6)을 사용하였다.

그림 1.5 (a) 도수분포 plot과 (b) 누적 도수 분포 plot. 데이터는 표 1.5에 나열한 균일 랜덤 수 발생기 알고리듬으로부터 얻어졌다.

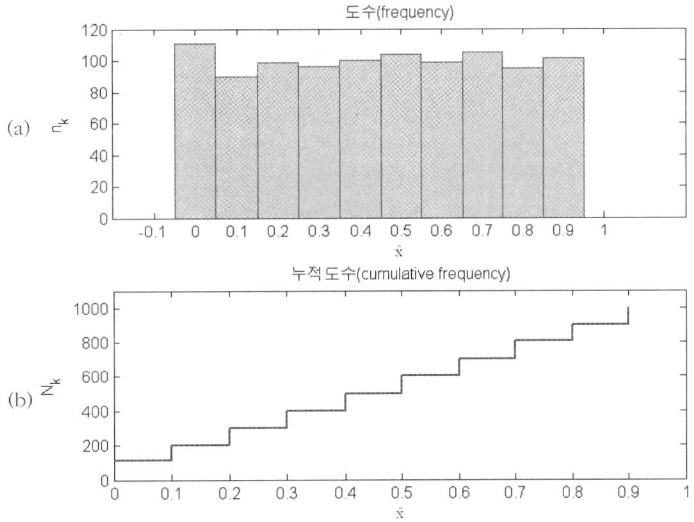

셀 수와 셀 구간의 선택 방법

[표 1.5]에 나온 데이터를 보면 우리는 새로운 문제에 직면하게 된다. 데이터는 측정된 순으로 나열되었지만 셀을 어떻게 선정하는 것이 좋은지 직접적인 방법을 제공하지 못하고 있다. 앞의 예제에서 살펴본 [표 1.4]의 정수 데이터는 단위 폭을 갖는 셀로 히스토그램을 구성하도록 만들어졌고, [표 1.5]의 URNG로부터 얻어진 데이터는 임의적이긴 하지만 0과 1사의 구간을 10개의 셀로 나눌 수 있는 타당성 있는 선택을 할 수 있게 해주었다. 그러나 [표 1.6]에 나온 데이터에 대한 셀 수와 셀 구간을 선택하는데 어떻게 도움을 받을 수 있겠는가? 먼저 [표 1.5]의 $n=100$ 데이터를 사용하여 다음을 계산한다.

$$\sum_{i=1}^{n} x_i = 156,600, \ \sum_{i=1}^{n} x_i^2 = 246,746,000$$

다음 식(1.1)과 식(1.6)을 사용하여

$$\bar{x} = 1,566, \ \ s_X = 123.5$$

을 구한다. 이 예제에서 n의 값은100이며 충분히 큰 편이 아니다. 그러므로 셀을 너무 많이 나누면 너무 적은 데이터가 각 셀에 할당될 것이다. 임의적으로 5개의 셀로 결정하였다. 또 다른 임의적이긴 하지만 편리한 선택으로는 5개의 셀을 $\bar{x} \pm 2s_x$ 사이에 놓이도록 위치시킨다. 이같은 선택을 함에 있어 표본 평균은 셀의 중심에 대한 안내로 사용되며 표본 표준 편차는 셀이 표본 평균으로 얼마나 멀리 떨어져야 하는지를 알기 위해 사용되었다. [표 1.6]의 데이터로서는 이같은 임의의 선택을 사용하여 진행해 나가고자 한다. (데이터가 다르면 여기서 선택한 것과 다른 선택을 제안할 수 있다. 또한 임의의 선택을 하고난 후 선택을 변경해가며 새로이 시작한 정보를 찾아야 할지도 모른다.)

따라서 첫 번째 셀의 하한 경계값은

$$x_{l(1)} = \bar{x} - 2s_x = 1319\,\Omega$$

마지막 셀 k_M의 상한 경계값은

$$x_{u(5)} = \bar{x} + 2s_x = 1813\,\Omega$$

각 셀의 폭 w는

$$w = \frac{x_{u(5)} - x_{l(1)}}{k_M} = \frac{\bar{x} + 2s_x - (\bar{x} - 2s_x)}{k_M}$$

$$w = 4s_x / k_M$$

이 예제에서 $s_x = 123.5, k_M = 5$이므로 $w = 98.80\,\Omega$이다.

각 데이터 x_i는 식(1.26)과 비슷한 관계를 사용하여 셀 1에서 k_M까지 할당된다.

$$k = \lfloor (x_i - x_{l(1)})/w \rfloor + 1 \rightarrow \ \ k = \lfloor (x_i - 1319)/98.8 \rfloor + 1$$

표 1.6 100개의 측정된 저항값

1531.0	1506.3	1594.7	1734.9	1527.3
1554.0	1530.9	1627.7	1543.7	1564.1
1371.7	1631.3	1745.2	1437.5	1546.1
1646.8	1504.8	1471.3	1559.2	1575.1
1383.5	1830.4	1707.8	1449.3	1414.3
1623.9	1365.0	1566.3	1366.2	1544.8
1487.9	1695.3	1668.2	1362.0	1581.4
1737.0	1693.4	1636.6	1414.4	1460.7
1577.8	1609.5	1548.1	1691.2	1309.0
1397.3	1619.4	1669.5	1625.5	1706.4
1529.8	1692.7	1533.1	1632.5	1574.8
1573.5	1328.7	1520.8	1392.9	1741.7
1712.7	1536.6	1412.7	1701.5	1508.5
1529.0	1667.0	1442.2	1562.5	1818.1
1454.0	1656.7	1636.6	1489.9	1823.5
1317.2	1631.8	1421.1	1659.7	1659.3
1797.5	1672.9	1466.5	1777.3	1649.6
1651.9	1356.1	1445.3	1474.2	1516.8
1542.8	1579.7	1634.4	1719.7	1642.3

*이 데이터는 설계치 1600 Ω 의 저항에서 생산된 n=100개의 "동등한" 저항 소자로부터 측정된 값을 나타낸다.

이 선택은 [표 1.6]의 측정된 데이터를 처리하여 해당 도수와 누적 도수를 얻도록 허용해준다. 이 도수와 누적 도수에 대한 그래프를 그림 1.6에 보였다. 구간 $\bar{x}\pm 2s_x$ 범위 내에 위치하도록 5개의 셀을 선정함에 있어 [표 1.6]의 모든 데이터가 이 구간 안에 포함될 것이라는 보장은 없다. 그러므로 [표 1.7]은 각각 셀 0과 셀 6이 셀 1의 왼쪽과 셀 5의 오른쪽에 발생하는 데이터를 포함시키기 위해 소개되었다. 이것을 컴퓨터에서 처리되도록 하려면 다음과 같은 코드를 작성하면 될 것이다.

$$\textit{If } k < 0 \textit{ then } k = 0$$
$$\textit{If } k > 6 \textit{ then } k = 6$$

셀 0의 하한과 셀마크값, 셀 6의 상한과 셀마크값은 정의되지 않는다.

표 1.7 표 1.6에 보인 측정된 데이터의 요약

셀	한계치		마크값	도수	누적도수
k	x_l	x_u	$\tilde{x}_k$	n_k	N_k
0	$-\infty$	1319.00	-	2	2
1	1319.00	1417.80	1368.40	13	15
2	1417.80	1516.60	1467.20	17	32
3	1516.60	1615.40	1566.00	28	60
4	1615.40	1714.20	1664.80	30	90
5	1714.20	1813.00	1763.60	7	97
6	1813.00	$+\infty$	-	3	100

그림 1.6 표 1.7에 나온 데이터에 대한 (a) 도수와 (b) 누적도수 그래프

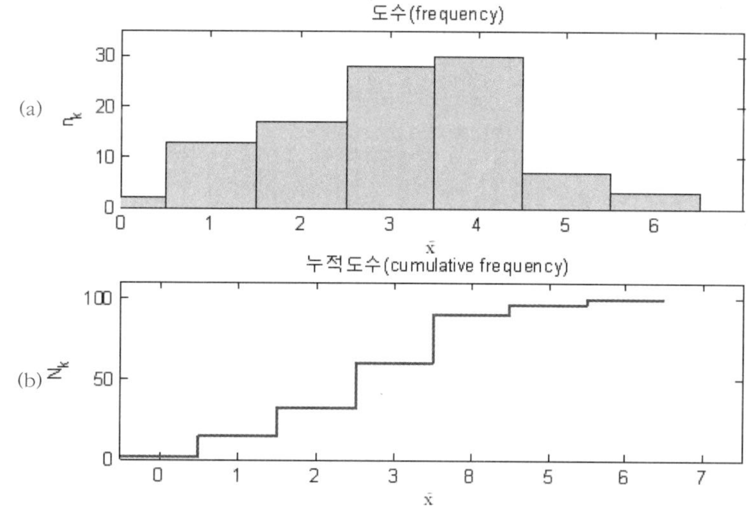

1.7 몬테 칼로(Monte Carlo) 모의실험 방법

아래와 같이 다변수 함수가 주어졌다고 하자.

$$y = g(x_1, x_2, \cdots, x_n) \tag{1.28}$$

주어진 $x_i, i = 1, 2, \cdots, n$에 대하여 y의 값을 계산하는 것은 매우 간단한 일이다. 하지만 x_i가 정확히 알려져 있지 않고 다만 어떤 공차(tolerance) 한계의 범위 내에 있다는 것만이 규명되었다고 가정하자. 가령 y를 최소로 하는 y_{MIN}을 주는 $x_i, i = 1, 2, \cdots, n$값을 찾을 수 있다. y를 최대로 하는 y_{MAX}을 주는 또 다른 그룹의 $x_i, i = 1, 2, \cdots, n$값을 찾을 수 있다. 이때 x_i의 다른 set에 대하여 y의 한계를 보면 다음이 성립한다.

$$y_{MIN} \le y \le y_{MAX}$$

y_{MIN}과 y_{MAX}값은 최악의 경우에 대한 정보를 제공해주기 때문에 중요하다. 그러나 식(1.28)을 컴퓨터로 모의실험해보면 더 많은 것을 배우게 된다. 이를 위하여 URNG와 같은 랜덤 수 발생기를 사용하여 x_1에 대한 값을 선택하고 x_2에 대하여 또 다른 값을 선택하고 x_3에 대해서도 그리고 나머지 모든 x_i에 대해서도 다른 값을 선택하게 한다. 이렇게 하여 식(1.28)의 y에 대한 표본값을 계산하는데 사용된다. 이 과정은 y에 대한 또다른 값을 얻기 위해 반복될 수 있다. 최종적으로 y에 대한 많은 값을 모의실험을 통해 얻

고난 후 y에 대한 도수와 누적 도수 그래프를 그려서 식(1.28)에 의해 제안된 비교적 복잡한 시스템의 동작반응을 분석한다.

이같은 모의실험 기법을 **몬테 칼로**(Monte Carlo) 혹은 **합성 표본**(synthetic sampling) **기법**이라고 한다. 이 방법의 장점은 식(1.28)이 알려지면 이론적인 해석이 곤란할 경우라도 아주 유용한 통찰력을 얻어낼 수 있다. 약점으로는 식(1.28)에서 한 개의 변수의 변화 효과를 연구하기 위해 전체적인 수치해석을 반복해야 한다는 것이다. 이 모의실험 기법을 다음 예제에 설명하였다.

예제 1.10

인덕턴스와 캐패시턴스가 직렬로 연결된 회로의 공진 주파수는 다음 식으로 주어진다.

$$f_r = \frac{1}{2\pi\sqrt{LC}} \tag{1.29}$$

만일 $L = 1mH$, $C = 2\mu F$의 부품의 값을 선정한 경우 (공칭) 공진주파수는 $f_r = 3558.81\,Hz$이다. 실제적으로 부품 값은 허용된 오차 범위내의 어떤 값을 갖게 된다. 예를 들면 위에 언급한 부품에서 $1mH$ 인덕턴스는 ±10% 공차를, $2\mu F$ 캐패시터는 ±20%공차를 갖는 부품을 사용한다고 하자. 이같은 선정(본 예제에서는 임의적임)은 식(1.29)에서 공진주파수를 결정하는 값이 다음과 같음을 의미한다:

$$0.8mH < L < 1.2mH \tag{1.30}$$

$$1.8\mu F < C < 2.2\mu F \tag{1.31}$$

인덕턴스와 캐패시턴스는 허용된 오차 범위내에서 균일하게 발생한다고 가정한다. 또한 L값의 변화는 C값의 변화와 독립적이라고 가정한다. L과 C의 이같은 변화량이 주어지면 공진주파수는 f_r근방에서 랜덤하게 변할 것이다.
최악의 경우를 분석해 보면 최소의 공진주파수는 $f_L = 3097.55\,Hz$이 되고 최고의 공진주파수는 L과C의 값이 가장 작을 경우인 $f_H = 4194.10\,Hz$에서 발생한다. 최악의 경우 분석은 어떤 목적에는 만족스러울 수 있지만 최악의 경우란 매우 드물게 발생한다. 실질적으로 우리는 인덕턴스와 캐패시턴스의 랜덤한 선택에 따라 공진주파수가 어떻게 변하는지를 결정하는데 더 관심이 있다. 랜덤 수 x_i를 얻기 위해 URNG를 사용한다고 하면 식(1.30)의 범위내에 있는 인덕턴스의 값을 다음과 같이 계산할 수 있다:

$$L_i = (0.8 + 0.4x_i) \times 10^{-3}\,H \tag{1.32}$$

여기서 만일 x_i가 0과 1 사이의 범위를 갖는 URNG로부터 얻어지기 때문에 L의 최대와 최소값은 각각 식(1.30)의 인덕턴스 최소와 최대값을 준다. 인덕턴스(1.32)의 다른 값은 x_i가 0과 1사이에서 균일하게 발생하므로 식(1.30)에 보인 구간 내에서 균일하게 발생한다.
두 번째 랜덤 수 y_i를 얻기 위해 다시 URNG를 사용한다. 마찬가지 방법으로 식(1.31)의 범위 내에 있는 캐패시턴스에 대한 값을 얻기 위해 사용된다.

$$C_i = (1.8 + 0.4y_i) \times 10^{-6}\,F \tag{1.33}$$

만일 y_i가 0과 1 사이의 범위를 갖는 URNG로부터 얻어지기 때문에 식(1.33)에서 캐패시턴스의 값은 식(1.31)에 의해 주어진 구간 안의 값을 갖도록 균일하게 발생할 것이다. 이제 식(1.29)의 표본 공진 주파수를 계산하기 위해 URNG에서 구별된 셀로부터 나온 독립적인 랜덤 수를 사용해야 한다.

f_i에 대한 n=1000개의 데이터를 얻을 때까지 이 실험을 반복한다. 데이터가 도수와 누적 도수 그래프상에서 어떻게 분포되었는지를 결정하기 위해 셀의 수 $k_M=7$로 (임의적으로) 선정한다. 이때 셀의 폭은

$$w=(f_H-f_L)/k_M=156.857\,Hz$$

각 데이터 f_i에 대한 셀 번호는

$$k_i = \lfloor (f_i-f_L)/w \rfloor +1 \tag{1.34}$$

[표 1.8(a)]는 n=1000개의 모든 데이터를 처리하고 난 후 계산된 데이터를 보여준다. 또한 그림 1.7에 도수와 누적 도수의 그래프를 보였다. 이는 공진주파수가 최악의 한계치인 f_L과 f_H사이에 어떻게 분포되는지를 잘 보여준다. [표 1.8(b)]에 보인바와 같이 [표 1.8(a)]의 데이터를 다시 사용하여 다음이 계산되었다.

$$\sum_{i=1}^{n} f_i \approx \sum_{k=1}^{k_M} n_k \widetilde{f}_k = 3,574,627.3 \qquad \sum_{i=1}^{n} f_i^2 \approx \sum_{k=1}^{k_M} n_k \widetilde{f}_k^2 = 12,831,997 \times 10^6$$

여기서 식(1.23)과 식(1.24)의 관계식이 사용되었다.

표 1.8 (a) 1000개의 공진 주파수 f_i(Hz) 데이터 요약

셀 k	경계 f_l	 f_u	마크값 $\widetilde{f}_k$	도수 n_k	누적도수 N_k
1	3097.0	3253.9	3175.4	72	72
2	3253.9	3410.7	3332.3	203	275
3	3410.7	3567.6	3567.6	243	518
4	3567.6	3724.4	3724.4	198	716
5	3724.4	3881.3	3881.3	177	893
6	3881.3	4038.1	4038.1	88	981
7	4038.1	4195.0	4195.0	19	1000

(b) (a)에 나온 데이터에 대한 $\sum f_i$와 $\sum f_i^2$의 계산

셀 k	마크값 $\widetilde{f}_k$	도수 n_k	$n_k\widetilde{f}_k$	$n_k\widetilde{f}_k^2(10^6)$
1	3175.4	72	228,628.8	725.988
2	3332.3	203	676,456.9	2,254.157
3	3489.1	243	847,851.3	2,958.238
4	3646.0	198	721,908.0	2,632.077
5	3802.9	177	673,113.3	2,559.783
6	3959.7	88	348,453.6	1,379.772
7	4116.6	19	78,215.4	321.982
			3,574,627.3	12,831.997

식(1.1)과 식(1.6)에 이들 값을 사용하여 표본 평균과 표준 편차를 계산하였다.

$$\bar{f} = 3574.6\,Hz$$
$$s_f = 232.6\,Hz$$

이 실험이 최악의 경우 해석은 매우 보수적일 수 있음을 보여주고 있다. 즉 최악의 경우가 발생할 가능성은 극히 적다. 사실상 본 모의실험에서 최대 (모의실험) 공진 주파수는 4184.8 Hz이고 최소는 3115.9 Hz이다. 이값은 4194.10과 3097.55 Hz의 최악의 경우의 한계에 가깝지만 그 안에 들어온다. 하지만 그림 1.7의 도수와 누적 도수 그림은 공진주파수의 실제적 변화량의 의미로써 변화 양상을 제공해 준다.

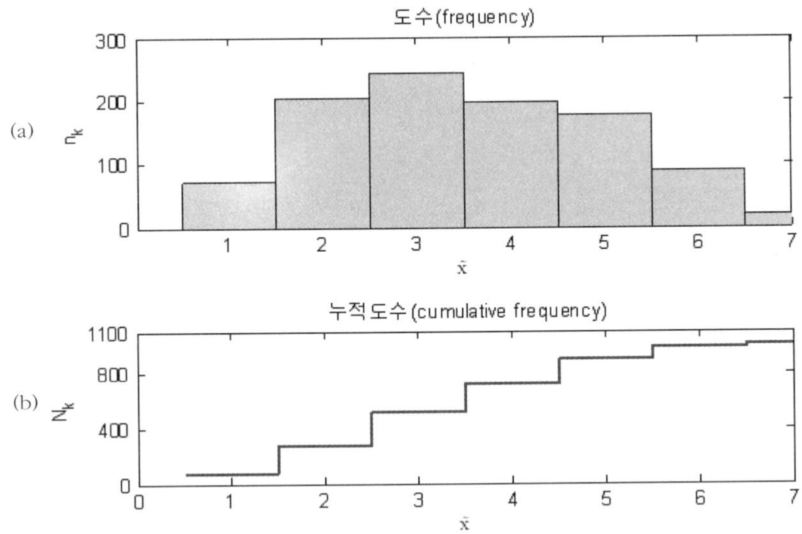

그림 1.7 표 1.8(a)의 데이터에 대한 (a) 도수와 (b) 누적 도수의 그래프

1.8 통계적 공정 제어

통계적 공정 제어(statistical process control, SPC)의 몇몇 아이디어를 소개하기 위해 표본 평균과 분산을 사용할 수 있다. SPC는 공정의 품질을 개선하기 위해 오늘날 사용되고 있는 중요한 도구 중의 하나다. 매우 실제적인 용어로서 공정 과정을 거쳐 제품이나 서비스가 생산될 때나 원하지 않는 변화가 공정에 존재할 때마다 SPC란 말이 사용되어진다.

공정이 변한다고는 가정하지 않지만 제어의 범위를 벗어나는 조건들로 인해 공정의 출력에 원하지 않는 변화를 가져다 줄 수 있다. 이같은 원하지 않는 변화(혹은 변동)는 공정에 사용되어진 재료나 공정을 이행하는 사람이나 주변 온도 등이 될 수 있다.

우리가 고려하고자 하는 공정은 매우 일반적인 것이다. 가령 공장에서 제품을 제조한다든지, 보험 양식을 처리하는 것과 같은 서비스를 제공하는 것이다. 예를 들면 제조한 제품을 사용하여 조립해야 하는 경우 엄격한(critical) 규격이 요구될 수도 있으며 보험 소송을 처리하는 데 걸리는 시간은 고객 만족을 위해 중요할 수도 있다. 예제를 통해 SPC를 설명해 보이고자 한다.

예제 1.11

[표 1.6]의 저항 데이터는 위 왼쪽 (1531.0Ω)에서 시작하여 아래 오른쪽 (1642.3Ω)에 이르기까지 측정된 순으로 기록되었다. 비교적 작은 묶음을 사용하여 [표 1.6]의 데이터의 평균을 구했다. 처음 5개의 저항의 평균은 1497.4Ω, 다음 5개의 저항의 평균은 1553.8Ω이다. 이렇게 계속하면 [표 1.9]의 데이터를 얻게 된다. [표 1.9]의 20개 데이터가 그림 1.8에 시행순차에 따라 그렸다.

[표 1.9]나 그림 1.8을 검사해보면 $\bar{x}$ 값이 변화하고 있음을 보여준다. [표 1.9]에 나온 데이터의 표본 평균과 표본 편차를 찾기 위해 SPC 기법을 사용한다.

$$n=20,\quad \sum\bar{x}=31,367.7,\quad \sum\overline{x^2}=49,260,815.3$$

식(1.1)을 사용하여

$$\bar{\bar{x}}=\frac{1}{n}\sum\bar{x}=1568.4\,\Omega \tag{1.35}$$

표 1.9 5개의 저항묶음 단위로 계산한 표본 평균 $\bar{x}(\Omega)$의 값

5개 묶음	$\bar{x}$	5개 묶음	$\bar{x}$
1	1497.4	11	1509.1
2	1553.8	12	1490.2
3	1548.5	13	1544.9
4	1552.7	14	1491.9
5	1600.7	15	1555.9
6	1596.5	16	1625.3
7	1576.3	17	1525.4
8	1577.0	18	1520.4
9	1683.3	19	1693.3
10	1617.7	20	1607.3

*묶음 값은 처음부터 시작하여 [표 1.6]에서 취해졌다.

SPC에서의 규약은 작은 묶음단위로 구한 표본 평균 그룹의 표본 평균이 전체 표본 평균과 구분하기 위해 2개의 바(bar)를 사용한다. 식(1.6)을 사용하여

그림 1.8 표 1.9에 나온 데이터에 대한 제어 차트

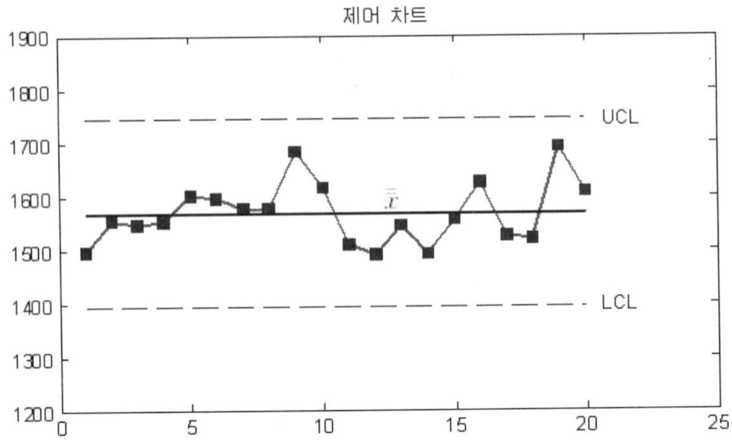

$$s_{\bar{\bar{x}}} = 58.1\,\Omega$$

$\bar{\bar{x}}$에 대응한 직선을 그림 1.8에 그렸다. 또한 SPC에서는 **상위 제어 한계**(upper control limit, UCL)와 **하위 제어 한계**(lower control limit, LCL)를 SPC 차트상에 그려두는 것이 일반적이다.

$$UCL = \bar{\bar{x}} + 3s_{\bar{\bar{x}}} \tag{1.36}$$

$$LCL = \bar{\bar{x}} - 3s_{\bar{\bar{x}}} \tag{1.37}$$

UCL과 LCL를 그림 1.8에 점선으로 그려 넣었다.

그림 1.8은 5개의 저항 소자의 20개 표본 묶음을 갖는 제어 차트의 시작을 보여주고 있다. 또한 제어 차트상에 제어 한계인 UCL과 LCL을 함께 그려 놓았다. 앞으로 저항 소자를 제조할 때 5개 묶음은 랜덤하게 선정되고 $\bar{x}$의 값이 계산되어 그림 1.8에 시행순차대로 그려 넣는다. 미래의 $\bar{x}$ 데이터가 $\bar{\bar{x}}$의 중심으로 UCL과 LCL범위 안에 놓이면 저항소자를 만드는 공정은 제어하(under control)에 있다고 말한다. 그렇지 않다면 공정은 제어하에 있지 않아서 원인을 규명하여 대책을 강구해야 한다.

위의 간단한 예제에서 설명한 것보다 실제적으로는 SPC에 대하여 더 많은 것을 논해야 할 것이다. 제어 차트는 회사와 정부기관이 제품의 질과 서비스에 대한 관심이 고조됨에 따라 폭 넓은 응용으로 각광받고 있다. 관심 있는 독자들을 위해 참고문헌[1]은 통계적 공정 제어에 대한 좀 더 많은 정보를 제공해 주고 있다.

---

1) Grant, Eugene L., and Richard S. Keavenworth, *Statistical Quality Control*, 6th ed., New York: McGraw-Hill Book Company, 1988

연습문제

표본 평균과 편차

1. 실험에서 측정된 순서대로 아래에 10개의 데이터가 기록되었다. $\sum x_i$와 $\sum x_i^2$를 먼저 계산함으로써 주어진 데이터에 대한 표본 평균과 표본 표준편차를 계산하라.

3643.8	4449.6
4002.4	3902.4
3745.2	4291.1
3852.0	3720.2
3877.5	3669.6

2. 실험에서 측정된 순서대로 아래에 10개의 데이터가 기록되었다. $\sum x_i$와 $\sum x_i^2$를 먼저 계산함으로서 주어진 데이터에 대한 표본 평균과 표본 표준편차를 계산하라.

-24.2	-38.8
96.3	-26.4
-24.3	32.9
-4.7	-118.4
102.3	-79.5

표본 공분산과 상관계수

3. 다음 이변량 데이터가 주어진 경우 회귀선 $y = \alpha x + \beta$와 상관계수를 찾아라.

I	x_i	y_i
1	30.2	4.13
2	65.6	-6.42
3	94.8	-9.02
4	29.4	8.60
5	55.6	-1.89
6	37.7	0.51
7	98.2	-8.94
8	38.3	0.65
9	100.0	-11.70
10	87.4	-11.88

4. 다음 이변량 데이터가 주어진 경우 회귀선 $y = \alpha x + \beta$와 상관계수를 찾아라.

I	x_i	y_i
1	66.3	2.12
2	92.7	3.37
3	67.7	4.44
4	29.3	-3.68
5	16.9	-3.31
6	8.2	-11.38
7	32.9	-2.98
8	9.9	-6.44
9	34.5	-9.53
10	28.4	-0.29

난수 발생 실험

5. 균일 랜덤 수 발생기 x = URNG(seed)를 사용하여 다음의 관측을 발생시키는 알고리듬을 작성하라.
   a. 0에서 100(양끝 포함)까지 균일하게 분포된 정수
   b. 구간 5100 ±10%에 걸쳐 균일하게 분포된 수
   c. 1이 전체의 시간 중 35% 발생하고 그 밖에는 0이 발생한다.

6. 균일 랜덤 수 발생기 x = URNG(seed)를 사용하여 다음의 관측을 발생시키는 알고리듬을 작성하라.
   a. 0에서 75(양끝 포함)까지 균일하게 분포된 정수
   b. 구간 7200 ±10%에 걸쳐 균일하게 분포된 수
   c. 1이 전체의 시간 중 45% 발생하고 그 밖에는 0이 발생한다.

7. 다음의 합은 n=100 데이터로부터 얻어졌다:
$$\sum x_i = 29{,}980.4 \text{과} \sum x_i^2 = 8{,}998{,}184$$
샘플 평균과 표준 편차를 계산하라. 데이터를 $x = \bar{x} \pm 2s_x$ 범위 내에서 $k_M = 7$개의 셀로 분류하라. 각 셀에 대하여 상한치와 하한치를 찾고 셀 마크값을 찾아라. 데이터를 셀로 분류하기 위한 알고리듬을 의사코드(pseudocode)로 작성하라. 모든 데이터가 $x = \bar{x} \pm 2s_x$ 범위 내에 있다고 가정하지 말라.

8. $k_M = 9$인 경우에 대하여 연습문제 7을 반복하라.

빈도수와 누적 빈도수

9. 아래 표에 데이터가 주어졌다.

셀 k	경계치 x_l	x_u	마크값 $\tilde{x}_k$	도수 n_k
1	12.20	12.54	12.371	58
2	12.54	12.89	12.714	132
3	12.89	13.23	13.057	186
4	13.23	13.57	13.400	221
5	13.57	13.91	13.743	208
6	13.91	14.26	14.086	110
7	14.26	14.60	14.429	48

a. 빈도수와 누적빈도수 plots을 그려라.

b. 데이터의 표본 평균과 표본 분산을 계산하라.

10. 아래 표에 데이터가 주어졌다.

셀 k	경계치 x_l	x_u	마크값 $\tilde{x}_k$	도수 n_k
1	628.8	675.7	652.26	62
2	675.7	722.6	699.17	138
3	722.6	769.5	746.09	175
4	769.5	816.5	793.00	210
5	816.5	863.4	839.91	199
6	863.4	910.3	886.83	107
7	910.3	957.2	933.74	68

a. 빈도수와 누적 빈도수의 plots을 그려라.

b. 데이터의 표본 평균과 표본 분산을 계산하라.

11. 통계적으로 얻어진 데이터 set $\{y_i\}$와 $\{x_i\}$를 선형 근사함수 $y=\alpha x_i+\beta$에 의해 데이터 fitting을 하려는 경우 상수 α와 β값을 결정하기 위해 데이터 $\{y_i\}$와 선형 근사식 간의 평균제곱 에러(mean squareed error)를 최소화함으로써 얻어진다. 그런 상수 α와 β를 찾기 위한 2개의 방정식을 구하라.

평균제곱에러 $\epsilon=\frac{1}{n-1}\sum_{i=1}^{n}(y_i-\alpha x_i-\beta)^2$로 주어진다.

12. 평균 등급 기법을 사용하여 다음 데이터에 대한 누적 빈도수를 추정하라.

0.278 0.576 0.469 0.836 0.140 0.175 0.121 0.371 0.071 0.717

13. 평균 등급 기법을 사용하여 다음 데이터에 대한 누적 빈도수를 추정하라.

36.9 94.0 29.6 16.8 6.4 20.1 1.4 71.1 34.5 93.4

몬테칼로 실험

14. 다음 문제를 모의 실험하기 위해 식(1.34)에 있는 알고리듬을 수정하라. 두 병렬 저항 회로의 등가 저항은

$$R=\frac{R_1R_2}{R_1+R_2}$$

이다. $R_1=1100\Omega\pm10\%$이고 $R_2=910\Omega\pm10\%$이라고 하자. 각 허용범위 내에서 R_1과 R_2의 값이 균일하게 분포되었다고 가정하라. n = 1000 시행 데이터를 사용하여 R에 대한 빈도수와 누적 빈도수 표와 plots를 찾아라. 빈도수 데이터를 사용하여 R에 대한 샘플 평균과 분산을 계산하라. $k_M=8$이라고 두라.

15. 예제 1.13에서 했던 바와 같이 제어 차트를 그리기 위해 [표 1.5]의 데이터를 사용하라. 하지만 n=5대신 n=6를 사용하라. ([표 1.5]의 마지막 4개의 데이터는 무시하여 $\bar{x}$의 오직 16개 값만 계산된다.) $\bar{x}$의 값을 plot하고 $\bar{\bar{x}}$, UCL과 LCL를 나타내 보이라.

컴퓨터 활용

관측된 자료의 분포 상태나 통계적 특성을 알아보기 위해서는 먼저 자료를 정리하여 그래프로 나타내는 것이 필요하다. 정리된 자료를 그래프로 나타내기 위해 셀 구간, 셀 구간의 폭, 셀 구간의 대푯값(계급값), 각 셀 구간에 속하는 개수(도수), 누적 도수의 값을 구해야 한다. 셀 구간의 수 k의 결정은 다음 식으로 주어진다.

$$w = \frac{x_{u(K_m)} - x_{l(1)}}{k_M},\quad k = \lfloor (x_i - x_{l(1)})/w \rfloor + 1$$

여기서 w는 셀의 폭이며, x_l 과 x_u은 각각 셀 값의 하한과 상한을 나타낸다.

각 셀 0과 셀 K_M이 셀 1의 왼쪽과 셀 K_M-1의 오른쪽에 발생하는 데이터를 포함시키려면 다음과 같은 코드를 작성하면 될 것이다.

$$\begin{aligned}&\mathit{If}\ k < 0\ \ \mathit{then}\ k = 0\\&\mathit{If}\ k > K_M\,\mathit{then}\ k = K_M\end{aligned}$$

이제 도수와 누적 도수 plot를 그리기 위한 데이터 생성과 생성된 자료의 통계적 값(하한, 상한, 평균, 표준 편차 등)을 사용하는 알고리듬을 작성해보자.

의사코드	MATLAB 코드(histofreq.m)

URNG에 대한 seed를 초기화한다.
변수 Km=7, n =100 설정한다.
freq(k), k=0,...,Km+1을 0으로 초기화한다
데이터 평균 Xbar=299.80 로 설정
표준편차 Xstd = 10.02로 설정
Xlow=Xbar-2*Xstd;//데이터 하한값
Xupper = Xbar+2*xstd; //Upper Limit
$w = \frac{x_{u(K_m)} - x_{l(1)}}{k_M}$
For i=1 to n
  x= GRNG(mean,std, seed);
  $bink = \lfloor (x_i - x_{l(1)})/w \rfloor + 1$
  if bink < 1 Then (가장 왼쪽 셀)
    bink=1;
  Else if bink > Km+2 (가장 오른쪽 셀)
    bink=Km+2;
  endIf
Endfor
$freq(bink) = freq(bink) = 1;$
Plot histogram(freq)
	s = rand('twister');rand('twister',s);
	Km=7; n=100;% 셀 수 Km=7, n= 100 data 수
	k=1:Km+2; %k=Km+2
	freq(k)=zeros(size(k));
	Xbar= 299.80;데이터 xi 평균 = 299.80;
	Xstd = 10.02;% 표준 편차 = 10.02
	Xlower=Xbar - 2*Xstd; %Lower limit
	Xupper = xbar+2*xstd; %Upper Limit
	
	width=(4*xstd/Km); % Cell width
	for i=1:n
	  xi = xbar+xstd*(randn);%randn : Gaussian Random Number Generator(GRNG(0,1))
	  bink=floor((xi-Xlower)/width)+1;
	  if (bink < 1)
	    bink=1;
	  elseif (bink >Km+2)
	    bink=Km+2;
	  end
	  freq(bink)=freq(bink)+1;
	end
	[xx,yy]=stairs(k,freq);
	plot(xx,yy)

많은 경우에 표 형태로 주어진 데이터를 시각적으로 표현하기 위해 그래픽 도구를 사용해야 할 필요가 있다. MATLAB은 다양한 기술적 시각화를 도와주는 루틴들이 내장되어 있다. scatter plot은 벡터 좌표 x와 y로 주어진 위치에 표시 마커(원 혹은 사각형 등)를 사용하여 그림을 그리는 plot이다.

데이터 fitting은 주어진 일련의 데이터에 가장 잘 맞는 수학적 함수식을 찾는 과정이다. 데이터 fitting은 주어진 데이터로부터 새로운 데이터를 생성해주는 보간법(interpolation) 혹은 주어진 데이터에 근사적으로 맞는 smooth 함수를 찾는 과정을 포함한다. 이같은 주제는 랜덤 오류를 갖는 측정된 데이터에 맞는 데이터 fitting 곡선과 실제 데이터간의 차와 같은 불확실성의 통계적 유추를 다루는 회귀선(regression) 분석 기법에서 많이 언급된다.

MATLAB Figure의 Tools 메뉴 중 basic Fitting 사용하면 interactive 한 모드에서 데이터 fitting 기능을 제공한다.

표 1.3에 주어진 통신시스템 입출력 데이터에 대한 1차 회귀선을 구하여 그리면 그림 1.B와 같다.

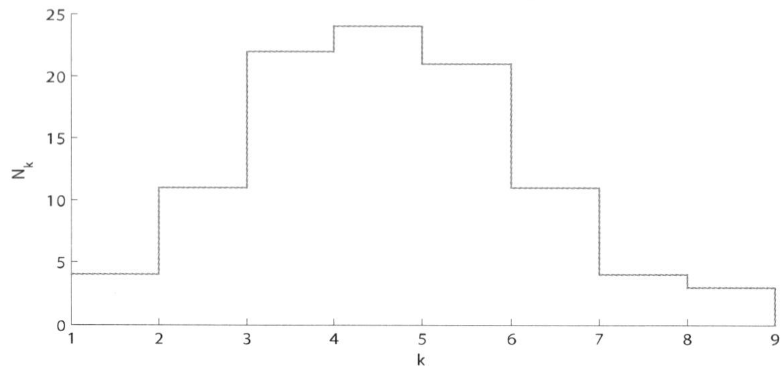

그림 1.A 가우시언 분포를 갖는 데이터에 대한 도수 분포

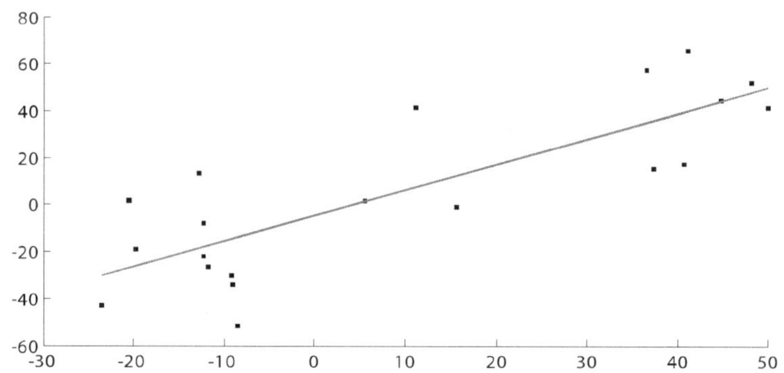

그림 1.B 데이터 fitting 기능을 사용하여 얻은 1차

실습 과제

1. [표 1.3] 통신시스템 입출력 데이터를 사용하여 scatter plot를 그려라. 최소자승법에 이한 1차 회귀선을 구하라. 상관계수값과 공분산 값을 추정하고 예제1.3의 결과와 비교하라.

2. 예제 1.9에서 균일 랜덤 수 발생기(URNG)의 통계적 품질(quality)를 분석하는 한 방법을 보여 주었다. 여러분이 선택한 임의의 균일 난 수 발생기 알고리듬에 대하여 예제 1.9를 반복하라.

3. 몬테 칼로 모의실험을 위해 식(1.34)에 있는 알고리듬을 수정하라. 오옴의 법칙은 I = V/R로 쓸 수 있다. 여기서 I는 전류이고, 전압 V는 28V±10%이고 저항 R은 1300Ω±20%이다. V와 R의 값은 각 허용범위 내에서 균일하게 분포되었다고 가정하라. 셀 구간의 수 $k_M=8$, n=1000 데이터를 사용하여 I에 대한 빈도수와 누적 빈도수의 표와 히스토그램을 구하라. 빈도수 데이터를 사용하여 I(전류)에 대한 표본 평균과 분산을 계산하라.

4. 몬테갈로 모의실험을 위해 식(1.34)에 있는 알고리듬을 수정하라. $v=\sqrt{V_1^2+V_2^2}$ 이라고 두자.
   여기서 $V_1=10V\pm15\%$이고 $V_2=20V\pm25\%$이다. V_1과 V_2의 값은 각 허용 범위 내에서 균일하게 분포되었다고 가정한다. 셀 구간의 수 $k_M=8$, n=1000 데이터를 사용하여 V에 대한 빈도수와 누적 빈도수의 표와 히스토그램을 구하라. 빈도수 데이터를 사용하여 V에 대한 샘플 평균과 분산을 계산하라.

확률론

본 장은 사건의 확률, 결합, 조건부, 독립과 분할과 같은 핵심적인 확률적 개념들을 소개하고 있다. 공리적인 틀 안에서 확률을 소개하였다. 처음에 학생들에게 있어 확률의 공리들은 너무 추상적 개념으로 보일 수 있지만 공리는 간결한 수학적 추상화를 실현시켜주는 훌륭한 안내자가 될 것이다. 또한 확률적 사고와 계산은 공학인에게 이득은 최대화하고 손실은 최소화하는 경제적인 설계 능력을 기르는데 도움을 준다.

학습목표

1. 고전적인 확률의 정의와 확률의 공리와 성질에 대한 확률 개념을 이용하여 여러 사건에 대한 확률을 계산할 수 있다.
2. 확률 사건을 정의할 수 있으며, 조건부 확률 사건, 사건 분할, 전 확률 정리에 기초하여 베이즈 정리를 유도할 수 있으며 설명할 수 있다.
3. 독립적인 랜덤 사건의 반복 시행 결과로부터 마코프 체인, 천이 확률 개념을 설명할 수 있으며, 독립 사건인 경우 이항 정리를 유도할 수 있다.
4. 자료의 분포의 퍼짐 정도를 나타내는 산포도로서 범위, 분산(혹은 표준편차), 최대/최소값을 구할 수 있다.
5. 여러 가지 난수 발생을 위한 컴퓨터 알고리듬을 작성할 수 있으며, 모의실험을 통하여 사건 확률을 구하는 실험을 수행할 수 있다.

2.1 확률 개념

통계학은 우리의 일상생활에서 변화량을 관리하기 위해 사용하는 한 기법에 지나지 않는다. 경험적인 어떤 일이 정확하고 엄격할 필요가 없다면 확률적 의미로 그 과정을 설명하게 된다. 공학적 문제 해결을 위해 우리는 종종 광범위한 랜덤 혹은 **확률 실험**(random 혹은 probability experiment)의 과정을 만나게 된다. 불규칙적인 어떤 물리적 프로세스를 여러 번 같은 방법으로 수행하여 예측할 수 없는 결과가 나타나는 비결정적(non-deterministic) 응용을 살펴봄으로써 랜덤 실험을 개념화 하고자 한다. 각 결과가 같지 않다는 관점에서 "*랜덤*" 하게 변한다고 한다. 랜덤 실험의 결과가 변한다고 해서 그 결과를 버리지 않는다. 여기서 우리의 관심은 변화의 성질(즉 랜덤성(randomness))을 연구함으로써 그 성질은 더 잘 이해할 수 있다. 이것이 확률 이론의 기원이 된다.

> **확률 혹은 랜덤 실험** tip
>
> 확률 실험이란 특정한 결과를 얻도록 행하는 **시행**(trial)과 관찰의 과정이라고 정의할 수 있다. 확률 실험을 통해 나오는 단일 시행을 **결과**(outcome)라고 하며 모든 가능한 결과들의 집합을 **표본 공간**(sample space)이라고 한다. **사건**(event)이란 하나 혹은 그 이상의 결과로 구성되며 표본 공간의 부분집합이다.

2.2 본장의 개요

공학의 응용문제들을 다루는데 있어 확률계산에 대한 필수적인 이해가 필요하다. 이에 관련된 주제들을 기술해본다면 다음 주제가 될 것이다.

- 균일하게 발생하는 확률
- 결합 확률
- 조건부 확률
- 분할(partitions)
- 임의 랜덤 사건의 확률
- 확률의 덧셈
- 독립성

이제 이들 주제에 대하여 다음절부터 시작하여 실제 공학문제에서 선택된 예제 문제를 풀어가면서 확률 계산 법칙들을 소개할 것이다. 본 장의 마지막부분에 나오는 요약부분은 간결한 형태로 확률 계산 법칙들을 정리하여 준다. 본 주제들에 대해 사전 지식을 갖고 있는 독자들은 바로 요약 부분으로 가서 본서에서 사용되는 용어 및 개념 복습을 하기 바란다. 충분한 개념 정리가 된 독자라면 다음 장으로 넘어가도 좋다.

2.3 균일하게 발생하는 확률

2.3.1 균일하게 발생하는 사건

랜덤성을 이해하는 데 있어서 중요한 단계는 기회의 게임을 심도 있게 연구했던 르네상스 시기로 되돌아가 기회의 게임 놀이를 통해 랜덤 실험을 경험해볼 수 있다. 예를 들면 동전 던지기에서 양면 중 한 면만이 나타날 것이며, 주사위 던지기에서는 여섯 면 중의 한 면만 나타날 것이다.

물론 우리는 여기서 게임의 기회에는 관심이 없지만 균일하게 발생하는 사건의 어떤 특정 공학 문제에서 발생하며 예를 들면 아날로그 신호의 표본화 과정(Sampling Process) 등에서 발생한다.

결국 N개로 구성된 항목의 그룹 중에서 한 샘플만을 선택하는 것이라면 정직한 샘플링의 개념은 N항목 각각을 선택할 때 다른 항목과 똑같은 확률로 선택되어져야 한다.

일반화하여, N개의 구별된 항목 $A_i, i = 1, 2, \cdots, N$이 있다고 가정하자. 모든 항목 A_i의 집단(collection)을 **표본 공간**(Sample Space) S라고 한다.:

$$S = \{A_1, A_2, \cdots, A_N\} \tag{2.1}$$

확률 자체는 한 사건이 발생하는 확실성의 척도로서 0과 1사이의 수를 사용하여 표현된다. 사건 A의 확률을 $P\{A\}$로 나타낸다.

$$0 \le P\{A\} \le 1 \qquad (2.2)$$

어떤 사건이 발생 가능성이 전혀 없다면 그 확률은 0이 된다. 반면 사건이 확실히 발생한다면 그 확률은 1이 된다. 확률에 대한 특정값을 얻는 방법은 식(2.1)에 나온 각 사건 A_i가 똑같이 발생할 때 각 사건에 대한 확률은 균등하게 1/N을 갖는다. 즉

$$P\{A_i\} = \frac{1}{N}, \qquad i = 1, 2, .., N \qquad (2.3)$$

만일 사건 A가 사건 A_i로 구성된 집단이라면 A의 확률은 사건 A에 포함된 구별된 A_i의 사건의 수 n_A에 의해 다음과 같이 결정된다:

$$P\{A\} = \frac{n_A}{N} \qquad (2.4)$$

예제 2.1

동일한 25개의 품목이 제조되는 대로 쟁반 위에 올려진다. 검사자는 무작위로 한 품목을 선택한다(equally likely 사건을 의미할 때 "*랜덤하게*(at random)" 하는 말을 보통 사용한다). 쟁반 위에 있는 각 품목은 균일한 발생 확률로 선택되어짐을 의미한다. 식(2.3)을 사용하면 쟁반 위에 놓인 각 품목은 1/25의 확률로 선택되어 진다.

쟁반에 있는 품목 중 5개가 불량이고 다른 것이 그렇지 않다면 식(2.4)을 사용하여 검사자가 불량 품목을 선택할 확률은 5/25가 된다.

2.3.2 랜덤 표본화

샘플을 무작위로 선택할 때 부주위한 잘못이나 공공연한 편견으로 인해 문제가 발생되지 않도록 특별한 주의를 요한다. 아마도 사람은 직관이나 경험에 따라 무작위로 아이템을 선택한다고 해도 어떤 종류의 편견이 과정 속에 개입되어 아이템의 선택이 균일한 확률로 발생하지 않을 수 있다. 실제로 난수표나 어떤 동등한 편견이 없는 도움이 필요하다. 우선 모집단에 있는 각 아이템에 1에서 시작하여 N까지 어떤 수를 배정한다. 그런 다음에 수 1~N 중 하나를 찾을 때까지 난수표를 사용하여 찾는다. 번호를 부여한 아이템을 표본으로 취한다. 이에 대한 자세한 내용은 아래에 기술하였다.

[표 2.1]은 URNG(Uniform Random Number Generator)를 사용하여 만들어진 난수표이다. 표에 나오는 각 난수는 0~9까지 정수 중 하나이다. 0~9 사이의 수는 표 전체에 걸쳐 똑같은 확률로 발생되며 정수는 서로 상관이 없고 어떤 특정한 유형의 정수 모양이 다른 모양에 비해 선호되지도 않는다.

만일 한 자리 정수의 시퀀스를 취하면 0~9를 얻게 될 것이다. 두 자리로 구성된 정수의 시퀀스를 취하면 00~99를 얻게 된다. 난수의 시퀀스 중 십진수 전체를 필요로 하지 않는다면 일부만 사용하고 나머지는 무시할 수도 있다. 표에 나오는 각 난수는 0~9까지 정수 중 하나다.

예제 2.2

63개의 아이템이 있는데 아무런 편견없이 그 중에 무작위로 5개를 선택하고 싶다고 가정하자. 아이템 각각에는 번호 1~63이 부여되었다. [표 2.1]의 난수표로 가서 가령 첫 번째 열(column)에 나온 난수의 여섯 번째 행(row)에서 시작해보자. 그러면 난수 83143, 51036, 83681, 66794, …을 얻을 수 있다. 난수는 연속적으로 이어져 있다고 보고 이 시퀀스를 두 자리로 취하면

83는 무시한다(63보다 크므로 무시).
14는 아이템 #14를 선택한다.
35는 아이템 #35를 선택한다.
10는 아이템 #10을 선택한다.
36는 아이템 #36을 선택한다.
83은 무시한다.
68은 무시한다.
16는 아이템 #16을 선택한다.

이렇게 하여 무작위로 선택할 5개의 아이템의 번호가 결정된다.

10, 14, 16, 35, 36, …

만일 다른 위치에서 [표 2.1]의 난수로 들어가면 또 다른 난수 표본을 얻게 된다. 앞에서 선택된 수의 반복은 무시된다.

예제 2.3

7개의 아이템 a, b, c, d, f, g가 있는데 이를 무작위순으로 배열하고 싶다. 먼저 각 아이템에 번호를 배정한다.:

(1,a), (2,b), (3,c), (4,d), (5,e), (6,f), (7,g)

그런 다음 [표2.1]의 가령 7번째 그룹 행(row)의 6번째 열(column)의 5개씩 그룹으로 된 곳을 찾으면 난수 … 18055 …이 선택된다. 난수의 오른쪽(끝)에서 왼쪽(앞)으로 진행해가며 순서를 정하면

5는 e아이템을 선택한다.
5는 무시한다.
0은 무시한다(아이템의 번호를 벗어남).
8은 무시한다(아이템의 번호를 벗어남).
1은 a 아이템을 선택한다.
4는 d 아이템을 선택한다.
⋮

이 같은 방법으로 계속해 나가면 7개 아이템의 무작위순 배열은 다음과 같다.

e, a, d, g, b, f, c

표 2.1 난수표

그룹								
1그룹	02103	27753	43751	27802	44115	44209	32858	54679
	15550	11061	64509	49254	17030	76116	51324	71734
	29768	24365	00712	83714	66599	28040	59472	97865
	26776	80689	73432	43550	97017	21484	09732	06857
	59220	48098	70312	97577	49745	48322	89851	34869
2그룹	83143	51036	83681	66794	61911	39352	77096	66120
	33991	52429	57859	42980	90470	35281	81574	98769
	62543	72857	50537	62382	87888	56211	89596	63985
	20224	39564	47076	87964	55995	27606	60624	73048
	37053	46382	36529	52115	84674	11083	00202	32399
3그룹	08164	95954	89966	83823	97771	31323	51203	03203
	51728	73304	63089	11266	24659	08742	09984	90140
	52489	15468	30061	18867	00214	00627	10901	56291
	43883	68075	12580	91480	08067	27134	70161	00709
	58649	32581	02046	86757	52211	99738	27978	17647
4그룹	47104	86987	54502	41583	68719	07323	23409	82661
	78245	37133	61214	96682	61532	11884	48959	30939
	71079	93160	37079	67274	02697	02270	26150	31616
	72660	09324	44822	55434	07994	51280	56931	06614
	57218	35743	27794	52665	19383	07700	66134	47769
5그룹	52581	15304	32636	89639	09441	44962	28441	74768
	47405	33928	33210	66620	84684	75628	42460	46001
	37587	36481	39928	57421	94529	45807	81807	06179
	74812	72746	10760	41151	89103	41580	68994	41804
	02803	23796	29634	86787	43908	59512	18162	98858
6그룹	02786	03143	69775	21785	76363	36865	67756	28293
	00285	53451	24469	80576	96646	03232	40528	76353
	24128	83945	35561	71673	83923	25269	53922	51442
	97872	10028	14748	70856	83976	68668	82503	84212
	82845	73838	71290	65423	47374	47113	83009	75821
7그룹	44564	77281	78009	42412	58784	18055	46860	66974
	89393	66251	11173	77225	46898	82405	85816	53553
	23808	86690	37618	24282	78197	55505	91450	13292
	12447	92869	91709	00949	26313	02692	56139	55572
	55138	85524	30296	73972	20329	83287	36699	96433
8그룹	60228	38574	25097	98632	21058	09595	13524	91085
	84237	58120	77321	59194	98827	33065	32537	08755
	53862	54661	63002	40818	43099	66707	87363	35321
	44513	70873	74928	98579	83683	62782	91188	90209
	84945	04481	51791	95131	36732	76162	75758	95608

2.3.3 상대 도수(relative frequency)

르네상스 시기에 시작한 확률에 대한 또 다른 접근법은 보험 계리사들에 의해 발달되었다. 그들은 직관이 아니고 관찰을 사용하여 보험 업무에 필요한 데이터를 제공하였다. 예를 들어 바다에서 배가 상실될 사건을 A로 나타내었다고 하자. 바다에서의 상선 손실에 대해 보험을 들었다고 가정하면 보험 계리사는 상선이 바다에서 상실될 빈도수 n_A에 대한 데이터를 수집하게 된다. 전체 항해수 N에 대해 n_A번의 상선 손실이 있었다면 선박상실의 **상대빈도**는 n_A/N가 된다. 이것은 상선이 손실될 확률을 추정하기 위해 사용되었다.

$$P\{A\} = n_A/N \tag{2.5}$$

물론 모든 보험 데이터에서와 같이 데이터 N이 크면 클수록 상대빈도 식(2.5)는 보험 목적을 위한 유용한 확률에 대한 근거가 될 것이라는 더 큰 확신을 갖게 된다.

확률에 적용된 상대빈도는 기술자들에게 매우 매력적인 개념이 되어 왔다. 한편 $P\{A\}$를 결정하기 위해 사용된 데이터는 균일한 확률로 발생하는 사건의 경우에서와 같이 "**사전**(*a priori*)" 에 얻어지지 않고 측정 되었다. 더욱이 확률에 대한 상대빈도 접근은 식(2.1)에서와 같이 유한하고 이산적인 표본 공간으로만 제한되지는 않는다. 예를 들면 식(2.5)에서 사건 A는 어떤 허용한계 내에서 발생하는 전원의 전압으로 정의 될 수 있다. 사실상 상대빈도는 확률이 반복할 수 있는 어떤 실험적 상황에 사용되는 것을 허용해 주며 이 경우에 랜덤 실험의 결과는 추정되거나 셀 수 있다. 그러므로 상대빈도는 똑같은 확률로 발생하는 사건이라는 가정에 대한 실험적 검사로서 사용되어질 수 있다.

$$P\{A\} = \lim_{n\to\infty} n_A/N \tag{2.6}$$

예제 2.4

웨이퍼 상의 IC칩을 시험한다고 가정하자. 각 칩은 합격 혹은 불합격 처리된다. 다음의 데이터가 얻어졌다.

a. 10개를 시험했을 때 5개의 칩이 합격하였다.
b. 100개를 시험했을 때 63개의 칩이 합격하였다.
c. 1000개를 시험했을 때 589개의 칩이 합격하였다.
d. 10000개를 시험했을 때 6008개의 칩이 합격하였다.

식(2.5)를 사용하면 칩이 시험에 합격할 확률은 대략 0.6이다. 극한치 관계식(2.6)은 물론 논리적으로 구현될 수 없지만 근사 관계식(2.5)는 N이 클 때도 적절히 사용될 수 있다.

2.3.4 추상 확률

실제적으로 식(2.6)의 극한 과정을 보통 근사화시킨다. 하지만, 어떤 경우에는 충분한 데이터가 없거나 반복적인 랜덤 실험이 서로 독립적이 되도록 만들 수 없게 되어 근사화가 어렵게 된다. 똑같은 확률로 발생하는 사건을 가정할 수 없을 때나 혹은 상대 빈도수의 극한 과정에 의미를 부여할 수 없을 때라도 우리는 확률을 사용할 수 있기를 원한다. 다시 말해서 추상적이고 이론적인 의미에서 확률을 사용할 수 있기를 원한다. 간단히 말해 그 값을 어떻게 얻게 될 것인가는 말할 필요 없이 어떤 특별한 성질을 갖는 **실체**(entity)의 개념으로서 확률을 사용할 수 있기를 원한다.

모든 확률이 가져야 할 이 같은 성질들을 몇 개의 **공리**(axioms)로 요약되는데 이 공리는 확률의 개념적인 기초를 이룬다.

확률에서 사건이란 **집합**(sets)이다. 그러므로 집합 연산의 간단한 복습을 원하는 독자는 다음 절이 도움이 될 것이다. 그렇지 않은 경우는 확률의 공리와 성질을 설명하는 2.6절로 직접 넘어가도 된다.

2.4 확률 계산

2.4.1 집합 연산의 복습

집합(sets)이란 어떤 유용한 법칙에 따라 모아 놓은 원소들의 집단이다. 집합 개념은 수의 집합, 특정한 물체의 집합, 신호의 집합 등등과 같은 매우 일반적인 개념이다. 집합의 표기는 A와 같이 대문자 이탤릭체 문자로 나타낼 것이다. 집합의 원소는 a와 같이 소문자 이탤릭체 문자로 나타낼 것이다.

집합을 표현하는 방법에는 **열거법**(Tabular method)과 **규칙법**(Rule method)이 있는데 집합의 원소 표현(Statement) $a \in A$를 "a는 집합 A의 원소"라고 읽는다. 열거법 집합 표기는 $A=\{6,7,8,9,10\}$, 규칙법 표기로는 $A=\{x_1 < X \le x_2\}$과 같이 대괄호 내에 설명에 의해 원소를 규정하는 경우도 있다. 여기서 원소는 x_1을 포함하지 않는 x_1과 포함하는 x_2사이의 실수이다.

A의 모든 원소가 또한 B의 원소라면 이때 A는 B에 포함되었다고 말하며 A는 B의 **부분 집합**이라고 한다. 부분집합을 $A \subset B$와 같이 표기한다.

두 집합 A와 B의 **등가**(equality)는 A의 모든 원소가 또한 B의 모든 원소가 되고 그 역도 사실이면 두 집합의 등가는 $A=B$로 나타낸다.

집합이 소개될 때 **전체 집합**(Universal Set)이라고 하는 특별한 집합 S를 규정한다. 본 절과 따라 나오는 절에서 전체집합 S는 모든 실수를 원소로 갖는 집합이라고 정의한다. 즉 $S=-\infty < x < \infty$. 모든 다른 집합 A, B, C, …은 전체 집합 S의 부분집합이 된다.

$$A \subset S$$
$$B \subset S$$
$$C \subset S \text{ 등등}$$

또 다른 특별한 집합은 Φ로 표기되는 **공**(Null) 집합이다. 공집합은 아무런 원소를 갖지 않는 집합이다.

집합사이의 관계식은 종종 그림 2.1에 보인 것과 같이 도형을 사용하여 그림으로 표현된다. 이 도형적 표현을 **벤 다이어그램**(Venn Diagrans)이라고 한다.

그림 2.1 (a) 집합 A와 그 원소 a를 나타내는 벤 다이어그램 (b) 집합 B가 집합 A의 부분집합을 나타내고 집합 C가 집합 A와 공통 원소를 갖는 관계를 보여주는 벤 다이어그램

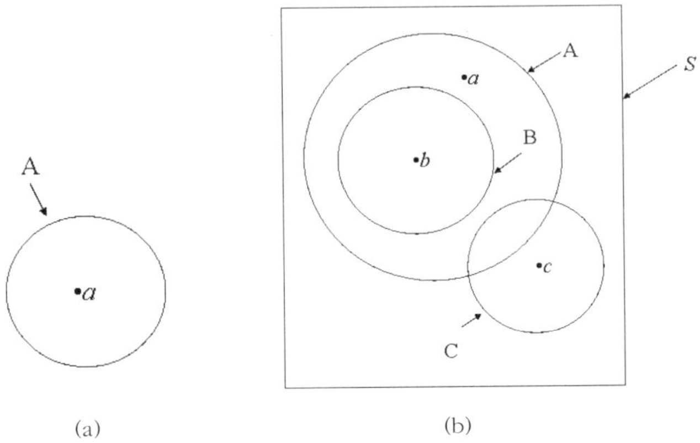

두 집합 A와 B의 **합집합**(Union)은 $A \cup B$로 표기하며 정의에 의해 $A \cup B$는 그 원소는 A의 원소나, B의 원소와 혹은 공통으로 들어 있는 원소로 된 집합을 나타낸다. 그림 2.2(a)는 $A \cup B$에 대한 벤 다이어그램을 예시해 준다.

그림 2.2 (a) 두 집합 A와 B의 합집합과 (b) 두 집합 A와 B의 교집합 부분을 음영으로 나타내 보여준 벤 다이어그램

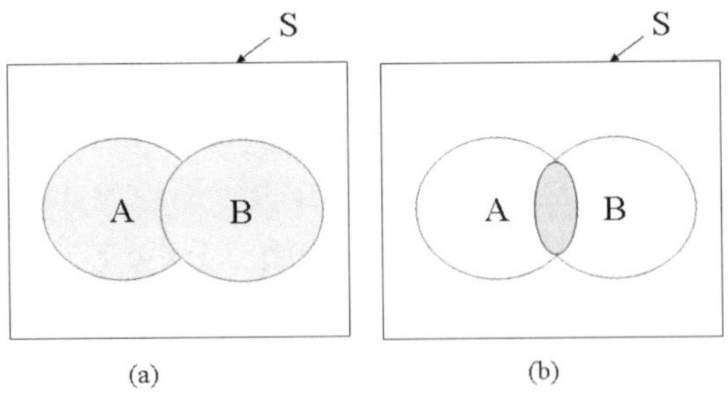

예제 2.5 **합집합 연산의 예**

1. 만일 $A = \{-10 \le x \le 10\}$이고,
   $B = \{0 \le x < \infty\}$이면
   합집합 $A \cup B = \{-10 \le x < \infty\}$

2. 만일 $A = \{-10 \le x \le 0\}$이고,
   $B = \{10 \le x < \infty\}$이면
   합집합 $A \cup B = \{-10 \le x \le 0;\ 10 \le x < \infty\}$

두 집합 A와 B의 **교집합**(Intersection)은 $A \cap B$으로 표기하며 정의에 의해 $A \cap B$는 A와 B의 원소의 공통인 원소로 된 원소를 갖는 집합을 나타낸다. 벤 다이어그램은 그림 2.2(b)에 보였다.

예제 2.6 **교집합 연산의 예**

1. 만일 $A = \{-10 < x \le 10\}$이고
   $B = \{0 < x < \infty\}$이면
   교집합 $A \cap B = \{0 < x \le 10\}$

2. 만일 $A = \{-10 < x < 0\}$
   $B = \{10 \le x < \infty\}$
   교집합 $A \cap B = \phi$

집합 A와 B가 **배반적**(disjoint)이거나 상호 **배타적**(exclusive)이면 A와 B에 공통적인 원소는 없다. 따라서 $A \cap B = \phi$이다. 예제 2.6의 두 번째 경우에 A와 B는 배반적이다(그림 2.3의 벤 다이어그램 참조)하였다.

$$A \cup S = S \tag{2.7a}$$

$$A \cap S = A \tag{2.7b}$$

$$A \cup \phi = A \tag{2.7c}$$

$$A \cap \phi = \phi \tag{2.7d}$$

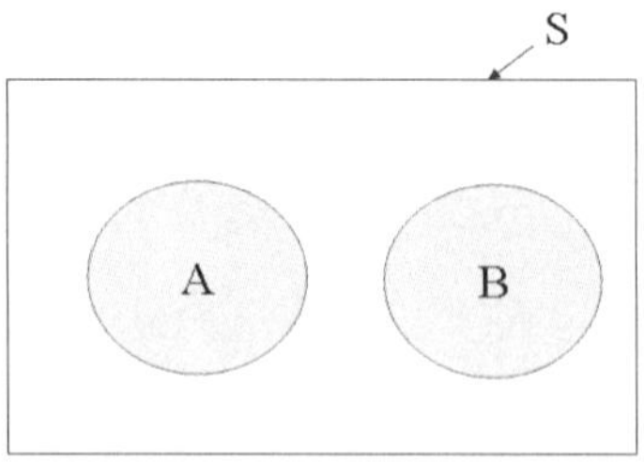

그림 2.3 배반적 집합 A와 B로 나타내주는 벤 다이어그램

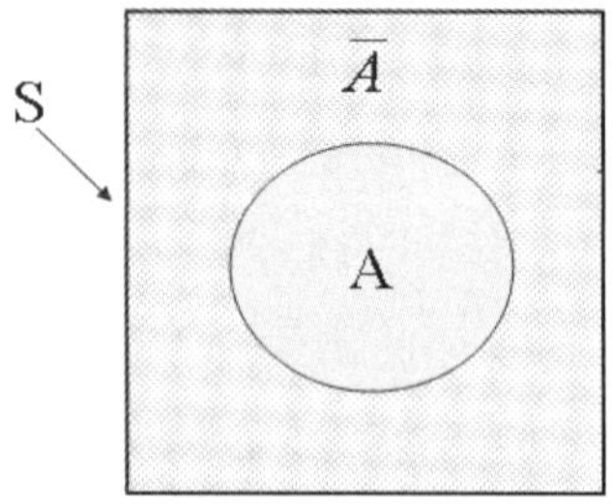

그림 2.4 집합 A와 여집합 $\overline{A}$를 나타내주는 벤 다이어그램

아래에 주어진 교환, 결합, 분배 관계는 위 정의의 결과이기도 하다.

교환관계: $$A \cup B = B \cup A \quad (2.8a)$$
$$A \cap B = B \cap A \quad (2.8b)$$
결합관계: $$A \cup (B \cup C) = (A \cup B) \cup C = A \cup B \cup C \quad (2.9a)$$
$$A \cap (B \cap C) = (A \cap B) \cap C = A \cap B \cap C \quad (2.9b)$$
분배관계: $$A \cup (B \cap C) = (A \cup B) \cap (A \cup C) \quad (2.10a)$$
$$A \cap (B \cup C) = (A \cap B) \cup (A \cap C) \quad (2.10b)$$

$\overline{A}$로 나타내지는 집합 A의 **여집합**(complement)은 A에 있지 않는 전체 집합 S 안에 있는 모든 원소로 된 집합을 나타낸다. 집합 A의 여집합을 그림 2.4의 벤 다이어그램에 나타냈다. 이 정의로부터

$$A \cup \overline{A} = S \quad (2.11a)$$
$$A \cap \overline{A} = \phi \quad (2.11b)$$

임을 알 수 있다.

예제 2.7 여집합 연산의 예

1. 만일 $S = \{-\infty < x < \infty\}$이고
   $A = \{0 \le x < \infty\}$이면
   여집합 $\overline{A} = \{-\infty < x < 0\}$

2. 만일 $S = \{0 \le x < \infty\}$이고
   $B = \{10 < x < 20\}$이면
   여집합 $\overline{B} = \{0 \le x \le 10; 20 \le x < \infty\}$

집합에 대한 **드 모르간**(De Morgan)의 정리는

$$\overline{A \cup B} = \overline{A} \cap \overline{B} \tag{2.12a}$$

$$\overline{A \cap B} = \overline{A} \cup \overline{B} \tag{2.12b}$$

반복적인 합집합과 교집합의 연산은 다음과 같은 표기로 나타낼 수 있다.

$$A_1 \cup A_2 \cup A_3 \cup \cdots \cup A_N = \bigcup_{i=1}^{N} A_i \tag{2.13a}$$

$$A_1 \cap A_2 \cap A_3 \cap \cdots \cap A_N = \bigcap_{i=1}^{N} A_i \tag{2.13b}$$

식(2.13a)의 표현은 식(2.10b)의 분배 관계식과 함께 다음과 같이 쓸 수 있다.

$$B \cap (\bigcup_{i=1}^{N} A_i) = \bigcup_{i=1}^{N} (B \cap A_i) \tag{2.14a}$$

식(2.13b)와 식(2.10a)를 결합하면 다음의 유사한 관계식을 얻는다.

$$B \cup (\bigcap_{i=1}^{N} A_i) = \bigcap_{i=1}^{N} (B \cup A_i) \tag{2.14b}$$

집합 연산에 관한 다른 많은 서술과 성질들을 더 자세히 나타낼 수 있지만 여기서는 지금까지 주어진 것으로도 확률 이론의 개념을 정립하는데 적합하리라고 본다.

2.4.2 확률의 공리와 성질

확률 이론이라는 문맥상에서 랜덤 실험은 비결정적 결과를 내는 어떤 행위이다. 예를 들면, 랜덤 실험은 전화 시스템을 통해 음성 메시지를 보내는 것과도 같다. 이때 실험의 결과로는 많은 가능한 대화중의 하나가 될 수 있다. 랜덤 실험으로 나올 수 있는 모든 가능한 집단(collections)을 **표본 공간** S로 나타낸다. 그러므로 각 **결과**(outcome) s는 S의 한 원소가 된다.

표본 공간 내의 결과들을 여러 개의 사건들 A, B, C, …; $A \subset S$, $B \subset S$, $C \subset S$, …로 그룹을 만들 수 있다. 주어진 랜덤 실험의 성질과 사건으로부터 관심의 그룹핑을 어떻게 할 것인지가 결정되게 된다. 예를 들면, 표본공간이 전화시스템을 통해 전송된 모든 가능한 음성 대화로 구성된다고 가정하자. 만일 우리가 이 대화가운데 대화자 소리 특성에 관심이 있다면, 다음처럼 사건을 정리하는 것이 목적에 부합될 수 있다.

A = { 남성에 의한 모든 대화 }

B = { 여성에 의한 모든 대화 }

C = { 어린이들에 의한 모든 대화 }

이 사건들에 확률을 할당한다. 확률은 0과 1사이의 실수, 즉 $0 \leq P\{A\} \leq 1$로 표현된다. $P\{A\}$의 표기는 "사건 A의 확률" 이라고 읽는다. 표본 공간은 모든 가능한 결과를 다 포함하기 때문에 **확정 사건**(certain event)($P\{S\}=1$)이라고 생각할 수 있다. 아무런 결과를 포함하지 않는 사건은 ϕ로 나타내며 **불가능 사건**(impossible event)이라고 한다. 이 사건의 확률은 $P\{\phi\}=0$이다. 0과 1사이의 값을 갖는 확률 $P\{A\}$는 여러 가지 방법에 의해 결정되어진다. 즉, 균등한 확률로 발생하는 사건, 상대 도수, 혹은 본서의 이론에 의해 안내된 다른 방법들에 의해서 얻어진다.

다음 세 가지 공리를 기초하여 확률 이론의 필수적인 성질들을 요약해 보고자 한다. 이 공리들은 확률 이론에 관한 보편적(conventional) 지혜로 받아들여진다. 확률의 다른 중요한 성질들은 이들로부터 유도된다. 무한 합에 연관된 4번째 공리는 본 절의 끝에 소개되었다.

공리 I : 만일 S가 실험에 대한 표본 공간이라면, $P\{S\}=1$

공리 II : 만일 A가 표본공간 안에 포함된 사건이라면 $P\{A\} \geq 0$

공리 III : 만일 A와 B가 모두 표본 공간 안에 포함된 사건이고 A와 B가 배반적 사건(즉, $A \cap B = \phi$)이라면

$$P\{A \cup B\} = P\{A\} + P\{B\}$$

여러 가지 확률 성질들이 이 공리들로부터 도출된다.

공리 III과 식(2.11b)를 사용하면

$$P\{A \cup \overline{A}\} = P\{A\} + P\{\overline{A}\}$$

그 다음 공리 I과 식(2.11a)를 사용하면

$$P\{A\} = 1 - P\{\overline{A}\} \tag{2.15}$$

식(2.15)의 특별한 경우가 A가 S가 될 때 발생한다.

표본 공간의 여집합은 불가능 사건, $\overline{S}=\phi$이고

$$P\{\phi\} = 1 - P\{S\}$$

공리 I에 의해

$$P\{\phi\} = 0 \tag{2.16}$$

$P\{A\}$나 $P\{\overline{A}\}$가 0일 때 다른 것의 확률 값은 1의 값을 갖게 된다는 것은 식(2.15)으로부터 알 수 있다. 공리 II와 식(2.15)로부터

$$P\{A\} \leq 1 \tag{2.17}$$

그림 2.5 (a) 사건 A와 B가 배타적이 아닌 경우와 (b) 사건 A와 $B\cap\overline{A}$가 배타적인 경우의 벤 다이어그램

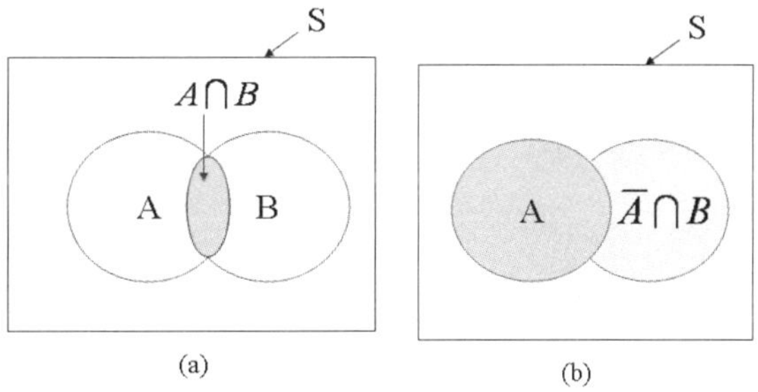

을 얻는다. 사건 A와 B가 배반적이지 않는 경우가 종종 발생한다. 즉 $A\cap B\neq\phi$(그림 2.5(a) 참조). 그림 2.5(b)에 보인 바와 같이 $A\cup B$가 배반적인 사건으로 분해된다면 공리 III을 적용시킬 수 있다 이 경우 사건 A와 $B\cap\overline{A}$를 사용할 수 있다. 결합 관계식(2.9b)를 사용하여

$$A\cap(B\cap\overline{A})=B\cap(A\cap\overline{A})=\phi$$

또한 분배 관계식(2.9b)를 사용하여

$$A\cup(B\cap\overline{A})=(A\cup B)\cap(A\cup\overline{A})=A\cup B$$

그런 다음 공리 III과 더불어 이 결과를 사용하면

$$P(A\cup B)=P(A)+P(B\cap\overline{A}) \tag{2.18}$$

다른 사건의 교집합인 한 사건의 확률 $P(B\cap\overline{A})$를 **결합 확률**(joint probability)이라고 한다.

다음을 보이기 위하여 식(2.18)을 얻기 위해 사용했던 것과 비슷한 과정을 사건 $B\cap A$와 $B\cap\overline{A}$에도 사용할 수 있다.

$$(B\cap A)\cap(B\cap\overline{A})=\phi$$
$$(B\cap A)\cup(B\cap\overline{A})=B$$

그림 2.5에 보인 벤 다이어그램을 한 번 보면 이것을 증명하는데 도움이 될 것이다. 다음 공리 III을 사용하면

$$P\{B\cap A\}+P\{B\cap\overline{A}\}=P\{B\} \tag{2.19}$$

끝으로 식(2.18)과 식(2.19)를 결합하면 $P(A\cup B)$에 대한 또 다른 관계식을 얻는다.

$$P\{A\cup B\}=P\{A\}+P\{B\}-P\{A\cap B\} \tag{2.20}$$

식(2.18)과 식(2.20)은 A와 B가 배반적일 때 공리 III으로부터 표현된다. 공리 III에 표현된 원리를 일반화시킬 수 있다. 표본공간 S에 n개의 배타적인 사건 $A_i, i=1,2,\cdots,n$이 있다고 가정하자.

그러면 일반화된 공리 III은

$$P\left\{\bigcup_{i=1}^{n} A_i\right\} = \sum_{i=0}^{n} P\{A_i\} \tag{2.21}$$

여기서, 모든 $i, j(i \neq j)$에 대해 $A_i \cap A_j = \phi$. 식(2.21)의 반복적인 합집합 관계식은 식(2.13a)에서 정의되었다.

예제 2.8 표본 평균값 계산

사건 X, Y, Z는 3개의 다른 제조업체를 나타내며 각각은 제품 A, B, C를 생산한다. [표 2.2]는 각 제조업체에 의해 생산된 제품의 수를 나열한 것이다. 이 예제에서 [표 2.2]에 명시된 107개의 제품 중 각 하나가 균등한 확률로 선택된다. 그러므로 식(2.3)을 사용하면 [표 2.2]의 각 제품의 선택될 확률은 $\frac{1}{107}$을 갖는다. 더욱이 사건 $B \cap X$에 15개의 제품이 있다면 한 제품을 선택한 것이 B에 있고 X회사에 의해 제조될 확률은 식(2.4)에 의해 $P(B \cap X) = \frac{15}{107}$. 결합 확률을 포함하는 다른 예는

$$P(B) = P(B \cap X) + P(B \cap Y) + P(B \cap Z)$$
$$= 15/107 + 21/107 + 3/107 = 39/107 = 0.364$$

표 2.2 3개의 제조회사 X, Y, Z와 제조회사에 의해 생산된 3개의 다른 제품들 A, B, C의 수

	제조회사	X	Y	Z	전체
제	A	13	6	19	38
	B	15	21	3	39
품	C	8	18	4	30
	전체	36	46	26	107

$$P(X) = P(X \cap A) + P(X \cap B) + P(X \cap C)$$
$$= 13/107 + 15/107 + 8/107 = 36/107 = 0.336$$

$B \cup X$의 확률을 계산하기 위하여 식(2.20)을 사용하면 된다.

$$P(B \cup X) = P(B) + P(X) - P(B \cap X)$$
$$= 30/107 + 36/107 - 15/107$$
$$= 60/107 = 0.561$$

혹은 식(2.18)을 사용해도 된다.

$$P(B \cup X) = P(B) + P(\overline{B} \cap X)$$
$$= P(B) + P(A \cap X) + P(C \cap X)$$
$$= 39/107 + 13/107 + 8/107$$
$$= 60/107 = 0.561$$

[표 2.2]로부터 균등한 확률로 발생하는 사건이라는 가정하에 선택할 수 있는 다른 사건들의 확률은 유사한 방법으로 계산된다.

무한 합(infinite additivity)의 경우는 배반적인 사건 A_i의 수가 셀 수 있는 무한개(countable infinity)가 되는 경우 발생한다. 이 같은 특수한 경우는 $n \to \infty$로 감에 따라 식(2.21)에서 수렴의 조건을 요구하기 때문에 별도로 분리시켜 4번째 공리로 기술하였다.

공리 IV : 무한 합

$$P\left\{\bigcup_{i=1}^{\infty} A_i\right\} = \sum_{i=0}^{\infty} P\{A_i\}$$

2.4.3 조건부 확률

가령 사건 A의 확률이 다른 사건 B의 발생에 종속되어 나타나는 것은 랜덤 실험 연구에서 아주 자연스럽게 발생하게 된다. 예를 들면 어떤 장치가 어떤 시간 구간 내에서 고장을 일으킬 확률은 장치의 동작 온도에 의존 할 수 있다. 혹은 잡음이 존재하는 상황에서 신호를 검출할 때 오류를 일으킬 확률은 잡음의 전력에 의해 영향을 받는다.

조건부 확률을 나타내는 표기는 $P\{A \mid B\}$이다. 이 표기는 *"B가 발생했다는 조건하에서 사건 A의 확률"*, 혹은 *"B가 주어졌을 때 A가 발생할 확률"* 이라고 읽는다.

조건부 확률(conditional probability)은 다음과 같이 정의된다.:

$$P\{A \mid B\} = \frac{\text{사건 } A, B\text{가 동시에 발생확률}}{\text{사건} B\text{의 발생확률}} = \frac{P\{A \cap B\}}{P\{B\}}, \quad P\{B\} \neq 0 \tag{2.22}$$

이 시점에서 조건부 확률 $P\{A \mid B\}$가 앞 절에서 설명한 공리 I, II, III을 만족하는가를 확인해봐야 한다.

1. 정의 식(2.22)에서 사건 $A \cap B$는 A의 일부가 B에 포함되어 있음을 나타낸다. (그림 2.5(a)를 다시 참고하기 바람)

$$0 \le \frac{P\{A \cap B\}}{P\{B\}} \le 1$$

2. 만일 A가 B의 부분 집합이면 $A \cap B = A$, 조건부 확률 $P\{A \mid B\}$는 $P\{A\}/P\{B\}$의 비가 된다.

3. 만일 B가 A의 부분 집합이면 $A \cap B = B$, B의 발생은 A의 발생을 보장한다. 즉 $P\{A \mid B\} = 1$

4. 마지막으로 만일 A와 B가 서로 배반적이라면 A나 B의 발생은 다른 사건의 발생을 배제(preclude) 시킨다. 따라서 만일 B가 주어지면 A는 불가능 사건이 되므로 사건 A 와 사건 B의 공통은 존재하지 않는다, 즉

$$A \cap B = \phi, \; P\{A \mid B\} = 0$$

앞서 언급된 사항을 기초하여 조건부 확률 식(2.22)의 정의는 확률 공리 I, II, III을 모두 만족함을 보이고자 한다.

공리 I. B는 항상 S의 부분 사건이 되므로 식(2.22)를 사용하면

$$P(S \mid B) = \frac{P(S \cap B)}{P(B)} = \frac{P(B)}{P(B)} = 1$$

공리 II. 식(2.22)의 분자와 분모항은 비음수이다. 따라서 $P\{A \mid B\} \ge 0$

공리 III. 마지막으로 만일 A_1과 A_2가 상호 배타적이라면 $A_1 \cap B$와 $A_2 \cap B$ 또한 상호 배반적이다(그림 2.6 참조). 식(2.22)의 정의식을 사용하면

$$P\{(A_1 \cup A_2) \mid B\} = \frac{P\{(A_1 \cup A_2) \cap B\}}{P\{B\}}$$

을 얻는다. 분배 관계식(2.10b)를 사용하면

$$P\{(A_1 \cup A_2) \cap B\} = P\{(A_1 \cap B) \cup (A_2 \cap B)\}$$

공리 III을 사용하면 $(A_1 \cap B)$와 $(A_2 \cap B)$는 배타적이므로

$$P\{(A_1 \cap B) \cup (A_2 \cap B)\} = P\{A_1 \cap B\} + P\{A_2 \cap B\}$$

따라서 $$P\{(A_1 \cup A_2) \mid B\} = \frac{P\{A_1 \cap B\}}{P\{B\}} + \frac{P\{A_2 \cap B\}}{P\{B\}}$$

다시 식(2.22)을 적용하면

$$P\{(A_1 \cup A_2) \mid B\} = P\{A_1 \mid B\} + P\{A_2 \mid B\}$$

그림 2.6 A_1과 A_2가 상호 배반적인 경우 사건 A_1과 B, 사건 A_2와 B가 상호 배반적인 경우가 되는 사건을 보여주는 벤 다이어그램

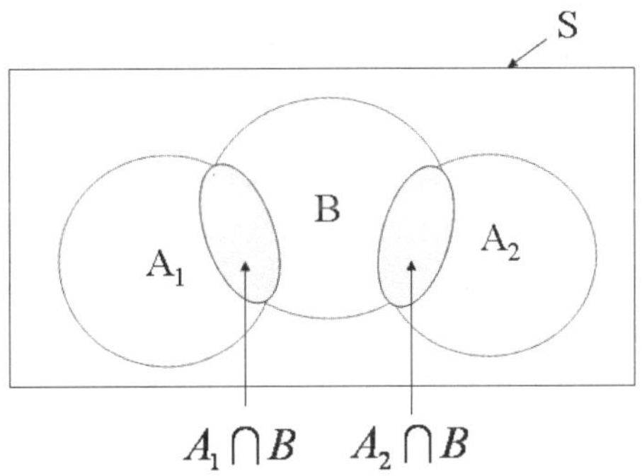

2.4.4 확률 사건의 분할

전체 집합 S가 n개의 상호 배반적인 사건 A_i로 나누어지고 S 안의 각 발생 가능 사건은 한 개 혹은 그 이상의 A_i사건으로 구성된다고 가정하자.

일반적으로 S에 대한 **분할**(partition)은

$$A_i \cap A_j = \phi, \ i \neq j \tag{2.23}$$

인 공집합이 되는 상호 배반적인 사건 $A_i, i = 1, 2, \cdots, n$의 집합이다.

$$n = 4\text{일 때 S에 대한 분할 } \bigcup_{i=1}^{n} A_i = S \tag{2.24}$$

를 그림 2.7에 예시하였다.

식(2.23)과 식(2.24)을 사용하면 사건 $B \cap A_i$는 B에 대한 분할이 된다. 이를 그림 2.7에 나타내 보였다.

$$(B \cap A_i) \cap (B \cap A_j) = B \cap \phi = \phi, \quad i \neq j \tag{2.25}$$

$$\bigcup_{i=1}^{n} B \cap A_i = B \cap (\bigcup_{i=1}^{n} A_i) = B \cap S = B \tag{2.26}$$

식(2.25)와 식(2.26)에서 식(2.21) 표현과 함께 B에 대한 분할을 사용하여 표현하면 **전 확률 정리**(total probability theorem)의 **제1형태**를 얻는다.

$$P\{B\} = \sum_{i=1}^{n} P\{B \cap A_i\} \tag{2.27}$$

그 다음 조건부 확률 식(2.22)의 정의를 사용하면 **전 확률 정리의 제2형태**를 얻는다.

$$P\{B\} = \sum_{i=1}^{n} P\{B \mid A_i\} P\{A_i\} \tag{2.28}$$

그림 2.7 S를 사건 A_1, A_2, A_3, A_4으로 분할시켜 보여준 벤 다이어그램

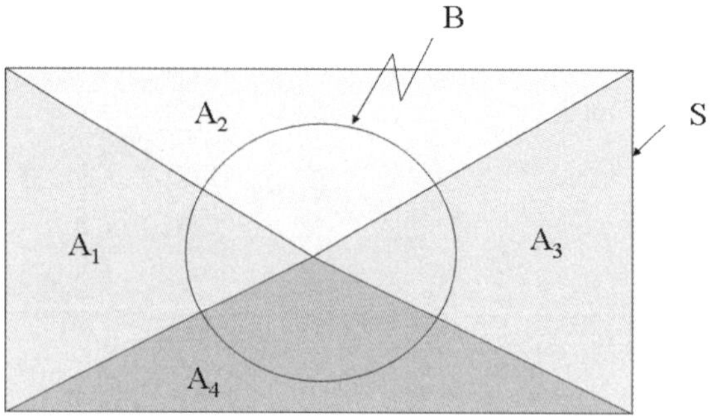

전 확률 정리의 2가지 형태 중 어느 것도 A_i가 식(2.23)과 식(2.24)에 기술된 것과 같은 분할이라면 유효하다. 전 확률 정리의 유용성은 다음 예제에서 살펴보겠다.

예제 2.9

예제 2.8에서 사용했던 것과 다른 관점에서 [표 2.2]의 데이터를 살펴보자. 앞의 예제에서는 전체 107개의 아이템 집단에 대하여 똑같은 발생기회의 사건이라는 가정을 적용하였다. 본 예제에서는 먼저 3개의 제조업체 중 하나를 선택한다. 각 제조업체를 선택할 확률이

$$P\{X\}=0.47, \quad P\{Y\}=0.31, \quad P\{Z\}=0.22$$

라고 가정하자. 제조업체가 선택되었다고 한다면 똑같은 발생기회의 사건이라는 가정과 [표 2.2]의 데이터를 사용하여 조건부 확률을 계산할 수 있다.

$$P\{B \mid X\}=15/36, \quad P\{B \mid Y\}=21/45, \quad P\{B \mid Z\}=3/26$$

$P\{B\}$를 계산하기 위해 식(2.28)의 전확률 정리의 제2형태를 사용하면

$$\begin{aligned} P\{B\} &= P\{B \mid X\}P\{X\}+P\{B \mid Y\}P\{Y\}+P\{B \mid Z\}P\{Z\} \\ &= (15/36)(0.47)+(21/45)(0.31)+(3/26)(0.22) \\ &= 0.366 \end{aligned}$$

같은 방법으로 $P\{A\}$와 $P\{B\}$를 계산하면 $P\{A\}=0.372$과 $P\{C\}=0.262$를 얻는다. 기대한 바와 같이 $P\{A\}$, $P\{B\}$, $P\{C\}$를 더하면 1이 됨을 주목하기 바란다. B와 X의 결합 확률을 계산하기 위해 식(2.22)를 사용한다.

$$P\{B \cap X\} = P\{B \mid X\}P\{X\}=(15/36)(0.47)=0.196$$

사건 B와 X의 합집합의 확률을 계산하기 위해 식(2.20)를 사용하면

$$\begin{aligned} P\{B \cup X\} &= P\{B\}+P\{X\}-P\{B \cap X\} \\ &= 0.366+0.47-0.196 \\ &= 0.640 \end{aligned}$$

조건부 확률 식(2.22)의 정의에서 사용된 기호는 교집합의 결과에 대하여 바꿔 쓸 수 있다.

$$P\{B \cap A\} = P\{B \mid A\}P\{A\}, \quad P\{A\} \neq 0 \tag{2.29a}$$
$$P\{B \cap A\} = P\{A \mid B\}P\{B\}, \quad P\{B\} \neq 0 \tag{2.29b}$$

식(2.8b)의 교환 관계식을 사용하면 **베이즈 정리**(Bayes' theorem)라는 다음 표현을 조건부 확률 식(2.22)와 식(2.29)를 결합시켜 얻을 수 있다.

$$P\{B \mid A\}P\{A\} = P\{A \mid B\}P\{B\} \tag{2.30}$$

B에 대하여 분할된 사건 A_i에 베이즈 정리를 적용하면

$$P\{A_i \mid B\} = P\{B \mid A_i\}P\{A_i\} / P\{B\} \tag{2.31}$$

이 식(2.28)의 전 확률 정리와 결합하여 베이즈 정리의 제2형태를 얻을 수 있다.

$$P\{A_i \mid B\} = \frac{P\{B \mid A_i\}P\{A_i\}}{\sum_{i=1}^{n} P\{B \mid A_i\}P\{A_i\}} \tag{2.32}$$

식(2.32)에서와 같이 베이즈 정리를 표현할 때 확률 $P\{A_i\}$를 ***사전(a priori) 확률***이라고 한다. 반면 사건 B에 조건부인 확률 $P(A_i \mid B)$를 ***사후(a posteriori) 확률***이라고 부르고 조건부 확률 $P(B \mid A_i)$를 **천이**(transition) **확률**이라고 한다.

여기서 표현된 아이디어는 $P\{A_i\}$에 포함된 사전 정보는 랜덤 실험과 결합시킬 수 있으며 이것은 사건 B에 관한 새로운 정보를 제공해 준다. 이때 B로부터 유도된 새로운 정보가 주어졌다면 사후 확률 $P(A_i \mid B)$는 사건 A_i의 확률에 대한 새로운 설명이라고 간주할 수 있다.

예제 2.10

제조 장치의 결함을 시험하는 문제를 고려해보자. 만일 결함(D)이 나타나면 시험은 장치를 불합격(F)처리해야 한다. 따라서 아무런 결함이 없다면 (무결함 $\overline{D}$) 공정은 장치를 합격($\overline{F}$) 처리해야 한다. 시험 공정은 자체적으로 오류를 발생시킨다고 가정한다. **유형 I 오류**(type I errors)는 장치가 결함이 없는 데도 시험에 불합격 처리되어 발생하는 오류를 나타낸다.

그리고 **유형 II 오류**(type II errors)는 장치가 결함이 있는데도 불구하고 시험에 합격 처리되어 발생하는 오류를 말한다.

장치가 결함이 없을 사전 확률은 0.99라고 가정한다. 또한 장치가 결함이 있을 때 시험에 불합격될 확률은 0.95이고 결함이 없을 때 시험에 합격될 확률은 0.98이라고 한다. 이를 종합하면 다음과 같이 확률로 표현할 수 있다.

$$P\{\overline{D}\}=0.99, \qquad P\{D\}=0.01$$

$$P\{F \mid D\}=0.95, \qquad P\{\overline{F} \mid D\}=0.05$$

$$P\{F \mid \overline{D}\}=0.02, \qquad P\{\overline{F} \mid \overline{D}\}=0.98$$

유형 II 오류 확률은 0.05이고 유형 I 오류 확률은 0.02임을 알 수 있다. 식(2.28)의 전 확률 정리를 사용하여 장치가 시험에 합격할 확률을 계산하면

$$\begin{aligned} P\{\overline{F}\} &= P\{\overline{F} \mid D\}P\{D\}+P\{\overline{F} \mid \overline{D}\}P\{\overline{D}\} \\ &=(0.05)(0.01)+(0.98)(0.99) \\ &=0.9707 \end{aligned}$$

이 확률은 무결함 사전확률($P(\overline{D})=0.99$)보다 작다. 왜냐하면 시험 공정이 오류를 발생시키기 때문이다. 제조된 장치가 시험에 불합격 처리 될 때 결함이 발생될 확률은 식(2.30)의 베이즈 정리를 사용하여

$$\begin{aligned} P\{D \mid F\} &= P\{F \mid D\}P\{D\}/P\{F\} \\ &=(0.95)(0.01)(1-0.9707) \\ &=0.3242 \end{aligned}$$

그러므로 $P\{\overline{D} \mid F\}=1-0.3242=0.6758$

또한, 베이즈 정리를 사용하여 사후 확률 $P\{\overline{D} \mid \overline{F}\}$를 계산하는 것은 장치가 시험에 합격처리 된 조건하에서 아무런 결함이 없을 (무결함)확률과 같다. 즉

$$\begin{aligned} P\{\overline{D} \mid \overline{F}\} &= P\{\overline{F} \mid \overline{D}\}P\{\overline{D}\}/P\{\overline{F}\} \\ &=(0.98)(0.99)/0.9707 \\ &=0.9995 \end{aligned}$$

이 결과가 보여주는 것은 오류가 있다 할지라도 시험에 의해 무언가를 달성할 수 있음을 나타내준다. 시험 전에 100개의 장치 중 1개가 결함이 있을 것이라고 기대되지만($P\{\overline{D} \mid \overline{F}\}=0.01$), 시험에 합격된 제품 중에 2000개 중 1개가 결함이 있을 수 있음을 나타내준다[$P\{\overline{D} \mid \overline{F}\}=0.9995$]. 물론 이 같은 개선을 달성하기 위한 대가는 위에 보인바와 같이 $P\{\overline{D} \mid F\}=0.6758$이다. 대략 시험에 불합격 처리된 매 3개의 장치 중 2개가 무결함(no defect) 제품이라는 것이다. 이를 개선시키기 위한 보다 나은 시험 공정이 설계되어야 할 것이다.

2.4.5 독립적인 랜덤 사건

본 절은 두 사건이 독립적일 때 확률상의 효과를 기술하려고 한다. 예를 들어 측정하려는 신호가 2개의 부분 즉 원하는 메시지 신호 A와 원하지 않는 잡음 신호 B로 구성되어 있다고 가정하자. 종종(항상 그렇지 않지만) 신호를 포함하는 시스템의 성질은 메시지와 잡음이 서로 독립적으로 작용한다고 본다. 즉 잡음은 메시지가 없을 경우에도 존재할 수 있으며 그 역의 경우도 존재할 수 있다. 또 다른 예로써 사건 A와 B가

같은 신호를 참고하지만 다른 시간 구간에 해당될 때 두 사건 A, B는 서로 독립적일 수 있다. 혹은 A는 회로망의 입력측 신호에 해당하고 B는 회로망의 출력측 신호에 해당되는 경우도 될 수 있다.

일반적으로 사건 A가 사건 B와 **독립적**(independent)일 조건은 조건 확률을 사용하여 아래와 같이 정의된다.

$$P\{A \mid B\} = P\{A\} \tag{2.33}$$

사건 B의 어떤 조건하에서도 A가 B와 독립적이라면 A의 확률엔 아무런 영향을 미치지 못한다. 식(2.33)과 식(2.22)를 결합하면

$$P\{A \mid B\} = P\{A\} = P\{A \cap B\}/P\{B\}$$

혹은

$$P\{A \cap B\} = P\{A\}P\{B\} \tag{2.34}$$

두 표현식 (2.33)과 (2.34)는 독립성에 관한 동등한 표현이다. 왜냐하면 식(2.34)는 A와 B에 대하여 대칭적이기 때문에 만일 A가 B와 독립적이라면 B 또한 A와 독립적이라는 것이 따라 나온다 이 때 A와 B를 독립적이라고 부른다.

3개의 사건 A, B, C가 독립적이라는 것은 식(2.34)가 다음 4개의 식으로 확장할 수 있음을 말한다.

$$P\{A \cap B\} = P\{A\}P\{B\} \tag{2.35a}$$

$$P\{A \cap C\} = P\{A\}P\{C\} \tag{2.35b}$$

$$P\{B \cap C\} = P\{B\}P\{C\} \tag{2.35c}$$

$$P\{A \cap B \cap C\} = P\{A\}P\{B \cap C\} = P\{A\}P\{B\}P\{C\} \tag{2.35d}$$

사건 A, B, C의 독립성은 3개의 사건의 임의의 조합의 경우에도 독립성을 요구하고 있다. 식(2.35)의 정의는 이 요구 조건을 만족시킨다. 예를 들어 사건 $A \cap (B \cup C)$를 생각해 보자.

$$\begin{aligned} P\{A \cap (B \cup C)\} &= P\{(A \cap B) \cup (A \cap C)\} \\ &= P\{A \cap B\} + P\{A \cap C\} - P\{A \cap B \cap C\} \end{aligned}$$

이 표현을 얻기 위해 식(2.20)를 사용하였다. 특별히 식(2.35)를 적용하여 정리하면 다음과 같이 표현된다.

$$\begin{aligned} P\{A \cap (B \cup C)\} &= P\{A\}P\{B\} + P\{A\}P\{C\} - P\{A\}P\{B\}P\{C\} \\ &= P\{A\}[P\{B\} + P\{C\} - P\{B\}P\{C\}] \\ &= P\{A\}P\{B \cup C\} \end{aligned}$$

그림 2.7 n개의 컴포넌트로 구성된 스위칭 시스템의 모델 : 시스템이 동작하려 면 각 컴포넌트 모두가 정상 동작해야 한다.

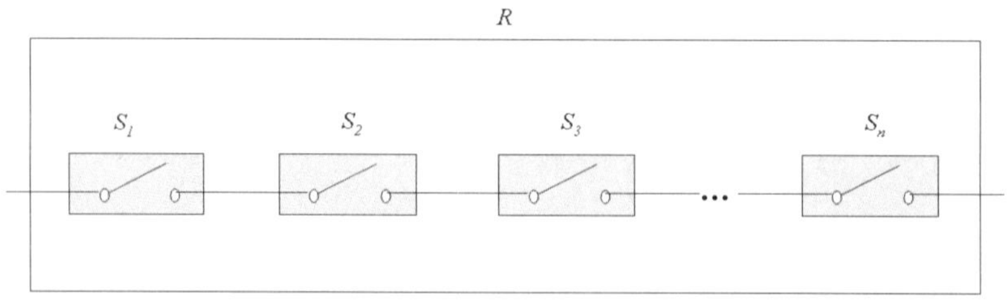

이는 세 사건 A, B, C의 임의의 조합이 독립적이려면 어떻게 식(2.35)의 네 개의 모든 진술이 모두 필요한지를 보여준다.

4개 이상의 랜덤 사건의 독립성을 고려하려면 식(2.35)의 시스템은 모든 가능한 쌍의 사건, 모든 가능한 세 쌍의 사건, 모든 가능한 네 쌍의 사건 등을 포함하도록 확장되어야 한다. n개의 사건 $A_i, i = 1, 2, \cdots, n$가 독립적이라는 것이 알려졌다면 이때 식(2.35d)로부터

$$P\left\{\bigcap_{i=1}^{n} A_i\right\} = \prod_{i=1}^{n} P\{A_i\} \tag{2.36}$$

으로 확장된다. 이 중요한 관계식이 적용되는 몇몇 응용을 바로 생각해 볼 수 있다.

시스템이 n개의 컴포넌트에 의해 직렬 연결로 구성되어 있다고 가정하자. 즉 처음 어느 한 개의 컴포넌트가 고장나면 전체 시스템이 고장을 일으키게 될 것이다. 이같은 상황은 그림 2.7의 n개의 스위치로 모델화 할 수 있다. 각 스위치는 한 컴포넌트를 나타내며 스위치 전체 조합은 시스템을 나타낸다고 볼 수 있다. 닫힌 스위치는 작동하는 컴포넌트를 나타내게 된다. 직렬로 연결된 모든 스위치는 시스템이 제대로 동작하려면 모든 컴포넌트가 정상 동작해야 함을 나타낸다.

S_i를 그림 2.7의 i번째 컴포넌트가 정상 동작하는 사건이라고 하고 R를 전체 시스템이 정상 동작하는 사건을 나타낸다고 하자. 그러면

$$R = \bigcap_{i=}^{n} S_i$$

컴포넌트가 독립적이라고 가정하면 식(2.36)을 사용하여

$$P\{R\} = \prod_{i=1}^{n} P\{S_i\} \tag{2.37}$$

이 된다. 식(2.37)의 각 $P\{S_i\}$는 1보다 적기 때문에 시스템이 동작할 확률은 $P\{S_i\}$의 가장 작은 것보다 작게 된다.

예제 2.11

시스템은 3개의 독립적인 컴포넌트를 갖으며 시스템이 정상 동작하려면 그들 각각이 동작해야 한다. 컴포넌트가 성공적으로 작동할 각각의 확률은

$$P\{S_1\} = P\{S_2\} = 0.9, \quad P\{S_3\} = 0.85$$

시스템의 성공적인 동작은 모든 컴포넌트의 성공적인 동작을 요구하게 되므로 그림 2.7에서와 같이 n=3일 때 동작할 확률은 식(2.37)을 사용하여

$$P\{R\} = (0.9)(0.9)(0.85) = 0.689$$

---

n개의 **중복적인**(redundant) 컴포넌트가 있는 경우를 생각해 보자. 이런 시스템은 컴포넌트 중 하나만이라도 정상 동작하면 작동할 것이다. 전과 같이 컴포넌트의 적절한 동작은 스위치의 닫힘에 의하여 나타내 진다. 그러므로 n개의 중복적인 컴포넌트로 구성된 시스템은 그림 2.8에서와 같이 n개의 병렬로 연결된 스위치로 나타내질 수 있다. S_i는 i번째 컴포넌트가 정상적으로 동작하는 사건을 나타내며, R은 시스템이 정상 작동하는 사건을 나타낸다고 하자. 그러면 R의 여집합을 사용하면 시스템의 고장 사건은

시스템의 고장사건 = 모든 컴포넌트가 동시에 고장날 사건

$$\overline{R} = \bigcap_{i=1}^{n} \overline{S_i}$$

즉 시스템이 고장을 일으키기 위해서는 모든 중복된 컴포넌트가 동시에 모두 고장을 일으켜야 한다. 식(2.15)와 식(2.36)을 사용하고 컴포넌트가 독립적이라고 가정할 때 시스템이 작동될 확률은

$$P\{R\} = 1 - \prod_{i=1}^{n} P\{\overline{S_i}\}$$

$$P\{R\} = 1 - \prod_{i=1}^{n} [1 - P\{S_i\}] \tag{2.38}$$

중복된 컴포넌트를 갖는 경우 시스템의 정상 작동할 확률은 단일 컴포넌트의 정상 동작 확률보다 크게 됨을 알 수 있다.

예제 2.12

시스템은 3개의 독립적인 중복된 컴포넌트로 구성되어 있다. 컴포넌트가 성공적인 동작을 할 확률은 각각

$$P\{S_1\} = P\{S_2\} = 0.9, \quad P\{A_3\} = 0.85$$

3개의 컴포넌트가 중복적이면서 독립적이므로 식(2.38)을 적용하면 시스템이 작동할 확률은

$$P\{R\} = 1 - (1-0.9)(1-0.9)(1-0.85) = 0.9985$$

그림 2.8 n개의 중복된 컴포넌트로 구성된 시스템 모델 : 시스템이 고장을 일으키려면 모든 컴포넌트가 동시에 고장을 일으켜야 한다.

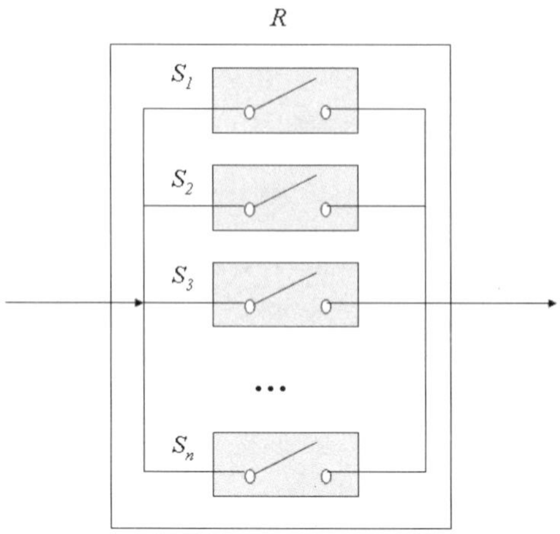

만일 2개의 독립적인 중복된 컴포넌트만 있다면

$$R = S_1 \cup S_2$$

또한 식(2.20)을 사용하여

$$P\{R\} = P\{S_1\} + P\{S_2\} - P\{S_1\}P\{S_2\} \tag{2.39}$$

예제 2.13

그림 2.9는 직렬과 병렬 컴포넌트를 동시에 갖는 혼합 시스템에 대한 모델을 보여준다. 컴포넌트가 성공적으로 동작할 확률은 각각

$$P\{S_1\} = P\{S_2\} = 0.9, \quad P\{S_3\} = 0.85$$

식(2.39)를 사용하여 컴포넌트 S_1과 S_2는 등가 컴포넌트 $S_1 \cup S_2$로 결합시킬 수 있고 성공적으로 동작할 확률은

$$P\{S_1 \cup S_2\} = 0.9 + 0.9 - (0.9)^2 = 0.99$$

이 등가 컴포넌트는 S_3와 직렬로 연결되어 있고 독립적이다. 그러므로 시스템이 정상 동작할 확률은

$$P\{R\} = P\{(S_1 \cup S_2) \cap S_3\} = P\{(S_1 \cup S_2)\}P\{S_3\} = (0.99)(0.85) = 0.842$$

그림 2.9 중복된 컴포넌트와 직렬로 연결된 컴포넌트를 갖고 있는 시스템의 모델

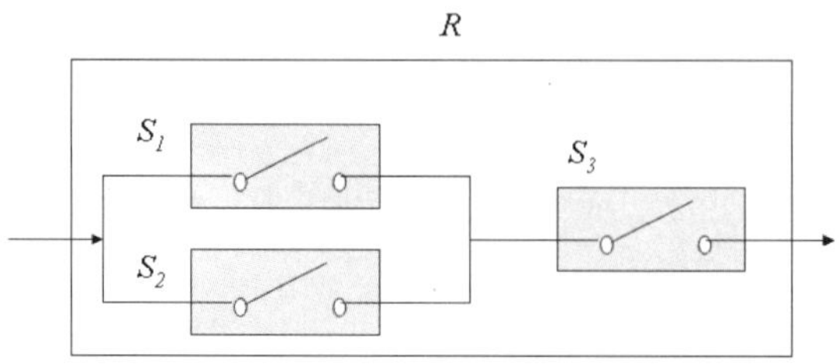

2.5 랜덤 실험의 반복 시행

보통 어떤 유력한 결론을 끌어내기 위해 충분한 데이터를 얻어야 하는데 일련의 같은 랜덤 실험을 여러 번 반복 시행하게 된다. 이를 위해 우리가 원하는 만큼의 랜덤 실험을 반복할 수 있다. 만일 시행이 독립적이라면 한 시행의 결과는 다른 시행에 아무런 영향을 미치지 못한다. 반면 시행 중에는 독립성을 가정할 수 없는 경우도 있다. 예를 들면 유인 우주선과 같은 비용이 많이 드는 실험에서 단순히 더 좋은 상대 도수 데이터를 얻으려고 동일한(identical) 여러 번의 발사를 수행할 의도는 전혀 없을 것이다. 반면에 한 번의 발사를 통해 얻어진 단 하나의 정보도 보다 낫고 안전하게 만들기 위하여 다음 번 발사에 접목될 것이다. 이같은 의미에서 유인 우주선을 발사하는 각 실험은 앞서 수행한 모든 실험에 의해 조건적이 된다.

랜덤 실험의 시퀀스 중에서 i번째 사건을 A_i, $i=1,\ 2,\cdots,\ n$이라 하자. A_i가 앞서 나타난 시행의 결과에 조건적일 가능성은 조건부 확률로 설명될 수 있다. 어떻게 이루어지는가를 보이기 위하여 n번째 사건을 $A=A_n$라고 두고 B는 이를 제외한 모든 사건 A_i의 교집합이라고 두자. 그러면

$$B=A_1\cap A_2\cap\ldots\cap A_{n-1}=\bigcap_{i=1}^{n-1}A_i$$

로 표현된다. 식(2.22)를 사용하면

$$P\left\{\bigcap_{i=1}^{n}A_i\right\}=P\{A_n\cap B\}=P\left\{A_n|\bigcap_{i=1}^{n-1}A_i\right\}P\left\{\bigcap_{i=1}^{n-1}A_i\right\} \tag{2.40}$$

식(2.40)의 왼쪽과 오른쪽의 결합 확률은 단 1개의 공통 사건만 다를 뿐이다. 식(2.22)를 식(2.40)의 오른쪽 끝에 나온 결합 확률에 다시 적용하면 식(2.40)의 오른쪽 결합 확률은 식(2.40)과 같은 표현식에 의해 조건부의 확률과 결합될 수 있다.

$$P\left\{\bigcap_{i=1}^{n}A_i\right\}=P\left\{A_n|\bigcap_{i=1}^{n-1}A_i\right\}P\left\{A_{n-1}|\bigcap_{i=1}^{n-2}A_i\right\}P\left\{\bigcap_{i=1}^{n-2}A_i\right\}$$

이 과정을 첫 번째 랜덤 실험(시행)에 도달할 때까지 계속해 진행해가면 첫 번째 랜덤 실험의 확률은 $P\{A_1\}$이므로

$$P\left\{\bigcap_{i=1}^{n}A_i\right\}=P\{A_1\}P\{A_2|A_1\}P\{A_3|A_1\cap A_2\}\ldots P\left\{A_n|\bigcap_{i=1}^{n-1}A_i\right\} \tag{2.41}$$

이 식은 i번째의 사건 A_i의 가능성이 모든 전 시행의 결과에 조건적으로 작용함을 말해주는 일반적인 진술이다.

식(2.41)의 특별한 경우는 각 사건 A_i가 이전 사건 A_{i-1}에만 조건적일 때 발생한다. 이 특별한 경우를 **마코프 체인**(Markov chain)이라고 하며 이 경우 식(2.41)은 다음과 같이 간단히 쓸 수 있다.

$$P\left\{\bigcap_{i=1}^{n} A_i\right\} = P\{A_1\}P\{A_2|A_1\}P\{A_3|A_2\}\ldots P\{A_n|A_{n-1}\} \quad (2.42)$$

마코프 체인에 대한 다른 설명은 바로 이전 시행의 결과만 기억할 수 있는 시스템이라고 볼 수 있다.

예제 2.14

그림 2.10은 2개의 배반 사건 A와 $\overline{A}$에 대한 **상태(state) 천이 확률** 다이어그램을 보여준다. 한 예로써 동작하려는 어떤 전자 장치가 있다고 하자. A는 이 장치가 작동하고 있는 상태를 나타내며 $\overline{A}$는 이 장치가 작동하지 않고 수리를 요하는 상태를 나타낸다고 하자. 그림에서 화살표는 한 상태에 있다가 다른 상태로 변화하는 것과 관련된 조건부 확률을 나타낸다. 예를 들면 $\overline{A}$상태에서 A상태로의 천이는 이 장치가 수리되어 다시 동작 상태가 될 조건부 확률을 나타낸다. 이 조건부 확률을 천이 확률(transition probability)이라고 한다.
현재 상태와 이전 상태 사이를 구별하기 위해 cur과 prev 첨자를 사용한다. 그림에 주어진 데이터를 사용하여 구하면

$$P\{A_{cur}|A_{prev}\} = 0.50$$

이것은 "장치가 A상태에 있다가 계속 A상태에 머무를 상태 천이 확률이 0.5임을 나타낸다." 이와 비슷한 방법으로

$$P\{\overline{A_{cur}}|A_{prev}\} = 0.50$$
$$P\{A_{cur}|\overline{A_{prev}}\} = 0.30$$
$$P\{\overline{A_{cur}}|\overline{A_{prev}}\} = 0.70$$

그러므로 그림 2.10은 2개의 상태(사건)를 포함하는 마코프 체인의 상태 다이어그램을 보여준다. 현재 상태가 A일 전체 확률은 식(2.28)을 사용하여

$$P\{A_{cur}\} = P\{A_{cur}|A_{prev}\}P\{A_{prev}\} + P\{A_{cur}|\overline{A_{prev}}\}P\{\overline{A_{prev}}\}$$

정상 상태(혹은 평형 상태)는 두 확률 $P\{A_{cur}\}$와 $P\{A_{prev}\}$가 같을 때 발생하게 된다. 즉

$$P\{A_{cur}\} = P\{A_{prev}\} = P\{A\}$$

이와 비슷한 관계식이 $P\{\overline{A}\}$에 대해서도 성립한다. 그러므로 정상 상태에서

$$P\{A\} = (0.50)P\{A\} + (0.30)P\{\overline{A}\}$$

식(2.15)을 사용하여 $P\{A\}$와 $P\{\overline{A}\}$에 대하여 풀면

$$P\{A\} = 0.30/0.80 = 0.375, \quad P\{\overline{A}\} = 0.625$$

이 장치 동작의 예를 참고하여 위 결과를 해석해 보면 (전체)시간 중 약 63%의 수리 시간을 요하고 약 37%가 성공적으로 동작한다고 말할 수 있다.

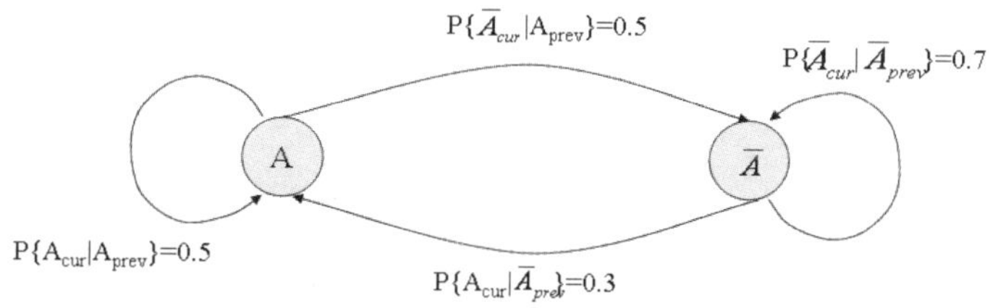

그림 2.10 예제 2.14에 사용된 천이 확률을 보여주는 두 개의 배반 사건에 대한 상태 다이어그램

다음의 예는 50번의 1과 0의 발생 시퀀스 사건을 컴퓨터 모의실험으로 얻어진 마코프 체인의 시뮬레이션 결과의 한 예이다. 여기서 1은 A상태의 결과를 나타내며, 0은 $\overline{A}$상태의 결과를 나타낸다.

$$\cdots 00011001011000011000101111000000000010000010100011 \cdots$$

이들 50번의 실험 중 A가 17번 나타났으며 상대 도수를 사용하여 대략적으로 A의 확률을 계산하면

$$P\{A\} \approx 17/50 = 0.34$$

만일 **제로-메모리**(zero-memory) 시스템이라면 식(2.41)의 조건부 확률은 간단히 다음과 같이 쓸 수 있다.

$$P\left\{\bigcap_{i=1}^{n} A_i\right\} = P\{A_1\}P\{A_2\}P\{A_3\}\ldots P\{A_n\} = \prod_{i=1}^{n} P\{A_i\} \tag{2.43}$$

식(2.43)으로부터 제로-메모리 랜덤 실험의 시퀀스는 독립적인 사건의 시퀀스를 기술하는 또 하나의 방법이다. 이 결과는 식(2.36)과 동일하지만 다른 관점에서 얻어졌다. 제로-메모리 랜덤 실험의 중요한 응용은 일련의 독립 베루누이 시행이다.

베루누이(Bernoulli) 시행은 본성적으로 2진 랜덤 실험을 기술해 준다. 이는 수락(accept) 혹은 거절(reject), on 혹은 off, 적중(hit) 혹은 빗나감(miss) 등과 같은 여러 가지의 2진 상태 사건을 모델링 해 준다. 그러므로 표본 공간은 2개의 사건 A와 $\overline{A}$로 분할된다. 즉

$$A \cup \overline{A} = S \quad \text{and} \quad A \cap \overline{A} = \phi$$

사건 A와 $\overline{A}$의 확률을 각각 p와 q라고 하자.

$$P\{A\} = p, \quad P\{\overline{A}\} = q, \quad p + q = 1 \tag{2.44}$$

이제 같은 베루누이 실험을 **독립적으로**(independent) n번 반복 시행한다고 가정하자.

$$A_i = A \cup \overline{A} = S, \qquad i = 1,\ 2,\ \cdots,\ n$$

이 표현은 "사건 A_i는 A나 혹은 $\overline{A}$ 사건 중의 하나가 확실하다"라고 말한다. 식(2.43)으로부터

$$P\left\{\bigcap_{i=1}^{n} A_i\right\}=\prod_{i=1}^{n} P\{A_i\}=\prod_{i=1}^{n} P\{A\cup\overline{A}\} \tag{2.45}$$

A와 $\overline{A}$는 배반 사건이므로 공리 III을 사용하여 쓰면

$$P\{A\cup\overline{A}\}=P\{A\}+P\{\overline{A}\}=p+q=1$$

따라서 식(2.45)는

$$P\left\{\bigcap_{i=1}^{n} A_i\right\}=(p+q)^n=1 \tag{2.46}$$

식(2.46)과 더불어 이항 정리(Binomial theorem) (B.3)을 결합하여 정리하면

$$P\left\{\bigcap_{i=1}^{n} A_i\right\}=(p+q)^n=\sum_{k=0}^{n} C_k^m p^k q^{n-k}=1 \tag{2.47}$$

여기서 C_k^m는 n개 중 한 번에 k개를 취하는 조합 수이다.(부록(B.2)를 참고) 식(2.47)에 나온 합은 n개의 독립적인 베루누이 시행의 모든 가능한 시퀀스를 포함하기 때문에 1이 된다. n개의 독립적인 베루누이 랜덤 실험의 조합인 식(2.47)의 실험을 **이항 시행**(binomial trial)라고 한다. 식(2.47)의 각 항은 확률이며 아래와 같이 나타낸다.

$$P_n\{k\}=C_k^m p^k q^{n-k} \tag{2.48}$$

식(2.48)의 표기로 식(2.47)을 다시 표현하면

$$\sum_{k=0}^{n} P_n\{k\}=1 \tag{2.49}$$

예제 2.15

컴퓨터실에 n=10개의 터미널이 네트워크 포트를 통해 서버 컴퓨터 A, B, C 3개 중 하나에 연결되어 사용된다. 사용자들은 서로 독립적으로 컴퓨터실에 들어가서 다음과 같은 접속 확률로 컴퓨터를 사용한다고 하자.

$$P\{A\}=0.25,\qquad P\{B\}=0.25,\qquad P\{C\}=0.50$$

학생들이 컴퓨터 A에 연결하고자 한다. 학생들이 컴퓨터 A에 연결될 확률이 적어도 90%가 되려면 컴퓨터실에 적어도 몇 명 이하만이 컴퓨터 A에 연결된 상태로 있어야 하는지 알고 싶다. 이제 컴퓨터 A에 연결될 확률은 $P\{A\}$이며, 연결되지 않을 확률은 $P\{\overline{A}\}$이다.

$$P\{A\}=p=0.25,\qquad P\{\overline{A}\}=q=0.75,\qquad p+q=1$$

[표 2.3]의 값을 계산하기 위하여 식(2.48)을 이용한다. 이들 값에서 보듯이 예를 들어 k=4일 때 정확하게 4개의 포트가 점유되어 컴퓨터 A에 연결될 확률은

$$P_{10}\{k=4\}=P_{10}(4)=C_4^{10}p^4q^6=0.1460$$

4명 이하의 학생이 사용하는 터미널을 점유하여 컴퓨터 A에 연결될 확률은

$$P\{k\le 4\}=\sum_{k=0}^{4}P_{10}(k)=0.9219$$

그러므로 [표 2.3]의 데이터와 본 예제에서 설명한 바와 같이 이 데이터에 대한 해석을 사용하면 접속 확률 $P\{A\}$로 학생들이 컴퓨터실에서 컴퓨터 A에 연결되려면 4명 이하가 연결되어 있어야 한다.

표 2.3 예제 2.15에 사용된 $P_{10}(k)$의 값

k	$P_{10}\{k\}$	$\sum_{i=0}^{k}P_{10}\{k\}$
0	0.0563	0.0563
1	0.1877	0.2440
2	0.2816	0.5256
3	0.2503	0.7759
4	0.1460	0.9216
5	0.0584	0.9803
6	0.0162	0.9965
7	0.0031	0.9996
8	0.0004	1.0000
9	0.0000	1.0000
10	0.0000	1.0000

이 결과는 컴퓨터실를 사용하려고 시도하는 각 사람이 다른 모든 사람과 독립적으로 작업한다고 할 때 유효하다. 물론 컴퓨터실 바로 옆에 교실이 있어서 교실에서 과제물을 수행하는데 컴퓨터 A를 할당하였다면 본 이항 실험에 대한 독립성의 가정은 문제가 될 수 있다. 독립적 베루누이 시행의 가정은 이항 실험의 실제적 적용시에 조심스럽게 검토되어야 한다.

예제 2.16 비트 전송 오류 계산 및 정정

4-bit 이진 워드를 전송하는 경우를 생각하자. 이 예제의 목적상 4개의 비트간에 서로 독립적이라고 가정한다. 한 비트에 오류가 발생할 확률 $q=10^{-4}$이다. 따라서 오류가 발생하지 않을 확률 $p=1-q=10^{-4}$가 된다. 이제 4-bit로 구성된 워드를 전송하는 경우에 대하여 4-bit 워드가 오류일 확률 $P\{E_4\}$을 계산하고자 한다. 여기서 오류라 함은 적어도 1-bit 위치 이상에서 오류를 일으키는 경우에 해당된다. 이것을 역으로 생각하면 전혀 오류를 일으키지 않을 확률을 계산하면 여 사건의 확률(complement)을 구하여 오류를 일으킬 확률을 쉽게 계산할 수 있을 것이다. 즉

$$P\{E_4\} = 1 - P\{no\ error\} = 1 - P\{\overline{E_4}\}$$

$$= 1 - P_4(4) = 1 - C_4^4 p^4 q^0 = 1 - (1 - 10^{-4})^4 \approx 0.000400$$

잡음을 갖는 채널을 통해 이같은 전송 오류를 검출하고 정정하기 위해 정보이론에서는 parity-bit이라는 추가 비트를 넣어 검출하고 정정하는데 사용된다. 이제 1-bit의 parity-bit를 추가하여 5-bit로 구성된 워드를 전송하는 경우를 생각해보자. 여기서 parity 비트의 설정은 even parity 혹은 odd parity냐에 따라 0 혹은 1이 된다. even parity 검출기를 사용하는 경우라면 다음과 같이 parity 비트가 설정된다:

1) 4-bit 워드내의 bit 1의 수가 짝수이면 parity 비트는 0이 된다.
2) 4-bit 워드내의 bit 1의 수가 홀수이면 parity 비트는 1이 된다.

우리의 경우 전송하기 전에 5-bit 워드는 항상 짝수개의 1을 갖는다.

5-bit 워드를 전송하여 수신측에서 디코딩하여 4-bit 워드와 1-bit parity를 얻었다고 하자. 이때 다음과 같은 몇 가지 경우를 생각할 수 있을 것이다:

$$P\{no\ error\} = P_5(5) = C_5^5 p^5 q^0$$

$$P\{1-bit\ \ error\} = P_5(4) = C_4^5 p^4 q^1$$

$$P\{2-bit\ \ error\} = P_5(3) = C_3^5 p^3 q^2$$

$$P\{3-bit\ \ error\} = P_5(2) = C_2^5 p^2 q^3$$

$$P\{4-bit\ \ error\} = P_5(1) = C_1^5 p^1 q^4$$

$$P\{5-bit\ \ error\} = P_5(0) = C_0^5 p^0 q^5$$

1-bit even parity 디코더를 사용하는 경우 오류로 인식될 수 있는 경우는 홀 수 개의 비트 오류가 발생한 경우에 해당된다. 따라서

$$P\{E_5\} = P_5(5) + P_5(3) + P_5(1) \approx P_5(3) + P_5(1) = C_3^5 p^3 q^2 + C_1^5 p^1 q^4 \approx 10^{-7}$$

parity 체커를 사용하지 않는 경우와 1-bit parity 체커를 사용하는 경우의 오류 발생 확률은 현저히 감소됨을 확인할 수 있다. 물론 1-bit를 추가하는 하드웨어의 비용추가를 감수해야 한다. 그렇지만 패리티 비트를 추가함으로 얻을 수 있는 이득은 가치 있는 일이다.

복 습

1. 공리적 확률

공리 I : 만일 S가 실험에 대한 표본공간이라면, $P\{S\}=1$

공리 II : 만일 A가 표본공간 안에 포함된 사건이라면, $P\{A\}\geq 0$

공리 III : 만일 A와 B가 모두 표본공간 안에 포함된 사건이고 A와 B가 배반적 사건(즉, $A\cap B=\phi$)이라면 $P\{A\cup B\}=P\{A\}+P\{B\}$

공리 IV : 무한 합 $P(\bigcup_{i=1}^{\infty}A_i)=\sum_{i=0}^{\infty}P(A_i)$

배반 사건들 $A_i\subset S$, $i=1, 2, \cdots, n$에서 n이 셀 수 있는 무한 수일 때 공리 IV의 수렴을 가정할 수 있다.

2. 랜덤 실험

A, B를 랜덤 실험의 사건이라고 하자. 사건 A, B의 확률은 P{A}, P{B}로 나타낸다.

확률 값은 실수이며 $0\leq P\{A\}\leq 1$의 범위를 갖는다.

S는 표본 공간 (혹은 확정 사건)이며 P{S}=1 이다.

Φ는 불가능 사건을 나타내며 $P\{\Phi\}=0$이다.

$\overline{A}$는 A의 여사건을 나타내며 $P\{\overline{A}\}=1-P\{A\}$이다.

3. 확률 계산

결합 확률은 교집합(혹은 곱사건)의 확률 $P\{A\cap B\}$이다.

확률의 덧셈은 합집합 (혹은 합사건)의 확률 계산을 따른다 즉

$$P\{A\cup B\}=P\{A\}+P\{B\}-P\{A\cap B\}=P\{A\}+P\{\overline{A}\cap B\}$$

만일 $A\cap B=\Phi$인 배반사건이면 $P\{A\cup B\}=P\{A\}+P\{B\}$이다.

조건부 확률 : $P\{A|B\}=\dfrac{P\{A\cap B\}}{P\{B\}}$, $P\{B\}\neq 0$.

$\overline{A}|B$는 $A|B$와 배반사건이 되며 $P\{\overline{A}|B\}=1-P\{A|B\}$이다.

베이즈 정리 : $P\{A|B\}P\{B\}=P\{B|A\}P\{A\}$이다.

독립 사건의 확률: 만일 사건 A와 B 서로 독립적이기 위한 필요충분조건은

$$P\{A|B\}=P\{A\},\ P\{A\cap B\}=P\{A\}P\{B\}\text{이다.}$$

비슷한 관계가 3개 이상의 사건의 독립성에 대해서도 성립한다. 식(2.35), 식(2.36)를 보라.

마코프 체인 : 사건 $A_i, i=1,2,3,\cdots,n$가 바로 이전 사건 A_{i-1}에만 의존할 경우를 1차 마코프 체인이라고 한다. 이때 확률은

$$P\left\{\bigcap_{i=1}^{n} A_i\right\}=P\{A_1\}P\{A_2|A_1\}P\{A_3|A_2\}\cdots P\{A_n|A_{n-1}\}$$

베루누이 시행 : $P\{A\}=p,\ P\{\overline{A}\}=q,\ p+q=1.$

이항 시행 : n번의 반복적인 독립적 베루누이 시행이다. 이 경우의 확률은 n번 시행중 k번의 같은 경우가 발생할 확률에 해당한다.

$$P_n\{k\}=C_k^n p^k q^{n-k},\ \ C_k^n=\frac{n!}{k!(n-k)!},\ \sum_{k=0}^{n} P_n\{k\}=1.$$

분할 : 사건 $A_i, i=1,\ 2,\ \cdots,\ n$가 서로 다른 사건$(i \neq j)$에 대하여 배반사건 $A_i \cap A_{i-1}=\Phi$이 되며 동시에 각 사건을 모두 더하여 전체 사건, 즉 $\bigcup_{i=1}^{n} A_i = S$가 되는 경우 전체 확률은 식(2.27)과 식(2.28)로부터

$$P\{B\}=\sum_{i=1}^{n} P\left\{B \bigcap A_i\right\}=\sum_{i=1}^{n} P\{B \mid A_i\}P\{A_i\}$$

연습문제

표본 공간과 사건

1. 하나의 주사위를 두 번 던진다고 했을 때 첫 번째 눈의 값을 x, 두 번째 주사위의 눈의 값을 y라고 하고 그 결과를 (x, y)로 정의하면 표본 공간 S를 정의하라.

2. 동전을 앞면이 나올 때까지 던지고 앞면이 나오면 멈춘다. 이 실험의 표본 공간을 정의하라.

3. 어떤 주어진 시간에 랜덤 잡음 전압은 -10V(포함) 와 +10V(포함)사이의 실수 값을 갖는다. 표본 공간을 정의하라.

확률 정의 개념

4. 우리 주변의 경험으로부터 확률적 개념이 정의되는 많은 응용을 찾아 볼 수 있다. 다음의 사건이 확률적 사건인지 비확률적 사건인지를 설명하라.
   a. 하루에 회사의 모든 종업원에 의해 수신된 e메일 메시지의 수
   b. 주어진 기간내에 고장날 시스템의 부품의 수
   c. $f(t) = 2t\sin(2\pi ft + 30^0)$, $f = 60Hz$로 표현되는 식에서 t=1sec에서 f(t)의 값

균일하게 발생하는 확률

5. 예제 2.3을 다시 하되 이번에는 다음에 기술한 것과 같이 표 2.1를 사용하라. 마지막 행(row)의 수에서 3번째 그룹에 속한 5개의 수는 51791로 끝난다. 5에서 시작하여 랜덤수의 시퀀스를 선택하기 위해 위쪽 방향으로 진행하라.

6. 45개의 항목이 있다. 그중에 재배치함(replacement)이 없이 임의로(randomly) 4개를 선정하고 싶다. 랜덤 수의 쌍을 찾기 위하여 다음과 같이 [표 2.1]을 사용하라. 수의 맨 꼭대기 행에서 4번째 그룹의 5개 수는 27802로 시작한다. 27로 시작하여 쌍으로 된 수의 시퀀스를 찾기 위하여 아래 방향으로 진행하라. 어떤 항목이 선정되는가?

확률 계산

8. 0에서 100까지 라벨이 붙여진 공평한 회전 다이얼판을 돌렸다고 가정하자.
   a. 표본 공간 S를 정의하라.
   b. 포인터가 두 수 $x_2 \ge x_1$ 사이에 놓이게 될 확률은 얼마인가?
   c. 모든 x_1, x_2에 대하여 만일 사건 $A = \{x_1 \le x \le x_2\}$가 정의된다면 공리 I를 만족하는가?
   d. $x_1 = 0$, $x_2 = 100$이라고 하면 사건 A의 확률은 얼마인가? 공리 II를 만족하는가?
   e. 회전판의 경계를 N개의 연속적인 세그먼트, $x_0 = 0$에서 시작하여 n=0, 1, 2 , 3, …, N개로 나눈다고 하자. n번째 세그먼트의 사건을 $A_n = \{x_{n-1} < x \le x_n\}$, $x_n = 100n/N$로 정의한다. $P(A_n)$과 $P\left(\bigcup_{i=1}^{N} A_i\right) = 1$이 됨을 보여라.

9. 회전 디이얼판에서 포인터를 돌렸다. 어느 방향으로나 똑같이 정지하게 된다고 하자. 다이얼은 12개의 등 간격으로 되어 있고 라벨 a_1, a_2, …, a_{12}가 붙여져 있다.
   a. $A = a_1, a_3, a_5, a_7$, $B = a_4, a_5, a_6, a_7, a_8$와 $C = a_6, a_8, a_{10}, a_{12}$로 정의한다.
   b. 다음 사건에 대한 확률을 찾아라.
      A, B, C, $A \cap B$, $A \cup B$, $B \cap C$, $B \cup C$, $C \cap A$, $C \cup A$

10. 어떤 주어진 시간에 랜덤 잡음 전압은 -10V(포함)와 +10V(포함) 사이의 실수값을 갖는다.
   a. 선형적인 입 · 출력 특성을 갖는 (양의 전아 부분에 대한 반파 정류기로부터의 출력 전압을 집합으로 나타내라.
   b. -3V의 DC 전압이 랜덤 잡음에 더해진다면 이 경우 반파 정류기의 출력 전압 범위를 집합으로 나타내라.

11. 회전 다이얼판에서 포인터를 돌렸다. 어느 방향으로나 똑같이 정지하게 된다고 하자. 다이얼판이 간격으로 나눠지지 않았고 아날로그 시계와 같이 표시되었다. 따라서 결과(outcome)는 실수인 $0 < x \le 12$ 범위를 나타낸다.
   a. $A = 0 < x \le 7$, $B = 7 \le x < 8$, $C = 6 < x < 12$라고 정의하자.
   b. 다음 사건의 확률을 찾아라.
      A, B, C, $A \cap B$, $A \cup B$, $B \cap C$, $B \cup C$, $C \cap A$, $C \cup A$

12. 표본 공간 $S = \{2 < s \le 24\}$, 사건 $A = \{2 < a \le 16\}$와 $B = \{5 < b \le 22\}$가 정의되었다. 다음 사건의 확률을 구하라.
   a. $\overline{(A \cap B)}$, $\overline{A} \cup \overline{B}$
   b. 두 사건 확률의 관계를 벤 다이어그램을 사용하여 같음을 보여라.

13. 결합 확률의 표가 아래에 주어졌다. 사건 A, B, C, D와 사건 W, X, Y와 Z는 아래와 같이 분할되었다. 다음을 찾아라.

a. $P\{C\cap X\}$

b. $P\{C\}$

c. $P\{X\}$

d. $P\{C\cup X\}$

e. $P\{W\cup X\cup B\}$

f. $P\{W\cap X\cap B\}$

g. $P\{(W\cup X)\cap B\}$

h. $P\{W\cup(X\cap B)\}$

	A	B	C	D
W	0.0588	0.1084	0.0309	0.0453
X	0.0182	0.0830	0.0508	0.1228
Y	0.0618	0.0868	0.0381	0.0423
Z	0.0931	0.0275	0.0593	0.0729

14. 아래 결합 확률표에 의해 보인 바와 같이 분할 A, B, 혹은 C와 U, V, 혹은 W 항목의 집합이 분류되었다. 다음을 찾아라.

a. P(B) b. P(V) c. $P(B\cap V)$

d. $P(B\cup V\cup W)$ e. $P(B\cap V\cap W)$ f. $P(B\cap(V\cup W))$

g. $P((B\cap V)\cup W)$

	A	B	C
U	0.0916	0.1988	0.0585
V	0.1774	0.1170	0.0526
W	0.0370	0.1033	0.1638

조건부 확률과 독립성

15. 사건 발생이나 행동의 조건성은 일상생활의 복합적 부분임을 쉽게 찾아 볼 수 있다. 우리들 자신의 경험이나 관찰로부터 어떤 사건이 다른 사건에 조건적인 사건을 찾아보고 사건 발생의 특징점을 포함하여 찾은 각 사건(들), 조건부 사건을 설명하라.

16. 가방 안에 8개의 빨간색 공, 4개의 초록색 공, 8개의 노란색 공이 있다. 한 개의 공을 가방에서 임의로 꺼냈을 때 그 공이 빨간색 공이 아니고 그것이 초록색 공일 확률은 얼마인가?

17. 표본 공간 S에서 사건 A, B와 C가 주어졌다. 일반적으로 다음이 성립됨을 보여라.

$$P\{A\cap B\mid C\}=P\{B\mid C\}P\{A\mid B\cap C\}$$

18. 아래 표에 있는 모든 항목은 똑같은 확률로 선정된다고 가정하자.

a. $P\{B\cap V\}$와 $P\{B\cup V\}$를 찾아라.

b. $P\{B|V\}$와 $P\{V|B\}$를 찾아라.

c. A와 U는 독립적인가?

	A	B	C	전체
U	47	102	30	
V	91	60	27	
W	19	53	84	
전체				513

19. 아래 표로부터 아래 과정(과정 (1)과 (2))을 사용하여 항목이 선택된다. (1) 첫 번째 U, V, 혹은 W를 선택하라 ; P(U)=P(V)=P(W)=1/3이다. (2) (1)의 선택 내에서 항목 A, B와 C는 똑같은 확률로 이들 항목 중 하나가 선택된다.

a. $P\{B\cap V\}$와 $P\{B\cup V\}$를 찾아라.

b. 선택된 항목이 B라면 그것이 V로부터 나올 확률은 무엇인가?

	A	B	C	전체
U	47	102	30	
V	91	60	27	
W	19	53	84	
전체				513

20. 아래 표로부터 아래 과정(과정 1과 2)을 사용하여 항목이 선택된다. (1) 첫 번째 A, B 혹은 C를 선택하라. P(A)=P(B)=P(C)=1/3이다. (2) (1)의 선택 내에서 항목 U, V와 W는 똑같은 확률로 이들 항목 중의 하나가 선택된다.

a. $P\{B\cap V\}$와 $P\{B\cup V\}$를 찾아라.

b. 선택된 항목이 V라면 그것이 B로부터 나올 확률은 무엇인가?

	A	B	C	전체
U	47	102	30	
V	91	60	27	
W	19	53	84	
전체				513

21. 그림 2.11에 보인 회로망에서 각 스위치는 0.80의 닫힘(closure) 확률을 갖으며 모든 다른 스위치와는 독립적이다. 회로망을 통해 회

로가 도통이 될 확률을 찾아라.

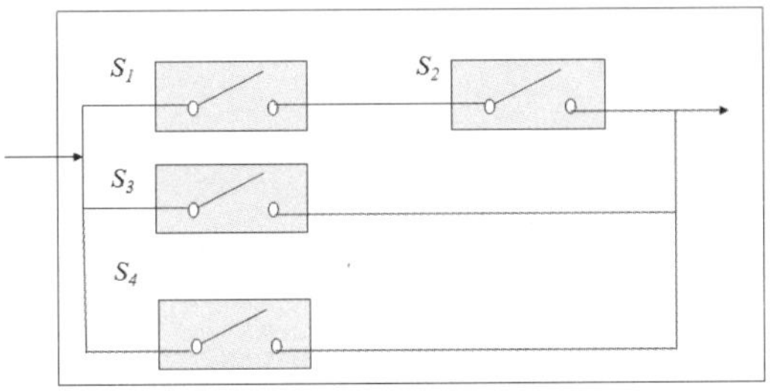

그림 2.11 연습문제 21의 회로도

22. 그림 2.12에 보인 회로망에서 스위치는 독립적이다. 스위치 S_1, S_3와 S_4는 0.80의 닫힘 확률을 갖고 스위치 S_2와 S_5는 0.90의 닫힘 확률을 갖는다. 회로망을 통해 회로가 도통이 될 확률을 찾아라.

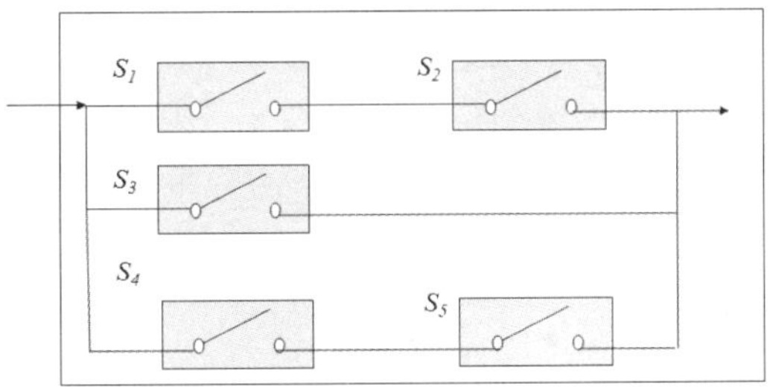

그림 2.12 연습문제 22의 회로도

23. 데이터가 아래 표와 같이 주어졌다.

P(D)=0.35	P(A|D)=0.4
P(E)=0.55	P(A|E)=0.2
P(F)=0.01	P(A|F)=0.3

다음은 무엇인가?

a. P(A)

b. P(F|A)

c. $P(\overline{A}|E)$

24. 시스템에서 오류 발생 사건은 3개 즉 A, B와 C로 구성된 배반 사건으로 만들어진다. E를 오류사건이라고 하자. 그리고 P(E|A)=0.02, P(E|B) = 0.04, P(E|C) = 0.06이 주어졌다. 또한 개별 사건 확률 P(A)=0.4, P(B)=0.4, P(C)=0.2이 알려졌다. 시스템에 오류가 발생했다고 했을 때 그 오류가 C와 관련될(associated) 확률은 얼마인가?

25. 어떤 장치를 제조회사 A, B 혹은 C로부터 구매했다. 제조회사 A가 선택될 확률은 10%이고 이와 같이 B회사가 선택될 확률은 30%, C회사가 선택될 확률은 60%이다. A사에서 나온 장치가 시간 중 10%의 결함을 갖으며 B사는 5%, C사는 2%이 결함을 갖는다는 것이 나타났다. 결함을 갖는 장치가 얻어졌다고 하면 그 장치가 B사로부터 나올 확률은 얼마인가?

26. 데이터를 채널을 통하여 전송할 때 채널 잡음으로 인하여 입력측의 심볼과 다른 심볼이 출력측에 나타난다. 전송 채널이 다음과 같이 주어졌을 때 $P(Y_1)$, $P(X_1|Y_1)$을 구하라.
단, $P(Y_1|X_1) = 0.98$, $P(Y_1|X_2) = P(Y_1|X_3) = 0.01$이며 입력 심볼 X_1, X_2, X_3가 나타날 확률은 균일하다고 가정한다.

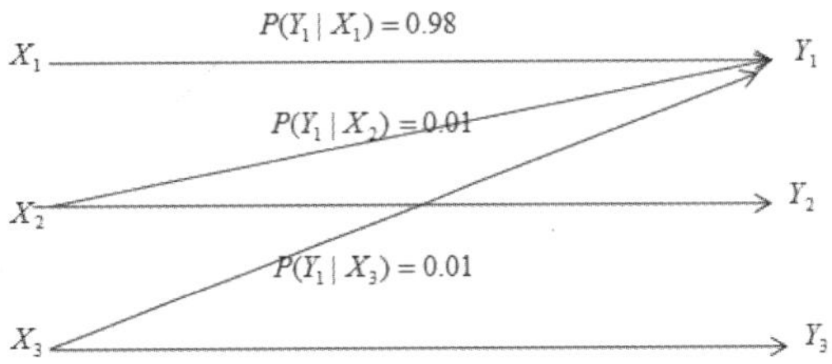

그림 2.13 연습문제 26의 회로도

27. 마코프 체인은 그림 2.10에 보인 것과 비슷한 상태도를 갖는다. 하지만 상태 천이 확률은 $P(A|\overline{A}) = 0.20$, $P(\overline{A}|A) = 0.45$이다. 정상 상태(혹은 평형 상태)의 확률은 얼마인가?

28. 6개의 독립적인 베루누이 시행을 행하는 실험에 대하여 한 사건 A의 확률은 p=0.36이다. 다음 확률을 계산하라.

a. P(정확히 A가 1번 발생)

b. P(적어도 A가 1번 발생)

c. P(A가 3번 혹은 그 이상 발생)

29. 20개의 항목이 검사를 위해 독립적으로 또한 임의로(randomly) 선택된다. 항목이 검사에 합격할 확률은 0.78이다. 정확히 3개의 항목이 검사에 실패할 확률을 계산하라.

30. 특수 기계에 의해 생산된 나사 중 25%가 결함이 있다면 임의로 선택한 4개의 나사 중 결함이 0개, 1개, 그리고 2보다 적게 될 확률을

찾아라.

31. 모든 운전자 중 오직 2/3만 좌석 벨트를 착용한다고 가정하자. 임의적으로 선정한 5명의 운전자 중 적어도 4명이 좌석벨트를 착용할 확률을 찾아라.

컴퓨터 활용

균일 난 수 발생기(URNG: Uniform Random Number Generator)는 0과 1사이에서 균일하게 발생하는 난 수 발생 알고리듬이다. URNG에 대한 한 알고리듬은 부록 A에 소개되었다. 일반적으로 난 수 발생기는 난 수 발생의 상태를 초기화하거나 변경시키기 위해서 seed number를 요구한다. 난 수 발생기에 동일한 seed number를 설정하면 같은 순서로 난 수를 반복할 것이며, 다른 seed number를 설정하면 다른 순서로 된 난 수를 발생시킬 것이다. URNG 외에도 가우시언, 베루누이, 이항, 포아송, 지수 난 수 등 다양하다. 그러나 이 모든 난 수는 URNG를 근간으로 발생시킬 수 있기 때문에 URNG에 대한 철저한 이해가 필요하다.

난수 발생기의 상태 설정

앞으로 사용될 균일 난 수 발생기(URNG) 모델에 대한 상태 설정을 의사코드와 MATLAB 코드를 비교하여 제시하였다.

의사코드	MATLAB 코드
seed number 결정 x = URNG(seed);	rand('state', seed); %seed는 seed number임 x=rand;

균일 난수 발생기(URNG)를 사용한 베루누이(Bernouli) 난 수 발생 실험

다음 의사 코드와 MATLAB 코드는 베루누이 시행 결과 B=1가 확률 p를 갖으며, 베루누이 시행 결과 B=0가 확률 q를 갖는 난 수 발생 시험이다.

의사코드	MATLAB 코드

URNG에 대한 seed를 초기화한다.
확률 값 p와 q를 설정한다(p+q=1).
x = URNG(seed);
if x < p Then B=1 Else B=0
write B
	rand('state', seed);
	p=0.6; q=0.4;
	x=rand;
	if x < p
	  B=1;
	else
	  B=0;
	end
	fprintf('Bernouli Outcoms: %d \n', B);

MATLAB 코드에서 p,q 확률 값의 설정은 임의적이며 (0,1)사이의 값 중에서 설정하면 된다. seed 값은 임의의 정수이다.

지수 난수 발생기(ERNG)

의사코드	MATLAB 코드

URNG에 대한 seed를 초기화한다.
변화율 변수 a(=λ)를 설정한다.
새로운 균일 난수를 발생한다(a>0)
   y = (-1/a)*ln(1-URNG(seed));
	s=rand('state');
	a=1;
	%새로운 균일 난수를 발생한다(a>0)
	y= exprnd(1/a);

MATLAB 코드에서 변화율 상수 a는 평균 매개변수이다. 따라서 exprnd(1/a)는 평균이 a인 지수함수 분포를 갖는 난수를 발생시킨다.

상대 도수에 의한 확률의 추정

상대 빈도 기법을 사용하여 URNG 확률 사건의 확률 값을 추정하는 유용한 의사코드와 MATLAB 코드를 아래에 작성하였다. (0,1)사이의 사건을 10개의 구간으로 나누어 처리한다.

의사코드	MATLAB 코드

URNG에 대한 seed를 초기화한다.
변수 ncells=10, n =1000으로 설정한다.
f 배열을 0으로 초기화한다.
dx=(1-0)/ncells;
For i=1 to n
    x= URNG(seed);
    k=floor((x-0)/dx)+1; %구간 위치 결정
    f(k) = f(k)+1;
Endfor
For k=1 to ncells
    Calculate P(k)=f(k)/n;
    write k, P(k)
Endfor
	s=rand('state');
	n=1000; ncells=10;
	f=zeros(1,ncells);
	dx=1/ncells;
	for I=1:n
	    x = rand; %rand는 built-in 코드
	    k=floor((x)/dx)+1; %구간 위치 결정
	    f(k) = f(k)+1;
	end
	P = f./n;
	k=1:ncells;
	[k ; P]

이상적인 URNG라고 한다면 이론적으로 10개의 구간으로 나눈 각 구간의 확률 값은 0.1이 되어야 할 것이다. MATLAB 코드를 실행한 결과는 다음과 같다:

Bin #	1	2	3	4	5	6	7	8	9	10
P(k)값	0.1140	0.1050	0.1000	0.1060	0.0980	0.0870	0.0990	0.1000	0.0990	0.0920

이 결과로부터 우리가 관찰할 수 있는 것은 MATLAB이 제공하는 URNG 난 수 발생기인 rand가 이론값에 매우 근접한 결과를 보여주고 있음을 알 수 있다.

실습 과제

1. 식(2.5)의 상대 도수 기법를 사용하여 베루누이 난 수 발생 실험을 수행한 후 베루누이 시행의 확률 사건 A 와 $\overline{A}$의 확률 값을 추정하는 의사 코드를 참조하여 MATLAB 코드를 작성하고 결과를 이론값과 비교 설명하라.

의사코드	MATLAB 코드

URNG에 대한 seed를 초기화한다.
변수 k,m=0, n =1000, p=0.7로 설정한다.
 	
For i=1 to n
  x= URNG(seed);
  if x < p Then (사건 B=1)
    k=k+1;
  Else (사건 B=0)
    m=m+1;
Endfor
Write p(k)=k/n, q(m)=m/n;	

2. 이항 (Binomial) 난 수 발생기는 베루누이 난 수 발생기로부터 만들어진다. p=0.7인 d(=2000) 이항 분포 모의실험을 얻는 의사 코드가 아래에 작성되었다. 이를 참조하여 MATLAB 코드를 작성하고 결과를 이론값과 비교 설명하라.

의사코드	MATLAB 코드

URNG에 대한 seed를 초기화한다.
변수 n=5, d =2000, p=0.7로 설정한다.
배열 b(kk)=0, kk=1,...,n+1으로 초기화한다.
배열 Pt(kk)=0으로 초기화%이론확률값 배열
For l=1 to d
  kk=1;
  For i=1 to n
    x= URNG(seed);
    if x < p Then (사건 B=1)
      kk=kk+1;
   endif
  Endfor
  b(kk)=b(kk)+1;
Endfor
Compute Pt(k)=(n!/(n-k)!*k!)*p^k *(1-p)^(n-k), for k=0...,n
Write Pt(kk), b(kk)/d for kk=1,..., n+1;	

데이터의 개수 d=2000에서 1000으로 변경하여 실험하고 그 결과를 비교하라. d가 커짐에 따라 이론치에 근접하는지를 확인하라. 의사코드에서 이항 분포의 이론 확률 값은 본문의 식(2.48)로 주어진다.

3. 본문 예제 2.14에 기초하여 두 상태 $(A, \overline{A})$간의 천이 확률이 주어진 경우 주어진 초기 값에 따라 상태 천이가 발생한다. 이 경우 순차적으로 반복 베루누이 시행을 사용하여 정상 상태에서의 상태 확률을 추정하고자한다. 두 상태간의 천이 확률은 예제 2.14와 같이 주어졌다고 가정한다.

$$P\{A_{cur}|A_{prev}\}=0.50,\ P\{\overline{A_{cur}}|A_{prev}\}=0.50$$

$$P\{A_{cur}|\overline{A_{prev}}\}=0.30,\ P\{\overline{A_{cur}}|\overline{A_{prev}}\}=0.70$$

d(=50)번의 베루누이 시행과 주어진 초기 상태로부터 상태 천이 모의 실험을 얻는 의사 코드가 아래에 작성되었다. 이를 참조하여 MATLAB 코드를 작성하고 결과를 정상 상태에서의 A상태 확률 이론 값과 컴퓨터 모의실험으로부터 언어진 추정 확률 값(ProbAState)을 비교 설명하라.

의사코드	MATLAB 코드

URNG에 대한 seed를 초기화한다.
변수 n=5, d =50, pAA=0.5, pAbarAbar=0.7로 설정한다.
배열 A(kk)=0, kk=1,...,d로 초기화한다.
 	
For I=1 to d
  x= URNG(seed);
  if A(i) == 1 Then
    if x < pAA Then (상태 A)
      A(i)=1;
    else A(i)=0;
  elseif" A(i)==0 Then
    if x < pAbarAbar Then (상태 $\overline{A}$)
      A(i)=0;
    else A(i)=1;
  endif
Endfor
nA=Count 1s and nAbar= Count 0s;
Set ProbASteadyState = 0.3750;%예제로부터
Compute ProbAState=nA/d;
Write ProbASteadyState, ProbAState;	

의사코드로부터 발생되는 1s와 0s의 시퀀스 배열 A로부터 1의 발생 횟수, 0의 발생 횟수를 카운트할 수 있다. d개의 1s와 0s 발생데이터로부터 정상 상태에서 상태 A나 상태 $\overline{A}$를 추정할 수 있다. 다른 상태 천이 확률 값을 넣어 실험을 반복하고 그 결과를 논하라.

4. 본문 예제 2.15에서 컴퓨터실에 n=10개의 터미널이 서버 컴퓨터 A, B, C 3개 중 하나의 네트워크 포트를 통해 연결되어 있다. 사람들은 서로 독립적으로 컴퓨터실에 들어가서 다음과 같은 포트 접속 확률로 컴퓨터를 사용한다고 하자.

$$P\{A\}=0.25, \quad P\{B\}=0.25, \quad P\{C\}=0.50$$

학생들이 컴퓨터 A에 연결하고자 한다. 학생들이 컴퓨터 A에 연결될 확률이 적어도 90%가 되려면 컴퓨터실에 적어도 몇 명 이하만이 컴퓨터 A에 연결된 상태로 있어야하는지 알고 싶다. 이제 컴퓨터 A에 연결될 확률은 P{A}이며, 연결되지 않을 확률은 $P\{\overline{A}\}$이다.

$$P\{A\}=p=0.25, \quad P\{\overline{A}\}=q=0.75, \quad p+q=1$$

위의 접속 확률로 컴퓨터 A에 학생들이 컴퓨터실에서 연결하려면 몇 명 정도까지만 허용될 수 있는지를 컴퓨터 모의실험을 통해 구하라.

의사코드	MATLAB 코드

독립적인 베루누이 시행의 횟수(n)를 설정
컴퓨터 A에 연결될 확률 Pa=P(A)=0.9로 설정
CDF=0; first=1;
For k=1 to n
  Pk= $P_n\{k\}=C_k^n p^k q^{n-k}$를 구한다;%식 (2.48참조)
  CDF = CDF+$P_n\{k\}$
  if CDF < Pa & first==1 Then (컴퓨터 A에 연결됨)
    display :the least number of ports required to meet the 90% connectivity to computer A is
    write k,Pk,CDF;
    first=0;
  else
  write k,Pk,CDF;
  endif
Endfor	

5. 데이터 전송 시스템이 3개의 심볼만 전송하도록 설계되었다. 입력은 X_1, X_2, 와 X_3이고 똑같이 발생한다. 출력은 Y_1, Y_2, 와 Y_3이다. 전송시스템(의 채널)이 잡음이 있다고 한다:

$$P(Y_i|X_j)=0.98, \ if\ i=j$$
$$=0.02, \ if\ i\neq j$$

만일 Y_2가 수신되었다면 X_2로부터 나온 확률은 얼마인지 추정하라.

단일 랜덤 변수론

본장은 단일 랜덤 변수, 랜덤 변수의 함수 변환과 어떤 사건에 조건적인 랜덤 변수에 관련된 확률 개념을 확장하여 발전시킨다. 랜덤 변수를 특징지어주는 함수는 확률 밀도함수(혹은 이산적인 랜덤 변수의 경우 확률 질량 함수)와 누적 확률 분포함수이다. 이 두 함수는 베루누이, 가우시언, 지수, 이항 분포와도 같은 유용한 확률 모델을 개발하도록 도와준다. 랜덤 변수의 기댓값(평균, 분산, 특성 함수 등을 포함하여)은 유용한 확률 변수의 계산을 가능케 한다.

학습목표

1. 연속형, 이산형, 혼합형 단일 랜덤 변수의 개념을 이해하여 여러 확률 모델(균일분포, 가우시언 분포, 지수 분포 등)에 관련된 밀도함수, 누적분포 함수들을 설명할 수 있다.
2. 랜덤 변수의 평균 개념을 일반화한 기댓값, 모멘트, 중앙 모멘트, 특성 함수를 계산할 수 있다.
3. 단조 혹은 비단조 함수에 의한 단일 랜덤변수의 함수 변환식을 사용하여 임의의 원하는 랜덤 변수를 발생할 수 있으며, 새로운 변환 랜덤 변수에 대한 밀도함수, 기댓값, 모멘트, 중앙 모멘트, 특성 함수를 계산할 수 있다.
4. 어떤 사건에 조건적으로 발생하는 조건부 랜덤 변수에 대한 확률 분포를 유도할 수 있다.
5. pdf를 모르는 어떤 랜덤 변수에 대한 확률 사건의 확률에 대한 바운드(bound) 값을 산출하는 부등식을 적용할 수 있다.
6. 랜덤 변수의 함수 변환식과 URNG를 사용하여 여러 확률 모델(가우시언, 지수, 이항, 푸아송 분포 등)의 랜덤 변수를 발생시키는 알고리듬을 작성할 수 있으며 컴퓨터 모의실험을 통해 데이터를 생성하고 관련 파라미터를 추정할 수 있다.

3.1 서론

기술의 세계는 측정의 세계다 : **측정**(measurement)은 이론의 추상성을 실제의 현실과 연결시켜 준다. 그러므로 우리 앞에 놓인 임무는 측정을 확률 이론에 접목시키는 체계적인 방법을 이해하고 개발하는 것이다. 지금까지 우리가 논의했던 사건은 물리적 사건이었다. 즉, 어떤 특정한 물리적 발생의 집답 : 음성 메시지, 부품 제조, 컴퓨터의 사용자의 수, 이동통신 통화 연결 등등이 여기에 속한다.

이같이 물리적으로 발생하는 사건의 집단을 본 장의 핵심으로 돌아가서 표현하려면 표본공간 S에 속한 어떤 결과를 실수 선상의 한 점 혹은 범위로 변환하는 과정이 요구된다. 이같은 요구조건을 전제로 생각해 보면 두 표본 공간을 고려할 수 있다. 즉, 첫 번째 공간은 어떤 랜덤 실험을 통해 물리적으로 확인할 수 있는 결과들의 공간(S로 나타냄)이라고 생각할 수 있고, 두 번째 공간은 첫 번째 공간으로부터 얻어지는 모든 실수의 집합 공간(S_X 로 나타냄)을 생각할 수 있다.

실수 값으로 이루어진 공간 집합 S_X가 유용하게 확률이론과 접목되어 사용되려면 두 가지의 특징, 즉 *랜덤 변수*라는 함수와 *누적 분포 함수*(혹은 *확률분포 함수*)에 대한 수학적 배경을 이해할 필요가 있다.

3.1.1 랜덤 변수

측정을 수행할 때 어떤 값(측정값)를 얻게 된다. 측정값의 예는 음성 메시지의 평균 소리 압력, 제조된 부품의 측정 치수, 컴퓨터를 사용하는 사용자들의 수, 통화를 위한 호의 연결 등등이다. 결과의 측정을

$$X(a) = x_a \tag{3.1}$$

로 나타내게 된다. 여기서 X는 어떤 함수이다. 함수 X의 정의역은 표본공간 S 안에 있는 모든 물리적 결과 a를 포함하며 치역 S_X는 실수의 집합이 된다. 값 x_a를 **관측**(observation)**값**이라고 한다. 랜덤 변수 식(3.1)은 또한 한 개의 관측값만을 출력하므로 *단일 랜덤 변수*(혹은 확률 변수)라고 한다.

랜덤 변수는 랜덤 실험의 물리적 실체로부터 관측의 관련 집합 즉 실수- 물리적인 현상을 측정할 때 공학에서 자주 등장하는 어떤 것-로 변환되도록 허용한다.

그림 3.1에 보인 바와 같이 표본 공간 S 안의 사건 A는 식(3.1)를 사용하여 수의 집합 S_A에 매핑된다. 일반적으로 함수 X는 many-to-one 매핑이다. 그러므로 P{A}와 P{S_A}사이에 일반적인 관계를 결정짓는 것은 불가능하다.

그럼에도 불구하고

$$P\{S\} = P\{S_X\} = 1 \tag{3.2}$$

이 요구된다.

더욱이 X에 의해 만들어진 관측값은 **통계적 일관성**(consistency)을 갖는다고 가정한다. 어떻게 이것이 가능한 가는 다음 절의 주제이다.

랜덤실험의 측정 즉, 함수 X를 **랜덤 변수**(random variable)라고 한다. 보통 약속에 의해 랜덤 변수는 알파벳 끝 쪽에 있는 U, V, $\cdots$, Z의 대문자로 표기한다.

식(3.1)의 응용 예를 살펴보면

1. 통신 링크에서 잡음 $n(t)$는 S의 원소이다. $n(t)$의 측정된 평균 전력은 실수이며 S_X 안의 한 관측이다.
2. 고객이 사용하는 제조 상품은 S의 한 원소이다. 상품이 고장 시까지의 평균 측정 시간은 S_X 안의

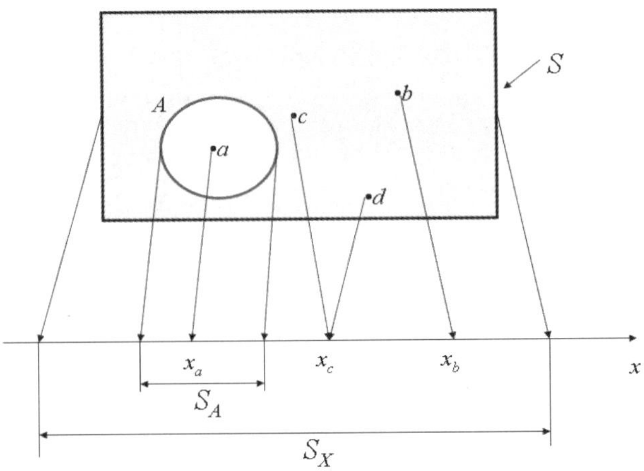

그림 3.1 랜덤변수 X는 표본 공간 S로부터 나온 결과를 실수선 $X(a) = x_a$에 대응시킨다. 일반적으로 랜덤변수는 many-to-one 함수이다. 다른 결과 c와 d도 같은 관측치 $X(c) = x_c$와 $X(d) = x_c$를 가질 수 있다.

한 관측이다.

3. 특정 그룹의 트랜지스터는 S의 원소이다. 트래지스터가 동작할 수 있는 측정된 최대 스위칭 속도는 S_X 안의 한 관측이다.
4. 컴퓨터의 큐에 임시 저장되는 프로그램은 S의 원소이다. 주어진 시간에 큐 안에 존재할 프로그램의 수를 카운트하는 것은 S_X 안의 한 관측이다.

3.1.2 누적 분포 함수와 확률 밀도 함수

도수와 누적 도수 도표(plots)는 해석하려는 데이터를 정리하고 요약하는데 유용하기 때문에 1장에서 소개되었다. 이들 도표에 대한 예를 그림 3.2(a)에 보였는데 여기서 n_k의 각 값은 셀(구간) 안에서 발생하는 데이터의 수를 나타내며 N_k는 그림 3.2(a)에 보인 바와 같이 n_k의 누적 데이터의 수를 나타낸다.

도수와 누적 도수 도표를 정규화하기 위해 각 n_k를 전체 수 n으로 나눈다고 가정하자:

$$f_k = n_k/n \tag{3.3}$$

$$F_k = N_k/n = \sum_{i=1}^{k} f_i \tag{3.4}$$

식(3.3)과 식(3.4) 관계식을 **상대 도수**(relative frequency)와 **누적 상대 도수**(cumulative relative frequency)라고 한다. 정규화는 종축의 스케일을 변화시키지만 그림 3.2(b)를 그림 3.2(a)와 비교해 보면 그래프의 기본 모양은 변하지 않았다. 물론 상대 도수와 누적 상대 도수 그림의 정확한 모양은 그래프를 구성하는 샘플 데이터에 의존한다. 하지만 $n \to \infty$ 함에 따라 셀의 폭은 임의적으로 작게 되어 상대 도수 그래프는 그림 3.2(c)에 보인 바와 같이 **밀도 함수**(density function) $f_X(x)$에 접근한다.

$$f_k \to f_X(x)dx$$

더욱이 그림 3.2(c)에 예시한 바와 같이 식(3.4)에서 합은 **누적 분포 함수**(cumulative distribution function:cdf) $F_X(x)$에 접근한다.

$$F_k \to F_X(x)$$

따라서 위 극한의 관계식을 식(3.4)에 적용하면

$$F_X(x) = \int_{-\infty}^{x} f_X(\alpha)d\alpha = \text{면적} \tag{3.5}$$

가 된다.

랜덤 변수 X의 누적 분포 함수 $F_X(x)$는 사건 $X(a) \le x$의 확률로 정의된다: 즉

$$F_X(x) = P\{a : X(a) \le x\} \tag{3.6a}$$

식(3.6a)의 오른쪽을 다시 풀어 설명하면 "*랜덤함수 X를 사용하여 얻은 관측값이 독립변수 x보다 같거나 작게 되는 (S에 속한 결과 a) 사건* $\mathrm{X}(a) \le x$ *의 확률*"이라고 읽는다. 보통 더 간결한 표기를 사용하면

$$F_X(x) = P\{\mathrm{X} \le \mathrm{x}\} \tag{3.6b}$$

식(3.6.b)의 오른쪽을 "*랜덤변수 X가 x보다 작거나 같을 확률*"이라고 읽는다.

모든 cdfs는 식(3.6b)를 사용하여 규명하게 되며 그 결과로서 공통적인 어떤 성질을 갖게 된다. 예를 들어 식(3.6b)을 사용하면

$$F_X(\infty) = P\{\mathrm{X} \le \infty\} = 1 \tag{3.7}$$

이 된다. 이는 식(3.2)의 재진술이다. 같은 방법으로 사건$\{X \le -\infty\}$은 불가능 사건 Φ가 되고 $\mathrm{P}\{\Phi\} = 0$이 되므로

$$F_X(-\infty) = \mathrm{P}\{X \le -\infty\} = 0 \tag{3.8}$$

다음 전개를 위해 a와 $b(a < b)$를 실선상의 두 값이라고 가정하자. 이때 두 사건 $\{X \le a\}$와 $\{a < X \le b\}$는 배반사건이 되며

$$\{X \le a\} \cup \{a < X \le b\} = \{X \le b\}$$

확률의 세 번째 공리를 사용하여 표현하면

$$\mathrm{P}\{a < X \le b\} = P\{X \le b\} - P\{X \le a\}$$

식(3.6b)의 표기를 적용하면

$$P\{a < X \le b\} = F_X(b) - F_X(a) \tag{3.9}$$

식(3.9)는 매우 중요한 결과이다. 왜냐하면 x축상의 구간에 걸쳐 기술된 랜덤 변수의 여러 확률을 찾아야 하기 때문이다.

확률의 두 번째 공리를 식(3.9)에 적용하면

$$F_X(b) - F_X(a) \ge 0 \tag{3.10}$$

이어야 한다. 이는 cdf가 항상 비감소(non-decreasing) 함수이어야 함을 의미한다. 비감소 함수에 대해 수학적으로 달리 표현하면 $\dfrac{d}{dx}F_X(x) \ge 0$이어야 한다.

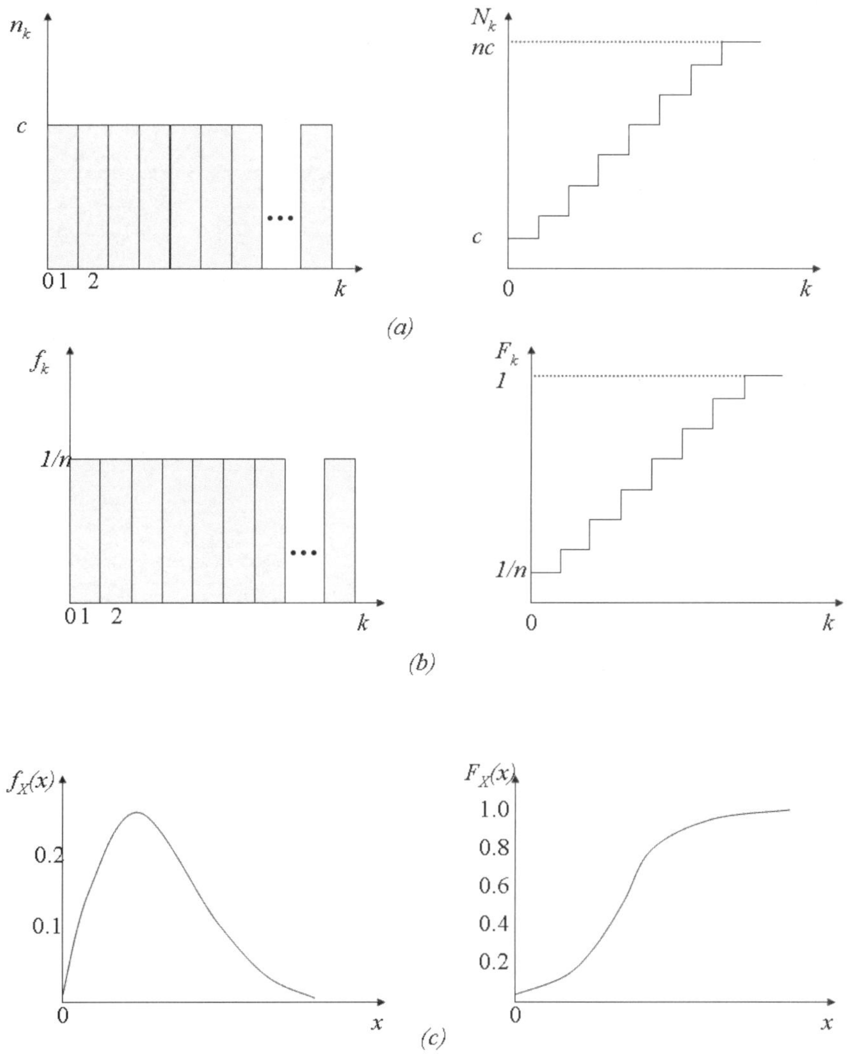

그림 3.2 (a) 도수와 누적 도수 plot, (b) 상대 도수와 누적 상대 도수 plots과 (c) 확률 밀도 함수(pdf) 와 누적 분포 함수(cdf)의 비교

확률이론에 있어 cdf는 관측값을 확률과 연관시켜 주기 때문에 매우 중요한 역할을 한다. 그림 3.3은 몇 가지 cdfs의 예를 나타내 보여 준다. 그림 3.3의 각 cdf는 연속 혹은 불연속 함수이다. cdf가 연속적일 때 관련된 랜덤 변수는 **연속 랜덤 변수**(continuous random variable)라고 말하며, 반면 cdf가 불연속적일때 그 랜덤변수를 **이산 랜덤 변수**(discrete random variable)라 한다. 연속과 이산 랜덤변수가 혼재되어 있는 경우를 **혼합 랜덤 변수**(mixed random variable)라 한다. 확률 이론에서 보통 cdf를 나타내기 위해 대문자 F를 사용하는 것이 보편적이다.

그림 3.3 연속/이산/혼합 랜덤변수 X, Y, Z 에 대한 cdfs의 예

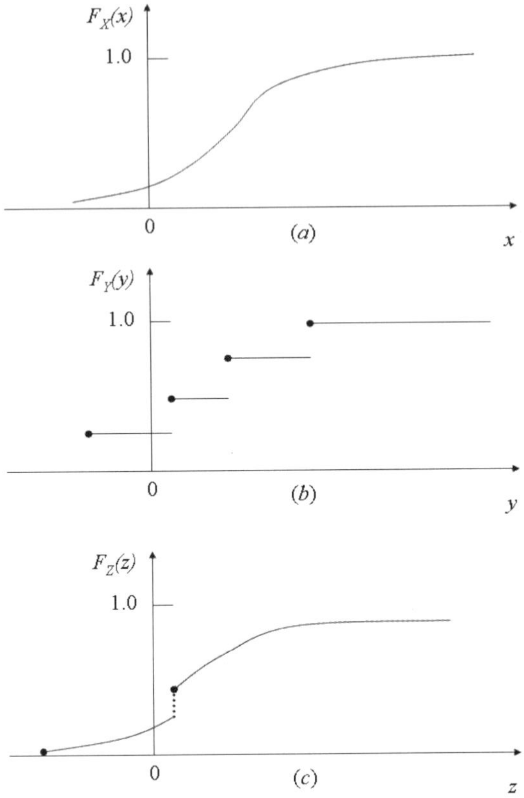

3.2 확률 모델들: 확률밀도함수

확률 모델을 정의하는 과정에서 식(3.5)의 적분식의 인수로 정의된 *확률 밀도 함수*(pdf)는 매우 중요한 역할을 갖는다. 미적분학의 기본 정리를 사용하여 다음과 같이 정의된다:

$$f_X(x) = \frac{d}{dx} F_X(x) \tag{3.11}$$

일반적으로 랜덤 변수(U, V, $\cdots$, Z)가 다르면 다른 확률 밀도 함수 $f_U(u)$, $f_V(v)$, $\cdots$, $f_Z(z)$를 갖으며, 확률 밀도 함수의 인수는 독립 변수이다. 식(3.11)의 역은 cdf로서

$$F_X(x) = \int_{-\infty}^{x} f_X(\alpha) d\alpha \tag{3.12}$$

이다. 따라서 식(3.11)과 식(3.12)로부터 pdf와 cdf는 미적분 관계임을 알 수 있다.

3.2.1 연속 랜덤 변수

식(3.5)에서 식(3.9)까지 나열된 cdf의 성질들 외에 본 절에서 cdf는 연속 함수이며 유한수의 점을 제외하고는 식(3.11)의 $F_X(x)$는 미분 가능하다고 가정한다.

이제 식(3.11)과 식(3.12)의 일반적인 관계로 되돌아가서 pdfs와 cdfs의 몇 가지 일반적인 특징들을 논하고자 한다.

cdf가 비감소 함수이기 때문에 식(3.11)에서 미분은 음수일 수가 없다 :

$$f_X \geq 0 \tag{3.13}$$

$x = -\infty$ 일 때 식(3.12)는 cdf가 0의 값을 가짐을 앞 절 식(3.8)에서 살펴보았다.

$x = +\infty$ 일 때 식(3.12)는 식(3.7)식으로부터 매우 중요한 관계식을 얻는다.

$$\int_{-\infty}^{+\infty} f_X(x)\,dx = 1 \tag{3.14}$$

즉, 확률 밀도 함수 내의 면적은 항상 1이 된다.

식(3.9)와 식(3.11)을 사용하여 다음과 같이 쓸 수 있다

$$P\{x_1 \leq X \leq x_2\} = F_X(x_2) - F_X(x_1) = \int_{x_1}^{x_2} f_X(x)\,dx \tag{3.15}$$

식(3.15)의 의미는 어떤 일정 구간 내에서 pdf 함수의 면적은 그 구간 안에서 발생하는 어떤 랜덤 변수의 관측 확률을 나타낸다.

식(3.15)의 유용한 근사식은 $x_2 = x + \Delta x$, $x_1 = x$에 대하여 다음과 같이 쓸 수 있다

$$dP = P\{x < X \leq x + \Delta x\} = \int_{x}^{x+\Delta x} f_X(\alpha)\,d\alpha \approx f_X(x)\Delta x \tag{3.16}$$

또한 랜덤 변수가 연속적인 경우 $x_2 \rightarrow x_1$이면 $\Delta x \rightarrow 0$이 되므로 랜덤 변수가 정확히 어떤 특정한 값을 갖을 확률은 0이 됨을 알 수 있다

$$P\{X = x\} = \int_{x}^{x} f_X(\alpha)\,d\alpha = 0 \tag{3.17}$$

따라서 연속적인 cdf를 갖는 랜덤 변수는 등호와 부등호의 사용에 대해 유연성을 가짐을 말해준다. 즉, 다음 표현은 등가이다.

$$F_X(x) = P\{X \leq x\} = P\{X = x\} + P\{X < x\} = P\{X < x\} \tag{3.18}$$

예제 3.1　균일 랜덤 변수의 확률밀도 함수

어떤 랜덤 변수로부터의 관측값이 구간 $a<x<b$사이에 균일하게 (uniformly)발생하다고 가정하자 **"균일하게"**라는 의미는 식(3.16)이

$$dP = Adx = \text{면적} = \text{일정}$$

함을 의미한다. 여기서 $f_X(x) = A$인 상수이다. 상수 A의 값은$1/(b-a)$가 되는데, 왜냐하면 식(3.14)로부터 pdf하의 면적이 1이 되어야 하기 때문이다.

임의의 균일 랜덤 변수에 대해 일반화하여 나타내면 그림 3.4와 같은 구간 a와 b사이에 분포된 랜덤 변수 X의 pdf와 cdf를 얻는다. 이 그림으로부터 다음 pdf 식을 구하면

$$f_X(x) = \begin{cases} \dfrac{1}{b-a}, & a<x\le b \\ 0, & \text{그밖의 영역} \end{cases} \tag{3.19}$$

식(3.12)을 사용하여 균일 랜덤 변수 X에 대한 cdf를 구하면

$$F_X(x) = \begin{cases} 0, & -\infty<x\le a \\ \dfrac{x-a}{b-a}, & a<x\le b \\ 1, & b<x<\infty \end{cases} \tag{3.20}$$

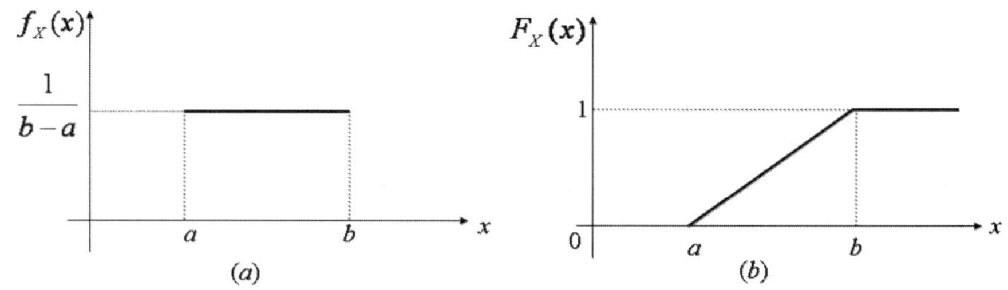

그림 3.4 (a) 구간 a와 b 사이에 균일하게 분포된 연속 랜덤변수 X의 pdf와 (b) a와 b사이에 균일하게 분포된 랜덤변수 X의 cdf

관찰: cdf와 pdf의 요구조건 만족

- pdf는 항상 비감소 함수이며 함수 내의 면적은 1이다.
- cdf는 연속함수이며 0에서 시작하여 1까지 가는 비감소함수이다.
- x=a와 x=b를 제외한 모든 곳에서 cdf는 미분이 존재한다.

컴퓨터 프로그램에 의해 균일랜덤 난수 발생기(예를 들면 1장과 본장의 컴퓨터 사용하기에 나온 URNG를 참고하기 바란다) 알고리듬을 작성하고 이 발생기의 관측값을 얻어 모의 실험할 수 있다. 보통 이 알고리즘은 $a=0$와 $b=1$로 정규화 되어있다. 만일 X가 0과 1 사이의 균일 랜덤 변수라면 임의의 구간 a와 b사이에서 균일하게 발생하는 새로운 랜덤 변수 Y는 다음 변환식을 사용하여 얻을 수 있다.

$$Y = (b-a)X + a \tag{3.21}$$

자세한 컴퓨터 모의실험 안내는 각 장의 마지막부분 **"컴퓨터 활용"**절에서 다루어졌다.

예제 3.2 지수 랜덤 변수의 확률밀도 함수

지수 랜덤 변수는 신뢰도의 고장률 측정 혹은 데이터 패킷의 큐잉 응용 분야에서 찾아볼 수 있다. 그림 3.5는 전형적인 지수 램덤 변수의 pdf와 cdf의 그래프를 보여준다. 지수 랜덤 변수의 pdf는

$$f_X(x) = \begin{cases} \lambda e^{-\lambda x}, & x \geq 0 \\ 0, & x < 0 \end{cases} \tag{3.22}$$

식(3.12)를 사용하여 지수 랜덤 변수의 cdf를 구하면

$$F_X(x) = \begin{cases} 1 - e^{-\lambda x}, & x \geq 0 \\ 0, & x < 0 \end{cases} \tag{3.23}$$

여기서 λ 파라미터는 변화율을 나타내는 상수이며 $\lambda > 0$.

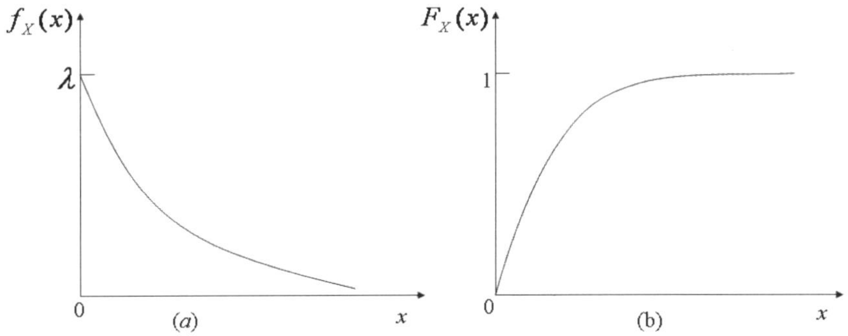

그림 3.5 (a) $\lambda > 0$의 변화율을 갖는 지수 랜덤 변수 X의 pdf (b) 지수 랜덤 변수 X의 cdf

관찰: cdf와 pdf의 요구조건 만족

- pdf는 항상 비감소 함수이며 함수내의 면적은 1이다.
- cdf는 연속함수이며 0에서 시작하여 1까지 가는 비감소함수이다.
- x=0 제외한 모든 곳에서 cdf는 미분이 존재한다.

예제 3.3 정규 가우시언 랜덤 변수의 확률밀도 함수

가우시안 랜덤 변수는 어떤 관측이 반복적으로 이루어지고 그 관측이 독립적일 때 변수의 관측값들의 합은 종 모양의 곡선을 갖는 가우시언 분포를 갖는다. 열잡음은 한 좋은 예가된다. 가우시안 특성을 갖는 잡음 전압은 도체내의 여러 분자간에 랜덤한 열 자극에 의해 야기된 전압의 합의 효과를 만들어내게 된다. 이같은 현상은 4장에서 설명할 독립 랜덤 변수의 합의 분포를 고려할 때 더욱 분명해질 것이다. 가우시안 랜덤 변수가 물리적 현상을 설명하는데 유용하고 보편적인 이유는 부가성(additivity)의 성질에 의해 독립적인 랜덤 현상을 잘 설명해주기 때문이다.

먼저 정규(normalized) 가우시안 랜덤 변수의 토의로 시작하고자 한다. 정규 형태로 공부를 한 후 얻어진 결과에 랜덤 함수 변환을 사용하여 가우시언 랜덤 변수의 일반 형태로 변환하는 설명으로 진행해 나갈 것이다. 정규 가우시안 랜덤 변수 Z의 pdf는 모든 Z에 대하여

$$f_Z(z) = \frac{1}{\sqrt{2\pi}} exp(-z^2/2) \tag{3.24}$$

그리고 가우시언 cdf는

$$F_Z(z)\frac{1}{\sqrt{2\pi}}\int_{-\infty}^{z}\exp(-u^2/2)du \tag{3.25}$$

정규 가우시언 pdf와 cdf의 그래프를 그림 3.6에 도시하였다.

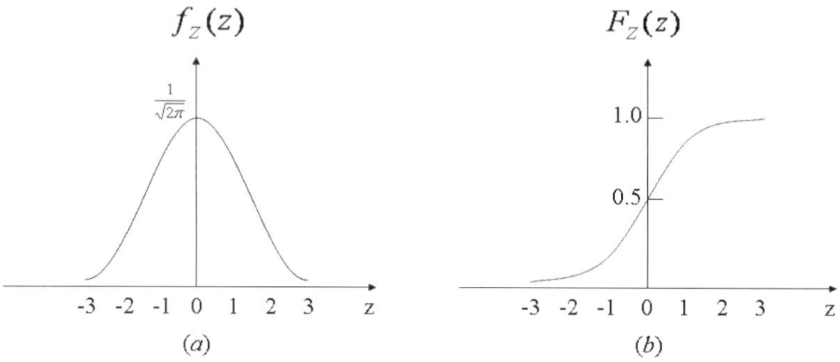

그림 3.6 (a) 평균이 0이고 표준 편차가 1인 정규 가우시언 랜덤변수 X의 pdf와 (b) cdf

관찰: cdf와 pdf의 요구조건 만족

• pdf는 항상 비감소 함수이며 함수내의 면적은 1이다. $z\rightarrow\infty$일 때 식(3.25)의 적분을 수행하면

$$F_Z(\infty)=\frac{1}{\sqrt{2\pi}}\int_{-\infty}^{\infty}\exp(-z^2/2)dz=1 \tag{3.26}$$

• cdf는 연속 함수이며 값이 0에서 시작하여 1까지 가는 비감소 함수이다.

• 모든 곳에서 cdf는 미분이 존재한다.

일반적으로 식(3.25)의 적분은 임의 z에 대해 closed formed 형태로 계산할 수 없다. 따라서 $F_Z(z)$의 값을 계산하기 위해 수치해석 알고리즘을 사용해 표를 작성한다(부록 C에 제공). 0과 4사이의 Z의 값에 대한 $F_Z(z)$의 표나 부록 C에 나온 알고리즘을 참고할 때 $F_Z(z)$대신에 $\Psi(z)$기호를 사용한다. 즉

$$\Psi(z)=\frac{1}{\sqrt{2\pi}}\int_{-\infty}^{z}\exp(-u^2/2)du \tag{3.27}$$

식(3.27)의 적분식은 pdf가 우함수이고 좌우 대칭이므로 pdf의 함수의 중앙 왼쪽의 적분값과 중앙 오른쪽의 적분값을 같게 놓아 다음과 같이 쓸 수 있다.

$$\Psi(-z)=\frac{1}{\sqrt{2\pi}}\int_{-\infty}^{-z}\exp(-u^2/2)du=\frac{1}{\sqrt{2\pi}}\int_{+z}^{+\infty}\exp(-u^2/2)du \tag{3.28}$$

식(3.27)를 사용하여 pdf 함수의 전체 면적이 1이 된다는 사실을 이용하면 적분 관계식은 $\Psi(z)$의 합으로 아래와 같이 쓸 수 있다.

$$\Psi(-z) = 1 - \Psi(z) \tag{3.29}$$

식(3.29)는 인수(argument)가 음일 때 $\Psi(z)$의 값을 찾는 방법을 제공해 준다.

가령 $z = 0.9347$이라고 하자. $\Psi(-0.9347)$의 값을 구하려면 부록 C에 주어진 정규 가우시언 cdf의 계산식으로부터

$$\Psi(0.93) = 0.8238$$

$$\Psi(0.94) = 0.8264$$

$$\Psi(-0.9347) = 1 - \Psi(0.9347)$$

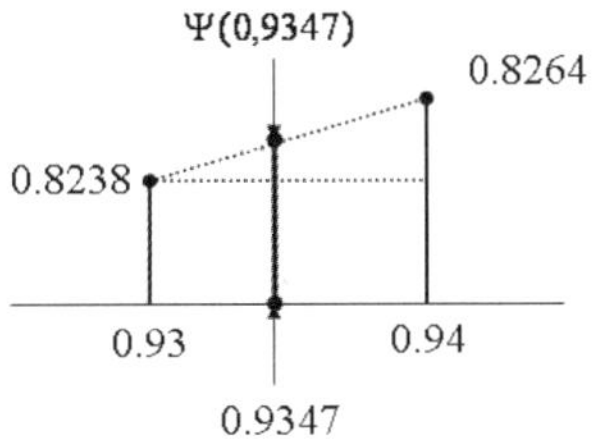

z=0.9347은 0.93과 0.94사이에 존재하므로 양선형 보간법을 사용하여 다음과 같이 구한다.

$$\Psi(0.9347) - 0.8238 = \frac{0.002}{0.01}(0.9347 - 0.93)$$

$$\therefore \Psi(0.9347) = 0.8238 + 0.001222 \approx 0.8250$$

여러 가지 다른 방법으로 동일한 결과를 얻을 수 있겠지만 컴퓨터 패케지(MATLAB, Minitab 혹은 MathCad 등)를 사용하여 쉽게 구할 수 있다. MATLAB 패케지를 사용한다면 정규 cdf $\Psi(z)$는 MATLAB 명령어를 사용하여 다음과 같이 얻을 수 있다:

$$\Psi(z) = normcdf(z)$$

cdf $\Psi(z) = k, z = \Psi^{-1}(k)$ 값의 역 계산도 비슷한 방법으로 부록 C의 계산식을 사용하여 구할 수 있다. 예를 들어 $\Psi(z) = 0.6000$에서 z의 값을 구한다고 하자. 계산식으로부터

$$\Psi(0.2500) = 0.5987$$

$$\Psi(0.2600) = 0.6026$$

양선형 보간법을 사용하여 구하면 $\Psi(z) = 0.6000,\ z = \Psi^{-1}(0.6000) = 0.2533$을 얻는다. MATLAB 페케지를 사용하여 구하면 다음과 같다:

$$z = \Psi^{-1}(k) = norminv(k)$$

3.2.2 이산 랜덤 변수

지금까지는 랜덤 실험으로부터 얻어진 관측을 연속적인 수의 집합이라고 가정하였다. 더욱이 연속 랜덤 변수에 대해 어느 특정한 한 점의 값을 관측할 확률은 무시할 만큼 작았다(식(3.17) 참조). 그러나 연속이 아닌 이산적인 관측에서는 다른 상황이 존재한다.

$$S_X = \{x_1,\ x_2,\ x_3,\ \cdots\}$$

여기서 x_i는 셀 수 있는 (유한이든 무한이든) 수의 집합이며 랜덤 실험은 어느 특정한 한 원소 $x_i \in S_X$을 관측할 확률이 0이 되지 않는다. 즉

$$P\{X = x_i\} = P\{x_i\},\ i = 1,\ 2, 3,\ \cdots$$

이산 랜덤 변수와 관련된 확률 $P\{x_i\}$를 **확률 질량 함수**(probability mass function)라고 한다. 표본 공간에서 모든 원소의 이산 관측을 생각할 때 확률의 합은 1이어야 한다.

$$\sum_i P\{x_i\} = 1 \tag{3.30}$$

이산 랜덤 변수에 대한 cdf의 정의는 연속 랜덤 변수 식(3.6b)의 경우와 같다. 이 정의에서 등식은 이산 랜덤 변수 경우에는 중요해 진다. $X = x_i$ 일 때 확률 $P\{x_i\}$는 $P\{X \le x_i\}$에 포함되게 된다. 따라서 $F_X(x_i)$에도 포함되게 된다. 그림 3.7를 참고하라. 여기에 이산 랜덤 변수에 대한 cdf의 일부를 예시하였다. x가 약간 x_i의 왼쪽 즉 $x = x_i^-$일 때

$$F_X(x_i^-) = F_X(x_{i-1})$$

x가 약간 x_i 의 오른쪽 $x_i = x_i^+$일 때 $x = x_i$에서 pmf의 효과가 포함되며

$$F_X(x_i^+) = F_X(x_i)$$

이 된다. cdf의 연속성은 불연속 점의 항상 오른쪽으로 진행된다. $x = x_i$에서 cdf의 불연속성 값은 pmf에 의해 결정된 값을 갖는다.

$$F_{X(}x_i^+) - F_X(x_i^-) = P\{x_i\} = P_i$$

cdf는 단위 계단 함수(unit-step function)의 중첩에 의해 표현된다:

$$F_X(x) = \sum_i P\{x_i\} u(x - x_i) \tag{3.31}$$

여기서 계단 함수는

$$u(x) = \begin{cases} 1,\ x \ge 0 \\ 0,\ x < 0 \end{cases} \tag{3.32}$$

이다. 전기 회로망 및 통신 이론에서 흔히 사용되어지는 것처럼 Dirac-delta 함수 $\delta(x)$는

$$\delta(x) = \frac{d}{dx}u(x) \tag{3.33}$$

이때 식(3.11)과 식(3.33)으로부터 이산 랜덤 변수의 pdf를 나타낼 수 있다.

$$f_X(x) = \sum_i P\{x_i\}\delta(x - x_i) \tag{3.34}$$

Dirac 델타 함수를 포함하는 적분 계산에서 델타 함수의 영향은 인수가 0이 되는 곳에서만 값을 갖는다. 즉

$$\int_a^b g(x)\delta(x - x_0)dx = \begin{cases} g(x_0) & ,x = x_0 \\ 0 & ,x \neq x_0 \end{cases} \tag{3.35}$$

Diarc 델타 함수를 사용하면 연속 랜덤 변수의 pdf에 대한 모든 결과를 이산 랜덤 변수의 경우로 확장할 수 있다.

그림 3.7 이산 랜덤 변수의 cdf에서 발생하는 불연속성의 예시; $F_X(x_i^+) = F_X(x_i)$, $F_X(x_i^-) = F_X(x_{i-1})$

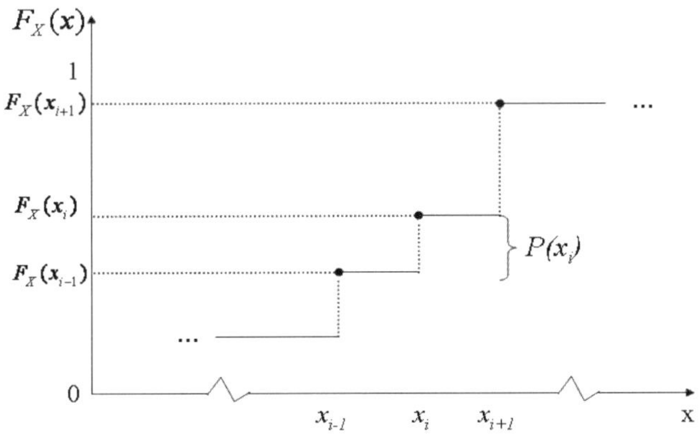

예제 3.4

이산 랜덤변수가 [표 3.1]에 확률 질량 함수에 의해 명시되었다. 식(3.31)과 주어진 데이터를 사용하여 본 예제의 랜덤 변수에 대한 cdf를 구하면

$$\begin{aligned} F_X(x) &= \sum_{i=1}^{4} P\{x_i\}u(x - x_i) \\ &= 0.30u(x+1.3) + 0.40u(x-0.6) + 0.20u(x-1.3) + 0.10u(x-3.2) \end{aligned}$$

식(3.34)을 사용하여 pdf를 구하면

$$\begin{aligned} f_X(x) &= \sum_{i=1}^{4} P(x_i)\delta(x - x_i) \\ &= 0.30\delta(x+1.3) + 0.40\delta(x-0.6) + 0.20\delta(x-1.3) + 0.10\delta(x-3.2) \end{aligned}$$

이산 랜덤변수가 [표 3.1]에 확률 질량 함수에 의해 명시되었다. 식(3.31)과 주어진 데이터를 사용하여 본 예제의 랜덤변수에 대한 cdf를 구하면

$$F_X(x) = \sum_{i=1}^{4} P\{x_i\} u(x - x_i)$$

$$= 0.30u(x+1.3) + 0.40u(x-0.6) + 0.20u(x-1.3) + 0.10u(x-3.2)$$

식(3.34)을 사용하여 pdf를 구하면

$$f_X(x) = \sum_{i=1}^{4} P(x_i)\delta(x - x_i)$$

$$= 0.30\delta(x+1.3) + 0.40\delta(x-0.6) + 0.20\delta(x-1.3) + 0.10\delta(x-3.2)$$

그림 3.8(a)와 3.8(b)는 각각 cdf와 pdf의 그래프를 보여준다. 그림 3.8(b)의 수직 화살표는 Diarc 델타 함수를 나타낸다.

cdf에서 불연속성의 성질을 확인하기 위해 그림 3.8(a)를 참고하면

$$F_X(0.6^-) = 0.30, \qquad F_X(0.6) = F_X(0.6^+) = 0.70$$

임을 주목하라.

표 3.1 이산 확률 값을 갖는 이산 랜덤 변수 X에 대한 데이터

i	x_i	$P\{X = x_i\}$
1	-1.3	0.30
2	0.6	0.40
3	1.3	0.20
4	3.2	0.10

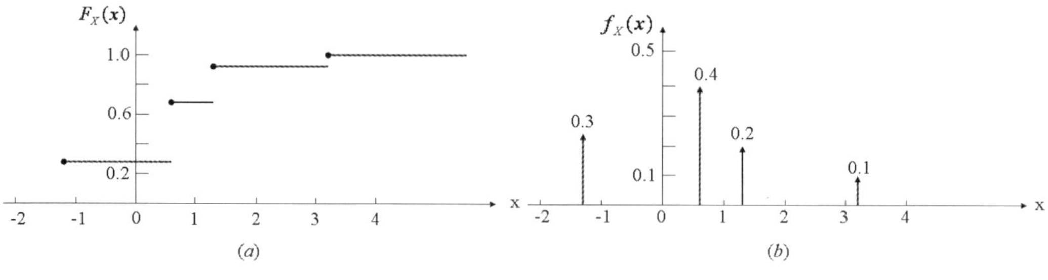

그림 3.8 예제 3.4에서 토의한 이산 랜덤 변수에 대한 (a) cdf와 (b) pdf의 그래프.

각 Dirac 델타 함수는 $P\{x_i\}\delta(x - x_i)$의 형태이며 여기서 x_i는 x축상의 위치를 나타내며, $P\{X = x_i\}$는 pmf이다.

식(2.44)에서 이미 소개한 것처럼 베루누이 랜덤 시행은 두 개의 상호 배반적인 사건 A와 $\overline{A}$를 발생시킨다. 이들 두 사건의 확률을 다음과 같이 나타낼 수 있다:

$$P\{A\}=p,\ P\{\overline{A}\}=q,\ p+q=1$$

베루누이 확률 모델을 사용하여 사건 A가 발생하면 정수 1를, 사건 $\overline{A}$가 발생하면 정수 0을 할당하는 카운팅 랜덤 변수 X를 다음과 같이 소개할 수 있다:

$$X(A)=1,\ X(\overline{A})=0 \tag{3.36}$$

그러면 $S_X=\{0,\ 1\}$이다.

이제 n번 반복되는 독립적인 베루누이 시행 즉 각각의 시행 결과가 $S=\{A,\ \overline{A}\}$에 속하는 결과를 주는 n차수의 이항 시행이 될 것이다. 이런 경우 **카운팅 함수**(counting function)

$$Y=\sum_{i=1}^{n}X_i \tag{3.37}$$

는 사건 A가 발생하면 1의 값이 추가되고, 사건 $\overline{A}$가 발생하면 0의 값을 Y의 합에 더하게 된다. 이와 같은 방법으로 n차수의 이항 시행에서 사건 A의 발생 횟수를 셀 수 있다.

식(3.36)의 베루누이 시행의 랜덤 변수 X에 대해 적용하면

$$P\{X=1\}=p,\ P\{X=0\}=q \tag{3.38}$$

을 얻을 수 있다. 식(3.31), 식(3.34), 식(3.38)을 사용하여 베루누이 랜덤 변수에 대한 pdf 와 cdf를 구하면 다음과 같다:

$$f_X(x)=q\delta(x)+p\delta(x-1) \tag{3.39}$$

$$F_X(x)=qu(x)+pu(x-1) \tag{3.40}$$

식(3.37)의 카우팅 함수를 적용하면 n차수 이항 시행에 대한 cdf와 pdf는 식(3.34)와 식(3.31)로부터 아래와 같이 표현될 수 있다:

$$f_Y(y)=\sum_{k=0}^{n}P_n(k)\delta(y-k) \tag{3.41}$$

$$F_Y(y)=\sum_{k=0}^{n}P_n(k)u(y-k) \tag{3.42}$$

여기서 식(2.48)로부터 pmf는

$$P_n(k)=P_k=C_k^n p^k q^{n-k},\ 0\le k\le n \tag{3.43}$$

예제 3.5

잠수함의 어뢰를 사용하여 항공기를 격추시키려고 한다. 두 개 이상의 어뢰가 항공기를 적중하기만 하면 성공적이다. 잠수함이 3번의 어뢰를 발사한다고 하고 각 어뢰의 적중 확률은 0.4라고 하자. 항공기가 격추될 확률을 구해 보자. 사건 A={어뢰가 적중할 경우}라고하면 P{A}=p=0.4이다. 3번의 어뢰가 발사되는 경우이므로 n=3이 된다. 성공적인 항공기 격추가 이루어지려면 3번의 발사중 적어도 2번 이상의 적중이 이루어져야 한다. 이를 확률식으로 표현하면

P{성공적인 항공기 격추} = P{3개 중 2개 이상이 적중}
= P{정확히 2개가 적중} + P{정확히 3개가 적중}

3번의 반복적인 독립 시행에 해당되고 성공 과 실패의 두 가지 경우만 존재하므로 앞서 설명한 베루누이 시행의 반복적인 시행에 해당된다. 따라서

$$P\{\text{미적중}\} = C_0^3 p^0 q^3 = \frac{3!}{0!3!}(0.4)(1-0.4)^3 = 0.216$$

$$P\{\text{한번적중}\} = C_1^3 p^1 q^2 = \frac{3!}{1!2!}(0.4)^1(1-0.4)^2 = 0.432$$

$$P\{\text{두번적중}\} = C_2^3 p^2 q^1 = \frac{3!}{2!1!}(0.4)^2(1-0.4)^1 = 0.288$$

$$P\{\text{세번적중}\} = C_3^3 p^3 q^0 = \frac{3!}{3!0!}(0.4)^3(1-0.4)^0 = 0.064$$

따라서 성공적으로 항공기를 격추시킬 확률은

$$P\{\text{항공기 격추}\} = P\{\text{두번적중}\} + P\{\text{세번적중}\} = 0.352$$

3.2.3 혼합 랜덤 변수

연속적인 랜덤 변수와 이산 랜덤 변수를 모두 포함하는 랜덤 변수를 **혼합 랜덤 변수**라고 부른다. 연속과 이산 두 랜덤 변수의 속성을 모두 갖고 있으므로 이를 각각 따로 다루어야 한다. 이해를 돕기 위하여 예제를 통해 설명하고자 한다.

예제 3.6

랜덤 변수 X는 그림 3.8(a)에 보인 cdf를 갖는다고 하자. 보인 cdf는 x=2일 때를 제외하고는 모든 값에 대하여 연속적임을 보여준다. 즉 x=2일 때 0.2의 확률 분포 함수 불연속성이 존재한다. 주어진 그림으로부터 cdf 를 수식으로 표현하면

$$F_X(x) = \begin{cases} x/5 & , 0 < x < 2 \\ 0.2u(x-2) & , \quad x = 2 \\ 2x/5 & , 2 < x < 3 \end{cases}$$

식(3.11)를 사용하여 pdf를 구하면

$$f_X(x) = \begin{cases} 1/5 & , 0 < x < 2 \\ 0.2\delta(x-2) & , \quad x = 2 \\ 2/5 & , 2 < x < 3 \end{cases}$$

그림 3.8(b)에 pdf를 도시하였으며 pdf의 면적을 구하면

$$\int_{-\infty}^{\infty} f_X(x)dx = \int_0^{2^-} \frac{1}{5}dx + \int_2^2 0.2\delta(x-2)dx + \int_{2^+}^3 \frac{2}{5}dx = 1.0$$

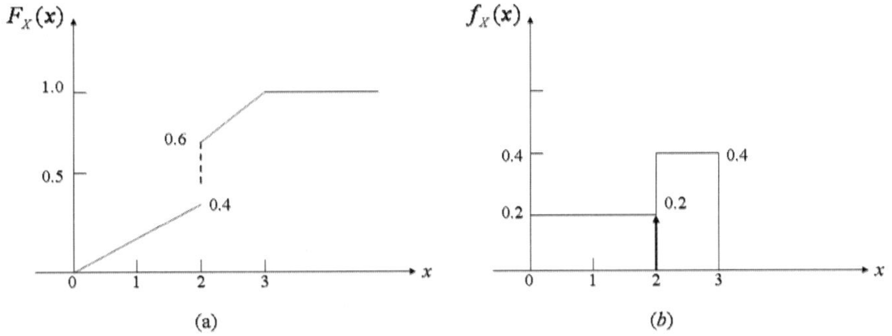

그림 3.8 혼합 랜덤 변수를 갖는 예 (a) cdf와 (b) pdf

3.3 기댓값

어떤 연속 랜덤 변수는 어떤 관측된 영역 안에서 다른 관측값보다 더 자주 발생하는 경향이 있다 이같이 발생하는 상대 도수는 pdf의 기하학적 특징에 기인하며, 랜덤 변수의 관측값을 어떤 방법으로 분포하고 있는지 해석하는데 도움을 준다.

그림 3.9에 이것을 예시하기 위하여 여러 가지 pdfs를 나타내 보였다.

모드(mode)는 pdf가 최대가 되는 연속 랜덤 변수의 값이다. pdf는 일반적으로 1개 이상의 최대값을 가질 수 있다 이런 경우에 다중 모드(multi mode)를 갖는다라고 말한다. 연속 랜덤 변수에서 어느 특정 값의 발생 확률은 0이 되기 때문에(식 3.17 참조) 랜덤 변수가 정확히 모드 값을 가질 확률은 0이 된다 그러므로 모드가 가장 빈번한 값을 가질 것이라고 말하지 않는다. 모드의 여러 예를 그림 3.9에 나타냈다.

중앙값(median)은 pdf의 면적을 반으로 양분하는 연속 랜덤 변수의 값이다.

$$P\{X \leq 중앙값\} = P\{X > 중앙값\} = 1/2 \tag{3.44}$$

모드의 중앙값은 그림 3.9(a)에 예시된 바와 같이 pdf가 단일 모드이고 모드에 대해 대칭이면 같게 된다. 통계학에서 평균은 매우 중요한 역할을 한다. 식(1.1)에 나온 표본 평균은 n개의 데이터 요약이기도 하다. 이를 다시 쓰면

그림 3.9 모드, 중앙값, 평균의 위치를 나타내 보여주는 여러 가지 pdf의 예

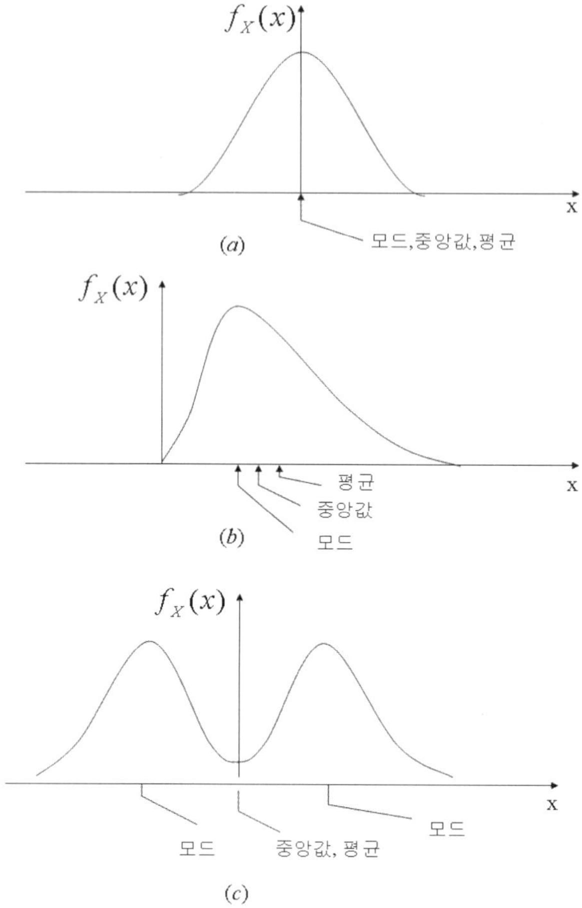

$$\bar{x}=\frac{1}{n}\sum_{i=1}^{n}x_i \tag{3.45}$$

확률론에서 평균의 개념은 다음과 같이 확률 밀도(혹은 질량) 함수인 pdf의 적분식으로 표현된다:

$$\overline{X}=\int_{-\infty}^{\infty}xf_X(x)dx \tag{3.46}$$

여기서 오버바를 갖는 대문자 $\overline{X}$는 랜덤 변수 X의 평균(mean)이라고 한다. 또한 pdf는 X의 모든 가능한 관측 정보를 포함하고 있다는 점에서 표본으로부터 얻어진 산술 평균인 식(3.45)와 다르다.

식(3.45)와 식(3.46)이 크게 달리 보이지만 이 둘은 같은 개념을 반영해주고 있다는 점을 주목하기 바란다. 왜 그러한지를 살펴보기 위하여 근사적 접근 방법을 사용해 연결시키고자 한다.

식(3.45)에서 합은 모든 데이터 x_i를 더하고 있다. 이를 근사적인 방법으로 표현해보면 그림 3.10에 보인 것처럼 먼저 x-축 위치 x_k에서 폭을 증분 $\triangle x_k$로 나눈다. 모든 가능한 관측을 포함해야 한다. 그러면

각 증분마다 n_k 데이터가 존재할 것이다. 여기서 $n=\sum_{k=1}^{m} n_k$이다.

식(3.45)의 근사식은 k번째 증분 대표값 x_k와 이 증분 내의 데이터 수 n_k의 곱의 합으로 근사화시킬 수 있다:

$$\overline{x} \approx \frac{1}{n}\sum_{k=1}^{m} n_k x_k = \sum_{k=1}^{m} x_k \frac{n_k}{n} = \sum_{k=1}^{m} x_k f_X(x_k)\Delta x_k \tag{3.47}$$

식(3.47)의 후반부 근사 관계식은 식(3.16)을 사용하여 얻어졌다.

최종적으로 미적분학의 방법을 사용하여 $m\rightarrow\infty$, $\Delta x_k \rightarrow 0$의 극한을 적용하면 식(3.47)은

$$\overline{x} \approx \int_{-\infty}^{\infty} x f_X(x)dx = \overline{X} \tag{3.48}$$

을 얻는다.

식(3.48)에 이르는 과정을 통해 식(3.45)와 식(3.46)은 근본적으로 같은 개념을 표현하고 있음을 확인할 수 있다.

보편적으로 식(3.46)을 나타내는 또 다른 평균에 대한 표현 기호로

$$\overline{X} = \int_{-\infty}^{\infty} x f_X(x)dx = \mu_X = E[X] \tag{3.49}$$

를 사용한다. $E[\bullet]$을 기댓값 연산자이다. 특별히 식(3.49)에 나온 마지막 기호 E[X]는 X의 **기대값**이라고 읽는다. *기대값(Expectation)은 표본에 있는 모든 데이터가 직접 더해져 얻어지는 표본 평균의 개념의 일반화이다.*

중앙값과 기대값(평균)은 그림 3.9(a)에 예시한 바와 같이 대칭인 경우 같다. 모드와 중앙값에 대한 개념이 중요하긴 하지만 일반화하기란 비교적 어렵다. 하지만 기댓값의 경우는 그렇지 않다.

그림 3.10 x-축상 대표값 $x_k, k=1, 2, \cdots, m$와 증분의 예시

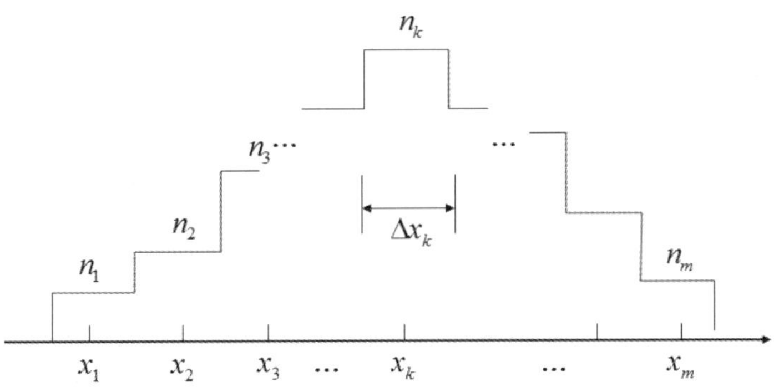

일반적으로 랜덤 변수 Y=g(X)가 랜덤 변수 X에 대하여 piece-wise 연속 증가 혹은 감소 함수 관계인 경우 기댓값은 식(3.49)를 이용하여

$$\mathrm{E}[Y] = E[g(X)] = \int_{-\infty}^{\infty} g(x) f_X(x) dx \tag{3.50}$$

로 쓸 수 있다.

수많은 기댓값 표현이 가능하지만 본 절에서는 공학에서 자주 쓰이는 3가지 경우만 소개하고자 한다.

$$E[X] = \int_{-\infty}^{\infty} x f_X(x) dx \tag{3.51}$$

$$E[X^2] = \overline{X^2} = \int_{-\infty}^{\infty} x^2 f_X(x) dx \tag{3.52}$$

$$E[(X-\mu_X)^2] = \int_{-\infty}^{\infty} (x-\mu_X)^2 f_X(x) dx \tag{3.53}$$

식(3.51)를 *원점에 관한 1차 모멘트*라고도 한다. 식(3.52)를 *원점에 관한 2차 모멘트 혹은 X 제곱의 평균*이라고도 한다. 식(3.53)을 *평균에 관한 2차 중앙 모멘트*라고도 한다. 하지만 평균에 관한 2차 모멘트의 가장 보편적인 명칭은 **분산**(variance)이다. 분산은 여러 다른 표현을 갖고 있다:

$$Var[X] = \sigma_X^2 = E[(X-\mu_X)^2] = E[X^2] - \mu_X^2 \tag{3.54}$$

σ_X를 표준 편차라고하며 항상 비음수이다. 즉

$$\sigma_X = + \sqrt{Var[X]} \tag{3.56}$$

예제 3.7

예제 3.1에서 소개된 균일 랜덤 변수 X의 pdf에 대하여 식(3.51), 식(3.52), 식(3.53)의 기대값을 구해 보자.

$$\mu_X = \int_a^b x \frac{1}{b-a} dx = \frac{a+b}{2} \tag{3.57}$$

$$E[X^2] = \int_a^b x^2 \frac{1}{b-a} dx = \frac{a^2+ab+b^2}{3} \tag{3.58}$$

$$\begin{aligned}\sigma_X^2 &= \int_a^b \frac{(x-\mu_X)^2}{b-a} dx = \frac{1}{b-a}\int_a^b (x^2 - 2\mu_X x + \mu_X^2) dx \\ &= \frac{1}{b-a}\left[\int_a^b x^2 dx - 2\mu_X \int_a^b x dx + \mu_X^2 \int_a^b dx\right] = \frac{(b-a)^2}{12}\end{aligned} \tag{3.59}$$

예제 3.8

예제 3.3에서 소개된 정규 가우시언 랜덤 변수 Z의 pdf에 대하여 평균과 분산을 구해 보자.

$$\mu_Z = E[Z] = \frac{1}{\sqrt{2\pi}}\int_{-\infty}^{\infty} z e^{-\frac{z^2}{2}} dz = \frac{1}{\sqrt{2\pi}}\int_{-\infty}^{\infty} e^{-\frac{z^2}{2}} d\left(\frac{z^2}{2}\right) \tag{3.60}$$

$$= \frac{1}{\sqrt{2\pi}}\int_{-\infty}^{\infty} e^{-v} dv = \frac{e^{-z}|_{+\infty}^{\infty}}{-1} = 0$$

$$\sigma_Z^2 = E[Z^2] = \frac{1}{\sqrt{2\pi}}\int_{-\infty}^{\infty} z^2 e^{-\frac{z^2}{2}} dz$$

지수함수를 갖는 정적분 표와 감마 함수의 부분 적분에 의해 적분을 수행하면

$$\sigma_Z^2 = E[Z^2] = \frac{1}{\sqrt{2\pi}}\int_{-\infty}^{\infty} z^2 e^{-\frac{z^2}{2}} dz = \frac{2}{\sqrt{2\pi}}\int_{0}^{\infty} z^2 e^{-\frac{z^2}{2}} dz = \frac{2}{\sqrt{\pi}} \cdot \Gamma\left(\frac{3}{2}\right) = 1 \tag{3.61}$$

정규 가우시언 랜덤 변수의 고차수 모멘트 중 3차와 4차 중앙 모멘트를 구하면

$$E[Z^3] = skewness\ 계수 = 0 \tag{3.62}$$

$$E[Z^4] = kurtosis\ 계수 = 3 \tag{3.63}$$

pdf의 평탄(flatness)성은 Kurtosis 계수에 의해 결정되고 비대칭성은 skewness 계수에 의해 결정된다. 평균 근처에서 매우 평탄하면 kurtosis의 계수는 비교적 크다. 랜덤 변수를 비교하는데 사용되는 모멘트에 기초한 다른 변수로서는

$$Variation계수 = \frac{\sigma_X}{\mu_X}$$

를 사용한다.

식(3.50)에 소개된 기댓값 연산자는 *선형 연산자*이다. 즉 중첩원리와 스칼라량 곱 연산이 성립된다:

$$E[g_1(X) + g_2(X)] = E[g_1(X)] + E[g_2(X)] \tag{3.64}$$

$$E[cg(X)] = cE[g(X)] \tag{3.65}$$

여기서 g_1과 g_2는 서로 다른 함수이고 c는 상수이다. 식(3.14)와 식(3.50)으로부터 얻어지는 간단하지만 유용한 성질은 상수 c의 기대값은 상수 c이다.

$$E[c] = c \tag{3.66}$$

원점에 관한 n차 모멘트는 식(3.50)의 특수한 경우에 해당한다. 여기서

$$Y = X^n, \ n = 0, \ 1, 2, \ \cdots \tag{3.67}$$

이 모멘트의 기댓값은

$$E[X^n] = \overline{X^n} = \int_{-\infty}^{\infty} x^n f_X(x) dx \tag{3.68}$$

선형 기댓값 연산자의 한 예를 함수적인 관계식을 사용해 살펴보자. 가령 변환식이 다음과 같이 주어졌다고 하자:

$$Y = aX + b \tag{3.69}$$

랜덤 변수 Y의 평균은

$$\mu_Y = E[Y] = E[aX+b] = E[aX] + E[b] = aE[X] + b = a\mu_X + b \tag{3.70}$$

랜덤 변수 Y의 분산은

$$\begin{aligned} \sigma_Y^2 &= E[(Y-\mu_Y)^2] = E[(aX+b-a\mu_X-b)^2] \\ &= E[a^2(X-\mu_X)^2] = a^2 E[(X-\mu_X)^2] = a^2\sigma_X^2 \end{aligned} \tag{3.71}$$

Y의 분산은 X의 평균에는 무관하며, 분산에만 의존함을 주목하라. 변환식(3.69)에 의한 랜덤 변수의 평균과 분산의 관계는 선형 시스템에 자주 등장하는 경우이기에 도움이 된다.

예제 3.9

0<x<1 사이에 균일하게 분포하는 랜덤 변수 X의 pdf는 허용된 범위에서는 1의 값을 가지며 그 밖의 영역에서는 0이다.

$$f_X(x) = \begin{cases} 1, \ 0 < x < 1 \\ 0, \ otherwise \end{cases} \tag{3.72}$$

식(3.51), 식(3.52), 식(3.53)을 사용하여 각각의 기댓값을 구하면

$$\mu_X = \int_0^1 x f_X(x) dx = \int_0^1 x dx = \frac{1}{2} \tag{3.73}$$

$$E[X^2] = \int_0^1 x^2 f_X(x) dx = \int_0^1 x^2 dx = \frac{1}{3} \tag{3.74}$$

$$\sigma_X^2 = \int_0^1 \left(x - \frac{1}{2}\right)^2 f_X(x) dx = \int_0^1 \left(x - \frac{1}{2}\right)^2 dx = \frac{1}{12} \tag{3.75}$$

랜덤 변수 X를 식(3.69)의 변환식을 사용하여 다른 범위 $(y_1 < y < y_2)$에 걸쳐 균일하게 분포하는 랜덤 변수 Y로 변환시킬 수 있다. 즉

$$Y = aX + b = (y_2 - y_1)X + y_1 \tag{3.76}$$

식(3.70)을 사용하여 랜덤 변수 Y의 평균을 구하면

$$\mu_Y = (y_2 - y_1)\mu_X + y_1 = (y_2 - y_1)\frac{1}{2} + y_1 \tag{3.77}$$

또 식(3.71)을 적용하여 랜덤 변수 Y의 분산을 구하면

$$\sigma_Y^2 = \frac{(y_2 - y_1)^2}{12} \tag{3.78}$$

이렇게 얻은 결과 식(3.77)과 식(3.78)은 직접 적분을 수행하여 얻은 식(3.57)과 식(3.59)와 동일하다.

예제 3.10

평균이 0이고 분산이 1인 랜덤 변수 X를 가정하자. 이제 식(3.69)의 변환식에 의한 새로운 랜덤 변수 Y의 평균과 분산을 구하고 싶다.

$$\text{랜덤 변수 X: } \mu_X = 0,\ \sigma_X^2 = 1 \tag{3.79}$$

랜덤 변수 Y의 평균은 식(3.70)으로부터 $\mu_Y = a\mu_X + b = b$을 얻는다.

랜덤 변수 Y의 분산은 식(3.71)로부터 $\sigma_Y^2 = a^2\sigma_X^2 = a^2$을 얻는다.

따라서 주어진 조건 식(3.79)와 변환식 (3.69)로부터 랜덤 변수 Y는

$$Y = \sigma_Y X + \mu_Y = |a|X + b \tag{3.80}$$

예제 3.11

식(3.22)에 주어진 지수 랜덤 변수의 pdf를 다시 쓰면

$$f_X(x) = \begin{cases} \lambda e^{-\lambda x}, & x \geq 0 \\ 0, & x < 0 \end{cases}$$

여기서 비율 상수 $\lambda > 0$이다. 지수 랜덤 변수에 대한 평균을 구하면[1]

$$E[X] = \lambda\int_0^\infty x e^{-\lambda x} dx = \frac{1}{\lambda} \tag{3.81}$$

지수 랜덤 변수에 대한 X^2의 평균은

$$E[X^2] = \lambda\int_0^\infty x^2 e^{-\lambda x} dx = \frac{2}{\lambda^2} \tag{3.82}$$

분산식(3.54)에 식(3.81)과 식(3.82)를 대입하여 분산을 구하면

$$\sigma_X^2 = \frac{1}{\lambda^2} \tag{3.83}$$

예제 3.12

레일리(Rayleigh) 랜덤 변수의 pdf는

$$f_X(x) = \begin{cases} \frac{x}{a^2} exp(-\frac{x^2}{2a^2}), & x \geq 0 \\ 0, & \text{그밖의영역} \end{cases} \tag{3.84}$$

식 (3.51)을 사용하여 평균을 구하는 식을 세우면

$$\mu_X = \frac{1}{a^2} \int_0^\infty x^2 \exp(-\frac{x^2}{2a^2}) dx$$

CRC 표준 수학표(No,665)을 사용하여 구하면

$$\mu_X = a\sqrt{\frac{\pi}{2}} \tag{3.85}$$

제곱 평균은

$$E[X^2] = \frac{1}{a^2} \int_0^\infty x^3 \exp(-\frac{x^2}{2a^2}) dx$$

다시 CRC 표준수학표(No. 667)을 사용하여 구하면

$$E[X^2] = 2a^2 \tag{3.86}$$

분산식(3.54)에 식(3.85)와 식(3.86)의 결과를 대입하여 정리하면

$$\sigma_X^2 = (2 - \frac{\pi}{2}) a^2 \tag{3.87}$$

랜덤 변수가 이산적일 때도 식(3.50)의 기댓값 식은 그대로 적용된다. 식(3.50)에 식(3.34)를 결합하여 구하면

$$E[g(X)] = \int_{-\infty}^{\infty} g(x) \sum_i P(x_i) \delta(x - x_i) dx$$

적분과 합을 교환하여 정리하면

$$E[g(X)] = \sum_i P\{x_i\} \int_{-\infty}^{\infty} g(x) \delta(x - x_i) dx$$

델타 함수의 적분정리(sifting 정리)를 사용하여 기댓값을 구하면

1) CRC 표준수학표 28th Ed., No.661

$$E[g(X)] = \sum_i g(x_i)P\{x_i\} = \sum_i g(x_i)P_i \tag{3.88}$$

여기서 P_i는 이산 랜덤 변수의 확률 질량 함수를 나타낸다. 식(3.88)를 사용하여 모멘트를 표현하자. 먼저 원점에 관한 n차 모멘트(3.68)는

$$E[X^n] = \sum_i x_i^n P\{x_i\} \tag{3.89}$$

따라서 이산 랜덤 변수의 평균은

$$\mu_X = E[X] = \sum_i x_i P\{x_i\} \tag{3.90}$$

혹은 식(3.52)의 제곱 평균 식을 사용하면

$$E[X^2] = \sum_i x_i^2 P\{x_i\} \tag{3.91}$$

또한 이산 랜덤 변수의 분산식(3.53)은

$$\sigma_X^2 = Var[X] = \sum_i (x_i - \mu_X)^2 P\{x_i\} = \sum_i x_i^2 P\{x_i\} - \mu_X^2 \tag{3.92}$$

을 얻는다.

예제 3.13

[표 3.2]에 주어진 이산 랜덤 변수의 평균과 분산을 구하고자 한다. 이 데이터를 사용하면

$$\sum_{i=1}^{4} x_i P\{X = x_i\} = 0.430$$

$$\sum_{i=1}^{4} x_i^2 P\{X = x_i\} = 2.013$$

위 결과를 식(3.92)에 대입하여 분산을 구하면

$\mu_X = 0.430, \sigma_X^2 = 2.013 - (0.430)^2 = 1.828$를 얻는다. [표 3.2]에 계산 과정을 명시하였다.

표 3.2 예제 3.13에 사용된 이산 랜덤 변수의 데이터와 계산 과정

i	x_i	P_i	$x_i P_i$	$x_i^2 P_i$
1	-1.3	0.30	-0.390	0.507
2	0.6	0.40	0.240	0.144
3	1.3	0.20	0.260	0.338
4	3.2	0.10	0.320	1.024
		소계	0.430	2.013

예제 3.14

베루누이 시행 식(2.44)에서 사건 A의 발생 확률은 p, 사건 $\overline{A}$의 발생 확률은 q(=1-p)를 갖는다. 만일 사건 A가 발생하면 1의 값을 더하는 카운팅 함수식(3.37)에 의한 이산 랜덤 변수의 경우를 생각하자. 따라서 데이터 1값이 발생 확률은 p, 데이터 0값이 발생확률은 q이므로 평균은

$$\mu_X = (1)p + (0)q = p \tag{3.93}$$

식(3.92)에 따라 분산을 구하면

$$\sigma_X^2 = (1-\mu_X)^2 p + (0-\mu_X)^2 q = (1-p)^2 p + (0-p)^2 q = pq \tag{3.94}$$

3.4 특성 함수(characteristic function)

특성 함수 $\Phi_X(j\omega)$는 식(3.50)의 랜덤 변수의 기댓값에 대한 또 다른 표현식이다.

$$\Phi_X(j\omega) = E[e^{j\omega X}] = \int_{-\infty}^{\infty} f_X(x) e^{j\omega x} dx \tag{3.95}$$

여기서 $\sqrt{-1} = j$이다. 특성 함수와 pdf와의 관계는 **프리어 변환 쌍**을 이룬다.

$$f_X(x) = \frac{1}{2\pi} \int_{-\infty}^{\infty} \Phi_X(j\omega) e^{-j\omega x} d\omega \tag{3.96}$$

식(3.95)와 식(3.96)에 나오는 지수 함수의 지수 부호가 일반적으로 사용되어지는 프리에 변환과는 반대로 되어 있음을 주목하기 바란다.

만일 X가 이산 랜덤 변수인 경우 식(3.34)에 특성 함수 $\Phi_X(j\omega)$ 표현식을 대입하면

$$\Phi_X(j\omega) = E[e^{j\omega X}] = \sum_k P\{x_k\} e^{j\omega x_k} \tag{3.97}$$

마찬가지로 특성함수와 pmf와의 관계도 프리에 변환 쌍을 이룬다.

$$P\{x_k\} = \frac{1}{2\pi} \int_{-\infty}^{\infty} \Phi_X(j\omega) e^{-j\omega x_k} d\omega \tag{3.98}$$

대부분의 경우 정수 값을 갖는 이산 랜덤 변수만을 주로 다루게 되는데 이 경우 위 식(3.97)과 식(3.98)은 $x_k = k$로 고쳐 쓸 수 있다.

$$\Phi_X(j\omega) = E[e^{j\omega X}] = \sum_k P\{x_k\} e^{j\omega k} \tag{3.99a}$$

$$P\{x_k\} = \frac{1}{2\pi}\int_0^{2\pi} \Phi_X(j\omega) e^{-j\omega k} d\omega, \; k = 0, \; \pm 1, \; \pm 2, ... \tag{3.99b}$$

여기서 주목할 사항은 정수 값을 갖는 이산 랜덤 변수의 특성 함수는 주기가 2π인 ω의 주기 함수이다. 원점에 관한 모멘트는 특성 함수로부터 얻어질 수 있다.

$\frac{d^n}{d(jw)^n}\phi_X(jw) = \int_{-\infty}^{\infty} x^n f_X(x) e^{jwx} dx$ 로부터 적분식에서 $\omega = 0$인 경우가 원점에 대한 모멘트 값을 준다. 즉

$$E[X^n] = \frac{1}{j^n} \frac{d^n \Phi_X(jw)}{dw^n}\bigg|_{\omega=0} \tag{3.100}$$

이동과 스케일 변환식(3.69)을 특성함수와 같이 사용하면

$$\begin{aligned} \phi_Y(j\omega) &= E[e^{jwY}] = E\left[e^{j\omega(aX+b)}\right] = E\{e^{j\omega b} e^{j(\omega a)X}\} \\ &= e^{j\omega b} E\left[e^{j(\omega a)X}\right] = e^{j\omega b}\Phi_X(j\omega a) \end{aligned} \tag{3.101}$$

예제 3.15

정규화된 균일 랜덤 변수에 대한 특성 함수를 식 (3.95)을 사용하여 구하면

$$\Phi_X(j\omega) = \int_0^1 e^{jwx} dx = \frac{(e^{jw}-1)}{jw} \tag{3.102}$$

구간 $(a, \; b)$사이에 균일하게 분포하는 랜덤 변수 Y=$(b-a)$X+a에 대한 특성 함수는 식(3.101)의 결과를 사용하여 정규화된 버전으로부터 얻어진다.

$$\Phi_Y(jw) = e^{jwa}\Phi_X[j(b-a)\omega] = \frac{e^{jb\omega} - e^{jwa}}{j(b-a)\omega} \tag{3.103}$$

e^{jw}에 대한 급수 전개를 사용하면 정규화된 랜덤 변수에 대한 특성 함수는

$$\Phi_X(jw) = \frac{e^{jw}-1}{jw} = 1 + \frac{(jw)}{2!} + \frac{(jw)^2}{3!} + \cdots = \sum_{n=1}^{\infty} \frac{(jw)^{n-1}}{n!}$$

식(3.100)으로부터 원점에 1차와 2차 모멘트를 구하면 다음과 같다.

$$E[X] = \frac{d}{d(j\omega)}\Phi_X(j\omega)\bigg|_{\omega=0} = \frac{1}{2}$$
$$E[X^2] = \frac{d^2}{d(j\omega)^2}\Phi_X(j\omega)\bigg|_{\omega=0} = \frac{1}{3}$$

이 결과는 예제 3.9에서 구한 것과 동일하다.

예제 3.16

식(3.24)의 정규 가우시언 pdf의 특성 함수는 바로 식(3.95)로부터

$$\Phi_Z(jw)=\frac{1}{\sqrt{2\pi}}\int_{-\infty}^{\infty}\exp(-z^2/2+jwz)dz$$

이 적분을 계산하기 위해 적분내(integrand)의 지수를 완전 제곱 형태로 만들어 정리하면

$$\Phi_Z(jw)=e^{-w^2/2}\frac{1}{\sqrt{2\pi}}\int_{-\infty}^{\infty}\exp[-(z-jw)^2/2]dz$$

$u=z-jw$의 복소수 변수 치환을 사용하여 누적 분포 함수와 연관지어 생각하면

$$\Phi_Z(jw)=e^{-w^2/2}\frac{1}{\sqrt{2\pi}}\int_{-\infty}^{\infty}\exp(-u^2/2)du=e^{-w^2/2}F_X(\infty)$$

$F_X(\infty)=1$이므로 다음을 얻는다.

$$\Phi_Z(jw)=e^{-w^2/2} \tag{3.104}$$

식(3.104)와 식(3.100)을 사용하여 정규 가우시언 랜덤 변수의 기대값을 얻을 수 있다. Z의 처음 2개의 모멘트를 구하면

$$\text{평균 : }\quad E[Z]=\frac{1}{j}\frac{d\Phi_Z(jw)}{dw}\bigg|_{\omega=0}=\frac{1}{j}\frac{d(1)}{dw}=0 \tag{3.105a}$$

$$\text{분산 : }\quad E[Z^2]=\frac{1}{j^2}\frac{d^2\Phi_Y(jw)}{dw^2}\bigg|_{\omega=0}=\frac{1}{j^2}\frac{d(e^{-\frac{\omega^2}{2}})}{dw^2}\bigg|_{w=0}=1 \tag{3.105b}$$

임의의 평균 (μ_Y)과 분산 (σ_Y^2)을 갖는 가우시언 랜덤 변수 Y에 대한 특성 변수는 식(3.104)로부터 얻어질 수 있다. 먼저 변환식(3.69)을 $Y=\sigma_Y Z+\mu_Y$와 같이 쓴다.

다음 식(3.101)을 사용하여 원하는 특성 함수를 얻을 수 있다.

$$\Phi_Y(jw)=\exp(jw\mu_Y-\frac{w^2\sigma_Y^2}{2}) \tag{3.106}$$

예제 3.17

베루누이 카운팅 랜덤 변수의 pdf는 식(3.39)에 주어졌다. 이를 식(3.99a)에 대입하여 구하면

$$\Phi_X(j\omega)=\sum_{k=0}^{1}P\{x_k\}e^{j\omega k}=P\{x_0=0\}e^{j\omega(0)}+P\{x_1=1\}e^{j\omega(1)}=q+pe^{j\omega} \tag{3.107}$$

식(3.107)과 식(3.100)을 사용하여 베루누이 랜덤 변수의 기대값을 얻을 수 있다. X의 처음 2개의 모멘트를 구하면

평균 $E[X]=\frac{1}{j}\frac{d\Phi_X(jw)}{dw}\bigg|_{\omega=0}=pe^{j\omega}|_{\omega=0}=p$ (3.108a)

분산 $E[X^2]=\frac{1}{j^2}\frac{d^2\Phi_X(jw)}{dw^2}\bigg|_{\omega=0}=pe^{j\omega}|_{\omega=0}=p$ (3.108b)

$\sigma_X^2=E[X^2]-(E[X])^2=pq$

3.5 단일 랜덤 변수의 함수 변환

기댓값 식(3.50)을 소개할 때 두 랜덤 변수간의 함수 관계 $Y=g(X)$에 의해 기술되어짐을 소개하였다. $y=g(X)$을 사용함으로써 우리는 S_X의 모든 관측(값)을 S_Y라고 불리는 새로운 관측(값)으로 매핑이 가능하다. 이같은 함수 관계는 증폭기, 레베 이동, 클리핑, 전력 측정 등 여러 공학적 응용에서 찾아 볼 수 있다.

본 절에서 공부할 내용은 원 랜덤 변수 X의 pdf, $f_X(x)$, 와 함수 관계인 변환식 $y=g(x)$가 알려졌다고 가정하고 새로운 랜덤 변수인 Y의 pdf $f_Y(y)$와 cdf $F_Y(y)$를 찾고자 한다. 한 가지 주의해야 할 사항은 함수 관계 $y=g(x)$와 그 역 $x=g^{-1}(y)$도 존재해야 한다. 이를 위해 piece-wise 연속 증가 혹은 감소 함수의 $y=g(x)$를 가정함으로써 piece-wise 영역별 역 함수가 존재한다고 가정할 수 있다.

이제 모든 x, y에 대하여 변환 함수 와 그 역 함수가 가능한 경우로 시작한다. 함수 관계식으로부터

$$y=g(x)=ax+b \tag{3.109}$$

여기서 $a>0$이고 b는 일반 상수라고 두자. 실제로 a와 b는 임의 상수이어도 상관없다. 식(3.109)의 역함수는

$$x=\frac{y-b}{a},\ \text{여기서}\ a>0 \tag{3.110}$$

식(3.109)를 그래프를 그림 3.10에 보였다. 그림 3.10로부터 다음을 관찰할 수 있다.

관측 치역($Y\le y$)에 대응한 치역($X\le x$)이 항상 존재한다.

식(3.110) 역함수를 사용하여 정의역($X\le\frac{y-b}{a}$)에 대응한 치역($Y\le y$)이 존재함을 확인할 수 있다.

랜덤 변수 X와 Y를 다음과 같이 확률과 연관지어 설명할 수 있다. 즉 관측 치역($Y\le y$)에서 발생할 확률과 대응한 정의역($X\le x$)에서 발생할 확률은 같다. 이를 수식적으로 표현하면

$$P\{Y\le y\}=P\{X\le x\},$$

그림 3.11 단조적으로 증가하는 함수의 그래프. 관측 치역($Y \le y$)에서 발생할 확률과 대응한 정의역($X \le x$)에서 발생할 확률은 같다.

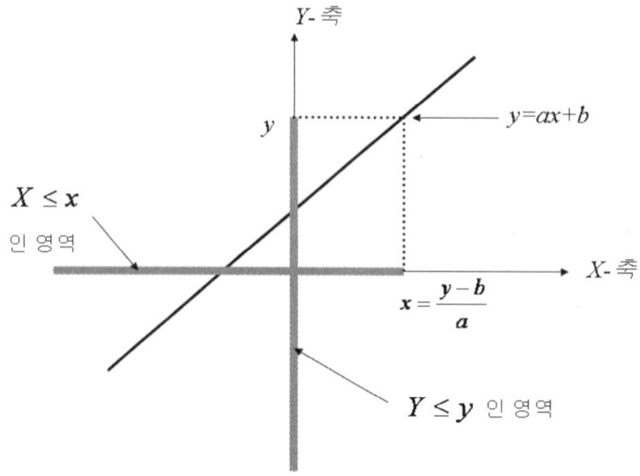

$$F_Y(y) = P\{Y \le y\},\ P\{X \le x\} = F_X(x) = F_X\left(\frac{y-b}{a}\right) \tag{3.111}$$

식(3.111)은 ***확률 보전 원리***를 나타내준다. 즉 원 확률은 함수를 사용한 관측의 매핑을 통하여 얻어지는 결과의 확률과 같다.

식(3.11)를 사용하여 Y의 pdf를 구하면

$$f_Y(y) = \left.\frac{dF_X(x)}{dy}\right|_{x=g^{-1}(y)} = \left(\frac{dF_X(x)}{dx}\right)\left.\left(\frac{dx}{dy}\right)\right|_{x=g^{-1}(y)} = f_X(x)\left.\left(\frac{dx}{dy}\right)\right|_{x=g^{-1}(y)} \tag{3.112a}$$

$$f_Y(y) = \frac{d}{dy}F_X\left(\frac{y-b}{a}\right) = \frac{d}{dy}F_X(g^{-1}(y)) = f_X\left(\frac{y-b}{a}\right)\left(\frac{1}{a}\right),\quad a>0 \tag{3.112b}$$

주어진 관측범위 S_X 로부터 관측범위 S_Y를 정한다.

예제 3.18

정규 가우시언 랜덤 변수 Z (평균=$\mu_Z = 0$, 분산=$\sigma_Z^2 = 1$)에 식(3.113)에 의해 변환을 수행한 결과의 랜덤 변수 Y의 확률 밀도 함수 pdf를 구하려고 한다.

$$Y = \sigma_Y Z + \mu_Y \tag{3.113}$$

식(3.113)에 의해 얻어지는 랜덤 변수의 평균은 μ_Y이고 분산이 σ_Y^2임은 쉽게 찾을 수 있다. 식(3.111)로부터 가우시언 랜덤 변수 Y의 cdf는

$$F_Y(y) = F_Z\left(\frac{y-\mu_Y}{\sigma_Y}\right) = \phi\left(\frac{y-\mu_Y}{\sigma_Y}\right) \tag{3.114}$$

여기서 $\phi(z)$는 정규 가우시언 랜덤 변수 Z의 cdf이다. 평균이 μ_Y이고 분산이 σ_Y^2 인 가우시언 랜덤 변수의 cdf를 보통 통계학책에서는 $N(\mu_Y,\ \sigma_Y^2)$로 표기한다. (부록 C 참조). 식(3.112)로부터 가우시언 랜덤 변수 Y의 pdf는

$$f_Y(y) = \frac{d}{dy} F_Z\left(\frac{y-\mu_Y}{\sigma_Y}\right) = f_Z\left(\frac{y-\mu_Y}{\sigma_Y}\right)\left(\frac{1}{a}\right),\ a>0$$

$$\therefore f_Y(y) = \frac{1}{\sqrt{2\pi}\,\sigma_Y} e^{-(y-\mu_Y)^2/2\sigma_Y^2} \tag{3.115}$$

평균이 μ_Y이고 분산이 σ_Y^2 인 가우시언 랜덤 변수의 pdf와 cdf의 전형적인 모양은 그림 3.11에 도시하였다. 일반적인 가우시언 랜덤 변수의 pdf 모양으로부터 관찰할 수 있는 것은 전체 모양을 결정하는데 필요한 파라미터는 평균과 분산뿐이다. 또한 표준 편차 σ_Y가 적으면 적을수록 함수의 평균을 중심으로 폭이 좁아진다. 이는 표준 편차는 측정 데이터의 변화 정도를 나타내는 척도가 된다. 가령 가우시언 랜덤 변수로 모델링된 오류를 다룰 때 $1/\sigma_Y$, 즉 표준 편차의 역을 *정밀도*로 생각할 수 있다.

그림 3.12 평균이 μ_Y이고 분산이 σ_Y^2인 전형적인 가우시언 랜덤 변수의 pdf와 cdf의 모양

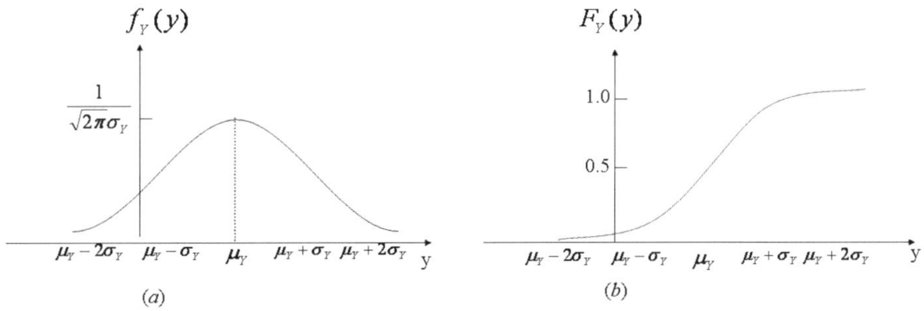

예제 3.19

PCB 회로 도면은 0.75 ± 0.002cm와 같이 어떤 장치에 대한 칫수를 명시한다. PCB 장치를 제작하는 공정의 칫수는 가우시언 랜덤 변수 Y를 가지며 제작 공정은 허용 범위 내에서 $\mu_Y = 0.75$cm을 가질 만큼 정확하다고 가정한다. 제작 공정의 정밀성은 표준 편차가 $\sigma_Y = 0.0013$cm와 같다고 가정한다. 이 경우 0.75 ± 0.002cm의 명시된 허용 오차 한계 내의 칫수를 갖는 PCB 보드를 제작할 백분율을 찾고자 한다. 식(3.15)에 식(3.114)을 적용하면

$$\begin{aligned} P\{0.748 < Y <\le 0.752\} &= F_Y(0.752) - F_Y(0.748)\} \\ &= \phi(\frac{0.752-0.750}{0.0013}) - \phi(\frac{0.748-0.750}{0.0013}) \\ &= \phi(1.5385) - \phi(-1.5385) = 0.9380 - 0.0620 = 0.8760 \end{aligned}$$

그러므로 주어진 가정하에서 제조한 PCB 칫수의 87.6%가 요구한 규격 범위 내에 있음을 기대할 수 있다.

이제 앞서 설명한 식(3.109) 변환 함수에서 기울기 $a<0$인 경우를 해석하고자 한다. $a>0$인 경우와 비슷한 방법으로 Y를 임의의 랜덤 변수라고하고 변환 함수는 다음과 같이 주어진다고 하자.

$$y = g(x) = ax + b,\ a < 0$$

이 경우 역 함수 관계는

$$x = \frac{y-b}{a}, \text{ 여기서 } a < 0$$

이 관계를 그림 3.11에 도시하였다.

단조 증가 함수의 경우에서와 마찬가지로 단조 감소함수인 그림 3.11로부터 다음을 관찰할 수 있다.

- 관측 치역($Y \le y$)에 대응한 치역($X \le x$)이 항상 존재한다.
- 식(3.110)의 역함수를 사용하여 정의역($X \ge \frac{y-b}{a}$)에 대응한 치역($Y \le y$)이 존재함을 확인할 수 있다.
- 랜덤 변수 X와 Y를 다음과 같이 확률과 연관지어 설명할 수 있다. 즉 관측 치역($Y \le y$)에서 발생할 확률과 대응한 정의역($X \ge x$)에서 발생할 확률은 같다. 이를 수식적으로 표현하면

$$P\{Y \le y\} = P\{X \ge x\}, \; F_Y(y) = P\{Y \le y\},$$
$$P\{X \ge x\} = 1 - P\left\{X < \frac{y-b}{a}\right\} = 1 - F_X\left(\frac{y-b}{a}\right) \tag{3.116}$$

식(3.116)를 얻는 과정에서 $P\{X = (y-b)/a\}$인 경우를 무시하였다. 만일 랜덤 변수가 연속적이면 이를 무시할 수 있지만 불연속적인 점이 존재한다면 조심스럽게 이를 고려하여야 한다.

식(3.116)에 식(3.11)를 사용하여 Y의 pdf를 구하면

$$f_Y(y) = \left.\frac{dF_X(x)}{dy}\right|_{x=g^{-1}(y)} = \left.\left(\frac{dF_X(x)}{dx}\right)\left(\frac{dx}{dy}\right)\right|_{x=g^{-1}(y)} = \left.f_X(x)\left(\frac{dx}{dy}\right)\right|_{x=g^{-1}(y)} \tag{3.117a}$$

$$f_Y(y) = \frac{d}{dy}\left[1 - F_X\left(\frac{y-b}{a}\right)\right] = f_X\left(\frac{y-b}{a}\right)\left(\frac{-1}{a}\right), \; a < 0 \tag{3.117b}$$

그림 3.13 단조적으로 감소하는 함수의 그래프. 관측 치역($Y \le y$)에서 발생할 확률과 대응한 정의역($X \ge x$)에서 발생할 확률은 같다.

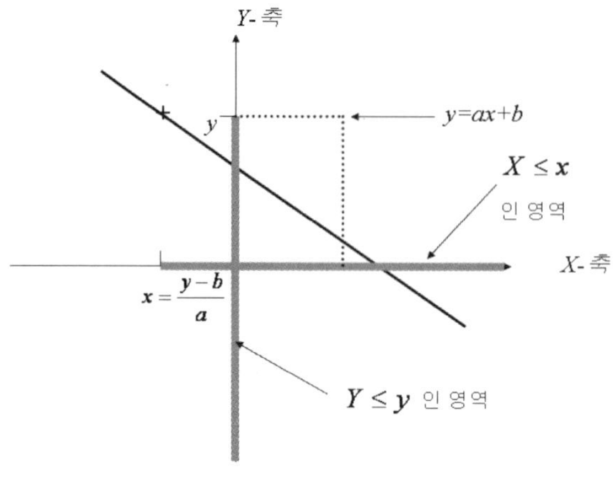

확률 밀도 함수는 음이 될 수 없기 때문에 (3.117)의 (-1/a)은 이를 입증해준다.

주어진 관측범위 S_X로부터 관측범위 S_Y를 정한다.

단조 증가 함수와 단조 감소함수에 의한 변환을 동시에 고려하면 식(3.112)와 식(3.117)로부터

$$f_Y(y) = \frac{d}{dy}F_X\left(\frac{y-b}{a}\right) = \left(\frac{1}{|a|}\right)f_X\left(\frac{y-b}{a}\right),\ a \neq 0 \tag{3.118}$$

이제 $y = g(x)$에서 음과 양의 기울기를 갖는 실제적인 몇 가지 경우를 단일 랜덤 변수의 함수에 의한 변환을 사용하여 연구하는 체계적 과정을 예제를 통하여 익혀 나가고자 한다.

예제 3.20 랜덤 변수 X와 Y 사이에 지수적 함수 관계

본 예제에서 그림 3.12에서 보인바와 같이 랜덤 변수 X와 Y사이에 지수적 관계를 갖는다.

$$Y = e^X,\ X = \ln Y$$

$Y = e^X$는 단조 증가 함수 이므로 위에서 설명한 체계적인 절차에 따라

$$P\{Y \le y\} = P\{X \le x\} = P\{X \le \ln y\}$$

이 성립한다. 여기서 $\ln y$는 e^x의 역이다. 식(3.15)를 사용하면

$$P\{X \le \ln y\} = F_X(\ln y)$$

위 관계를 종합하여 Y의 cdf를 쓰면

$$F_Y(y) = F_X(\ln y)$$

따라서 식(3.11)을 사용하여 pdf를 구하면

$$f_Y(y) = f_X(\ln y)\frac{1}{y}$$

만일 관측 범위 S_X가 전체 실선이면 관측 범위 S_Y는 양의 실수 선에 해당한다.

$$S_Y = \{0 < y < \infty\}$$

그림 3.14 $y = e^x$의 그래프. 영역 $Y \le y$에서 발생하는 관측은 영역 $X \le x$에서 발생하는 확률과 같다.

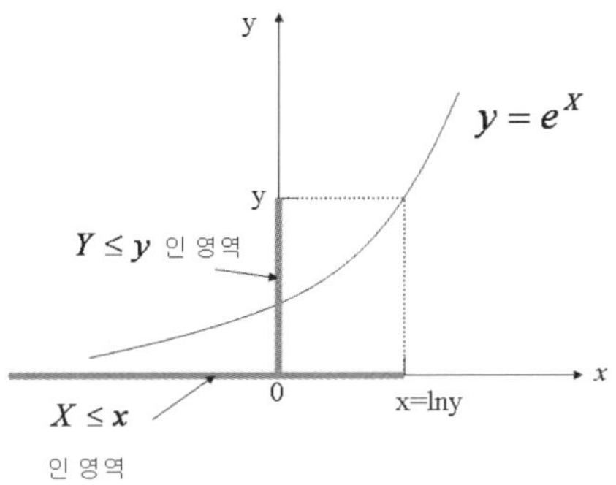

예제 3.21

예제 3.20에서 랜덤 변수 X가 가우시언인 경우 랜덤 변수 Y는 **로그노말(lognormal) 랜덤 변수**가 된다. 예제 3.20으로부터 Y에 대한 pdf의 표현은

$$f_Y(y) = f_X(\ln y)\left(\frac{1}{y}\right)$$

이때 만일 $f_X(x)$가 임의의 가우시언 pdf 식(3.115)라면 Y에 대한 pdf는

$$f_Y(y) = \left(\frac{1}{y}\right)\frac{1}{\sqrt{2\pi}\,\sigma_X}exp\left[-(\ln y - \mu_X)^2/2\sigma_X^2\right] \tag{3.119}$$

와 같이 표현된다.

로그노말 랜덤 변수로 계산하는 경우 아래의 변수 치환을 사용한다.

$$Z = \frac{\ln y - \mu_X}{\sigma_X}$$

$X = \ln Y$는 평균이 μ_X이고 표준편차가 σ_X인 가우시언이므로 Z는 평균이 0이고 표준편차가 1인 정규 가우시언 랜덤 변수가 된다. 변수 치환을 사용하여 로그노말 cdf를 표현하면

$$F_{Y}(y) = \Psi\left[(\ln y - \mu_X)/\sigma_X\right]$$

현실적으로는 가우시언 랜덤 변수의 파라미터를 가지고 로그 노말 랜덤 변수 Y를 기술하기를 선호한다. 다시 말해서 가우시언 파라미터인 μ_X와 σ_X를 사용하여 로그 노말 랜덤 변수 Y를 참고한다.

예제 3.22

랜덤 변수 Y는 $Y = aX^2$, $a > 0$의 변환으로 얻어진다고 하자. 여기서 X는 임의의 랜덤 변수이다. 이 예제는 공학적으로 흥미로운 결과를 주는 예제로서 자승검파기(square law detector)가 그 한 예가 된다.

함수 $y = g(x)$는 다음과 같이 주어지며 그 역은 두 개의 영역 즉 $x > 0$인 영역과 $x < 0$인 영역으로 나눠진다.

$$y = ax^2,\ a > 0 \tag{3.120}$$

$$x = \pm\sqrt{y/a},\ a > 0,\ y > 0 \tag{3.121}$$

앞서 설명한 체계적인 전개 과정을 따라가며 X와 Y를 연계시켜 풀면 된다.

$$\begin{aligned} F_Y(y) &= P\{Y \le y\} = P\{-\sqrt{y/a} \le X < \sqrt{y/a}\} \\ &= F_X(\sqrt{y/a}) - F_X(-\sqrt{y/a}) \end{aligned} \tag{3.122}$$

식(3.11)를 사용하여 Y에 대한 pdf를 쓰면

$$f_Y(y) = f_X(\sqrt{y/a})\left(\frac{1}{2\sqrt{ay}}\right) - f_X(-\sqrt{y/a})\left(\frac{-1}{2\sqrt{ay}}\right)$$

$$\therefore f_Y(y) = \frac{1}{2\sqrt{ay}}\left[f_X(\sqrt{y/a}) + f_X(-\sqrt{y/a})\right] \tag{3.123}$$

만일 랜덤 변수 X의 관찰 영역 S_X가 전체 실수 축이면 랜덤 변수 Y에 대한 관측 영역 S_Y는 $S_y=\{0<y<\infty\}$이 된다.

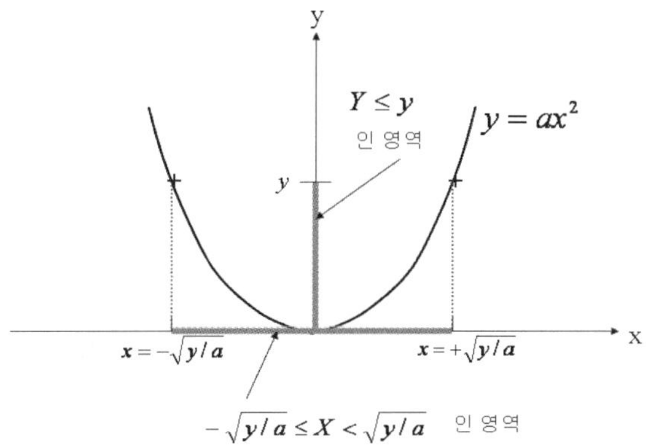

그림 3.15 함수 $y=ax^2$의 그래프. 영역 $Y \le y$에서 발생하는 관측은 영역 $-\sqrt{y/a} \le X < \sqrt{y/a}$에서 발생하는 확률과 같다.

이제 좀 더 일반적인 경우로 랜덤 변수의 변환이 비단조(non-monotonic) 함수로 표현되는 경우를 살펴보고자 한다. 이 경우는 그림 3.16에서 보듯이 $y=g(x)$의 역함수에 의한 영역(혹은 해)이 여러 개 존재한다. 각각의 영역의 해를 아래와 같이 표기하기로 하자.

$$x_i = g_i^{-1}(y),\ i=1,\ 2,\ 3,\ \cdots,\ m \tag{3.124}$$

그러면 식(3.112a) 혹은 식(3.117a)를 다음과 같이 일반화 할 수 있다.

$$f_Y(y) = \sum_{i=1}^{m} f_X(x) \left| \frac{dx}{dy} \right|_{x_i = g_i^{-1}(y)} \tag{3.125}$$

여기서 | • |는 절대치 함수이다.

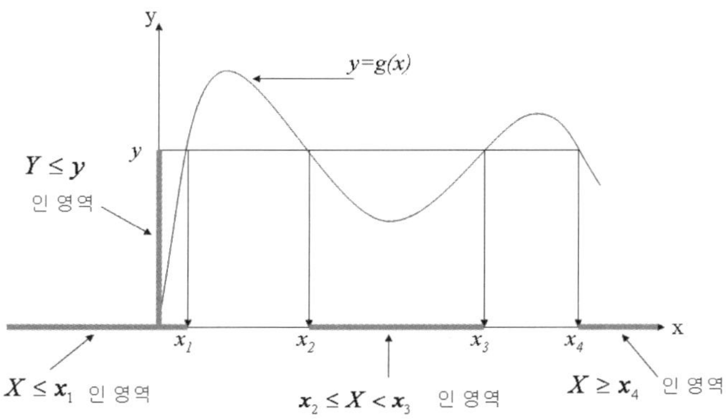

그림 3.16 비단조함수에 의한 랜덤 변수의 변환

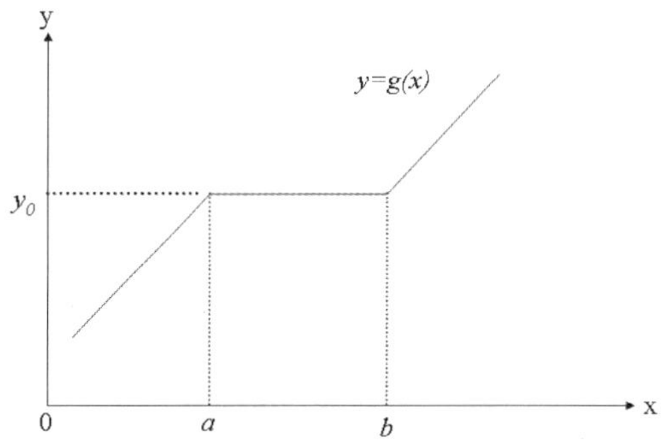

그림 3.17 구간 $a<X<b$에서 일정한 함수의 plot. $y=y_0$일 확률은 x가 구간 $a<X<b$에 있을 확률과 같다.

그림 3.17의 그래프는 아직까지 토론하지 않은 흥미 있는 상황을 보여준다. 여기서 $y=g(x)$는 x가 a와 b사이에 있을 때 증가하지도 감소하지도 않는다. a와 b사이의 어떤 x값에 대하여 $y=g(x)=y_0$의 값은 항상 일정하다. $y=y_0$일 때 랜덤 변수 Y는 이산 랜덤 변수의 성질을 갖는다.

$$P\{Y=y_0\}=P\{y_0\}=P\{a<X<b\}$$

Y의 다른 모든 관측에 대하여 Y는 연속 랜덤 함수이다. 그러므로 Y는 혼합 랜덤 변수의 예가 된다. 이 경우를 다음 예제에서 살펴보겠다.

예제 3.23

그림 3.18은 y= g(x)가 **자승정류기**(Square-law rectifier)함수 형태를 취하는 경우이다.

$$y=\begin{cases} x^2, x\geq 0 \\ 0, \text{ 그밖의영역} \end{cases} \tag{3.126}$$

자승정류기의 pdf를 구하려고 한다.

1) $y<0$일 때 정류 함수의 성질은 $y<0$인 모든 y에 대하여 $F_Y(y)=0$

2) y=0일 때 그림 3.18로부터 관찰하면

$$F_Y(0)=P\{Y\leq 0\}=P\{Y=0\}=P\{X\leq 0\}=F_X(0)$$

y=0에서 Y에 대한 cdf에 불연속이 존재한다.

3) 따라서 $y>0$일 때는

$$F_Y(y)=\mathrm{P}\{Y\leq y\}=P\{X\leq \sqrt{y}\}=F_X(\sqrt{y})$$

Y에 대한 pdf는 y에 대하여 $F_Y(y)$를 미분하여 얻어진다. $y=0$에서의 $F_Y(y)$의 불연속은 $F_X(0)$의 질량 함수 값을 준다. 물론 y<0인 모든 영역에서 Y의 pdf는 0이다. 그러므로

$$f_Y(y)=\begin{cases} F_X(0)\delta(y)+f_X(\sqrt{y})\dfrac{1}{2\sqrt{y}}, & y\geq 0 \\ 0, & y<0 \end{cases} \tag{3.127}$$

만일 관측영역 S_X가 전체 실수축이라면 관측영역 S_Y는 양의 실수 선이 된다.

랜덤 변수 생성과 분석을 위한 컴퓨터 시뮬레이션은 공학에 있어 매우 중요한 역할을 담당한다. 임의적인 랜덤 변수의 관측을 실험하는데 유용한 컴퓨터 알고리즘적인 방법은 균일 난수 발생기 URNG를 사용하는 방법이다. 그림 3.19를 참고하여 보다 폭넓은 랜덤성을 갖는 난수를 발생시키는 알고리듬을 설계하고자한다. 함수 $g(x)$는 x축상에서 0과 1사이의 단조 증가 함수이고, Y에 대한 이론적인 cdf를 알고 있다고 가정한다. 이제 URNG를 입력으로 시작하여 0과 1사이에 균일하게 분포된 난수를 변환하는 함수

그림 3.18 예제 3.22에 사용된 자승 정류기 함수. 관측 영역($X \le \sqrt{y}$)에서 X의 관측 확률은 관측영역($Y \le y$)에서의 Y관측 확률과 같다.

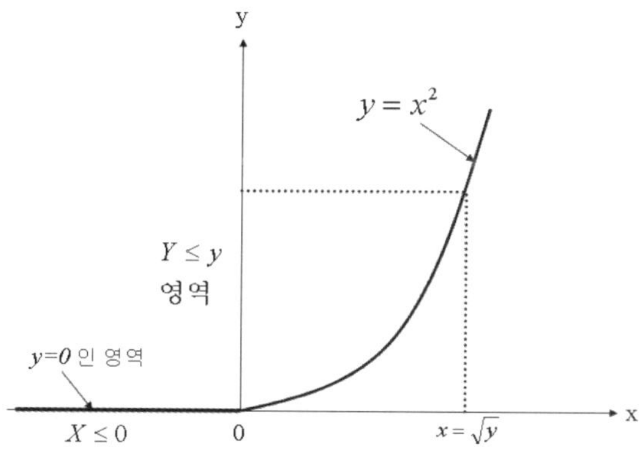

$y = g(\bullet)$를 찾기 원한다. 먼저 0과 1사이에 균일하게 분포한 랜덤 변수 X의 cdf를 식(3.20)으로부터 다시 쓰면

$$F_X(x) = \begin{cases} 0, & -\infty < x \le 0 \\ x, & 0 < x \le 1 \\ 1, & 1 < x < \infty \end{cases} \tag{3.128}$$

절차는 랜덤 변수의 함수 변환 과정과 같다.

- 주어진 y에 대하여 $\{Y \le y\}$인 y-축 영역을 확인한다.
- 같은 y에 대하여 $\{X \le g^{-1}(y)\}$인 x-축 영역을 확인한다.
- 두 랜덤 변수 간을 연관 짓는다:

$$F_Y(y) = P\{Y \le y\} = P\{X \le g^{-1}(y)\} = F_X(g^{-1}(y))$$

- 식(3.128)의 cdf $F_X(x)$에서 $0 < x \le 1$일 때 $y = g(x) \rightarrow x = g^{-1}(y)$

$$F_Y(y) = F_X(g^{-1}(y)) = x = g^{-1}(y),\ 0 < x \le 1 \tag{3.129}$$

을 얻는다.

따라서 우리가 찾는 랜덤 변수 Y는 식(3.129)의 역함수가 된다. y에 대해 풀면(만일 해가 존재한다면)

$$y = g(x) = F_Y^{-1}(x) \tag{3.130}$$

이 관계는 우리가 모의 실험하기 원하는 랜덤 변수의 cdf를 아는 경우에 $g(x)$를 어떻게 얻는가를 설명해준다. 이의 사용 예를 다음 예제에 보였다.

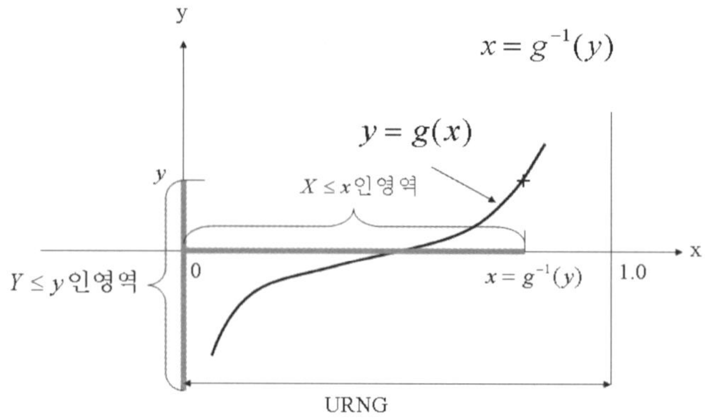

그림 3.19 $0 < x < 1$ 사이에 단조적으로 증가하는 대표적인 함수의 그래프

예제 3.24 지수 랜덤 변수의 난수 발생 알고리듬

파라미터 $\lambda > 0$을 갖는 지수(exponential) 랜덤 변수 Y의 관측을 모의 실험할 수 있는 알고리즘을 원한다고 가정하자. 이 랜덤 변수에 대한 pdf는 식(3.22)로부터 다시 쓰면

$$f_Y(y) = \begin{cases} \lambda e^{-\lambda y}, & y \ge 0 \\ 0, & y < 0 \end{cases}$$

여기서 λ는 상수이다. 이 pdf를 사용하여 cdf를 찾으면 식(3.23)을 얻는다. 이를 다시 쓰면

$$F_Y(y) = \begin{cases} 1 - e^{-\lambda y}, & y \ge 0 \\ 0, & y < 0 \end{cases}$$

식(3.129)에 이 cdf를 사용하면

$$F_Y(y) = 1 - \exp(-\lambda y) = x, \ 0 < x \le 1$$

윗 식에서 y에 대하여 풀면

$$y = (-1/\lambda)\ln(1-x), \ 0 < x \le 1 \tag{3.131}$$

식(3.131)이 URNG로부터 설계하려는 랜덤 변수 Y의 시뮬레이션 값이다. 만일 x를 URNG로부터 발생되는 난수라고하면 y는 파라미터 $\lambda > 0$을 갖는 지수(exponential) 랜덤 변수 Y의 관측값을 나타내준다.

3.6 조건 랜덤 변수

랜덤 변수와 관련된 확률을 계산할 때 어떤 사건의 발생 조건하에서 그 값을 계산하는 것이 필요할 때가 많다. 가령 검출하려는 신호에 잡음이 있을 때와 없을 때 혹은 무선 통신 시스템에서 날씨가 맑은 날과 흐린 날의 잡음 특성 등이다. 식(2.22)에서 조건이 걸린 사건에 대한 확률 계산이 중요한 특징인 것처럼 조

건이 걸린 랜덤 변수에 대한 확률 분포도 마찬가지다. 조건부 확률 개념을 어떤 사건에 조건적으로 발생하는 랜덤 변수(random variable conditioned by an event)를 포함하도록 확장될 수 있다. 이같은 조건부 랜덤 변수의 상황을 요약하면 다음과 같이 기술할 수 있다:

- 랜덤 변수 X가 먼저 정의되어 확률 변수에 대한 pdf $f_X(x)$가 알려져 있다.
- 사건 B의 조건적인 작용으로 X의 어떤 관측이 영향을 받는다.
- 사건 B의 조건적인 효과를 반영하는 새로운 **조건부 pdf** $f_{X|B}(x|B)$를 찾는다.

이같은 문맥 속에서 조건부 확률 식(2.22)를 cdf 식(3.6b)와 결합하여 조건부 누적 분포 함수 cdf를 표현하고자 한다. 먼저 조건 사건 B가 그림 3.20에서와 같이 주어졌다고 가정하자.

$$B = \{x_1 < X \le x_2\} \tag{3.132}$$

다음 조건부 사건의 정의에 따라 **조건부 cdf**를 정의한다:

$$F_{X|B}(x|B) = P\{X \le x \mid B\} = \frac{P\{X \le x \cap B\}}{P\{B\}}, \quad P\{B\} > 0 \tag{3.133}$$

조건부 cdf는 cdf가 갖는 모든 성질과 특징을 가질 뿐만 아니라 어떤 사건 B의 조건적인 효과도 포함하고 있다. 식(3.132)의 사건 B에 대하여 조건부 cdf를 표현하고자 한다. 식(3.133)의 결합 확률의 사건을 다시 정리하면

$$\{X \le x \cap B\} = \{X \le x\} \cap \{x_1 < X \le x_2\}$$

i) 만일 $-\infty < x \le x_1$ 이면 $\{X \le x\} \cap B = \phi$

ii) 만일 $x_1 < x \le x_2$ 이면 $\{X \le x\} \cap B = \{x_1 < X \le x\}$

iii) 만일 $x_2 < x < \infty$ 이면 $\{X \le x\} \cap B = B$

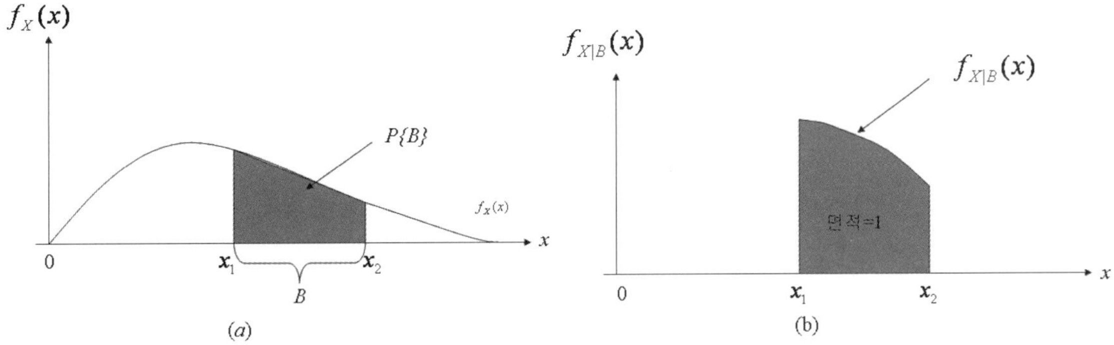

그림 3.20 (a) 사건 $B = x_1 < x \le x_2$가 표시된 임의의 pdf의 그래프, (b) 사건 B에 조건부적인 pdf의 그래프.

이 3가지 경우에 대하여 조건부 cdf 식(3.133)을 다시 쓰면

$$F_{X|B}(x|B) = \begin{cases} 0, & -\infty < x \le x_1 \\ \dfrac{F_X(x) - F_X(x_1)}{P\{B\}}, & x_1 < x \le x_2 \\ 1, & x_2 < x < \infty \end{cases} \tag{3.134}$$

조건부 확률 밀도 함수(pdf)는 식(3.11)에 따라 조건부 cdf를 미분하여 얻는다.

$$f_{X|B}(x|B) = \frac{d}{dx} F_{X|B}(x|B) \tag{3.135}$$

따라서 조건부 pdf는

$$f_{X|B}(x|B) = \begin{cases} \dfrac{f_X(x)}{P\{B\}}, & x_1 < x \le x_2 \\ 0, & \text{그밖의영역} \end{cases} \tag{3.136}$$

이제 사건 B를 좀더 일반화하여 어떤 랜덤 변수 Y의 값으로 표현된다고 하자.

$$B = \{Y \le y\},\ P\{B\} = P\{Y \le y\} = F_Y(y)$$

$$\{X \le x \cap Y \le y\} = \{X \le x\} \cap \{Y \le y\},\ P\{X \le x \cap Y \le y\} = F_{XY}(x,y)$$

따라서 조건부 cdf는

$$F_{X|Y}(x|y) = P\{X \le x | Y \le y\} = \frac{P\{X \le x \cap Y \le y\}}{P\{Y \le y\}} = \frac{F_{XY}(x,y)}{F_Y(y)} \tag{3.137}$$

조건부 pdf는 식(3.11)에 따라

$$f_{XY}(x,y) = \frac{\partial^2}{\partial x \partial y}[F_{XY}(x,y)] = \frac{\partial}{\partial x}\frac{\partial}{\partial y}[F_{X|Y}(x|y)F_Y(y)] \tag{3.138}$$

$$= \frac{\partial}{\partial x}[F_{X|Y}(x|y)f_Y(y)] = f_{X|Y}(x|y)f_Y(y)$$

cdf $F_{X|Y}(x|y)$의 인수인 (x|y)는 주어진 y값에 대해 x만의 함수이다.

예제 3.25

8.2kΩ 저항을 제조하기 위해 설계된 공정 라인을 생각하자. 공정 라인은 저항값이 평균 $\mu_X = 8200\Omega$과 표준 편차 $\sigma_X = 615\Omega$을 갖는 가우시언 랜덤 변수로 모델링될 수 있다고 가정하라. 제조된 후 모든 저항은 검사되며 8200Ω의 $\pm5\%$이내($8200\pm410\Omega$)의 저항값은 갖는 모든 저항을 표시하여 판매할 수 있도록 다른 것들과 구별된다. 여기서 다음과 같이 조건부 사건을 정의한다.

$$B = (7790\Omega < X \le 8610\Omega)$$

식(3.15)과 정규 가우시언 cdf 식(3.114)을 사용하여 사건 B의 확률을 계산하면

$$\begin{aligned} P\{B\} &= F_X(8610) - F_X(7790) \\ &= \phi\left(\frac{8610-8200}{615}\right) - \phi\left(\frac{7790-8200}{615}\right) = \phi(2/3) - \phi(-2/3) = 0.4950 \end{aligned}$$

공정 라인에 의해 생산된 저항 중 대략 절반은 원하는 저항값 8200Ω의 $\pm5\%$범위 내에 들어온다. 이제 사건 B의 조건하에서 랜덤 변수 X의 pdf를 찾는데 관심이 있다. 다시 말해서 $\pm5\%$범위 밖의 값을 갖는 저항이 고려대상에서 제외된다는 조건하에서 X의 pdf를 찾고자 한다. 이 pdf를 찾기 위하여 먼저 조건부 cdf 식(3.134)를 사용하면

i) 만일 $x \le 7990$이면 $(X \le x) \cap B = \phi$이고 $P[(X \le x) \cap B] = 0$

ii) 만일 $7790 < x \le 8610$이면 $(X \le x) \cap B = 7790 < X \le x$이고

$$P\{(X \le x) \cap B\} = F_X(x) - F_X(7790)$$

iii) 만일 $8610 < x$이면 $(X \le x) \cap B = 7790 < x \le 8610$이고 $P\{(X \le x) \cap B\} = P\{B\}$

따라서

$$F_{X|B}(x|B) = \begin{cases} 0, & -\infty < x \le 7790 \\ \dfrac{F_X(x) - F_X(7790)}{P\{B\}}, & 7790 < x \le 8610 \\ 1, & 8610 < x < \infty \end{cases}$$

마지막으로 요구한 조건부 pdf는 식(3.136)로부터

$$f_X(x \mid B) = \begin{cases} \dfrac{f_X(x)}{0.4950}, & 7790 < x \le 8610 \\ 0, & \text{그밖의영역} \end{cases}$$

식(3.136)의 조건부 pdf는 어떤 사건에 조건적인 랜덤 변수의 기대 값을 얻는데 사용되어질 수 있다. 예를 들면 식(3.50)으로부터 조건부 기대값을 구하는데 바로 사용되어질 수 있다.

$$E[g(X) \mid B] = \int_{-\infty}^{\infty} g(x) f_X(x \mid B)dx \tag{3.139}$$

앞에서 찾은 조건부 pdf를 적용하여 조건 평균을 구하면

$$\mu_{X|B} = \int_{7790}^{8610} x f_{X|B}(x|B)dx = \frac{1}{0.4950}\int_{7790}^{8610} x f_X(x)dx$$

$f_X(x)$는 평균이 8200Ω이고 표준 편차가 615Ω을 갖는 가우시언이다. 식(3.114)을 적용하면 $X = \sigma_X Z + \mu_X$이므로

$$\mu_{X|B} = \frac{1}{0.4950}\int_{7790}^{8610} x f_X(x)dx = \frac{1}{0.4950}\int_{\frac{7790-\mu_X}{\sigma_X}}^{\frac{8610-\mu_X}{\sigma_X}} (\sigma_X z + \mu_X) f_Z(z)dz = \mu_X$$

을 얻는다. 그러나 분산은

$$\sigma_{X|B}^2 = E[(X-\mu_X)^2 \mid B] = \frac{1}{0.4950\sqrt{2\pi}\,\sigma_X}\int_{7790}^{8610}(x-\mu_X)^2 f_X(x)dx$$

$$= \frac{1}{0.4950\sqrt{2\pi}\,\delta_X}\int_{7790}^{8610}(x-\mu_X)^2 \exp[-(x-\mu_X)^2/2\sigma_X^2]dx$$

$z=(x-\mu_X)/\sigma_X$로 변수 치환을 사용하면

$$\sigma_{X|B}^2 = \frac{2\sigma_X^2}{0.4950\sqrt{2\pi}}\int_0^{2/3} z^2 \exp(-z^2/2)dz$$

다음 부분 적분을 수행하여 구하면

$$\sigma_{X|B}^2 = \frac{2\sigma_X^2}{0.4950}[-0.2130 + \phi(2/3) - \phi(0)] = 0.1394\sigma_X^2 = (229.6)^2$$

따라서 사건 B에 조건적인 랜덤 변수 X의 표준 편차는 원래 표준 편차인 615보다 훨씬 적은 229.6이다. 이제 조건부 pdf는 범위를 벗어난 저항값들을 버렸기 때문에 더 이상 가우시언 pdf가 되지 않는다.

3.7 부등식

부등식은 확률이 가질 수 있는 크기에 관한 한계 (bounds)를 제공해주는데 중요한 역할을 한다. 어떤 경우에 부등식은 단지 수(number)를 얻기 위해 사용된다. 또 다른 경우에서 부등식은 수학적 전개에 사용되는 이론적인 도구가 되기도 한다. 본 절에서는 마코프(Markov) 부등식을 유도하고 그것을 사용하여 여러 개의 다른 부등식(예를 들면, 체비세프(Chehyshev) 부등식 등)을 표현하고자 한다.

랜덤 변수 Y는 비음수인 관측을 갖는 랜덤 변수라고 가정하자.

$$f_Y(y) = 0,\ \ y < 0$$

그러면 Y의 평균은

$$E[Y] = \int_0^\infty y f_Y(y)dy \ge \int_K^\infty y f_Y(y)dy \ge K\int_K^\infty f_Y(y)dy$$

여기서 K는 어떤 임의의 양수이다. 맨 오른쪽 적분식에서 y는 항상 $y \ge K$이다. 그러므로

$$E[Y] \geq K\int_{K}^{\infty} f_Y(y)dy$$

부등식의 오른쪽 적분 결과는 Y가 K보다 클 확률로 볼 수 있다. 그러므로

$$P\{Y > K\} \leq \frac{E[Y]}{K} \tag{3.140}$$

이를 ***마코프 부등식***이라고 한다. 확률값은 1보다 적어야 하므로 부등식은 K가 평균 E[Y]보다 커야 함을 요구하고 있다. 이제 좀더 일반화하여

$$Y = \mid X - c \mid^n$$

이라고 두자. 여기서 Y는 $f_Y(y) = 0,\ y < 0$을 인 제약 조건을 만족한다고 가정한다. X는 임의의 랜덤 변수 이고 c는 상수 이며 n은 정수 n = 1, 2, 3, …이다. Y를 식(3.140)에 대입하면

$$P\{K < |X - c|^n\} \geq E[|X - c|^n]/K$$

$K = k^n$으로 두고 윗 식에 대입하면 $k^n < \mid X - c \mid^n$이므로 $k < \mid X - c \mid$가 성립된다.

$$P(k < \mid X - c \mid) \leq E[\mid X - c \mid^n]/k^n \tag{3.141}$$

이 결과를 ***Bienaymye 부등식***이라고 한다. 잘 알려진 ***체비세프 부등식***은 $c = \mu_X$이고 n=2일 때 Bienayme 부등식의 특수한 경우이다. 즉

$$P\{k < |X - \mu_X|\} \leq \frac{\sigma_X^2}{k^2} \tag{3.142}$$

또 다른 형태의 체비세프 부등식을 $k = \epsilon\sigma_X$라고 두면 식(3.142)는

$$P\left\{\epsilon < \left|\frac{X - \mu_X}{\sigma_X}\right|\right\} \leq \frac{1}{\epsilon^2} \tag{3.143}$$

두 확률 사건 $|X - \mu_X| \geq \epsilon\sigma_X$ 와 $|X - \mu_X| < \epsilon\sigma_X$는 상호 배타적이므로 식(3.143)을 사용하면 다음 식이 성립된다.

$$P\left\{\left|\frac{X - \mu_X}{\sigma_X}\right| < \epsilon\right\} > 1 - \frac{1}{\epsilon^2} \tag{3.144}$$

예제 3.26

랜덤 변수 X는 연속이고 평균 μ_X와 분산 σ_X^2을 갖는다. X에 대한 pdf는 명시되어 있지 않다. 이때 X가 평균으로부터 $3\sigma_X$ 이상의 편차를 가질 확률은 식(3.144)에서 $\epsilon=3$인 경우로서 다음과 같이 제한되어 있다.

$$P\{|X-\mu_X|<3\sigma_X\}>1-\frac{1}{9}=0.889$$

만일 X의 pdf가 가우시언이라면 $3\sigma_X$이상의 편차를 갖는 확률을 이론적으로 구하면

$$P\{|X-\mu_X|<3\sigma_X\}=0.9973$$

을 얻는다. 이 예제가 나타내 보이듯이 Chebyshev 한계는 매우 보수적임을 보여준다.

복 습

1. 본장에서는 확률의 일반적인 주제를 확장하여 단일 랜덤 변수화하는 과정을 소개하였다. 단일 랜덤 변수의 성질을 묘사하기 위해 정의된 주요한 두 함수는 확률 밀도 함수(pdf)와 누적 확률 분포 함수(cdf)이다.
2. 랜덤 변수는 연속적일 뿐만 아니라 이산적인 값을 가질 수 있으며 혼합된 값을 가질 수도 있다.
3. 확률 분포 함수 cdf의 일반적인 특성은 아래와 같다:
   - $-\infty$와 $+\infty$에서의 극한값은 0과 1이다.
   - cdf는 단조 비감소(monotonic nondecreasing) 함수이다.
   - 불연속점에서는 우측으로부터의 연속성을 갖는다.
   - 랜덤 변수 X가 일정한 범위내의 값을 가질 확률은

     연속적인 경우: $P\{x_1 \le X \le x_2\}=F_X(x_2)-F_X(x_1)$

     이산적인 경우: $P\{X=x_i\}=F_X(x_i^+)-F_X(x_i^-)$

4. 확률밀도함수 pdf의 일반적인 특성은 다음과 같이 요약할 수 있다:
   - 모든 점에서 비음수의 값을 갖는다.
   - pdf 아래의 면적은 항상 1이 된다.
   - pdf의 적분은 아래 식과 같이 cdf와 연관되어 있다.

$$f_X(x) = \frac{d}{dx}F_X(x) \text{와 } F_X(x) = \int_{-\infty}^{x} f_X(\alpha)d\alpha$$

5. 평균 과정으로서 기댓값은 랜덤 변수와 관련된 평균, 분산, 특성 함수를 계산하는데 주요한 역할을 하며, 특히 특성 함수와 pdf와의 관계는 Fourier 변환쌍을 이룬다. 특성함수를 사용하면 여러 다른 확률 분포의 모멘트를 유도할 수 있도록 도와준다.
6. 본 장에서 다루어진 대표적인 랜덤 변수는 균일 랜덤 변수, 가우시언 랜덤 변수, 지수 랜덤 변수와 이항 랜덤 변수 등이다.
7. 어떤 한 랜덤 변수 즉 X가 정의되었다면 랜덤 변수간의 변환 관계식 Y=G(X)에 의해 새로운 랜덤 변수를 정의할 수 있으며 piece-wise 연속적이라면 함수의 역변환 $g^{-1}(y)$를 구할 수 있으며 새 랜덤 변수 Y가 변환식으로부터 얻어진다.

   변환 함수가 단조 증가 혹은 감소 함수의 경우: $f_Y(y) = f_X(x)\left(\frac{dx}{dy}\right)\Big|_{x=g^{-1}(y)}$

   변환 함수가 비단조 함수의 경우: $f_Y(y) = \sum_{i=1}^{m} f_X(x)\left|\frac{dx}{dy}\right|_{x_i=g_i^{-1}(y)}$

8. 기댓값 중 자주 사용되는 몇 가지 대표적인 예를 들면 다음과 같다:
   - 평균 : $\mu_X = E\{X\}$
   - 원점에 관한 n차 모멘트 : $E[X^n] = \sum_i x_i^n P\{x_i\}$, $E[X^n] = \frac{1}{j^n}\frac{d^n\Phi_X(jw)}{dw^n}\Big|_{\omega=0}$
   - n차 중앙모멘트 : $E[(X-\mu_X)^n] = \sum_i (x_i - \mu_{X_i})^n P\{x_i\}$
   - 분산 : $E[(X-\mu_X)^2]$
   - 특성 함수 : $\Phi_X(j\omega) = E[e^{j\omega X}] = \int_{-\infty}^{\infty} f_X(x)e^{j\omega x}dx$
8. 또 다른 중요한 연산은 어떤 사건 B에 랜덤 변수를 조건화하는 것이다. 이는 조건부 확률과 조건부 확률 밀도 함수 $f_{X|B}(x)$와 더불어 이와 관련된 평균과 분산을 계산할 수 있음을 살펴보았다.
9. 체비세프 부등식은 다음과 같은 관계식이 성립한다.

$$P\left\{\left|\frac{X-\mu_X}{\sigma_X}\right| \geq \epsilon\right\} \leq \frac{1}{\epsilon^2}$$

연습문제

확률 밀도 함수와 누적 분포 함수

1. 랜덤 변수 X에 대한 pdf는

$$f_X(x) = \begin{cases} c(1-x^2), \ 0 < x < 1 \\ 0, \quad \text{그밖의 영역에서} \end{cases}$$

   a. c의 값을 찾아라.
   b. $F_X(0.5)$는 얼마인가?

2. 랜덤 변수 Z에 대한 pdf는

$$f_Z(z) = \begin{cases} c\sqrt{z}, 0 < z < 2 \\ 0, \quad \text{그밖의 영역에서} \end{cases}$$

   a. c의 값을 찾아라.
   b. $F_Z(1.2)$는 얼마인가?

3. 랜덤 변수 X에 대한 cdf는

$$F_X(x) = \begin{cases} 1-\exp(-x^2/4), x \ge 0 \\ 0, \quad \text{그밖의 영역에서} \end{cases}$$

   P(1.1<X<2.1)은 얼마인가?

4. 랜덤 변수 Z에 대한 누적 분포 함수(cdf)는

$$F_Z(z) = \begin{cases} 1-\exp(-0.4z^{3/2}), z \ge 0 \\ 0, \quad \text{그밖의 영역에서} \end{cases}$$

   P(0.3<Z<0.7)은 얼마인가?

5. 연습문제 1의 랜덤 변수 X에 대한 (a) 평균, (b) 평균 제곱, (c) 분산을 구하라.

6. 연습문제 2의 랜덤 변수 Y에 대한 (a) 평균, (b) 평균 제곱, (c) 분산을 구하라.

7. 지수 랜덤 변수에 대한 pdf는

$$f_X(x) = \begin{cases} \lambda e^{-\lambda x}, x \ge 0 \\ 0, \quad \text{그밖의 영역에서} \end{cases}$$

   여기서 λ는 지수 랜덤변수의 비율(rate) 변수이다. X의 평균과 분산이 각각 $\frac{1}{\lambda}$과 $\frac{1}{\lambda^2}$임을 보여라.

8. **라프라스(Laplace) 랜덤 변수** X의 pdf는

$$f_X(x) = \frac{b}{2}\exp(-b|x|), \quad -\infty < x < \infty$$

   여기서 b>0. 평균과 분산이 $E[X]=0$, $Var[X]=2/b^2$임을 보여라.

9. **감마 (Gamma) 함수**:

$$\Gamma(n) = \int_0^\infty x^{n-1}e^{-x}dx, \quad n > 0$$

$$\Gamma(n+1) = n\Gamma(n)$$

$\Gamma(n+1) = n!$, n이 양의 정수일 때

$$\Gamma(1) = \Gamma(2) = 1$$

$$\Gamma(1/2) = \sqrt{\pi}$$

   감마 랜덤 변수의 pdf는 위 결과들로부터 얻어진다.

$$f_Y(y) = \begin{cases} \dfrac{1}{b^a\Gamma(a)}y^{a-1}e^{-y/b}, \ y > 0 \\ 0, \quad \text{그밖의 영역에서} \end{cases}$$

   여기서 a, b>0이다. 평균, 평균제곱과 분산이 $E[Y]=ab$, $E[Y^2]=a(a+1)b^2$, $Var[Y]=ab^2$임을 보여라.

10. **베타 (Beta) 함수**:

$$B(m,n) = \int_0^1 z^{m-1}(1-z)^{n-1}dz = \frac{\Gamma(m)\Gamma(n)}{\Gamma(m+n)}$$

   여기서 m, n>0이고 여기서 $\Gamma(x)$는 감마 함수이다. 감마 함수의 정의는 연습문제 12에 주어졌다. 베타 랜덤 변수는 이 결과로부터 유도된다. 즉 pdf는

$$f_Z(z) = \begin{cases} \dfrac{\Gamma(a+b)}{\Gamma(a)\Gamma(b)}z^{a-1}(1-z)^{b-1}, \ 0 < z < 1 \\ 0, \quad \text{그밖의 영역에서} \end{cases}$$

   여기서 a, b>0이다. 아래 평균, 평균 제곱과 분산은

$$E[Z] = \frac{a}{a+b}, \quad E[Z^2] = \frac{a(a+1)}{(a+b)(a+b+1)},$$

   $Var[Z] = \dfrac{ab}{(a+b)^2(a+b+1)}$임을 보여라. 또한 균일 랜덤 변수는 베타 랜덤 변수의 극한치임을 보여라.

11. **코시(Cauchy) 랜덤 변수**는 다음 pdf를 갖는다:

$$f_X(x) = \frac{a}{\pi(x^2 + a^2)}, \text{ 모든 } x\text{에 대하여}$$

a. 코시 랜덤 변수에 대한 중앙값과 모드값을 구하라.

b. 평균과 분산은 코시 랜덤 변수에 대해서는 존재하지 않음을 증명하라.

c. 코시 cdf를 구하라.

d. 식(3.96)을 사용하여 $\Phi_X(j\omega) = \exp(-a|\omega|)$가 코시 특성 함수임을 증명하라.

특성 함수

12. 랜덤 변수 X에 대한 특성 함수가 $\Phi_X(j\omega)\frac{c^2}{(c+j\omega)^2}$로 주어졌다. X의 평균과 분산을 구하라.

13. 랜덤 변수 X의 특성함수가 $\Phi_X(j\omega) = (0.25 + 0.75e^{j\omega})^{10}$로 주어졌다. X의 평균과 분산을 구하라.

14. 랜덤 변수 X의 특성함수가 $\Phi_X(j\omega) = \exp(j10\omega - 2\omega^2)$로 주어졌다. X의 평균과 분산을 구하라.

가우시언 랜덤 변수

15. 가우시언 랜덤변수 Y는 변수 $\mu_Y = 10$, $\sigma_Y = 3$을 갖는다.

a. P(7.0<Y)를 구하라.

b. $P(Y \le 11.5)$를 구하라.

c. $P(7.0 < Y \le 11.5)$를 구하라.

16. 저항을 생산하는 라인으로부터 나온 저항값은 평균이 5100Ω이고 표준 편차가 500Ω를 갖는 가우시언이다. 이 생산 라인으로부터 저항 값이 5000Ω±10% 내의 값을 갖는 저항을 선택할 확률은 얼마인가?

17. 가우시언 랜덤 변수 X의 평균과 분산은 각각 $\mu_X = 2000$, $\sigma_X^2 = 175$이다. $P(b < x) = 0.2877$이 되는 값 b를 찾아라. 여기서 정규 가우시언 cdf는 $\Phi_Z(z) = P(Z \le z)$이며 정규 가우시언 분포는 확률분포표를 사용하라.

18. 생산라인에서 만들어진 코일의 인덕턴스값은 평균이 1.2mH이고 0.1mH의 표준편차를 갖는 가우시언이다. 이 생산라인으로부터 인덕턴스값이 1.0mH±10% 내의 값을 갖는 인덕터를 선택할 확률은 얼마인가?

19. 평균이 0.0012이고 표준편차가 0.0001를 갖는 n=1000개의 수를 만들기 위하여 가우시언 랜덤 수 발생기를 사용하라. 이들 수중 0.001±10%내에 있게 될 수는 얼마인가? 이 상대 빈도수에 의한 결과를 연습문제 18의 이론치와 비교하라.

20. 치수와 허용오차가 $y = 0.75 \pm 0.002$cm로 명시되었다고 가정하라. Y는 다음과 같은 변수를 갖는 가우시언 랜덤변수이다: 평균이 0.751, 표준편차가 0.0013cm Y의 관측치 중 몇 %가 명시된 허용오차 내에 들어올 것인가?

21. 다음 빈도수 데이터가 주어졌다.

Cell	빈도수	Cell	빈도수
1	0	11	10
2	0	12	14
3	0	13	6
4	2	14	10
5	2	15	1
6	6	16	0
7	8	17	2
8	12	18	2
9	11	19	0
10	13	20	1

셀 1의 하한은 $0.01\mu F$이고 셀의 각각은 $0.001\mu F$의 폭을 갖는다. 예를 들면 셀 1에 대하여 하한은 $x = 0.010\mu F$이고 상한은 $x = 0.011\mu F$이다. MATLAB의 Statistics Toolbox의 cdfplot(x) 함수를 사용하여 데이터를 plot하라. $\bar{x}$와 s_X를 결정하라. 데이터가 가우시언으로 나타나는가?

22. 다음 빈도수 데이터가 주어졌다.

Cell	빈도수	Cell	빈도수
1	0	11	11
2	0	12	10
3	0	13	6

4	0	14	11
5	5	15	8
6	7	16	5
7	4	17	1
8	9	18	0
9	8	19	1
10	14	20	0

셀 1의 하한은 0.008H이고 각 셀의 폭은 0.001H이다. 예를들면 셀 1에 대하여 하한은 $x = 0.008$H이고 상한은 $x = 0.009$H이다. MATLAB의 Statistics Toolbox의 cdfplot(x) 함수를 사용하여 데이터를 plot하라. $\bar{x}$와 s_X를 결정하라. 데이터가 가우시언으로 나타나는가?

이산 랜덤 변수

23. 랜덤 변수 Z는 다음의 이산 확률값을 갖는다.

P(Z= -3)=0.10
P(Z= -1)=0.13
P(Z= 0) =0.43
P(Z= 2) =0.20
P(Z= 4) =0.14

a. pdf와 cdf를 스케치하라.
b. P(Z>1.3)에 대한 값은 얼마인가?
c. 평균과 분산은 얼마인가?

24. 다음 빈도수 데이터가 주어졌다.

j	Y_j	$P(Y_j)$
1	6.9	0.26
2	5.4	0.14
3	4.8	0.19
4	3.2	0.21
5	2.1	0.20

a. pdf와 cdf를 스케치하라.
b. P(Z>4.0)에 대한 값은 얼마인가?
c. 평균과 분산은 얼마인가?

25. 다음 빈도수 데이터가 주어졌다.

j	X_j	$P(X_j)$
1	1.0	0.20
2	2.5	0.18
3	3.9	0.22
4	5.2	0.15
5	7.1	0.25

a. pdf와 cdf를 스케치하라.
b. P(X>5.0)에 대한 값은 얼마인가?
c. 평균과 분산은 얼마인가?

26. 랜덤 변수 X에 대한 pdf는

$$f_X(x) = 0.20\delta(x-1.0) + 0.25\delta(x-3.0) + 0.15\delta(x-3.5)$$
$$+ 0.24\delta(x-5.0) + 0.16\delta(x-6.5)$$

이다. X의 평균과 분산은 무엇인가?

단일 랜덤 변수의 함수 변환

27. 단일 랜덤 변수의 함수가 선형관계 $y = \alpha x + \beta$로 주어지는 경우에 예제 3.12를 반복하라. 하지만 이 문제에서 $\alpha < 0$이라고 하자. $f_Y(y) = f_X(\frac{y-\beta}{\alpha})(\frac{-1}{\alpha})$임을 보여라.

28. 랜덤 변수 X는 0과 1 사이에 균일하게 분포되었다. 랜덤 변수 Y는 $Y = -200X + 900$로 주어진다. 이 경우 Y에 대한 pdf를 찾아라.

29. 랜덤변수 X는 평균이 0이고 분산이 1인 가우시언이다. 랜덤 변수 Y는 $Y = 200X + 900$으로 주어지는 경우
a. Y에 대한 pdf를 찾아라.
b. Y에 대한 표현식에서 +200이 -200으로 변하면 결과의 pdf는 어떻게 될 것인가?

30. 완전 제곱꼴 형식과 식(3.114)를 사용하여 예제 3.20에 나온 로그노말 랜덤 변수의 원점에 관한 모멘트가

$$E[Y^n] = \exp(n\mu_X + \mu^2\sigma_X^2/2)$$

임을 보여라. 다음, 이를 사용하여 로그노말 랜덤 변수의 평균과 분산이

$$\mu_Y = \exp(\mu_X + \sigma_X^2/2)$$

$$\sigma_Y^2 = \exp(2\mu_X + \sigma_X^2)[\exp(\sigma_X^2) - 1]$$

임을 보여라.

31. 예제 3.21에서 X가 평균이 0이고 분산이 σ_X^2를 갖는 가우시언 랜덤 변수라고하자. 변수 치환식 $Y = X^2$가 사용되었다. 기대값 연산자와 식(3.70)과 식(3.71)을 사용하여 Y의 평균과 분산이 $\mu_Y = \sigma_X^2$와 $\sigma_Y^2 = 2\sigma_X^4$ 임을 보여라.

32. 변환 $y = x^2$이 라플라스 pdf를 갖는 랜덤변수 X에 적용되었다. 라플라스의 pdf는

$$f_X(x) = \frac{1}{2}e^{-|x|}, \qquad -\infty < x < \infty$$

이다. 랜덤변수 Y에 대한 pdf를 찾아라.

33. 변환 $y = V\sin(\omega x)$가 균일 pdf를 갖는 랜덤변수 X에 적용되었다. 균일 랜덤 변수의 pdf는 $\pm(\pi/2\omega)$사이에 분포되었다. 랜덤 변수 Y에 대한 pdf를 찾아라.

34. 변환 $z = (1/4)|y|$이 가우시언 pdf를 갖는 랜덤변수 Y에 적용되었다. 가우시언 랜덤 변수는 평균이 0이고 분산이 3이다. 랜덤 변수 Z에 대한 pdf를 찾아라.

35. X가 $\pm\pi/2$사이에 균일하게 분포된 랜덤 변수일 때 변환 $y = c\tan(x)$은 코시 랜덤 변수를 생성한다. 이 변환을 사용하여 코시 pdf를 찾아라.

36. 0과 1사이에 균일하게 분포된 랜덤 변수 X를 아래 pdf를 갖는 라플라스 랜덤변수 Y로 변환해주는 변환 식(3.130)를 사용하여 구하라.

$$f_Y(y) = (1/6)\exp(-|y|/3), \qquad -\infty < y < \infty$$

37. 0과 1사이에 균일하게 분포된 랜덤 변수 X를 아래 pdf를 갖는 코시 랜덤 변수 Y로 변환해주는 변환 식(3.130)을 사용하여 구하라.

$$f_Y(y) = \frac{3}{\pi(y^2+9)}, \qquad -\infty < y < \infty$$

38. 복합 랜덤 변수 X에 대한 pdf는

$$f_X(x) = \begin{cases} 0.3\delta(x), & x = 0\text{일 때} \\ -a(x-3)/3, & 0 < x < 3 \\ 0, & \text{그밖의 영역에서} \end{cases}$$

으로 주어졌다. (a) 상수 a의 값과 (b) $F_X(x)$를 찾아라.

39. Y는 평균 0이고 분산 3을 갖는 가우시언 랜덤 변수이다. 만일 Y가 아래와 같이 변환된다면 변환된 랜덤 변수 V에 대한 pdf는 무엇인가?

$$v = \begin{cases} 2y^2, \ y \ge 0 \\ 0, \quad \text{그밖의 영역에서} \end{cases}$$

40. 랜덤변수 U는 -2와 +5사이에 균일하게 분포되었다. 랜덤 변수 Y는 U로부터 아래 변환식에 의해 얻어진다. 랜덤 변수 Y에 대한 pdf와 cdf를 찾아라.

$$y = \begin{cases} u/6, \ y \ge 0 \\ 0, \quad \text{그밖의 영역에서} \end{cases}$$

41. 연습문제 23에 나온 랜덤변수 Z는 $x = 0.5z^2 + 1$에 의해 변환되었다. X의 평균과 분산을 구하라.

42. 연습문제 25에 나온 랜덤변수 X는 $y = 2x + 7$에 의해 변환되었다. Y의 평균과 분산을 구하라

43. 복합 랜덤 변수에 대한 pdf는 $x = \pm 10$사이에서는 상수 c이고 $0.3\delta(x-10)$을 갖으며 그 밖의 영역에서는 0이다. (a) c의 값을 찾아라. (b) 랜덤변수의 평균을 구하라. (c) 랜덤변수의 분산을 구하라.

조건부 랜덤 변수

44. X는 평균이 300이고 표준 편차 50를 갖는 가우시언 랜덤 변수이다. 두 사건 다음과 같이 정의되었다:

$$A = (200 < X \le 325), \quad B = (280 < X \le 400)$$

이 정보를 사용하여 P(A|B)를 계산하고 그 결과를 P(A)와 비교하여라.

45. 사건 A는 2진(binary)이다: P(A)=0.65. A가 발생할 때 랜덤변수 X는 평균이 10이고 분산 25를 갖는 가우시언이다. $\overline{A}$가 발생하면 랜덤 변수 X는 가우시언이지만 평균이 0이고 분산이 64가 된다. x=5의 검출 레벨을 다음과 같이 정하였다:

만일 $X \geq 5$이면 A가 발생했다고 한다.

만일 $X < 5$이면 $\overline{A}$가 발생했다고 한다.

a. 오류 발생 확률 즉 A가 발생했는데 $\overline{A}$가 발생했다고 할 확률을 구하라.

b. 오류 발생 확률 즉 $\overline{A}$가 발생했는데 A가 발생했다고 할 확률을 구하라.

c. 오류가 발생할 (전체) 확률은 얼마인가?

46. 어떤 시스템은 상태 A나 B에 있을 수 있다. 그들은 상호 배타적 상태이다. 만일 상태 A에 있다면 그 출력은 평균이 500이고 표준 편차 50인 가우시언 랜덤 변수가 된다. 하지만 상태 B에 있다면 그 출력은 계속 가우시언 랜덤 변수를 유지하지만 평균 250과 표준편차 125를 갖는다. d=425의 결정레벨을 선정하였다고 하자: 만일 출력이 425보다 크거나 같으면 시스템은 상태 A에 있다고 말하고 그렇지 않으면 상태 B에 있다고 한다.

a. 실제 시스템이 A상태에 있는데 B상태에 있다고 잘못 판단할 확률은 얼마인가?

b. 실제 시스템이 B상태에 있는데 A상태에 있다고 잘못 판단할 확률은 얼마인가?

c. A와 B가 동등하게 발생한다면 오류가 발생할 (전체) 확률은 얼마인가?

47. 개월 수로 표시된 어떤 시스템의 수명은 레이라이 랜덤 변수 X로 나타내진다:

$$f_X(x) = \begin{cases} \dfrac{x}{200} e^{-x^2/400}, & x > 0 \\ 0, & \text{그밖의 영역에서} \end{cases}$$

만일 시스템이 15개월 동안 정상동작(생존)되었다면 시스템의 수명에 대하여 적용할 수 있는 pdf를 찾아라.

확률 부등식 관계

48. 랜덤 변수 Y는 지수적으로 분포되어 있다.

$$F_Y(y) = \begin{cases} 1 - e^{-y/4}, & y > 0 \\ 0, & \text{그밖의 영역에서} \end{cases}$$

사건 $\{Y > \mu_Y\}$에 대응하는 모든 결과는 제외시켰다. 이같은 제외의 조건하에서 Y에 대한 pdf는 무엇이가?

49. 랜덤변수 X는 미지의 밀도함수를 갖지만, 평균과 분산은 각각 3과 1/5로 알려졌다. X가 평균으로부터 2이상 편이(deviation)를 갖는 확률의 상한을 구하라.

50. 랜덤변수 Z는 평균이 2.1이고 분산이 2.25를 갖는다는 게 알려졌다. 다음 확률에 대한 상한을 계산하라.

$$P[(Z < \mu_Z - 4) \cup (\mu_Z + 4 < Z)]$$

컴퓨터 활용

많은 전기 · 전자 장치로부터 발생되는 신호는 확률적 변수와 랜덤 과정으로 설명된다. 이같은 난 수(random numbers)의 관측을 컴퓨터 프로그램을 사용하여 모의실험하게 되며 이때 필요한 것이 어떻게 원하는 확률 변수의 난수를 발생시키며, 발생된 난 수의 관측을 통하여 확률적 정보(평균, 분산, 상관 관계, 확률분포 등등)를 추정하느냐이다. 시스템 모델링 및 성능 분석, 통계적 분석, 알고리듬 개발 등을 위해 공학도들이 즐겨 사용하는 사용 프로그램은 MATLAB 소프트웨어 페케지일 것이다. 이에 대한 사용법은 참고문헌[7]이나 MATLAB의 Helpdesk와 웹사이트[6]를 참고하여 용법을 익혀두기 바란다.

난수 발생기 모의 실험

앞으로 사용될 여러 가지 확률 모델에 대한 랜덤 관측을 생성하는 대표적인 3개의 난수 발생 의사코드를 소개하고자 한다.

균일 난수 발생기(URNG)

의사코드	MATLAB 코드

URNG에 대한 seed를 초기화한다.
변수 a와 b를 설정한다.
새로운 균일 난수를 발생한다(b>a)
y = (b-a)*URNG(seed)+a;
	rand('twister',1234);
	b=1; a=-1;
	%새로운 균일 난수를 발생한다(b > a)
	y=(b-a)*rand+a;

MATLAB 코드에서 b=1, a=-1 설정은 임의적이며 이 경우 (-1,1)사이의 균일 분포 난 수가 발생된다.

지수 난수 발생기(ERNG)

의사코드	MATLAB 코드

URNG에 대한 seed를 초기화한다.
변화율 변수 a(=λ)를 설정한다.
새로운 균일 난수를 발생한다(a>0)
y = (-1/a)*ln(1-URNG(seed));
	rand('twister',1234);
	a=1;
	%새로운 균일 난수를 발생한다(a>0)
	y= exprnd(1/a);

MATLAB 코드에서 변화율 상수 a는 평균 매개변수이다. 따라서 exprnd(1/a)는 평균이 a인 지수함수 분포를 갖는 난수를 발생시킨다.

가우시언 난수 발생기(GRNG)

가우시언 난 수 발생기에 대한 이론적 배경 설명은 본 서의 본문 4.7.1과 부록 A.5에서 설명되었다.

의사코드	MATLAB 코드

URNG에 대한 seed를 초기화한다.
평균 m, 표준편차 sd, 가우시언 변수
z=0.0으로 설정한다 (sd > 0).
For I=1 to 12
z= z+(URNG(seed) -0.5);
Endfor
y=sd*z+m;
	rand('twister',1234);
	m=2.0; sd=1.5; z=0.0; % (sd >0)
	
	y=sd*randn+m;

의사코드에서 For 루프의 결과 값인 난 수 z는 정규 가우시언(평균 m=0, 표준편차 sd=1) 랜덤 수의 관측을 발생시킨다. 따라서 평균이 m이고 표준 편차가 sd인 일반적인 가우시언 랜덤수의 관측을 발생시키기 위해 적절한 스케일링(sd)과 오프셋(m)으로 조정해야한다.

다양한 확률 모델에 기인한 난 수는 MATLAB의 Statistics Toolbox에 포함된 코드를 사용하여 발생시킬 수 있다. 가령 푸아송(Poisson) 분포를 갖는 난 수를 발생시키려면 MATLAB 메뉴 항목에서 Help를 선택하면 Help 창이 나타나며 Search for:에서 poisson이라고 입력하고 Go를 누르면 MATLAB이 제공 가능한 Poisson 난 수 발생기에 대한 호출 함수 도움 창이 나타난다.

예를 들어 $\lambda = 2$를 갖는 Poisson 분포로부터 10개의 난 수를 발생시키고자 한다면 MATLAB 코드는 다음과 같다:

```
lambda = 2.0;
y = poisson(lambda, 1,10);
```

평균과 분산의 추정

임의의 랜덤 변수의 평균(mean)과 분산(variance)을 추정하는 유용한 의사코드와 MATLAB 코드를 아래에 작성하였다.

의사코드	MATLAB 코드

URNG에 대한 seed를 초기화한다.
변수 ysum=0.0, ysqsum=0.0, 데이터 수 n (> 1)을 설정한다 .
For i=1 to n
Generate a random Observation y;
ysum= ysum+y;
ysqsum = ysqsum+y*y;
Endfor
mean=ysum/n;
variance = (n*ysqsum-ysum*ysum)/(n(n-1));
	rand('twister',1234);
	n=1000;
	
	y = rand(1,n); %rand는 built-in 코드
	
	meanY=mean(y); %mean은 built-in 코드
	variance = std(y)^2; %srd는 built-in 코드

여기서 주의할 것은 사용자가 어떤 확률 모델을 사용하여 난 수를 발생시킬 것인지를 결정하여 해당 관측 값을 만들어야한다. 만일 랜덤 관측이 (0,1)사이에 균일하게 분포한 URNG라면 y는 URNG(seed)로 대체하면 될 것이다.

MATLAB 코드에서는 MATLAB built-in 코드나 Toolbox의 코드를 사용하여 원하는 난 수를 발생시킬 수 있으며 또한 평균과 표준 편차같은 계산은 이미 MATLAB의 built-in 코드를 바로 사용해도 된다. 위 MATLAB 코드는 (0,1)사이의 균일 난수에 대한 평균과 분산을 구하는 실험이다. 이론적인 값은 평균이 1/2, 분산이 1/12이다. 위 실험에 의한 평균 추정값은 0.4982, 분산 추정값은 0.0759정도이다.

pdfs와 cdfs의 추정

pdfs와 cdfs를 관측 값으로부터 추정하는 예시를 보이기 위하여 컴퓨터 프로그램상에서 n=1000번의 시행을 수행한다고 가정하자. 이 시행에서 사용할 난 수 발생기는 (0,1)사이에 균일하게 분포하는 난수 발생기인 URNG라고 하자. 이제 0과 1사이를 10개의 구간으로 나누면 구간 폭은 $\Delta x = 0.1$이 될 것이다. 그러면 각 구간별로 대략 100개의 모의실험 관측값을 얻게 될 것이다.

URNG의 균일 난 수 발생기의 pdf 와 cdf를 컴퓨터 프로그램으로 실험하기 위한 의사 코드와 MATLAB 코드를 아래에 작성하였다.

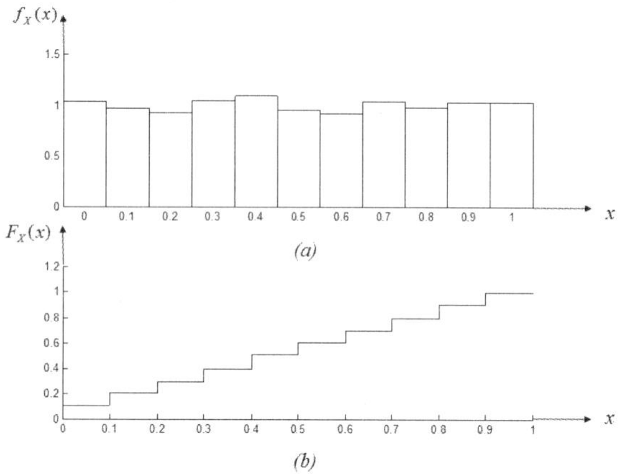

그림 3.21 (0,1)사이에서 균일하게 발생하는 URNG 알고리듬의 모의 실험: (a) pdf (b) cdf

의사코드	MATLAB 코드

URNG에 대한 seed를 초기화한다.
변수 n=0, xmin=0, xmax=1, ncells를 설정
빈도수 배열 freq(k)=0, k=0,...,ncells 초기화
binSize=(xmax - xmin)/ncells;
 	
For i=1 to n
    x = URNG(seed);
    k= floor((x-xmin)/binSize)+1; %bin 위치 결정
    freq(k) = freq(k)+1; %해당 bin의 빈도수 증가
Endfor
For k=1 to ncells
    Calculate pdf and cdf;
    Write data k, freq(k) pdf, cdf
Endfor
	rand('state', 1234);
	n=1000;xmax=1.0; xmin=0.0; ncells=10;
	
	freq=zeros(1,ncells); %10개의 구간으로 나눠 초기화
	dx = (xmax-xmin)/ncells; %구간 폭
	x=rand(1,n); %1000개의 URNG데이터 생성
	
	for i=1:n
	    k=floor((x(i)-xmin)/dx) + 1;
	    freq(k)=freq(k)+1;
	end
	bin=bin';
	
	fx=zeros(1,10); Fx=zeros(1,10); %초기화
	
	fx(1)=freq(1)/(n*dx); %pdf 시작 값 계산
	Fx(1)=freq(1)/n; %cdf 시작값 계산
	
	for i=2:10
	    fx(i)=freq(i)/(n*dx); %pdf 추정
	    Fx(i)=Fx(i-1)+freq(i)/n; %cdf 추정
	end
	fx=fx'; Fx=Fx';
	fx(11)=fx(10); Fx(11)=Fx(10); x=0:0.1:1;
	subplot(2,1,1); bar(x,fx) %pdf plotting
	subplot(2,1,2); stairs(x, Fx) %cdf plotting

컴퓨터 모의 난 수 실험에서 URNG와 다른 난 수를 발생하여 실험해야 되는 경우, 예를 들어 가우시언 난 수를 사용하는 경우에 양쪽 끝에서 구간을 설정하기가 어렵다. 따라서 이를 보완하기 위해 다음과 같이 구간 설정 위치를 설정해야 한다:

```
if k < 1 Then k=0
if k > ncells Then k=ncells+1
```

따라서 전체 구간 수는 ncells+2개가 된다.

MATLAB의 Statistics Toolbox에는 수많은 확률 분포 함수, 실험 데이터 fitting, 다변 확률 변수 해석, 회귀 분석, 가설 검증, plotting 등에 대한 확률 통계 실험을 위한 built-in 코드를 제공하고 있다. 히스토그램을 그리기 위한 MATLAB 기본 함수로는 hist 함수가 제공된다. 가령 가우시언 난 수 발생기로부터 나온 데이터의 히스토그램 plot를 그리려면 다음 MATLAB 코드를 참조하라.

```
x = -2.9:0.1:2.9; % 가우시언 데이터의 범위
y = randn(10000,1); % 1만개 가우시언 난 수 발생
hist(y,x) % 히스토그램 그리기 함수 호출
xlabel('x'); ylabel('빈도수')
title('가우시언 난 수의 히스토그램')
```

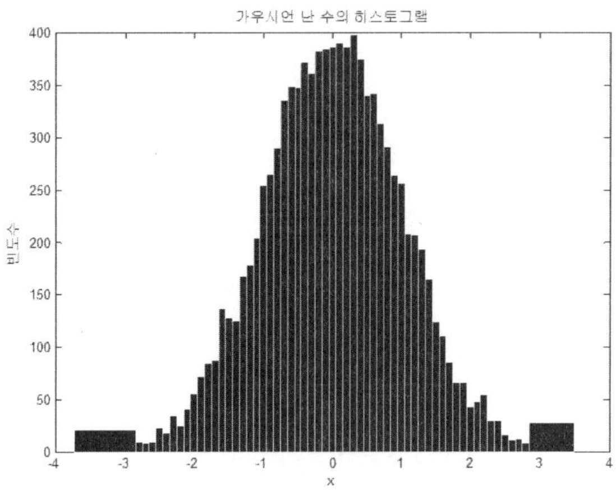

그림 3.22 가우시언 난 수의 히스토그램 plot

배열 x에 있는 표본 데이터의 cdf를 Statistics Toolbox의 cdfplot(x) 함수를 호출하여 그릴 수 있다. 이 cdf plot 명령은 hist 나 normplot에 의해 만들어지는 plot과 같이 표본 데이터의 분포를 관찰하고 검사하는데 매우 유용하다. 표본 데이터의 실측 cdf를 모집단의 이론적인 cdf 분포와 비교하여 표시할 수 있다. 그림 3.23은 MATLAB의 Statistics Toolbox에 있는 cdfplot(x) 명령을 사용하여 실측과 이론치에 대한 cdf를 동시에 plotting 한 것이다.

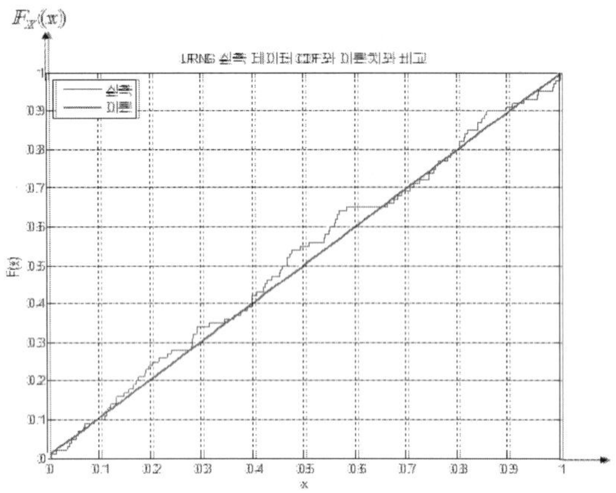

그림 3.23 MATLAB cdfplot(x) 명령어를 사용한 URNG 실측과 이론 cdf 분포의 비교

실습 과제

1. 균일 랜덤 변수 Y가 $1.755 < y \le 1.765$ 사이에 분포되어 있다. n=1000개의 URNG 데이터를 발생시켜 표본 데이터 Y로부터 평균과 분산을 추정하고 이론값과 비교하라. 발생되는 난 수의 크기 n의 영향을 비교하기 위해 작은 수와 큰 수를 사용하여 실험을 반복하라.

2. 지수 랜덤 변수 Y는 변화율 상수 $\lambda = 0.169/\mathrm{sec}$를 갖는다. 랜덤 변수 Y의 평균과 분산을 추정하기 위해 n=1000개의 샘플 데이터를 생성하고 그 결과를 이론값과 비교하라.

3. 가우시언 랜덤 변수 Y는 평균이 720.25이고 분산이 380.42를 갖는다. 랜덤 변수 Y의 평균과 분산을 추정하기 위해 n=1000개의 샘플 데이터를 생성하고 그 결과를 이론값과 비교하라.

4. 가우시안 랜덤 변수에 적용한 제곱 변환식 $Y = X^2$의 모의 실험(simulation)을 예제로 들어보자. 평균이 0이고 분산이 1인 가우시언 랜덤 변수 X의 관측값을 모의 실험하는 알고리즘(GRNG)이 있다고 가정하라(이 알고리즘의 설명에 대해서는 부록 A를 참고하기 바란다). 예제 3.21로부터 얻어진 랜덤 변수 Y에 대한 pdf를 구하면

$$f_Y(y) = \frac{1}{\sqrt{2\pi y}} e^{-y/2}$$

가로축 y를 y=0에서 y=6까지 24개의 셀로 나누면 각 셀의 폭은 0.25를 갖는다. 25번째의 셀을 추가하여 6보다 큰 Y의 모든 관측값을 수집하는데 사용한다.

알고리즘을 $n = 1000$번 수행하고 나서 실험한 관측값이 각 셀에 얼마나 발생하는지를 보여주는 도수 분표를 만들어 이론값과 비교하라.

참고: 이론 값 계산의 예

$$\begin{aligned} P\{0 < Y < 0.25\} &= P\{-\sqrt{0.25} < X < \sqrt{0.25}\} \\ &= F_X(0.50) - F_x(-0.50) \\ &= \Psi(0.50) - \Psi(-0.50) = 0.3929 \end{aligned}$$

5. 지수(exponential) 랜덤 변수의 관측을 모의 실험하는데 사용할 수 있는 알고리즘을 원한다고 가정하자. 이 랜덤 변수에 대한 pdf는

$$f_Y(y) = \begin{cases} \lambda \exp(-\lambda y), & y \ge 0 \\ 0, & y < 0 \end{cases}$$

여기서 λ는 변화율 상수이다. 이 pdf를 사용하여 cdf 식(3.5)를 찾으면

$$F_Y(y) = \begin{cases} 1 - \exp(-\lambda y), & y \ge 0 \\ 0, & y < 0 \end{cases}$$

단조적으로 증가하는 함수는 식(3.129)로부터 $y \ge 0$인 경우에 대하여 $0 \le F_Y(y) \le 1$이고 $F_Y^{-1}(y)$를 보면 지수 랜덤 변수 Y를 제공한다. 따라서 우리는 x=URNG(seed)를 사용하여 지수 랜덤 변수 특성을 갖는 난 수를 발생시킬 수 있다: $1 - \exp(-\lambda y) = x$
식(3.130)에 나타낸 바와 같이 y에 대하여 풀면

$$y = (-1/\lambda)\ln(1-x)$$

이 알고리즘의 사용을 예제로 보이기 위하여(임의적으로) λ=2라고 두고 y의 n=1000개의 데이터를 컴퓨터를 사용하여 발생시킨 후 상대 도수 기법을 사용하여 Y에 대한 pdf를 추정하라. 0과 3사이의 y축을 24개의 셀로 나누면 각 셀의 폭은 0.1250가 될 것이다. 25번째 셀은 3보다 큰 모든 실험 관측치를 포함토록 한다. 이 알고리듬에 대한 의사코드(pseudo code)를 작성하고 MATLAB를 사용하여 시뮬레이션 결과를 논하라.

다변량 랜덤 변수론

본 장에서는 한 개 이상의 랜덤 변수를 동시에 고려하는 다변량 랜덤 변수를 소개하였다. 단일 랜덤 변수에서 얻어진 확률 모델에 대한 결과들 즉 밀도함수, 분포함수, 기댓값 등을 포함하여 이 개념들을 다차원으로 확장시킬 수 있다.

다변량 랜덤 변수론의 주요 주제들은 다음과 같다:

- 이변량 밀도함수 및 누적 분포함수의 유도
- 다변량 랜덤 변수간의 독립성, 직교성, 공분산, 직교, 상관 계수를 포함하여 상관 관계의 유도
- 이변량 랜덤 변수의 변환과 가우시언 이변량 랜덤 변수
- 두 개의 독립적인 랜덤 변수들의 합과 컨볼루션 적분
- 독립적이며 동등하게 분포된(IID) 랜덤 변수들의 합과 중앙 극한 정리
- 한 점에 조건적인 결합 확률 및 확률 밀도함수의 계산

몇 가지 중요한 확률 모델들(χ^2, 코쉬, 학생 t 분포, 레일리 등)에 관련된 랜덤 변수의 정의와 확률 밀도 함수의 계산 과정을 예제에서 유도하였다.

학습목표

1. 이변량 랜덤 변수를 갖는 확률 밀도 함수와 누적 확률 분포 함수를 유도할 수 있다.
2. 다변량 랜덤 변수간의 특성을 이용하여 여러 가지 상관 관계식을 세울 수 있으며 계산할 수 있다.
3. 이변량 랜덤 변수의 변환을 통하여 새로운 결합 랜덤 변수의 확률 밀도 함수식을 세울 수 있으며 이를 이용하여 두 개의 독립 랜덤 변수의 합의 pdf를 구할 수 있다.
4. 대수(large Numbers)의 법칙에 따른 중앙 극한 정리를 개념적으로 이해하고 IID 랜덤 변수들의 합으로 주어진 결합 확률 밀도와 분포 함수를 구할 수 있다.
5. 다변량 랜덤 변수의 통계적 데이터를 생성할 수 있으며, 이들 다변량 랜덤 변수들을 이용하여 중앙 극한 정리, 다변량 랜덤 변수 변환식으로 얻어지는 확률 밀도와 분포 함수를 근사적으로 계산하는 알고리듬을 작성할 수 있으며 결과를 넘기 위한 시뮬레이션 분석 기법을 사용할 수 있다.

4.1 개요

여러 개의 랜덤 변수를 포함하는 랜덤 실험은 n개의 사건이 동시에 발생할 결합 확률 개념에서 시작한다.

$$P\{(X_1 \le x_1 \cap X_2 \le x_2 \cap, \cdots \cap X_n \le x_n)\} = F_{X_1 X_2 \ldots X_n}(x_1, x_2, \ldots, x_n) \tag{4.1}$$

(4.1)에서 n=2인 경우는 **이변량**(bivariate) 랜덤 변수가 되며 이를 결합 확률로 표현하면 다음과 같다.

$$P\{(X \le x \cap Y \le y)\} = F_{XY}(x, y) \tag{4.2}$$

이변량 랜덤 변수에서 랜덤 변수는 쌍(X, Y)로 다루어지며 관측값 $(x_i,\ y_i), i = 1,\ 2,\ \cdots,\ n$로 측정된다. 측정된 데이터를 그래프로 나타내면 랜덤 변수 X와 Y 간의 물리적인 관련성을 보여주는 상관 관계의 세 가지 특성을 나타낸다. 즉 양의 상관성, 음의 상관성 혹은 아무런 관계가 없는 경우이다(그림 4.1 참조).

본 장에서는 식(4.2)의 이변량 랜덤 변수에서 시작하여 필요하면 다변 랜덤 변수에 대한 확률 분포함수(cdf)와 확률밀도함수(pdf)로의 전개과정을 자세히 유도해나갈 것이다. 더 나아가 여러 랜덤 변수 간의 상관성, 통계적 독립성의 의미와 응용을 살펴보고 여러 랜덤 변수의 합의 특성을 살펴보게 될 것이다. 복수 개의 랜덤 변수간의 변환 과정을 통하여 새로운 랜덤 변수를 생성하게 될 것이다.

이미 다변 랜덤 변수의 결합 확률을 누적 확률 분포 함수와 연관지어 설명하였다. 또한 여러 랜덤 변수 간의 상관성의 개념을 소개하였다. 본 장에서 이변량 랜덤 변수에서 시작하여 다변수 랜덤 변수의 다음 주제를 논하게 될 것이다:

- 이변량 cdf와 pdf를 얻는 과정 유도
- 이변량 랜덤 변수의 기댓값

그림 4.1 이변량 랜덤 변수간의 상관도 (a) 양의 상관도 (b) 음의 상관도 (c) 무 상관도

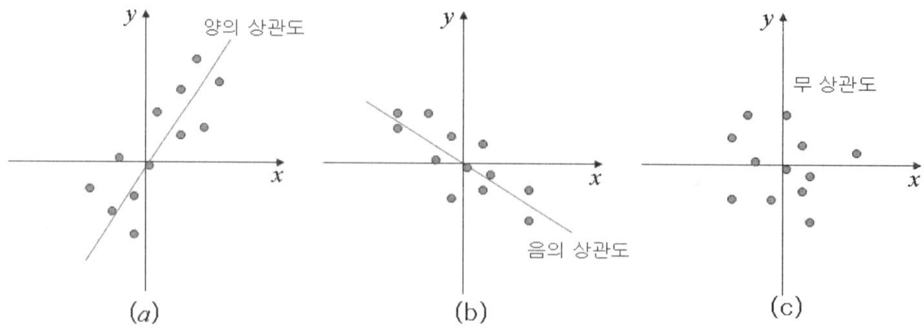

- 이변량 랜덤 변수의 선형 변환
- 가우시언 이변량 랜덤 변수
- 두 독립 랜덤 변수의 합
- 통계적으로 독립적이고 동등하게(identically) 분포한 랜덤 변수들의 합
- 조건부 다변 랜덤 변수
- 중요한 확률 모델에 대한 선택 주제들

4.2 이변량 누적 확률 분포 및 확률 밀도 함수

두 개의 랜덤 변수를 동시에 고려하게 될 때 이변량 랜덤 변수를 얻게 된다. 예를 들면 어떤 시점에 시스템의 입력이 랜덤 변수 X이고 동시에 그 시스템 출력이 랜덤 변수 Y일 때 이변량 랜덤 변수의 예가 된다. 또한 신호 랜덤 변수와 잡음 랜덤 변수를 동시에 다루는 경우가 이변량 랜덤 변수의 한 예가 될 수 있다.

4.2.1 이변량 누적 확률 분포함수

식(4.2)로부터 이변량 랜덤 변수 X와 Y의 ***결합 누적 분포 함수***(cdf)를 다음과 같이 정의한다.

$$F_{XY}(x,y) = P\{(X \leq x) \cap (Y \leq y)\} \tag{4.3}$$

이 정의는 단일 랜덤 변수 식(3.6b)에 대한 cdf의 직접적인 확장이다.

개념적으로 볼 때 이변량 랜덤 변수 간의 상관이 중요하기 때문에 X와 Y를 개별적으로 고려하지 않고 쌍(X,Y)로 묶어서 생각한다. 또한 X와 Y의 관측은 x-y평면상의 한 점으로 생각할 수 있다. 이 경우 그림 4.2에 표시한 바와 같이 결합 cdf 식(4.3)은 점 (x,y)의 왼쪽 과 아래쪽의 사분면의 한 분면(빗금친 부분)에서 동시에 발생하는 이변량의 확률로 나타내진다. 그림 4.2(b)에 보인 바와 같이 점 (x,y)까지 한

번 계산하고, 다음에 점 (x+dx, y+dy)까지 다시 한 번 계산한 결합 cdf를 생각해보자. dx와 dy는 양(+)이라고 가정한다. 이 두 결합 cdf의 차는 미소 확률 dP가 되며 이는 비음수이다. 왜냐하면 그림 4.2의 빗금친 부분의 면적에 대응하는 관측의 확률을 나타내기 때문이다. 2차원 Tayor 전개(CRC 표준 수학표의 Taylor Series 참조)를 사용하면

$$\begin{aligned} dP &= F_{XY}(x+dx, y+dy) - F_{XY}(x,y) \\ &\approx \frac{\partial F_{XY}(x,y)}{\partial x} dx + \frac{\partial F_{XY}(x,y)}{\partial y} dy \end{aligned}$$

이 결합 cdf는 확률을 나타내기 때문에 비음수이다. 미분 dx와 dy는 가정에 의해 양(+)이다. 그러므로 결합 cdf는 x와 y의 방향으로 모두 단조적으로 증가한다.

결합 cdf에 대한 몇 가지 특수한 경우를 조사해보자. 사건 $\{X \le -\infty\}$와 $\{Y \le -\infty\}$는 불가능 사건 Φ이며, $\{X \le \infty\}$와 $\{Y \le \infty\}$는 확정 사건 S이다. 이 사건이 발생한다면 식(4.3)은 다음과 같이 단순화된다.

$$F_{XY}(-\infty, y) = P\{\Phi \cap (Y \le y)\} = P(\Phi) = 0 \tag{4.4a}$$

$$F_{XY}(x, -\infty) = P\{(X \le x) \cap \Phi\} = P\{\Phi\} = 0 \tag{4.4b}$$

비슷한 방법으로

$$F_{XY}(-\infty, -\infty) = P\{\Phi \cap \Phi\} = P\{\Phi\} = 0 \tag{4.5a}$$

$$F_{XY}(\infty, \infty) = P\{S \cap S\} = P\{S\} = 1 \tag{4.5b}$$

$$F_{XY}(\infty, y) = P\{S \cap (Y \le y)\} = P\{Y \le y\} = F_Y(y) \tag{4.6a}$$

$$F_{XY}(x, \infty) = P\{(X \le x) \cap S\} = P\{X \le x\} = F_X(x) \tag{4.6b}$$

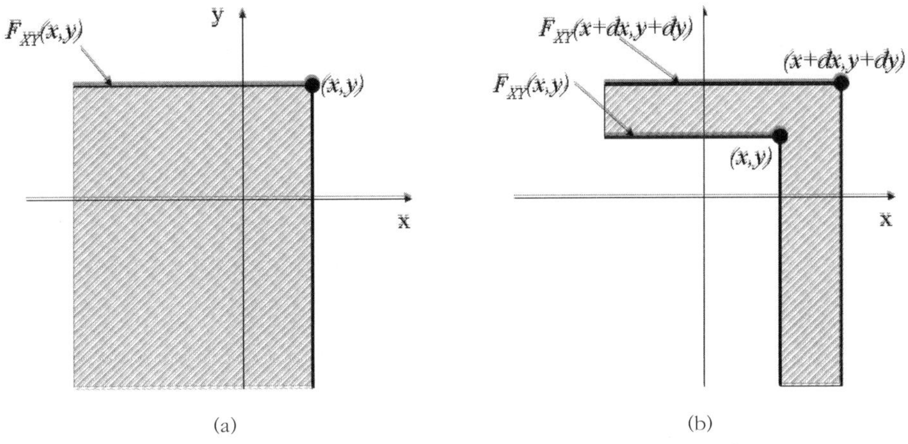

그림 4.2 (a) 빗금친 영역은 결합 사건 $\{(X \le x) \cap (Y \le y)\}$에 의해 점유된 영역이다. 이변량 관측 (x,y)가 이 영역 안에서 발생할 확률은 정의에 의해 결합 cdf $F_{XY}(x,y)$이다. (b) $F_{XY}(x,y)$가 x와 y방향으로 비감소이어야 함을 보여주는 그래프. 빗금친 면적은 이변량 랜덤 변수 X와 Y의 관측값이 발생할 때 면적의 증가를 나타내준다. 이같은 발생의 확률은 $dP \ge 0$이다.

그림 4.3 대표적인 이변량 cdf와 주변 누적 분포함수의 예시

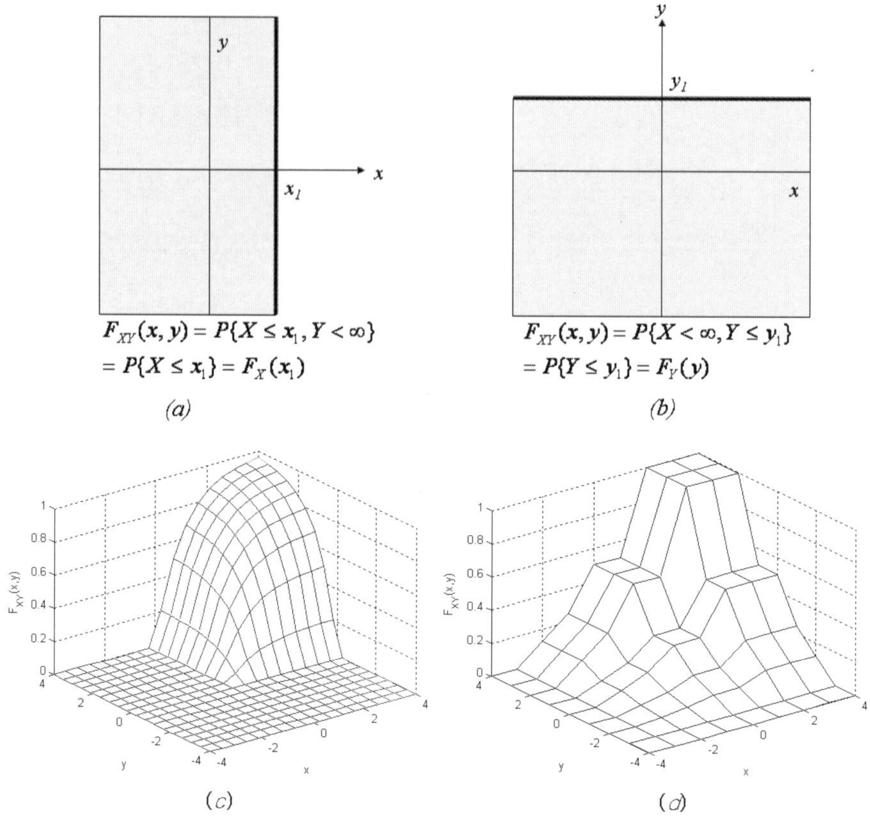

이 됨을 알 수 있다.

식(4.6)에서 주목할 것은 랜덤 변수 X 혹은 Y의 관측값이 전체를 포함하는 확정 사건이 되면 식(4.3)의 결합 누적 분포 함수가 단일 랜덤 변수화됨을 나타낸다. 이 cdf 관계를 ***한계 누적 분포 함수***(marginal cumulative distribution function)라고 한다. 만일 x와 y가 임의적으로 크다면 $F_{XY}(\infty,\infty)=1$가 됨을 식(4.5b)에서 보였다. 식(4.4)에서 식(4.6)까지의 결과를 그림 4.3에 예시하였다. 물론 이 결과는 $F_{XY}(x,y)$가 x와 y방향 모두에서 비 감소 함수이어야 하는 요구 조건과 일치한다. 단일 랜덤 변수는 오른쪽에서부터 연속적임을 기억하기 바란다. 결합 cdf의 경우 오른쪽과 위쪽으로터 연속점임을 보일 수 있다.

즉,

$$\lim_{x\to a^+} F_{XY}(x,y) = F_{XY}(a,y) \text{와}$$

$$\lim_{y\to b^+} F_{XY}(x,y) = F_{XY}(x,b)$$

위 식으로부터 한계 누적 분포 함수를 다음과 같이 표현할 수 있다.

$$\lim_{x \to \infty} F_{XY}(x,y) = F_{XY}(\infty, y) = F_Y(y)$$

$$\lim_{y \to \infty} F_{XY}(x,y) = F_{XY}(x, \infty) = F_X(x)$$

4.2.2 이변량 확률 밀도 함수

이변량(Bivariate) 확률 밀도 함수(결합 확률 밀도 함수(joint probability density function: joint pdf) 라고도 함)는 이변량 cdf의 미분으로 정의된다.

$$f_{XY}(x,y) = \frac{\partial^2 F_{XY}(x,y)}{\partial x \partial y} \geq 0 \tag{4.7}$$

식(4.7)과 이변량 cdf가 x와 y방향으로 모두 단조적으로 증가한다는 사실로부터 이변량 pdf는 항상 비음수가 됨을 알 수 있다. 만일 이산 이변량 랜덤 변수나 혼합 이변량 랜덤 변수가 존재한다면 2차원 단위 임펄스 함수의 사용을 허용함으로써 cdf에서 불연속성의 미분을 나타낼 수 있다. 식(4.7)의 역 관계는

$$F_{XY}(x,y) = \int_{-\infty}^{y} \int_{-\infty}^{x} f_{XY}(\alpha, \beta) d\alpha d\beta \tag{4.8}$$

식(4.5b)와 식(4.8)을 결합하여 결합 pdf의 표면에 의해 둘러싸인 체적을 구하면 1이 된다.

$$F_{XY}(\infty, \infty) = \int_{-\infty}^{\infty} \int_{-\infty}^{\infty} f_{XY}(x,y) dx dy = 1 \tag{4.9}$$

그림 4.4는 연속 및 이산 랜덤 변수 X와 Y에 대한 이변량 pdfs의 예이다.

어떤 임의 영역에 대응하는 사건의 확률을 계산하기 위하여 사각형의 합에 의한 근사화 과정을 소개하고자한다. 미소 면적 $dA = dxdy$를 그림 4.5에 보였다. 이 면적 안에서 발생하는 관측의 확률을 다음과 같

그림 4.4 이변량 pdfs의 예. (a) 연속 랜덤 변수의 pdf (b) 이산 랜덤 변수의 pdf

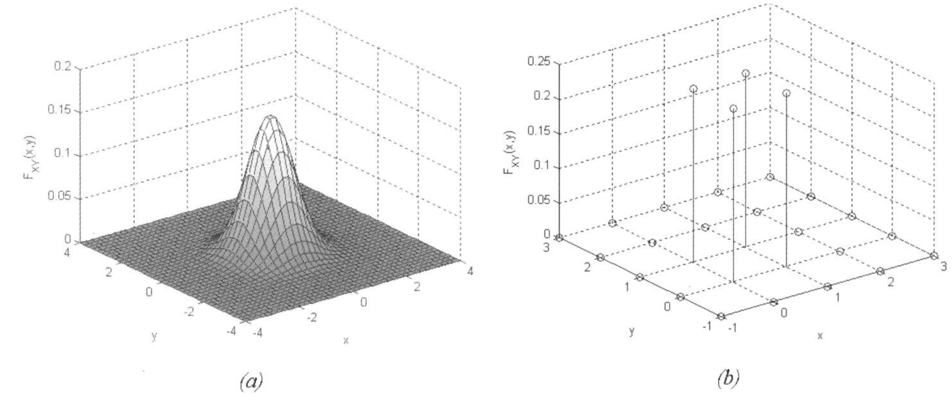

그림 4.5 어떤 임의 영역에 대응하는 사건의 확률을 계산하기 위하여 사각형의 합에 의한 근사화 과정을 보여주는 폭이 dx인 2개의 무한 길이 스트립의 차로부터 미소 면적 $dA = dxdy$에 대응한 확률의 계산이 어떻게 이루어지는지를 보여주는 예. 첫 번째 스트립은 $-\infty$에서 y+dy까지 확장되고 빗금친 부분의 두 번째 스트립은 $-\infty$에서 y까지 확장된다.

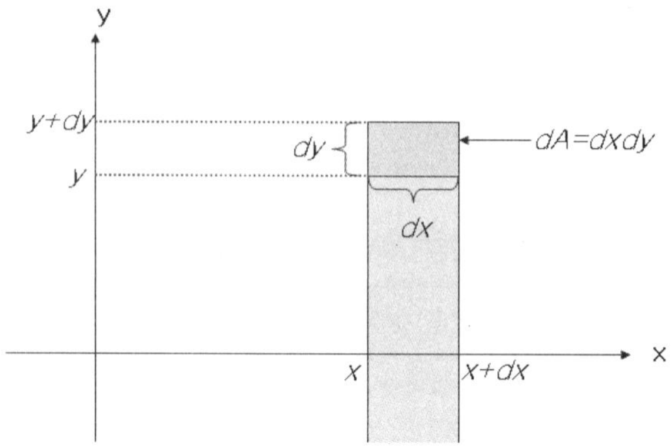

이 결정된다. 우선 그림 4.5에 보인 폭이 dx이고 y가 $-\infty$에서 $y+dy$까지 확장한 스트립(strip)에서 발생하는 이변량 관측의 확률을 구할 수 있다. 적분 관계식(4.8)을 사용하여 이 확률을 표현하면

$$F_{XY}(x+dx, y+dy) - F_{XY}(x, y+dy) = \int_x^{x+dx} \int_{-\infty}^{y+dy} f_{XY}(\alpha, \beta) d\alpha d\beta$$

다음 폭이 dx이고 y가 $-\infty$에서 y까지 확장한 스트립의 관측 확률을 비슷한 방법으로 수행한다. 이 스트립에서 발생하는 관측의 확률은

$$F_{XY}(x+dx, y) - F_{XY}(x, y) = \int_x^{x+dx} \int_{-\infty}^{y} f_{XY}(\alpha, \beta) d\alpha d\beta$$

위 두 결과간의 차가 미소 면적 $dA = dxdy$에 대응한 확률값이 된다. 특별히 $P\{(x,y) \in R\}$를 (x,y)쌍으로 구성된 데이터의 존재 영역 R에 포함될 확률을 나타낸다.

$$P\{(x,y) \in dA\} = \int_x^{x+dx} \left[\int_{-\infty}^{y+dy} f_{XY}(\alpha, \beta) d\beta - \int_{-\infty}^{y} f_{XY}(\alpha, \beta) d\beta \right] d\alpha$$

$$\therefore P\{(x,y) \in dA\} = \int_x^{x+dx} \int_y^{y+dy} f_{XY}(\alpha, \beta) d\beta d\alpha \approx f_{XY}(x, y) dxdy \qquad (4.10)$$

그러므로 결합 pdf와 평면 (x,y)간에 형성되는 체적은 확률이 됨을 알 수 있다.

$$P[(x,y) \in R] = \iint_R f_{XY}(x, y) dxdy \qquad (4.11)$$

이제 관심을 결합 pdf로 돌려보자. 식(3.11)과 식(4.6b)을 합쳐서 생각하면

$$f_X(x) = \frac{d}{dx} F_{XY}(x, \infty)$$

을 얻는다. 다음 식(4.8)을 윗식에 대입하여 정리하면

$$f_X(x) = \frac{d}{dx}\int_{-\infty}^{x}\int_{-\infty}^{\infty} f_{XY}(\alpha,y)d\alpha dy = \int_{-\infty}^{\infty} f_{XY}(x,y)dy \tag{4.12}$$

이와 비슷한 방법으로

$$f_Y(y) = \int_{-\infty}^{\infty} f_{XY}(x,y)dx \tag{4.13}$$

식(4.12)와 식(4.13)의 pdfs를 **한계 확률 밀도 함수**(marginal probability density functions)라고 한다. 그림 4.4(a)와 4.4(b)는 이변량 랜덤 변수 X와 Y에 대한 결합 pdfs의 예를 보여준다.

예제 4.1

모양이 정육면체인 이변량 결합 pdf를 그림 4.6(a)를 도시하였다. 단순화하기 위해 각 면의 길이를 1이라고 두자. 단위 정4각형 내의 임의적으로 선택된 점 (x,y)는 아래에 주어진 균일 결합 pdf를 갖는다:

$$f_{XY}(x,y) = \begin{cases} 1, & 0 \le x,y \le 1 \\ 0, & \text{그밖의 영역} \end{cases} \tag{4.14}$$

본 예제의 목적은 결합 cdf가 식(4.8)에 나온 적분 관계식을 사용하여 결합 pdf로부터 어떻게 계산되어지는가를 보여주고자 하는 것이다.

그림 4.6(a)는 결합 pdf를 위에서 내려단 본 단면을 보여준다. 적분을 수행함에 있어 적분의 극한에 주의해야 한다. 적분 극한은 그림 4.2(b)에 보인 것처럼 (x,y)와 pdf가 0이 아닌 semi-무한 사각형들의 영역으로 구성된 영역을 정의해야 한다. 이 경우 (x,y) 평면에 다섯 가지 경우가 존재한다(그림 4.6(b) 참조).

경우 1: x<0, y<0 인 경우 (I-영역)

식(4.8)의 적분 관계식에서 $f_{XY}(x,y)=0$이 되기 때문에 이변량 cdf는 0이 된다. 즉 $F_{XY}(x,y)=0$

경우 2: (x,y)가 단위 구간 내에 존재할 경우 ($0 \le x,\ y \le 1$)(II-영역)

$$F_{XY}(x,y) = \int_0^x d\alpha \int_0^y d\beta = xy$$

경우 3: $0 \le x \le 1,\ 1 < y < \infty$ 인 경우 (III-영역)

$$F_{XY}(x,y) = \left[\int_{-\infty}^{0}\int_0^x (0) + \int_0^1\int_0^x (1) + \int_1^{\infty}\int_0^x (0)\right] d\alpha d\beta = x$$

위 적분에서 y가 음수의 영역에서 pdf가 0이 되며, 또한 y가 1보다 큰 양의 영역에서 pdf가 0이 되기 때문에 pdf가 0이 아닌 영역은 $0<y<1,\ 0 \le x \le 1$를 만족하는 영역뿐이다.

경우 4: $x > 1, 0 \le y \le 1$ (IV-영역)

비슷한 방법으로 단위 정4각형의 오른쪽으로 무한대 길이 스트립에 대하여 적용하면 $1 < x < \infty$과 $0 < y < 1$이다. 이 경우 결과는

$$F_{XY}(x,y) = \int_0^y \int_0^1 (1) d\beta d\alpha = y$$

경우 5: 최종적으로 $x > 1$; $y > 1$ (V-영역)

마지막으로 적분식 (4.8)에서 결합 pdf가 항상 적분 범위 내에 있기 때문에

$$F_{XY}(x,y) = \int_0^1 \int_0^1 (1) dx dy = 1$$

이 된다.

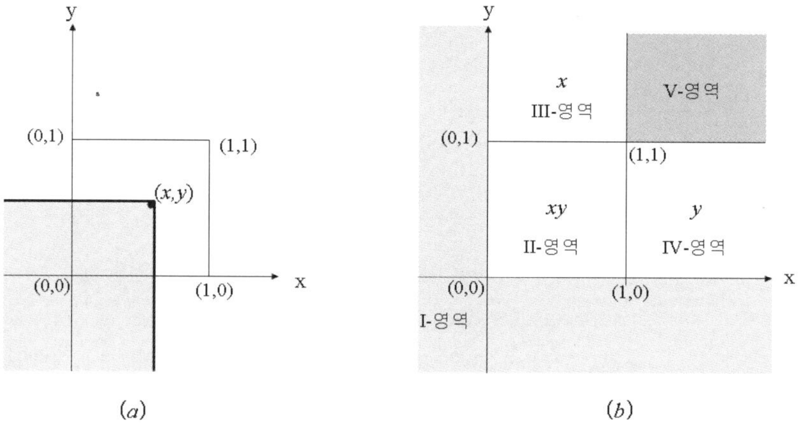

그림 4.6 예제 4.1의 결합 pdf를 위에서 내려다 본 것

예제 4.2

두 개의 공평한 동전을 던지는 시행에서 결합 pdf $f_{XY}(x,y)$는 이산 분포를 갖으며 4개의 점 (0,0), (0,1), (1,0)과 (1,1)의 각각에서 0.25의 값을 갖는다고 가정하라.

(a) $f_{XY}(x,y)$를 수식으로 나타내라.　　(b) $F_{XY}(0,0)$은 얼마인가?

(c) $F_{XY}(0.5,10)$은 얼마인가?　　(d) $F_{XY}(x,y)$를 수식으로 표현하라.

(a)에 답하기 위해 주어진 4개의 점에서만 확률 값이 존재한다. 따라서 결합 pdf 식은 델타 함수를 사용하여

$$f_{XY}(x,y) = \frac{1}{4}\delta(x)\delta(y) + \frac{1}{4}\delta(x-1)\delta(y) + \frac{1}{4}\delta(x)\delta(y-1) + \frac{1}{4}\delta(x-1)\delta(y-1)$$

(b) 이제 주어진 점 (0,0)에서 이변량 cdf 값을 구하면 된다.

$$F_{XY}(0,0) = \int_{-\infty}^0 \int_{-\infty}^0 f_{XY}(x,y) dx dy = \int_{-\infty}^0 \int_{-\infty}^0 \frac{1}{4}\delta(x)\delta(y) dx dy = \frac{1}{4}$$

(c) 비슷한 방법으로

$$F_{XY}(0.5,10)=\int_{-\infty}^{0.5}\int_{-\infty}^{10}\left[\frac{1}{4}\delta(x)\delta(y)+\frac{1}{4}\delta(x)\delta(y-1)\right]dxdy=\frac{1}{2}\text{ 이다.}$$

왜냐하면 2개의 점 (0,0)과 (0,1)이 점 (0.5, 10)의 왼쪽과 아래쪽에 위치하고 있고 이들 두 점의 각각은 0.25의 확률로 발생하기 때문이다.

(d) 식(4.8)에 의거

$$F_{XY}(x,y)=\int_{-\infty}^{x}\int_{-\infty}^{y}\left[\frac{1}{4}\delta(u)\delta(v)+\frac{1}{4}\delta(u-1)\delta(v)+\frac{1}{4}\delta(u)\delta(v-1)+\frac{1}{4}\delta(u-1)\delta(v-1)\right]dudv$$

$$\therefore F_{XY}(x,y)=\frac{1}{4}u(x)u(y)+\frac{1}{4}u(x-1)u(y)+\frac{1}{4}u(x)u(y-1)+\frac{1}{4}u(x-1)u(y-1)$$

이제 우리의 관심을 이변량 pdf로 돌려보자. 식(3.11)을 식(4.6b)와 연결하여 생각하면

$$f_X(x)=\frac{d}{dx}F_{XY}(x,\infty)$$

를 얻는다. 다음 식(4.8)을 사용하여 정리하면

$$f_X(x)=\frac{d}{dx}\int_{-\infty}^{x}\int_{-\infty}^{\infty}f_{XY}(u,y)dydu=\int_{-\infty}^{-\infty}f_{XY}(x,y)dy \tag{4.15}$$

비슷한 방법으로

$$f_X(x)=\frac{d}{dx}\int_{-\infty}^{x}\int_{-\infty}^{\infty}f_{XY}(u,y)dydu=\int_{-\infty}^{-\infty}f_{XY}(x,y)dy \tag{4.16}$$

위 과정을 유도하는 과정에서 적분과 미분 연산자는 선형 연산자이므로 순서를 바꿔도 결과는 같다.

식(4.15)와 식(4.16)은 이변량 pdfs가 2개의 단일 랜덤 변수에 대한 pdf와 어떻게 연결되었는지를 보이는 데 유용하다.

4.2.3 독립성

만일 랜덤 변수 X와 Y가 독립적이면 식(2.34)이 적용되어 결합 cdf 식(4.2)는 분리된다.

$$F_{XY}(x,y)=P\{X\le x\}P\{Y\le y\}=F_X(x)F_Y(y) \tag{4.17}$$

식(4.7)의 미분식을 사용하면 결합 pdf도 또한 분리된다.

$$f_{XY}(x,y) = \frac{d}{dx}F_X(x)\frac{d}{dy}F_Y(y) = f_X(x)f_Y(y) \tag{4.18}$$

그러므로 결합 랜덤 변수 X와 Y가 독립적일 때 이변량 cdf와 pdf는 식(4.17)과 식(4.18)에 보인 바와 같이 분리된다.

예제 4.3

이변량 랜덤 변수 X와 Y의 결합 cdf가 다음과 같이 주어졌다.

$$F_{XY}(x,y) = \begin{cases} (1-e^{-\alpha x})(1-e^{-\beta y}), & x \ge 0,\ y \ge 0 \\ 0, & \text{그밖의 영역} \end{cases}$$

결합 랜덤 변수 X와 Y가 독립적인지 알고 싶다.

이를 확인하는 방법은 먼저 한계 누적 확률 분포 함수를 구하고 식(4.17)과 같은 등식이 성립되는지 확인하면 된다.

$$F_X(x) = \lim_{y\to\infty}(1-e^{-\alpha x})(1-e^{-\beta y}) = 1-e^{-\alpha x},\ x \ge 0$$

$$F_Y(y) = \lim_{x\to\infty}(1-e^{-\alpha x})(1-e^{-\beta y}) = 1-e^{-\beta y},\ y \ge 0$$

따라서

$F_{XY}(x,y) = F_X(x)F_Y(y)$가 성립됨을 알 수 있다. 그러므로 결합 랜덤 변수 X와 Y는 서로 독립적이다.

예제 4.4

예제 4.2에 나온 결합 확률밀도 함수에 대하여 랜덤 변수 X와 Y가 서로 독립적인지 확인하라.

이변량 pdf를 다시 쓰면

$$f_{XY}(x,y) = \frac{1}{4}\delta(x)\delta(y) + \frac{1}{4}\delta(x-1)\delta(y) + \frac{1}{4}\delta(x)\delta(y-1) + \frac{1}{4}\delta(x-1)\delta(y-1)$$

이제 랜덤 변수 X와 Y에 대한 각 한계 확률 밀도 함수를 찾은 후 $f_{XY}(x,y) = f_X(x)f_Y(y)$의 관계가 성립됨을 확인하면 된다.

먼저 식(4.12)를 사용하여 X에 대한 pdf를 구하면

$$f_X(x) = \int_{-\infty}^{\infty}\left[\frac{1}{4}\delta(x)\delta(y) + \frac{1}{4}\delta(x-1)\delta(y) + \frac{1}{4}\delta(x)\delta(y-1) + \frac{1}{4}\delta(x-1)\delta(y-1)\right]dy$$

$$\therefore f_X(x) = \frac{1}{4}\delta(x) + \frac{1}{4}\delta(x-1) + \frac{1}{4}\delta(x) + \frac{1}{4}\delta(x-1) = \frac{1}{2}\delta(x) + \frac{1}{2}\delta(x-1) \tag{4.19}$$

마찬가지 방법으로 식(4.13)을 사용하여 Y에 대한 pdf를 구하면

$$f_Y(y) = \int_{-\infty}^{\infty}\left[\frac{1}{4}\delta(x)\delta(y) + \frac{1}{4}\delta(x-1)\delta(y) + \frac{1}{4}\delta(x)\delta(y-1) + \frac{1}{4}\delta(x-1)\delta(y-1)\right]dx$$

$$\therefore f_Y(y) = \frac{1}{2}\delta(y) + \frac{1}{2}\delta(y-1) \tag{4.20}$$

식(4.19)와 식(4.20)을 사용하여 곱을 구하면

$$f_X(x)f_Y(y) = f_{XY}(x,y)$$

임을 보일 수 있다. 따라서 이변량 랜덤 변수 X와 Y는 서로 독립적이다.

예제 4.5

그림 4.7에 보인 이변량 결합 랜덤 변수 X와 Y의 pdf는 다음 식으로 주어진다.

$$f_{XY}(x,y) = \frac{1}{2\pi\sqrt{1-\rho^2}} e^{-(x^2-2\rho xy+y^2)/2(1-\rho^2)}, \ -\infty < x,y < \infty \tag{4.21}$$

여기서 $\rho = 0.7$이다. 이제 식(4.21)이 식(4.9)를 만족하는지를 확인하고 랜덤 변수 X와 Y가 서로 독립성이 성립되는지를 확인하고자 한다. 만일 독립적이지 않다면 독립성이 성립되기 위한 조건이 무엇인지 알아보고자 한다.
먼저 식(4.12)와 식(4.13)을 사용하여 한계 확률 밀도 함수 pdf를 구한다.

$$f_X(x) = \frac{e^{-x^2/2(1-\rho^2)}}{2\pi\sqrt{1-\rho^2}} \int_{-\infty}^{\infty} e^{-(y^2-2\rho xy)/2(1-\rho^2)} dy \tag{4.22}$$

여기서 $(y^2-2\rho xy) = (y^2-2\rho xy+\rho^2x^2-\rho^2x^2) = (y-\rho x)^2-\rho^2x^2$의 완전 제곱꼴 형태로 만들어 부분 적분법을 사용하여 푼다.

$$\begin{aligned} f_X(x) &= \frac{e^{-x^2/2(1-\rho^2)}}{2\pi\sqrt{1-\rho^2}} \int_{-\infty}^{\infty} e^{-((y-\rho x)^2-\rho^2x^2)/2(1-\rho^2)} dy \\ &= \frac{e^{-x^2/2}}{\sqrt{2\pi}} \int_{-\infty}^{\infty} \frac{1}{\sqrt{2\pi(1-\rho^2)}} e^{-(y-\rho x)^2/2(1-\rho^2)} dy \end{aligned} \tag{4.23}$$

식(4.23)의 적분의 인수를 보면 평균(μ_Y)이 ρx이고 분산 (σ_Y^2)이 $(1-\rho^2)$인 가우시언 밀도함수를 나타낸다. 따라서 전체 구간에 대한 적분값은 1이 된다. 식(4.23)으로부터 한계 확률 밀도 함수 $f_X(x)$는

$$f_X(x) = \frac{1}{\sqrt{2\pi}} e^{-x^2/2}, \ -\infty < x < \infty \tag{4.24}$$

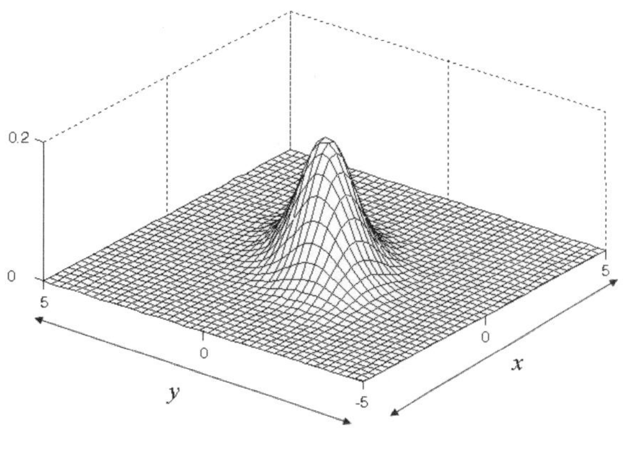

그림 4.7 식(4.21)에 주어진 이변량 가우시언 pdf의 그래프 ($\rho = 0.7$)

비슷한 방법으로 한계 확률 밀도 함수 $f_Y(y)$는

$$f_Y(y) = \frac{1}{\sqrt{2\pi}} e^{-y^2/2}, \quad -\infty < y < \infty \tag{4.25}$$

이제 식(4.21), 식(4.24)와 식(4.25)를 사용하여 식(4.9)이 성립되는지를 확인할 수 있다.

$$\int_{-\infty}^{\infty}\int_{-\infty}^{\infty} f_{XY}(x,y)dxdy = \int_{-\infty}^{\infty} f_X(x)dx = \int_{-\infty}^{\infty} f_Y(y)dy = 1$$

그리고 독립성 여부를 판정하기 위해 식(4.24)와 식(4.25) 곱의 결과가 식(4.21)과 같은지 확인해보면 *같지 않음*을 확인할 수 있다. 따라서 결합 랜덤 변수 X와 Y는 서로 독립적이지 않다. 단 $\rho = 0$일 경우 독립성이 성립됨을 보일 수 있다.

일반적인 n-차원의 다변 랜덤 변수를 고려하기 위해 X_1, X_2, X_3, $\cdots$, X_n를 n-차원 벡터 랜덤 변수라고 하자. 이 경우 n-차원 다변 랜덤 변수 X_1, X_2, X_3, $\cdots$, X_n의 결합 cdf는 점 $(x_1,\ x_2,\ x_3,\ \cdots,\ x_n)$를 포함하는 n-차원 무한 체적의 확률로 정의된다:

$$F_{X_1X_2,\cdots,X_n}(x_1,x_2,\cdots,x_n) = P\{X_1 \le x_1, X_2 \le x_2, \cdots, X_n \le x_n\} \tag{4.26}$$

식(4.7)에 기초하여 n-차원 다변 pdf를 표현하면

$$f_{X_1X_2,\cdots,X_n}(x_1,x_2,\cdots,x_n) = \frac{\partial^n}{\partial x_1 \partial x_2 \cdots \partial x_n} F_{X_1X_2,\cdots,X_n}(x_1,x_2,\cdots,x_n) \tag{4.27}$$

식(4.8)을 n-차원으로 일반화하면

$$F_{X_1X_2,\cdots,X_n}(x_1,x_2,\cdots,x_n) = \int_{-\infty}^{x_1}\int_{-\infty}^{x_2}\cdots\int_{-\infty}^{x_n} f_{X_1X_2,\cdots,X_n}(u_1,u_2,\cdots,u_n)du_1du_2\cdots du_n \tag{4.28}$$

식(4.27)과 (4.28)로부터 다변 pdf와 cdf는 서로 미적분 관계에 있다. 주목할 사항은 식(4.9)의 n-차원 확장은

$$\int_{-\infty}^{x_1}\int_{-\infty}^{x_2}\cdots\int_{-\infty}^{x_n} f_{X_1X_2,\cdots,X_n}(x_1,x_2,\cdots,x_n)dx_1dx_2\cdots dx_n = 1 \tag{4.29}$$

식(4.28)로부터 n개의 랜덤 변수 중 한 개(예를 들면 X_m)에 대하여 적분을 수행하면 다음 식에서와 같이 n-1차원의 pdf를 얻게 된다.

$$f_{X_1X_2,\cdots,X_n}(x_1,x_2,\cdots x_{m-1},x_{m+1},\cdots,x_n) = \int_{x_m=-\infty}^{\infty} f_{X_1X_2,\cdots,X_n}(x_1,x_2,\cdots,x_n)dx_m \tag{4.30}$$

다변 랜덤 변수의 조건부 pdf도 다음 식과 같이 정의할 수 있다.

$$f_{X_1X_2\cdots X_n}(x_1,x_2,\cdots,x_k|x_{k+1},\cdots,x_n)=\frac{f_{X_1X_2\cdots X_n}(x_1,x_2,\cdots,x_k,\cdots,x_n)}{f_{X_1X_2\cdots X_n}(x_{k+1},\cdots,x_n)} \tag{4.31}$$

일반적으로 이러한 다변 랜덤 변수의 결합 cdf와 pdf는 단일식으로 표현하기가 쉽지 않다.

4.3 이변량 랜덤 변수의 기댓값

식(3.50)에서 소개된 단일 랜덤 변수에 대한 기대값 연산자는 다음과 같이 이변량 랜덤 변수에 바로 적용될 수 있다.

$$E[g(X,Y)]=\int_{-\infty}^{\infty}\int_{-\infty}^{\infty}g(x,y)f_{XY}(x,y)dxdy \tag{4.32}$$

여기서 $g(x,y)$는 두 변수를 갖는 임의의 함수이다.

만일 함수 $g(x,y)$의 변수 중 하나, 즉 x에만 의존한다면 한계 확률 밀도 함수의 식(4.12)을 사용하면 식(4.32)는 단일 랜덤 변수 X의 경우로 귀착된다.

$$E[g(X)]=\int_{-\infty}^{\infty}g(x)\left[\int_{-\infty}^{\infty}f_{XY}(x,y)dy\right]dx=\int_{-\infty}^{\infty}g(x)f_X(x)dx \tag{4.33}$$

이는 단일 랜덤 변수에서 소개되었던 모든 기댓값들(μ_X, μ_Y, σ_X^2, σ_Y^2)이 이변량 랜덤 변수의 경우에 포함되어 있음을 의미한다.

두 랜덤 변수간의 관계를 관찰하는데 있어서 중요한 관계식은 이변량 기댓값, 즉 R_{XY}로 표기되는 **상관**(correlation)이다. 이는 X와 Y의 곱의 기댓값으로 정의된다.

$$R_{XY}=E[XY]=\int_{-\infty}^{\infty}\int_{-\infty}^{\infty}xyf_{XY}(x,y)dxdy \tag{4.34}$$

상관함수의 확장(5장에서 다루게 됨)을 포함해서 상관은 공학적인 신호처리와 검파시스템에서 매우 중요한 도구를 제공해준다. 상관은 물론 1장에서 언급한 표본 상관 계수와도 관련이 있다.

랜덤 변수 X와 Y가 평균 0을 갖는다고 하자. 관측값이 같은 부호를 가질 때 랜덤 변수 X와 Y사이에 *양의 상관*이 있다고 말한다.

$$R_{XY}=E[XY]>0$$

하지만 이변량 랜덤 변수가 서로 반대의 부호를 갖게 되면 결과는 *음*(negative)*의 상관*이 될 것이다.

$$R_{XY} = E[XY] < 0$$

만일 랜덤 변수 X와 Y가 평균 0을 갖지 않는 실제적인 경우 식(4.34)를 일반화하여 $Cov[XY]$로 표시되는 **공분산**(covariance)을 정의한다. 공분산의 계산은 이변량 랜덤 변수로부터 각각의 평균을 제거한 두 랜덤 변수의 곱의 기댓값으로 해석한다.

$$Cov[XY] = E[(X-\mu_X)(Y-\mu_Y)] \tag{4.35}$$

식(4.35)의 기대값을 전개하면 공분산은

$$Cov[XY] = E[XY] - \mu_X E[y] - \mu_Y E[x] + \mu_X \mu_Y = R_{XY} - \mu_X \mu_Y \tag{4.36}$$

식(4.35) 혹은 식(4.36)에서 랜덤 변수 X와 Y가 같은 경우에 분산에 대한 표현과 같아진다. 두 랜덤 변수 중 하나의 평균이 0이면 상관 $E[XY]$와 $Cov[XY]$는 동일하다.

4.3.1 랜덤 변수 X와 Y가 무관한 경우

두 랜덤 변수 X와 Y가 서로 **무관**(uncorrelated)할 때

$$E[XY] = R_{XY} = \mu_X \mu_Y \tag{4.37a}$$

$$Cov[XY] = 0 \tag{4.37b}$$

4.3.2 랜덤 변수 X와 Y가 직교할 경우

두 랜덤 변수 X와 Y가 서로 **직교**(orthogonal)할 때

$$E[XY] = 0 \tag{4.38a}$$

$$Cov[XY] = -\mu_X \mu_Y \tag{4.38b}$$

직교성이 발생하는 비교적 보편적인 한 경우는 X와 Y가 독립적이고 다른 하나의 평균이 0이 될 때이다. 이의 한 예는 평균 0인 잡음 신호 Y와 신호 X의 상관 관계의 경우다.

4.3.3 랜덤 변수 X와 Y가 독립적일 경우

이변량 랜덤 변수가 독립적이면 식(4.18)을 사용하여 상관 식(4.34)는 다음과 같이 쓸 수 있다.

$$E[XY] = R_{XY} = \int_{-\infty}^{\infty} x f_X(x) dx \int_{-\infty}^{\infty} y f_Y(y) dy = E[X]E[Y] \tag{4.39}$$

식(4.39)로부터 볼 수 있듯이 X와 Y가 독립적이면 두 변수는 무관하다. 하지만 그 역은 일반적으로 사실이 아니다. 다시 말해서 X와 Y가 상관이 없다고 해서 독립적이라고 말할 수 없기 때문이다. 일반적으로 X와 Y가 독립적일 때

$$E[X^n Y^m] = E[X^n]E[Y^m]$$

임을 주목하면 이같은 제한을 더 잘 이해할 수 있다. 무관한 랜덤 변수의 경우는 n=m=1일인 경우만 성립된다.

정의에 의해 $R_{XY}=0$이면 랜덤 변수 X와 Y는 직교한다고 한다.

4.3.4 랜덤 변수 X와 Y간의 상관 계수

공분산 식(4.36)은 랜덤 변수 X와 Y의 표준 편차에 대하여 정규화할 수 있다. 정규 공분산을 **상관 계수**(correlation coefficient)라고 하며 ρ_{XY}로 나타낸다.

$$\rho_{XY} = \frac{Cov[XY]}{\sigma_X \sigma_Y} \tag{4.40}$$

계수는 랜덤 변수 X와 Y의 상관 관계를 설명해주는 훌륭한 척도가 되지만 평균은 물론 X와 Y의 상대 크기와는 독립적이다.

랜덤 변수 X와 Y가 무관(uncorrelated)하면 공분산과 상관 계수는 0이 된다. 반면에 X와 Y가 선형적 관계 $Y=\alpha X+\beta$를 갖는다면

$$\mu_Y = E[Y] = \alpha\mu_X + \beta$$

와

$$\sigma_Y^2 = E[(Y-\mu_X)^2] = \alpha^2\sigma_X^2$$

공분산은

$$Cov[XY] = E[(Y-\mu_X)(Y-\mu_Y)] = \alpha\sigma_X^2$$

이 된다. 이 결과를 식(4.40)에 대입하면

$$\rho_{XY} = \frac{\alpha\sigma_X^2}{\sqrt{\alpha^2}\,\sigma_X^2} = \pm 1$$

그러므로 만일 X와 Y가 선형적으로 관련되었다면 상관 계수는 항상 크기 1을 갖으며 부호는 계수 α

의 부호를 따른다.

상관 계수의 크기는 모든 경우에 크기 1로 제한되어 있다. 이를 보이기 위하여 다음 부등식으로부터 시작하여 증명해 보일 수 있다.

아래 식의 왼편은 음이 될 수 없으므로

$$E\left[\left(\frac{X-\mu_X}{\sigma_X}\pm\frac{Y-\mu_Y}{\sigma_Y}\right)^2\right]\geq 0$$

이 부등식의 제곱항을 확장하고 난 후에도 부등식 관계는 성립된다.

$$E\left[\left(\frac{X-\mu_X}{\sigma_X}\right)^2\pm 2\frac{(X-\mu_X)(Y-\mu_Y)}{\sigma_X\sigma_Y}+\left(\frac{Y-\mu_Y}{\sigma_Y}\right)^2\right]\geq 0$$

$E\left[\left(\frac{X-\mu_X}{\sigma_X}\right)^2\right]=1$이므로 기대값 연산을 수행하면 $1\pm 2\rho+1\geq 0.$

이것을 간단히 하면 다음과 같다.

$$|\rho|\leq 1 \tag{4.41}$$

그러므로 상관 계수는 편리한 척도가 된다. 왜냐면 부호와 크기가 이변량 랜덤 변수의 평균과 분산과는 별개로 해석될 수 있기 때문이다.

예제 4.6

예제 4.1의 그림 4.6을 참조하라. 이변량 pdf, $f_{XY}(x,y)$를 식(4.14)에 보였다. 한계 확률 밀도 함수를 식(4.12)와 식(4.13)을 사용하여 구하면

$$f_X(x)=\begin{cases}\int_0^1(1)dy=1, 0<x<1\\ 0, \quad \text{그밖의 영역}\end{cases} \tag{4.42}$$

$$f_Y(y)=\begin{cases}\int_0^1(1)dx=1,\ 0<y<1\\ 0, \quad \text{그밖의 영역}\end{cases} \tag{4.43}$$

각 랜덤 변수 X와 Y에 대하여 평균과 분산을 구하면

$$E[X]=1/2,\ Var[X]=1/12$$

비슷한 방법으로 랜덤 변수 Y에 대하여

$$E[Y]=1/2,\ Var[Y]=1/12$$

여기서 우리의 관심은 상관을 구하는데 있다. 식(4.34)를 사용하면

$$R_{XY} = \int_0^1 \int_0^1 (1)dxdy = \int_0^1 xdx \int_0^1 ydy = \mu_X \mu_Y = \frac{1}{4}$$

따라서 이변량 랜덤 변수 X와 Y는 $R_{XY} = \mu_X \mu_Y$이므로 무관함을 알 수 있다. 그러므로 $Cov[XY] = \rho_{XY} = 0$

예제 4.7

이변량 랜덤 변수 X와 Y가 다음의 파라미터를 갖는다고 한다.

$$\mu_X = 1, \sigma_X^2 = 2, \mu_Y = 3, \sigma_Y^2 = 4$$

$$\rho_{XY} = 0.5$$

상관 R_{XY}는 얼마인가? 식(4.36)과 식(4.40)를 사용하여 상관에 대한 다음 관계식을 얻는다.

$$\rho_{XY} = \frac{Cov[XY]}{\sigma_X \sigma_Y}$$

$$R_{XY} = Cov[XY] + \mu_X \mu_Y = \rho_{XY} \sigma_X \sigma_Y + \mu_X \mu_Y$$

이제 주어진 데이터를 사용하여 계산하면

$$R_{XY} = (0.5)(\sqrt{2})(2) + (1)(3) = 4.414$$

4.4 이변량(Bivariate) 랜덤 변수의 함수 변환

이변량 랜덤 변수 X와 Y의 평균, 분산과 공분산이 각각 알려졌다고 가정하자. 이때 다음과 같이 주어진 이변량 랜덤 변수 X, Y를 사용하여 새로운 이변량 랜덤 변수 U, V로 선형 변환하는 과정을 설명하고자 한다.

$$U = aX + bY \tag{4.44}$$

$$V = cX + dY \tag{4.45}$$

이제 식(4.44)와 식(4.45)로부터 U, V의 평균을 구하면

$$\mu_U = a\mu_X + b\mu_Y \tag{4.46}$$

$$\mu_V = c\mu_X + d\mu_Y \tag{4.47}$$

다음 랜덤 변수 U의 분산을 정의식을 사용하여 다음과 같이 구할 수 있다.

$$\begin{aligned}\sigma_U^2 &= E[(U-\mu_U)^2] = E[(aX+bY-a\mu_X-b\mu_Y)^2] \\ &= E[(a(X-\mu_X)+b(Y-\mu_Y))^2] \\ &= E[a^2(X-\mu_X)^2+2ab(X-\mu_X)(Y-\mu_Y)+b^2(Y-\mu_Y)^2] \\ &= a^2\sigma_X^2+2abCov[XY]+b^2\sigma_Y^2]\end{aligned} \tag{4.48}$$

비슷한 방법으로 랜덤 변수 V의 분산을 구하면

$$\sigma_V^2 = a^2\sigma_X^2+2abCov[XY]+b^2\sigma_Y^2] \tag{4.49}$$

$$Cov[UV] = ac\sigma_X^2+(bc+ad)Cov[XY]+bd\sigma_Y^2 \tag{4.50}$$

식(4.48), 식(4.49)와 식(4.50)의 계산 안에 랜덤 변수 X와 Y의 평균이 내포되어 있지 않음을 주목하기 바란다.

예제 4.8

본 예제에서 이변량 랜덤 변수 X와 Y의 분산이 각각 7.05와 5.36으로 주어졌다. 또한 X와 Y에 대한 상관 계수는 $\rho_{XY}=-0.48$로 주어졌다. 이때 다음의 선형 변환이 주어진 경우

$$U = 2X+Y$$
$$V = X+2Y$$

U, V에 대한 공분산 $Cov[UV]$과 ρ_{UV}을 구하라. 이 문제를 풀기 위하여 정의식(4.40)과 앞에서 유도한 식(4.50)을 사용하면

$$Cov[UV] = ac\sigma_X^2+(bc+ad)Cov[XY]+bd\sigma_Y^2$$
$$\rho_{XY} = \frac{Cov[XY]}{\sigma_X\sigma_Y}$$

주어진 선형 변환으로부터 $a=2,\ b=1, c=1,\ d=2$이므로 대입하여 정리하면

$$Cov[UV] = (2)(1)(7.05)+(1+4)Cov[XY]+(1)(2)(5.36)$$
$$Cov[XY] = \rho_{XY}\bullet\sigma_X\sigma_Y = (-0.48)\sqrt{(7.05)(5.36)}$$

따라서

$$Cov[UV] = 2(7.05)-(5)(0.48)\sqrt{(7.05)(5.36)}+2(5.36) = 10.07$$

요구한 공분산을 계산하기 위해 μ_X와 μ_Y의 값을 알 필요가 없음을 주목하기 바란다.

비슷한 방법을 사용해서 분산 σ_U^2와 σ_V^2도 또한 계산할 수 있다. 결과의 값은 식(4.48)과 식(4.49)로부터

$$\sigma_U^2 = 21.76,\ \sigma_V^2 = 16.69$$

마지막으로 이변량 랜덤 변수 U, V에 대한 상관 계수 식(4.40)의 정의식으로부터

$$\rho_{UV} = \frac{10.07}{\sqrt{(21.76)(16.69)}} = 0.53$$

회전 변환에 의한 랜덤 변수의 변환을 고려하자. 그림 4.8로부터 주어진 이변량 랜덤 변수 X와 Y로부터 새로운 이변량 랜덤 변수 U, V는 다음 식으로 주어짐을 유도할 수 있다.

$$U = X\cos\theta - Y\sin\theta \tag{4.51}$$

$$V = X\sin\theta + Y\cos\theta \tag{4.52}$$

회전 변환 식(4.51)과 식(4.52)의 역은

$$X = U\cos\theta + V\sin\theta \tag{4.53}$$

$$Y = -U\sin\theta + V\cos\theta \tag{4.54}$$

X와 Y에 대한 평균은

$$\mu_X = \mu_U\cos\theta + \mu_V\sin\theta \tag{4.55}$$

$$\mu_Y = -\mu_U\sin\theta + \mu_V\cos\theta \tag{4.56}$$

식(4.48), 식(4.49), 식(4.50)의 유도과정과 유사하게 X와 Y에 대한 분산은

$$\sigma_X^2 = \cos^2\theta\sigma_U^2 + 2\sin\theta\cos\theta\, Cov[UV] + \sin^2\theta\sigma_V^2 \tag{4.57}$$

$$\sigma_Y^2 = \sin^2\theta\sigma_U^2 - 2\sin\theta\cos\theta\, Cov[UV] + \cos^2\theta\sigma_V^2 \tag{4.58}$$

$$Cov[XY] = \sin\theta\cos\theta(\sigma_U^2 - \sigma_V^2) + (\cos^2\theta - \sin^2\theta)Cov[UV] \tag{4.59}$$

이변량 랜덤 변수 U, V에 대한 기댓값 μ_U, μ_V, σ_U^2, σ_U^2와 공분산 $Cov[UV]$는 알려져 있다고 가정한다. 이때 U, V를 변환하여 bivariate 랜덤 변수 X, Y가 무관하도록 만드는 방법을 찾고자한다. 요구되는 조건은 $Cov[XY] = 0$이다. 따라서 식(4.59)에서 $Cov[XY] = 0$인 조건을 대입하면

$$\sin\theta\cos\theta(\sigma_U^2 - \sigma_V^2) + (\cos^2\theta - \sin^2\theta)Cov[UV] = 0$$

다음의 삼각함수 등식 관계

$$\cos^2\theta - \sin^2\theta = \cos 2\theta,\ 2\sin\theta\cos\theta = \sin 2\theta$$

그림 4.8 회전 변환에 의한 랜덤 변수의 변환: 점(X,Y) 성분이 θ만큼 반시계방향으로 회전하여 얻어진 새로운 점(U,V) 성분간의 좌표 변환 관계를 보여주는 그림. 랜덤 변수 X, Y가 회전하여 얻어진 새로운 랜덤 변수 U, V 방향의 성분을 만들어 낸다.

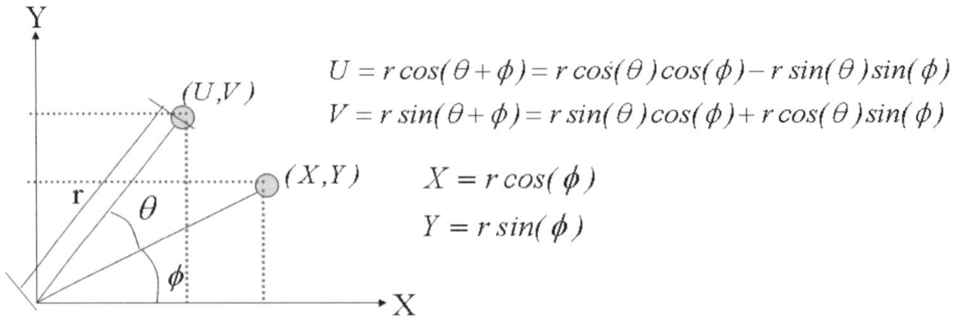

를 사용하여 정리하면 다음을 얻는다:

$$\tan 2\theta = \frac{2Cov[UV]}{\sigma_U^2 - \sigma_V^2} \tag{4.60}$$

예제 4.9 회전 변환에 의한 랜덤 변수의 변환

X와 Y는 서로 상관 관계가 없는 정규 가우시언 랜덤 변수라고 가정하자($\rho_{XY}=0$). 새로운 이변량 랜덤 변수 U, V를 다음의 변환식에 의해 얻어졌다고 하자.

$$U = 5X\cos\theta - 2Y\sin\theta$$

$$V = 5X\sin\theta + 2Y\cos\theta$$

여기서 $\theta = -30^\circ$ 라고 하자. X와 Y는 0의 평균을 갖기 때문에 U, V의 평균도 0을 가지므로 곧바로 다음을 보일 수 있다.

$$\sigma_U^2 = E[U^2] = 25\cos^2\theta + 4\sin^2\theta$$

$$\sigma_V^2 = E[V^2] = 25\sin^2\theta + 4\cos^2\theta$$

$$Cov[UV] = E[UV] = (25-4)\sin\theta\cos\theta = 21\sin\theta\cos\theta$$

주어진 데이터를 사용하면

$$\sigma_U^2 = 19.75, \sigma_V^2 = 9.25, \quad Cov[UV] = 9.0933$$

U와 V에 대한 상관 계수는 식(4.40)에 의해 $\rho_{UV} = 0.6728$이다. 본 예제의 응용 분야는 두 개의 무상관 이변량 랜덤 변수를 변환(우리의 경우 회전시켜)하여 원하는 상관 계수를 갖는 이변량 랜덤 변수를 생성할 수 있다는 것이다.

위의 회전 변환을 일반화하여 이미 알고 있는 두 결합 랜덤 변수 X, Y를 변환하여 새로운 결합 랜덤 변수 U, V를 얻는 과정을 소개하고자 한다.

$$U = g(X, Y) \tag{4.61}$$
$$V = h(X, Y)$$

여기서 변환 함수 $g(,)$와 $h(,)$는 역함수가 존재한다고 가정한다.

랜덤 변수 X와 Y가 xy-평면상의 일정 영역에 속할 확률은 식(4.11)로 주어진다. 식(4.11)에서 미소 사각형의 사건 확률이 변환에 의해 새로운 미소 사변형 형태로 변환 후 사건 확률이 미소단위에서는 같다고 가정한다. 즉

$$f_{XY}(x,y)dxdy = f_{UV}(u,v)dP$$

여기서 dP는 사변형의 면적을 나타낸다.

$$f_{UV}(u,v) = \frac{f_{XY}(g^{-1}(u,v), h^{-1}(u,v))}{\left|\frac{dP}{dxdy}\right|} = \frac{f_{XY}(g^{-1}(u,v), h^{-1}(u,v))}{|J(x,y)|} \tag{4.62}$$

여기서 $|J(x,y)|$는 변환의 **자코비언 행렬**이라고 하며 다음과 같이 편미분 행렬의 determinant로 주어진다.

$$|J(x,y)| = \begin{vmatrix} \frac{\partial u}{\partial x} & \frac{\partial u}{\partial y} \\ \frac{\partial v}{\partial x} & \frac{\partial v}{\partial y} \end{vmatrix}$$

역 변환의 자코비언은

$$|J(u,v)| = \begin{vmatrix} \frac{\partial x}{\partial u} & \frac{\partial x}{\partial v} \\ \frac{\partial y}{\partial u} & \frac{\partial y}{\partial u} \end{vmatrix} = \frac{1}{|J(x,y)|} \tag{4.63}$$

임을 보일 수 있다. 따라서 새로운 랜덤 변수 U, V의 결합 pdf는 다음 식으로 주어진다:

$$f_{UV}(u,v) \equiv \frac{f_{XY}(g^{-1}(u,v), h^{-1}(u,v))}{|J(x,y)|} = f_{XY}(g^{-1}(u,v), h^{-1}(u,v))|J(u,v)| \tag{4.64}$$

예제 4.10

X, Y는 서로 독립인 정규 가우시언 랜덤 변수이다. 다음 식의 변환에 의해 얻어지는 랜덤 변수 U, V의 결합 pdf를 구하라.

$$V = \sqrt{X^2 + Y^2}, \ W = \tan^{-1}\frac{Y}{X}$$

위 변환은 직교좌표에서 극좌표로의 변환에 지나지 않는다. 역 변환을 구하면

$$x = v\cos w$$

$$y = v\sin w$$

식(4.63)의 자코비언을 구하면

$$|J(v,w)| = \begin{vmatrix} \cos w & -v\sin w \\ \sin w & v\cos w \end{vmatrix} = v$$

따라서 식(4.64)에 대입하여 정리하면 랜덤 변수 V, W의 결합 pdf는

$$f_{VW}(v,w) = \frac{v}{2\pi}e^{-(v^2\cos^2 w + v^2\sin^2 w)/2} = \frac{1}{2\pi}ve^{-v^2/2},\ v \ge 0,\ 0 \le w \le 2\pi$$

위 결과 pdf $f_{VW}(v,w)$로부터 랜덤 변수 V와 W는 서로 독립적임을 알 수 있다. 즉 $f_{VW}(v,w) = f_V(v)f_W(w)$가 성립되며 이때 반경 V는 레일리 랜덤 변수를 가지며, 각도 W는 $(0, 2\pi)$사이의 균일 랜덤 변수를 갖는다.

4.5 가우시언 이변량(Bivariate) 랜덤 변수

단일 랜덤 변수에 대한 정규 가우시언 랜덤 변수의 cdf 와 pdf는 3장의 식(3.24)와 식(3.25)에서 소개되었다. 가우시언 이변량 랜덤 변수가 사용되는 응용은 통신시스템에서 쉽게 접할 수 있다. 예를 들면 시스템의 입출력 관계를 통해서 얻어지는 랜덤 변수의 쌍을 생각할 수 있다. 이는 3장에 나온 단일 가우시언 랜덤 변수의 확장이 된다.

Z_1과 Z_2를 정규 가우시언 이변량 랜덤 변수라고 하고 두 변수 간의 상관 계수를 ρ_Z라고 하자. **정규 가우시언 이변량 랜덤 변수**의 결합 pdf를 다음과 같이 정의한다.

$$f_{Z_1Z_2}(z_1,z_2) = \frac{1}{2\pi\sqrt{1-\rho_Z^2}}exp\left[-(z_1^2 - 2\rho_z z_1 z_2 + z_2^2)\frac{1}{2(1-\rho_Z^2)}\right] \tag{4.65}$$

식(4.65)가 결합 pdf의 모든 요구사항을 만족시키는지를 증명해보임으로써 정의를 규명해야 한다. 식(4.65)를 보면 이변량 랜덤 변수의 pdf는 임의점 (z_1, z_2)에 대하여 음이 될 수 없음을 알 수 있다.

$$f_{Z_1Z_2}(z_1,z_2) \ge 0,\ -\infty < z_1, z_2 < \infty \tag{4.66}$$

식(4.7)이 만족됨을 알 수 있다. 다음 결합 pdf 이하의 체적은 1이 됨을 증명해보자. 식(4.65)의 지수함수의 인수를 완전 제곱꼴 형태로 고치면

$$z_1^2 - 2\rho_Z z_1 z_2 + z_2^2 = (z_1 - \rho_Z z_2)^2 + (1-\rho_Z^2) z_2^2 \tag{4.67}$$

그러면

$$\begin{aligned}\int_{-\infty}^{\infty}\int_{-\infty}^{\infty} f_{Z_1Z_2}(z_1,z_2)dz_1dz_2 &= \int_{-\infty}^{\infty} f_{Z_1}(z_1)dz_1 = \int_{-\infty}^{\infty} f_{Z_2}(z_2)dz_2 \\ &= \frac{1}{\sqrt{2\pi}}\int_{-\infty}^{\infty}\exp(-z_2^2/2)\left[\frac{1}{\sqrt{2\pi(1-\rho_Z^2)}}\int_{-\infty}^{\infty}\exp\left(-\frac{(z_1-\rho_Z z_2)^2}{2(1-\rho_Z^2)}\right)dz_1\right]dz_2\end{aligned} \tag{4.68}$$

맨 오른쪽 [ ]부분의 적분은 평균과 분산이 $\rho_Z z_2$와 $(1-\rho_Z^2)$인 가우시언 pdf 식(3.115)의 표준 형태를 취하고 있다. 따라서 x_1의 전 적분 구간에 대한 적분값은 1이 된다. 변수 z_2는 z_1에 대한 적분이 수행될 때 상수로 유지된다. 이제 나머지 적분 계산을 수행하면

$$\int_{-\infty}^{\infty}\int_{-\infty}^{\infty} f_{Z_1Z_2}(z_1,z_2)dz_1dz_2 = \frac{1}{\sqrt{2\pi}}\int_{-\infty}^{\infty}\exp(-z_2^2/2)dz_2$$

윗 식의 오른쪽 적분 항은 정규 가우시언 pdf임을 알 수 있고 식(3.26)를 사용하면

$$\int_{-\infty}^{\infty}\int_{-\infty}^{\infty} f_{Z_1Z_2}(z_1,z_2)dz_1dz_2 = 1 \tag{4.69}$$

따라서 체적(식4.9)이 1이 성립됨을 증명하였다. 이로써 식(4.66)과 식(4.69)에 의해 식(4.65)가 이변량 pdf임을 증명하는데 필요한 모든 조건을 만족시키고 있다.

식(4.12)와 식(4.13)의 한계 확률 밀도 함수 관계식과 연관하여 식(4.68)에서 아래와 같이 변수 치환을 하면 $f_{Z_1}(z_1)$ 혹은 $f_{Z_2}(z_2)$에 대하여 정리할 수 있다.

$$u = \frac{z_1 - \rho_X z_2}{\sqrt{1-\rho_Z^2}}\ ,\ v = \frac{z_2 - \rho_X z_1}{\sqrt{1-\rho_Z^2}}$$

$$f_{Z_1}(z_1) = \frac{1}{\sqrt{2\pi}}e^{-z_1^2/2}\left[\frac{1}{\sqrt{2\pi}}\int_{-\infty}^{\infty}e^{-\frac{u^2}{2}}du\right] = \frac{1}{\sqrt{2\pi}}e^{-z_1^2/2} \tag{4.70}$$

$$f_{Z_2}(z_2) = \frac{1}{\sqrt{2\pi}}e^{-z_2^2/2}\left[\frac{1}{\sqrt{2\pi}}\int_{-\infty}^{\infty}e^{-\frac{v^2}{2}}dv\right] = \frac{1}{\sqrt{2\pi}}e^{-z_2^2/2} \tag{4.71}$$

식(4.70)과 식(4.71)로부터 랜덤 변수 X_1, X_2의 평균과 분산은 단일 랜덤 변수의 정규 가우시언 pdf로부터 얻어진다.

$$E[Z_1] = \mu_{Z_1} = 0 = \mu_{Z_2} = E[Z_2] \tag{4.72}$$

과

$$\sigma_{Z_1}^2 = 1 = \sigma_{Z_2}^2 \tag{4.73}$$

이제 이 결과를 식(4.40)과 함께 사용하여 다음과 같이 쓸 수 있다.

$$Cov[Z_1 Z_2] = \rho_Z \sigma_{Z_1} \sigma_{Z_2} = \rho_Z \tag{4.74}$$

그러므로 식(4.65)의 정의식에 나타나는 변수 ρ_Z는 정규 가우시언 이변량 랜덤 변수 Z_1, Z_2간의 상관값이다. 특별히 이 경우에 상관은 식(4.36)으로부터

$$R_{Z_1 Z_2} = E[Z_1 Z_2] = Cov[Z_1 Z_2] + \mu_{Z_1}\mu_{Z_2} = Cov[Z_1 Z_2] = \rho_Z \tag{4.75}$$

와 같으며 따라서 정규 가우시언 이변량 랜덤 변수의 상관, 상관 계수 와 공분산은 모두 동일하다.

4.5.1 일반적인 가우시언 이변량 랜덤 변수

앞에서 얻은 결과는 정규 가우시언 이변량 랜덤 변수 Z_1, Z_2 즉 평균이 0, 분산이 1, 두 랜덤 변수간의 상관이 ρ_Z인 경우에 대해서만 적용된다. 그러나 임의의 두 가우시언 랜덤 변수 X_1, X_2의 경우로 식(3.113)을 사용하여 쉽게 확장 가능하다.

$$X_1 = \sigma_{X_1} Z_1 + \mu_{X_1} \tag{4.76}$$

$$X_2 = \sigma_{X_2} Z_2 + \mu_{X_2} \tag{4.77}$$

랜덤 변수 X_1, X_2의 평균과 분산은 각각 식(4.76)과 식(4.77)에 명시적으로 표현되어 있다. 즉 μ_{X_1}, μ_{X_2}이고 $\sigma_{X_1}^2$, $\sigma_{X_2}^2$이다.

랜덤 변수 X_1, X_2의 공분산을 식(4.35)를 사용하여 구하면

$$\begin{aligned} Cov[X_1 X_2] &= E[(X_1 - \mu_{X_1})(X_2 - \mu_{X_2})] \\ &= E[(\sigma_{X_1} Z_1 + \mu_{X_1} - \mu_{X_1})(\sigma_{X_2} Z_2 + \mu_{X_2} - \mu_{X_2})] \\ &= \sigma_{X_1}\sigma_{X_2} E[Z_1 Z_2] \\ &= \sigma_{X_1}\sigma_{X_2}\rho_Z \end{aligned} \tag{4.78}$$

식(4.78)를 ρ_Z에 대하여 다시 쓰면

$$\rho_Z = \frac{Cov[X_1 X_2]}{\sigma_{X_1}\sigma_{X_2}} = \rho_{X_1 X_2} \tag{4.79}$$

따라서 일반적인 가우시언 이변량 랜덤 변수 변환식(4.76)과 식(4.77)에 의해서는 상관계수가 변하지

않음을 볼 수 있다. 만일 다른 상관계수를 갖는 변환이 필요하다면 보다 일반적인 변환식인 식(4.44)와 식(4.45)를 적용해야 한다.

4.5.2 독립성과 무상관 가우시언 랜덤 변수

만일 가우시언 랜덤 변수 Z_1과 Z_2가 상관관계가 없다면, $\rho_Z = 0$이고 식(4.65)는 단순히 두 정규 가우시언 랜덤 변수의 곱이 된다.

$$f_Z(z_1, z_2) = \frac{1}{\sqrt{2\pi}} exp\left(\frac{-z_1^2}{2}\right) \frac{1}{\sqrt{2\pi}} \exp\left(\frac{-z_2^2}{2}\right) = f_{Z_1}(z_1) f_{Z_2}(z_2)$$

다시 말해서 *만일 이변량 가우시언 랜덤 변수가 상관 관계가 없다면 확률적으로 독립적이다.* 이 결과는 4.2절에서 다룬 일반적인 경우에 대한 한 예외가 되며 가우시언 랜덤 변수인 경우만 성립된다.

다변 가우시언 랜덤 변수 $X_i, i = 1,\ 2,\ \cdots,\ n$가 서로 상관 관계가 없다면 다변 가우시언 랜덤 변수는 또한 독립성이 성립되므로 다음의 n-차원 가우시언 pdf와 cdf 관계를 보일 수 있다:

$$f_{X_1 X_2 \cdots X_n}(x_1, x_2, \cdots, x_n) = f_{X_1}(x_1) f_{X_2}(x_2) \cdots f_{X_n}(x_n) \tag{4.80}$$

$$F_{X_1 X_2 \cdots X_n}(x_1, x_2, \cdots, x_n) = F_{X_1}(x_1) F_{X_2}(x_2) \cdots F_{X_n}(x_n) \tag{4.81}$$

4.6 독립적인 랜덤 변수의 합

확률 이론에서 자주 만나게 되는 부류의 문제는 두 개의 독립 변수가 더해져서 새로운 랜덤 변수가 만들어질 때이다.

$$W = X + Y \tag{4.82}$$

식(4.82)와 같은 응용은 신호 랜덤 변수 S가 신호와 독립적인 잡음 신호 N이 더하여져 일어나는 경우에 해당된다. 즉

$$W = S + N, \quad E[SN] = \mu_S \mu_N$$

또 다른 응용은 동일한 랜덤 변수의 독립적인 관측을 더하는 과정에서 발생한다:

$$W = X_1 + X_2, \quad E[X_1 X_2] = \mu_X^2$$

식(4.82)의 X와 Y의 평균과 분산이 알려지면 W의 평균과 분산은 바로 기대값 연산자 식(3.64)와 식(3.65)의 선형 성질을 사용하여 얻어진다.

$$E[W]=E[X+Y]\Rightarrow\mu_W=\mu_X+\mu_Y \tag{4.83}$$

$$\begin{aligned} Var[W] &= E[(W-\mu_W)^2] \\ &= E[(X+Y-\mu_X-\mu_Y)^2] \\ &= E[(X-\mu_X)^2+2(X-\mu_X)(Y-\mu_Y)+(Y-\mu_Y)^2] \\ &= \sigma_X^2+\sigma_Y^2 \end{aligned} \tag{4.84}$$

식(4.32)에서 공분산은 가정에 의하여 X와 Y가 독립적이기 때문에 0이 된다.

X와 Y에 대한 pdfs가 알려졌다고 가정하고 랜덤 변수 W에 대한 pdf를 찾도록 해보자. 랜덤 변수 W에 대한 cdf 함수 식(3.6b)는 식(4.82)을 사용하여 쓰면

$$F_W(w)=P\{\mathrm{X}+\mathrm{Y}\leq \mathrm{w}\} \tag{4.85}$$

이는 이변량 랜덤 변수 X와 Y를 포함하게 된다. 식(4.11)을 사용하고 그림 4.9의 영역 R을 참고하면 다음 식이 얻어진다:

$$\begin{aligned} P\{X+Y\leq w\} &= P(\mathrm{x,y})\in\mathrm{R} \\ P\{X+Y\leq w\} &= \int_R f_{XY}(x,y)dxdy \\ P\{X+Y\leq w\} &= \int_{-\infty}^{\infty}\left[\int_{-\infty}^{w-x} f_{XY}(x,y)dy\right]dx \end{aligned} \tag{4.86}$$

식(4.85)와 식(4.86)를 종합하면

그림 4.9 $x+y\leq w$인 평면 영역 R을 보여주는 x,y평면. 달리 말하면 관측 (x, y)가 사건 $\mathrm{X}+\mathrm{Y}\leq \mathrm{w}$를 만족하는 평면 영역 R을 보여주는 그림.

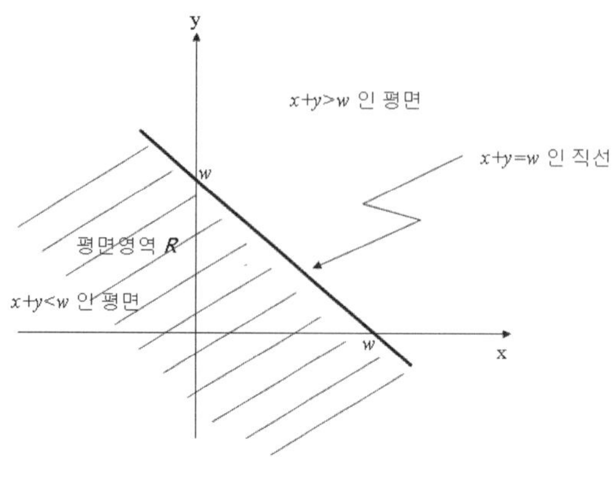

$$F_W(w) = \int_{-\infty}^{\infty}\left[\int_{-\infty}^{w-x} f_{XY}(x,y)\,dy\right]dx \tag{4.87}$$

그 다음 식(3.11)를 사용하면 pdf가 얻어진다:

$$f_W(w) = \int_{-\infty}^{\infty} f_{XY}(x, w-x)\,dx$$

두 랜덤 변수 X와 Y가 독립적이라고 가정한다면

$$f_W(w) = \int_{-\infty}^{\infty} f_X(x) f_Y(w-x)\,dx \tag{4.88}$$

이는 **컨볼루션**(convolution) **적분**을 나타낸다. 적분항의 어느 인수가 "*이동되고 회전*"되는 것은 중요하지 않다. 그러므로 보통 컨볼루션을

$$f_W(w) = f_X(x) * f_Y(y) \tag{4.89}$$

로 표시한다. 독자는 W의 pdf에 대한 동등한 표현이

$$f_W(w) = \int_{-\infty}^{\infty} f_Y(y) f_X(w-y)\,dy \tag{4.90}$$

로 주어짐을 증명해보기 바란다.

랜덤 변수 W에 대한 pdf가 컨볼루션으로 표현되기 때문에 W에 대한 특성 함수의 편리한 관계를 사용할 수 있다. 식(3.95)와 식(4.88)를 사용하여 구하면

$$\Phi_W(j\omega) = \int_{-\infty}^{\infty}\int_{-\infty}^{\infty} f_X(x) f_Y(\mathrm{w}-\mathrm{x})\,\mathrm{dx}\,\mathrm{e}^{\mathrm{j}\omega\mathrm{w}}\,\mathrm{dw}$$

적분의 순서를 바꾸면

$$\Phi_W(j\omega) = \int_{-\infty}^{\infty} f_X(x) \int_{-\infty}^{\infty} f_Y(\mathrm{w}-\mathrm{x})\,\mathrm{e}^{\mathrm{j}\omega\mathrm{w}}\,\mathrm{dwdx}$$

다음 변수 치환 $u = \mathrm{w} - x$를 사용하면

$$\Phi_W(j\omega) = \int_{-\infty}^{\infty} f_X(x) e^{j\omega x}\,dx \int_{-\infty}^{\infty} f_Y(u) e^{j\omega u}\,du \tag{4.91}$$

$$\Phi_W(j\omega) = \Phi_X(j\omega)\Phi_Y(j\omega)$$

예제 4.11

지수 랜덤 변수 X에 대한 밀도함수는

$$f_X(x) = \begin{cases} \lambda e^{-\lambda x}, & x \geq 0 \\ 0, & x < 0 \end{cases}$$

$$\mu_X = \frac{1}{\lambda}, \sigma_X^2 = \frac{1}{\lambda^2}$$

$$\Phi_X(j\omega) = \lambda(\lambda - j\omega)^{-1}$$

이제 새로운 랜덤 변수 W를 X의 두 독립적인 관측의 합이라고 하자.

$$W = X_1 + X_2$$

이같은 독립적인 랜덤 변수의 관측 응용은 네트워크에서 데이터 패킷의 큐잉이나 혹은 은행 창구에서 줄서기와 같은 경우에 발생한다. 이제 컨벌루션 적분식(4.88)를 사용하여 새로운 랜덤 변수 W에 대한 밀도함수를 구하는 과정을 소개하고자한다. convolution 적분의 적분항에서 두 함수를 그림 4.10에 그렸다. 이 그래프의 도움으로 적분을 구간별로 수행하면 다음과 같이 쓸 수 있다.

$$f_W(w) = \begin{cases} \displaystyle\int_0^w \lambda e^{-\lambda x} \lambda e^{-\lambda(w-x)} dx = \lambda^2 w e^{-\lambda w}, & w \geq 0 \\ 0, & w < 0 \end{cases}$$

이는 2차 Erlang 랜덤 변수에 대한 pdf이다. 식(4.83)과 식(4.84)를 사용하면

$$\mu_Y = \frac{2}{\lambda}, \sigma_Y^2 = \frac{2}{\lambda^2}$$

식(4.91)을 사용하면 2차 Erlang 랜덤 변수의 특성 함수는

$$\Phi_Y(jw) = \lambda^2(\lambda - jw)^{-2}$$

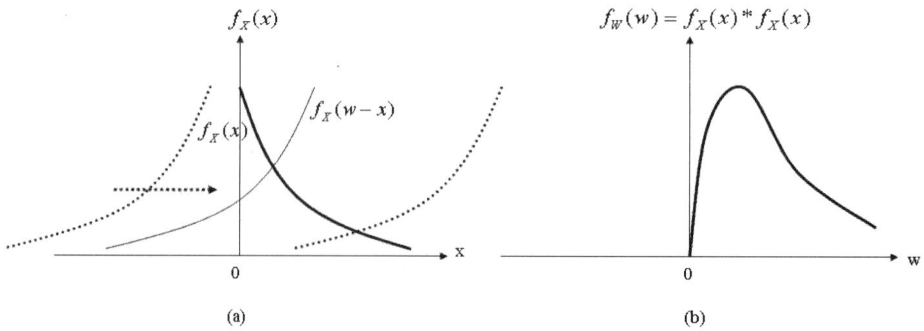

그림 4.11 예제 4.11에서 컨벌루션 적분내의 두 함수의 그래프 (a) 컨볼루션 적분은 두 pdf 함수 중 하나가 다른 함수에 대해 이동하면 적분이 수행된다 (b) 결과이 새로운 랜덤 변수 W에 대한 pdf

예제 4.12

랜덤 변수 X는 평균이 0이고 분산이 σ_X^2인 가우시언 랜덤 변수이다. 가우시언 랜덤 변수 X를 제곱하여 얻어진 새로운 랜덤 변수 Y의 pdf는 예제 3.22에서 다음과 같이 얻어짐을 보였다:

$$f_Y(y) = \frac{1}{\sigma_X \sqrt{2\pi y}} \exp(-y/2\sigma_X^2), \quad y \geq 0$$

이 pdf와 관계된 기댓값은

$$\mu_Y = \sigma_X^2, \ \ \sigma_Y^2 = 2\sigma_X^4$$

$$\Phi_Y(jw) = (1 - j2\sigma_X^2 w)^{-1/2}$$

랜덤 변수 V를 2개의 독립적인 랜덤 변수 Y의 합의 관측이라고 하자.

$$V_2 = X_1^2 + X_2^2 = Y_1 + Y_2 = V_1 + Y$$

다음에 컨벌루션 적분 관계식 (4.88) 혹은 (4.90)을 사용하고 V의 관측이 양이어야 함을 알면 V에 대한 pdf는

$$\begin{aligned} f_V(v) &= \int_{-\infty}^{\infty} f_Y(y) f_Y(v-y) dy \\ &= \int_{-\infty}^{\infty} \frac{1}{\sigma_X \sqrt{2\pi y}} \exp(-y/2\sigma_X^2) \frac{1}{\sigma_X \sqrt{2\pi (v-y)}} \exp[-(v-y)/2\sigma_X^2] dy \\ &= \frac{\exp(-v/2\sigma_X^2)}{2\pi\sigma_X^2} \int_0^v y^{-1/2} (v-y)^{-1/2} dy, \quad v > 0 \end{aligned}$$

변수 치환 $y = vu$를 사용하면

$$f_V(v) = \frac{\exp(-v/2\sigma_X^2)}{2\pi\sigma_X^2} \int_0^1 \frac{du}{\sqrt{u(1-u)}}, \quad v > 0$$

이 적분은 정적분 표(CRC 적분표 참조)로부터 감마함수의 값으로 표현된다.

$$f_V(v) = \frac{\Gamma^2(1/2)}{2\pi\sigma_X^2} \exp(-v/2\sigma_X^2), \quad v > 0$$

여기서 $\Gamma(x)$는 감마 함수이다. $\Gamma(1/2) = \sqrt{\pi}$ 이므로

$$f_V(v) = \begin{cases} \dfrac{1}{2\sigma_X^2} \exp(-v/2\sigma_X^2), & v \geq 0 \\ 0, & v < 0 \end{cases} \tag{4.92}$$

결과의 랜덤 변수 V를 관찰해보면 지수 랜덤 변수의 pdf임을 알 수 있다. 예제 3.11과 비교해보면

$$\lambda = \frac{1}{2\sigma_X^2}$$

임을 알 수 있다. 식(4.83), 식(4.84), 식(4.91)로부터 랜덤 변수 V는 다음과 같은 기댓값을 갖는다.

$$\mu_V = 2\sigma_X^2,\ \sigma_V^2 = 4\sigma_X^4$$

$$\Phi_V(jw) = (1 - j2\sigma_X^2 w)^{-1}$$

만일 $\sigma_X = 1$이면 pdf와 그 기대값은 2차 **카이 제곱**(χ^2) **랜덤 변수**와 같게 된다. 일반적으로 n-차수 χ^2 랜덤 변수는 평균이 0이고 분산 1인 정규 가우시언 랜덤 변수 Z의 제곱 합으로부터 얻어진다. χ^2 랜덤 변수의 응용은 정규 가우시언 랜덤 변수가 제곱하여 합을 구하는 랜덤 측정에서 찾아볼 수 있다. 예를 들면 여러 소스로부터 전송되는 전력의 합을 구하는 경우 해당된다.

예제 4.13

다음의 랜덤 변수 변환을 생각해보자.

$$W = \sqrt{X_1^2 + X_2^2}$$

이같은 랜덤 변수는 한 평면상의 어느 특정한 점에 무엇을 고정시킬 때 나타나는 경우에 해당된다. 예를 들어 로봇암이 PC 보드에 칩을 고정시키려는 경우나 혹은 브라운관에서 전자 빔이 화면의 어느 특정 지점에 위치시키려는 경우에 해당된다.

여기서 랜덤 변수 X는 평균이 0인 가우시언 랜덤 변수이며 결과의 랜덤 변수 W는 가우시언 랜덤 변수의 독립적인 관측의 **rms**(root mean square: 평균제곱근)이라고 볼 수 있다. 랜덤 변수 W의 pdf를 찾기 위하여 3장에서 소개한 단일 랜덤 변수의 함수 변환 방법에서 시작하자.

$F_W(w) = P(W \le w)$, 여기서 $F_W(w) = 0$, $w < 0$이다.

다음 $w = +\sqrt{z}$를 사용하면 $P(W \le w) = P(0 < Z < w^2)$

Z에 대한 cdf를 소개하면 $P(0 < Z < w^2) = F_Z(w^2)$

이 되고 위 결과들을 합쳐서 생각하면 $F_W(w) = F_Z(w^2)$

임을 알 수 있다. 이제 원하는 pdf를 구하기 위하여 W에 대하여 미분한다.

$$f_W(w) = \frac{dF_W(\omega)}{d\omega} = 2wf_Z(w^2)$$

W의 관측은 음이 될 수 없다.

다음 예제 4.12에서 얻어진 V에 대한 pdf를 사용하면

$$f_W(w) = \begin{cases} \dfrac{w}{\sigma_X^2}\exp(-w^2/2\sigma_X^2), & w \ge 0 \\ 0, & w < 0 \end{cases}$$

따라서 W는 **레일리**(Rayleigh) **랜덤 변수**이다. 평균과 분산은 예제 3.12의 결과를 사용하여 얻어진다.

$$\mu_W = \sigma_X\sqrt{\frac{\pi}{2}},\ \sigma_W^2 = \left(2 - \frac{\pi}{2}\right)\sigma_X^2$$

그림 4.11 $\sigma_X=1$인 레일리 pdf와 cdf의 그래프

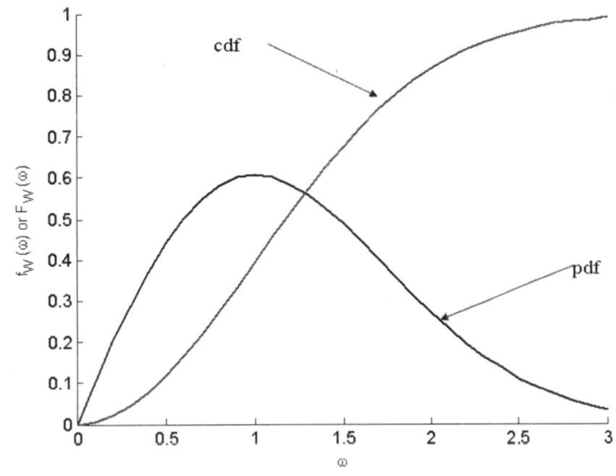

종종 레일리 pdf에서 상수 σ_X^2는 임의 변수 a^2으로 대치된다. 하지만 레일리 랜덤 변수는 평균이 0이고 분산이 σ_X^2인 2개의 독립적인 가우시언 랜덤 변수의 제곱의 합의 제곱근(rms)에 대한 근원을 강조하기 위해 분산을 사용하기도 한다. X와 Y를 독립적인 임의의 가우시언 랜덤 변수라고 하자. 이들의 특성함수는 식(3.106)로부터

$$\Phi_X(j\omega)=\exp(j\omega\mu_X-\omega^2\sigma_X^2/2)$$

$$\Phi_Y(j\omega)=\exp(j\omega\mu_Y-\omega^2\sigma_Y^2/2)$$

다음 식(4.91)을 사용하여 W의 특성함수를 구하면

$$\Phi_W(j\omega)=\exp[j\omega(\mu_X+\mu_Y)-\omega^2(\sigma_X^2+\sigma_Y^2)/2] \tag{4.93}$$

이 결과는 2개의 독립적인 가우시언 랜덤 변수의 합은 다시 가우시언이 됨을 확립시켜준다. 이는 공학 설계에서 이변량 가우시언 랜덤 변수가 실제로 유용함을 말해주는 또 하나의 매우 중요한 결과이기도 하다.

4.7 독립적인 동등한 분포를 갖는 랜덤 변수의 합

앞 절에서 평균, 분산, pdf, 두 독립적인 랜덤 변수의 함수에 대한 특성 함수의 수식을 유도하였다. 이 표현은 임의의 수의 랜덤 변수의 합을 해석하는 방법을 제공해준다. 특별히 이 방법은 각 랜덤 변수가 같은 pdf를 갖는 경우에 적용된다. 이 경우를 **IID(Independent and Identically Distributed)** 랜덤 변수라고 한다.

$$Y=\sum_{i=1}^{n}X_i \tag{4.94}$$

라고 하자. 여기서

$$E[X_i] = E[X] = \mu_X$$

$$Var[X_i] = Var[X] = \sigma_X^2$$

그리고

$$E[X_i X_j] = \begin{cases} E[X_i^2] = E[X^2], & i = j \\ E[X_i]E[X_j] = \mu_X^2, & i \neq j \end{cases} \tag{4.95}$$

각 X_i와 연관된 pdf는 $f_X(x)$이다. 이제 n=2일 때의 경우로부터 시작하자. 식(4.94)로부터

$$Y_2 = X_1 + X_2 \tag{4.96}$$

식(4.83)과 식(4.84)를 사용하면

$$E[Y_2] = 2\mu_X, \quad Var[Y_2] = 2\sigma_X^2$$

n=3일 때 식(4.96)을 사용하여 쓰면

$$Y_3 = X_1 + X_2 + X_3 = Y_2 + X_3 \tag{4.97}$$

식(4.83)과 식(4.84)를 다시 적용하면

$$E[Y_3] = 3\mu_X, \ Var[Y_3] = 3\sigma_X^2$$

독립적인 랜덤 변수의 쌍의 합 관계를 사용하여 식(4.94)이 다음과 같아질 때까지 계속 진행하면

$$Y = Y_{n-1} + X_n \tag{4.98}$$

결과적으로 다음을 얻게 된다.

$$\mu_Y = E[Y] = n\mu_X \tag{4.99}$$

$$\sigma_Y^2 = Var[Y] = n\sigma_X^2 \tag{4.100}$$

식(4.89)에서 볼 수 있듯이 식(4.96)에서 Y_2에 대한 pdf는 $f_X(x)$와 그 자신과의 컨볼루션이다. 계속 진행하면 식(4.97)에서 Y_3에 대한 pdf는 두 컨벌루션의 결과이다. 최종적으로 식(4.98)에서 Y에 대한 pdf는 $f_X(x)$를 포함하는 (n-1) 컨벌루션의 결과와 같다. 보통 이 계산은 엄청난 작업이다. 수학적으로 볼 때 특성 함수 $\Phi_X(j\omega)$를 사용하는 것이 훨씬 적은 계산 작업이 될 것이다.

식(4.98)은 바로 n개의 IID 랜덤 변수의 합에 해당하므로 식(4.91)로부터

$$\Phi_Y(j\omega) = \Phi_X^n(j\omega) \tag{4.101}$$

을 얻는다.

예제 4.14

n개 IID 지수 랜덤 변수의 합의 pdf를 구하는 과정을 보위기 위해 먼저 지수 랜덤 변수의 pdf를 소개한다.

$$f_X(x) = \begin{cases} \lambda e^{-\lambda x}, & x \geq 0 \\ 0, & x < 0 \end{cases}$$

여기서 $\mu_X = 1/\lambda,\ \sigma_X^2 = 1/\lambda^2$

$$\Phi_X(j\omega) = \lambda(\lambda - j\omega)^{-1}$$

앞의 예제 4.11에서 2개의 독립적인 랜덤 변수의 합에 대하여 다음을 보였다.

$$f_{Y_2}(y) = \begin{cases} \lambda^2 y e^{-\lambda y}, & y \geq 0 \\ 0, & y < 0 \end{cases}$$

식(4.97)의 Y_3에 대한 pdf는 $f_X(x)$와 $f_{Y_2}(y)$의 컨볼루션 결과로부터 얻어진다.

$$f_{Y_3}(y) = f_{Y_2}(y) * f_X(x) = \int_{-\infty}^{\infty} f_{Y_2}(z) f_X(y-z)dz$$

여기서 z는 적분을 위한 더미(dummy) 변수이다. 해당 pdf를 위 컨볼루션 적분식에 대입하면

$$\begin{aligned} f_{Y_3}(y) &= \int_0^y \lambda^2 z e^{-\lambda y} \lambda e^{-\lambda(y-z)} dz \\ &= \lambda^3 e^{-\lambda y} \int_0^y z dz \\ &= \begin{cases} \dfrac{\lambda^3 y^2}{2 \cdot 1} e^{-\lambda y}, & y \geq 0 \\ 0 & y < 0 \end{cases} \end{aligned}$$

이 컨벌루션 과정을 계속 수행하면 n개의 IID 지수 랜덤 변수의 합에 대한 일반적인 pdf는 다음과 같음을 보일 수 있다.

$$f_Y(y) = \begin{cases} \dfrac{\lambda^n y^{n-1}}{(n-1)!} e^{-\lambda y}, & y \geq 0 \\ 0, & y < 0 \end{cases} \tag{4.102}$$

이 랜덤 변수 Y를 n차의 **Erlang 랜덤 변수**라고 부른다. 식(4.99)과 식(4.100)로부터 결과의 Erlang 랜덤 변수의 평균과 분산은

$$\lambda_Y = \frac{n}{\lambda},\ \sigma_Y^2 = \frac{n}{\lambda^2}$$

식(4.101)로부터 결과의 Erlang 랜덤 변수에 대한 특성 함수는

$\Phi_Y(j\omega) = \lambda^n (\lambda - j\omega)^{-n}$

Erlang 랜덤 변수는 7장에서 전화의 호처리 용량을 계산하는 큐잉 응용에서 찾아 볼 수 있다.

예제 4.15

예제 4.12에서 얻어진 결과의 일부를 요약해 봄으로서 본 예제를 시작하자. 만일 $\sigma_X = 1$이면 pdf와 그 기대값은 2차 카이제곱(χ^2) 랜덤 변수와 같게 된다. 일반적으로 n-차수 χ^2 랜덤 변수는 평균이 0이고 분산 1인 정규 가우시언 랜덤 변수 Z의 제곱 합으로부터 얻어진다. 먼저 1차 카이제곱 랜덤 변수 $V_1 = Y_1 = Z_1^2$에 대한 pdf는

$$f_V(v) = \frac{1}{\sqrt{2\pi v}} \exp(-v/2), \quad v \geq 0$$

$$\mu_V = 1, \ \sigma_V^2 = 2$$

$$\Phi_V(j\omega) = (1 - j2\omega)^{-1/2}$$

예제 4.12에서 $V_2 = Y_1 + Y_2 = Z_1^2 + Z_2^2$에 대한 pdf(2차 χ^2 pdf)는 다음과 같이 주어짐을 보였다.

$$f_{V_2}(v) = \begin{cases} \frac{1}{2} e^{-v/2}, & v \geq 0 \\ 0, & v < 0 \end{cases}$$

예제 4.12에서 얻어진 결과를 확장하여 계속 진행해나가면

$$V_3 = Y_1 + Y_2 + Y_3 = V_2 + Y_3$$

다음 식(4.89)에 따라 V_3에 대한 pdf는 V_2와 Y_3(혹은 V_1)에 대한 확률 밀도 함수들의 컨벌루션 적분 계산으로부터 얻어진다.

$$f_{V_3}(v) = f_{V_2}(v) * f_{V_1}(v)$$

$$f_{V_3}(v) = \int_0^v \frac{1}{\sqrt{2\pi x}} \exp(-x/2) \frac{1}{2} \exp[-(v-x)/2] dx$$

여기서 x는 적분 계산을 위한 더미 변수이다. 정리하면

$$f_{V_3}(v) = \frac{e^{-v/2}}{2\sqrt{2\pi}} \int_0^v x^{-1/2} dx$$

$$f_{V_3}(v) = \begin{cases} \frac{v^{1/2} e^{-v/2}}{\Gamma(1/2) 2^{1/2}}, & v \geq 0 \\ 0, & v < 0 \end{cases} \qquad (4.103)$$

여기서 $\Gamma(1/2) = \sqrt{\pi}$ 이다. $V = \sum_{i=1}^{n} Y_i$에 의한 IID 합의 pdf를 구하는 과정을 일반화하면 $n \geq 1$에 대하여 다음의 일반 결과를 얻는다.

$$f_{V_3}(v)=\begin{cases}\dfrac{v^{\frac{n}{2}-1}e^{-v/2}}{\Gamma(n/2)2^{n/2}}, & v\ge 0\\ 0, & v<0\end{cases} \tag{4.104}$$

여기서 $\Gamma(x)$는 감마함수이다. 식(4.99)에 식(4.100)을 사용하여 랜덤 변수 V에 대한 평균, 분산과 특성함수를 구하면

$$\mu_V=n \tag{4.105}$$

$$\sigma_V^2=2n \tag{4.106}$$

$$\Phi_V(j\omega)=(1-2j\omega)^{-n/2} \tag{4.107}$$

식(4.104)에서 식(4.107)에 설명된 랜덤 변수 V를 **n차의 χ^2 랜덤 변수**라고 한다. 그림 4.12는 대표적인 몇 개의 n 값에 대한 χ^2 확률 밀도 함수의 그래프를 보여준다. χ^2 랜덤 변수의 응용은 자승 검출기에서 신호와 잡음 전력의 분포를 해석하는데 도움을 주며 표본 분산의 통계적 해석에서 그 응용을 찾아 볼 수 있다.

그림 4.12 χ^2 pdf의 대표적인 그래프의 형태.

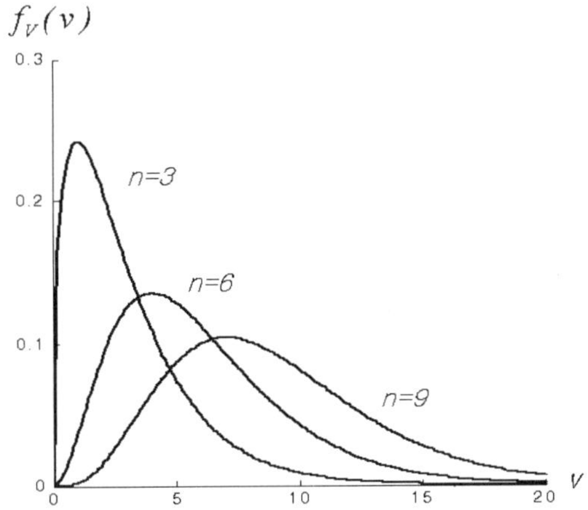

4.7.1 중앙극한정리

중앙극한정리는 그 범위와 일반화에 차이를 두지만 여러 문헌에 등장한다. 확률 이론과 공학적 응용에 있어서 중앙극한 정리의 중요성은 아무리 강조해도 지나치지 않을 것이다.

n이 임의적으로 큰 값으로 증가하게 될 때 랜덤 변수 X가 유한한 평균과 유한한 분산을 갖는다는 어떤 조건하에서 합으로 얻어지는 결과의 랜덤 변수 W에 대한 pdf는 가우시언 pdf에 접근한다. 근사적인 가우시언 랜덤 변수 W의 평균과 분산은 식(4.99)와 식(4.100)으로 주어진다. 이제 식(4.94)에서 시작하여 $n\to\infty$로 증가함에 따라 중앙극한정리에 의해 IID 랜덤 변수의 합으로 주어지는 랜덤 변수가 가우시언 랜덤 변수로 접근되는 과정을 유도하고자한다. Y 정규화하기 위해 다음과 같이 정의한다.

$$W = \frac{Y - \mu_Y}{\sigma_Y} \tag{4.108}$$

이 경우 W의 평균과 분산은

$$\mu_W = 0,\ \sigma_W^2 = 1$$

식(4.94), 식(4.99)과 식(4.100)를 사용하면

$$W = \frac{1}{\sqrt{n\sigma_X}}\left(\sum_{i=1}^{n} X_i - n\mu_X\right)$$

$$W = \frac{1}{\sqrt{n}}\sum_{i=1}^{n}\left(\frac{X_i - \mu_X}{\sigma_X}\right)$$

$$W = \frac{1}{\sqrt{n}}\sum_{i=1}^{n} Z_i \tag{4.109}$$

여기서 Z는 또 다른 정규 IID 랜덤 변수이다.

$$\mu_Z = 0,\ \ \sigma_Z^2 = 1$$

특성 함수 정의 식(3.95)에 의해 W에 대한 특성 함수는

$$\Phi_W(j\omega) = E[e^{j\omega W}]$$

W에 대해 식(4.109)를 사용하면

$$\Phi_W(jw) = E\left[\exp\left(\frac{jw}{\sqrt{n}}\sum_{i=1}^{n} Z_i\right)\right]$$

Z_i의 각각은 서로 독립적이라고 가정하면

$$\Phi_W(j\omega) = \prod_{i=1}^{n} E\left[\exp\left(\frac{j\omega}{\sqrt{n}} Z_i\right)\right]$$

Z_i가 IID라고 가정하면 다시 특성함수 정의식에 의해

$$\Phi_W(j\omega) = \left\{E\left[\exp\left(\frac{j\omega}{\sqrt{n}} Z_i\right)\right]\right\}^n$$

$$\Phi_W(j\omega) = \left[\Phi_Z\left(\frac{j\omega}{\sqrt{n}}\right)\right]^n \tag{4.110}$$

이 식(4.110)을 얻기 위해 특성 함수의 정의식 (3.95)를 다시 사용하고 있다.

만일 $\Phi_Z(j\omega)$에 대한 Maclaurin 급수(series) 전개를 하면

$$\Phi_Z(h) \approx \Phi_Z(0) + h\Phi_Z'(0) + \frac{h^2}{2!}\Phi_Z''(0) + R_3$$

여기서 $h = \frac{j\omega}{\sqrt{n}}$이다. 나머지 항 $R_3 = Kh^3$이고 K는 어떤 정수이다. 식(3.100)으로부터 특성 함수의 n차 미분은 원점 에대한 n차 모멘트와 관련되어 있다.

$$E[Z^n] = \frac{d^n}{d(j\omega)^n}\Phi_Z(j\omega)\bigg|_{\omega=0} = \Phi_Z^{(n)}(0)$$

$\Phi_Z(0) = \Phi_Z(j\omega)|_{\omega=0} = E[Z^0] = 1$은 항상 사실이다. 그리고 랜덤 변수 Z는 정규화되었다. 즉

$$\Phi_Z'(0) = \frac{d}{d(j\omega)}\Phi_Z(j\omega)\bigg|_{\omega=0} = E[Z^1] = \mu_Z = 0$$

$$\Phi_Z''(0) = \frac{d^2}{d(j\omega)^2}\Phi_Z(j\omega)\bigg|_{\omega=0} = E[Z^2] = \sigma_Z^2 = 1$$

이 결과들을 결합하여 정리하면

$$\Phi_Z\left(\frac{j\omega}{\sqrt{n}}\right) \approx 1 - \frac{\omega^2}{2n} + R_3$$

따라서 W에 대한 특성 함수는

$$\Phi_W(j\omega) \approx \left(1 + \frac{-w^2/2 + nR_3}{n}\right)^n$$

$n \to \infty$로 증가함에 따라 나머지 항의 효과는 사라진다.

$$\lim_{n\to\infty} nR_3 = \lim_{n\to\infty} nKh^3 = \lim_{n\to\infty} n\left(\frac{j\omega}{\sqrt{n}}\right)^3 K = 0$$

미적분학으로부터 극한의 결과를 사용하여 표현하면

$$\lim_{n\to\infty}\Phi_W(j\omega) = \lim_{n\to\infty}\left(1 + \frac{-\omega^2/2}{n}\right)^n = \exp(-\omega^2/2)$$

이 결과를 식(3.104)와 비교해 보기 바란다. 그러면 이는 정규 가우시언 랜덤 변수에 대한 특성 함수임

을 보일 수 있다. 이 결과는 식(4.108)을 사용하여 랜덤 변수 Y로 변환된다.

$$Y = \sigma_Y W + \mu_Y$$

여기서 $\mu_Y = n\mu_X, \sigma_Y^2 = n\sigma_X^2$.

이 선형 관계의 결과로써 Y는 평균이 μ_Y이고 분산이 σ_Y^2를 갖는 가우시언 랜덤 변수이다. 요약하면 *임의의 IID 랜덤 변수 X에 대한 평균과 분산이 존재하면 $n \to \infty$로 증가함에 따라 식(4.94)의 Y와 식(4.108)의 W는 가우시언 랜덤 변수로 접근함*을 말해준다. 이를 **중앙 극한 정리**(central limit theorem)라 한다.

예제 4.16 중앙 극한 정리의 효과

위에서 전개한 중앙 극한 정리에 따라 더 고차의 Erlang pdf를 가우시언 pdf로 근사화될 수 있음을 보였다. 이제 이것을 n이 충분히 큰 어떤 특정한 값에 대해 적용하여 조사해보고자 한다. 예제 4.14에서 유도한 식(4.102)의 Erlang pdf에서 n=25, $\lambda = 1$라고 두자. 그러면

$$f_Y(y) = \begin{cases} \frac{y^{24}}{24!} e^{-y}, & y \geq 0 \\ 0, & y < 0 \end{cases}$$

평균과 분산은 $\mu_Y = 25$, $\sigma_Y^2 = 25$이다.

그림 4.13은 구간 $\mu_Y \pm 2\sigma_Y$의 y값의 범위에 대하여 Erlang pdf를 그래프로 나타낸 것이다. 비교를 위해 이 그림에서 같은 평균과 분산을 갖는 가우시언 pdf도 함께 도시하였다.

가우시언과 Erlang pdfs는 서로 근사적으로 유사하다. 이 둘 사이의 차이는 주목할만 하지만 중앙 극한 정리의 효과를 잘 설명해주고 있다.

그림 4.13 Erlang 랜덤 변수 $(n = 25, \lambda = 1, \mu_Y = 25, \sigma_Y^2 = 25)$와 같은 평균과 분산을 갖는 가우시언 랜덤 변수의 그래프와의 비교.

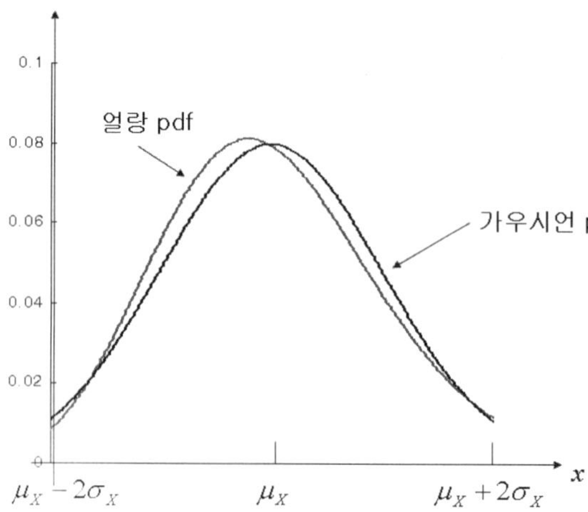

4.7.2 평균

n이 커짐에 따라 합의 랜덤 변수의 평균과 분산은 n에 비례하여 커지게 됨을 식(4.99)와 식(4.100)으로부터 관찰할 수 있다. 이는 n이 커지더라도 평균과 분산이 유한하게 되는 평균을 취하는 과정을 다시 한 번 고려해 볼 필요가 있다. 이제 랜덤 변수 Y를 X_i 랜덤 변수들의 평균식으로 표현한다.

$$Y = \frac{1}{n}\sum_{i=1}^{n} X_i \tag{4.111}$$

식(4.111)의 랜덤 변수 X_i는 IID이다. 이제 식(4.111)을 다음과 같이 고쳐쓴다.

$$Y = \sum_{i=1}^{n}\left(\frac{X_i}{n}\right)$$

이 경우에

$$E[X_i/n] = E[X/n] = \mu_X/n$$

$$Var[X_i/n] = Var[X/n] = \sigma_X^2/n^2$$

이므로 식(4.99)와 식(4.100)를 사용하여 쓰면

$$\mu_Y = n(\mu_X/n) = \mu_X \tag{4.112}$$

$$\sigma_Y^2 = n\left(\frac{\sigma_X^2}{n^2}\right) = \frac{\sigma_X^2}{n} \tag{4.113}$$

이 결과는 대단히 중요하다. 식(4.111)의 평균을 취하는 과정으로 도출되는 결과는 다음과 같이 요약할 수 있다:

- Y의 평균은 X의 평균과 같다.
- Y의 분산은 1/n 비율로 감소한다.
- 중앙 극한 정리로부터 식(4.111)의 랜덤 변수 Y는 큰 n에 대하여 식(4.112)의 평균과 식(4.113)의 분산을 갖는 가우시언으로 근사화할 수 있다.

예제 4.17

랜덤 변수 X는 평균이 $\mu_X = 4/7$, 분산이 $\sigma_X^2 = 1.7$을 갖는다. 랜덤 변수 Y는 다음 식을 이용하여 얻어진다.

$$Y = \frac{1}{47}\sum_{i=1}^{47} X_i$$

여기서 X_i는 IID이다. 그러면 식(4.112)와 식(4.113)으로부터 다음을 보일 수 있다.

$$\mu_Y = 4/7 = 0.571, \quad \sigma_Y^2 = 1.7/47 = 0.0362$$

4.8 조건부 결합 확률 분포

본 절에서 우리는 조건부 결합 확률을 소개하고 난 후에 그 결과로 얻어진 이론을 사용하여 코시(Cauchy) pdf(예제 4.15)와 t-분포(예제 4.16)에 대한 pdf를 유도하고자 한다. 본 절은 처음 읽을 때는 생략해도 좋다.

이변량 랜덤 변수는 3장에서 다룬 단일 랜덤 변수에서와 똑같은 방법으로 조건부로 된다. 다음 식을 사용하여 사건 B에 의한 조건부 결합 cdf를 정의하자.

$$F_{XY}(x,y|B) = \frac{P[(X \le x) \cap (Y \le y) \cap B]}{P\{B\}} \tag{4.114}$$

조건부 결합 cdf의 모든 성질은 이 정의로부터 나온다. 특히 사건 B에 의한 조건부 결합 pdf는

$$f_{XY}(x,y|B) = \frac{\partial^2}{\partial x \partial y} F_{XY}(x,y|B) \tag{4.115}$$

사건 B는 그림 4.14에 제시된 바와 같이 xy평면에서 이변량 관측 (x,y)로 구성된 집합이다. 사건 B의 확률은

$$P\{B\} = \int\int_B f_{XY}(x,y)\,dxdy$$

사건 B는 조건부 랜덤 변수에 대한 표본 공간의 역할을 담당한다. 식(3.134)와 유사한 방법으로 식(4.115)를 다시 쓰면

$$f_{XY}(x,y|B) = \begin{cases} \dfrac{f_{XY}(x,y)}{P\{B\}}, & (x,y) \in B \\ 0, & \text{그밖의영역에서} \end{cases} \tag{4.116}$$

로 표현할 수 있다. 식(4.13)의 한계 확률밀도 함수에서와 같이 식(4.116)에 적용하면 조건부 결합 pdf는

$$f_Y(y|B) = \int_{-\infty}^{\infty} f_{XY}(x,y|B)\,dx \tag{4.117}$$

그림 4.14 랜덤 변수 X와 Y가 조건부로 사용될 xy평면에서의 사건 B의 예시

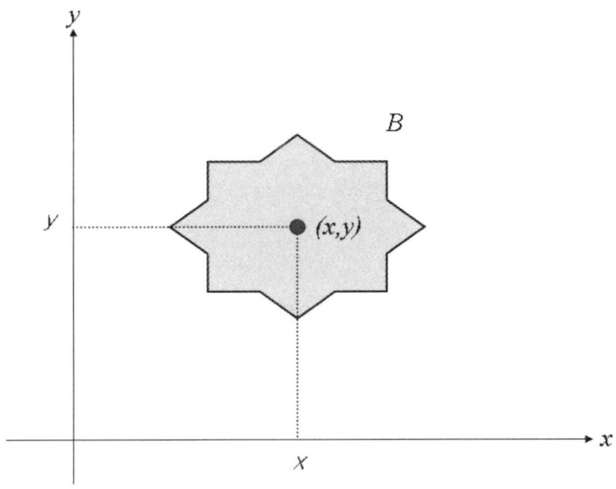

를 얻는다.

가령 랜덤 변수 X의 특정값 $X=x$가 주어졌다고 하자. 이 주어진 조건하에서 Y에 대한 pdf에 대하여 무엇이라 말할 수 있는가? 이 질문에 답하기 위하여 식(4.116)에서 시작한다.

$$f_Y(y|B) = \int_x^{x+dx} f_{XY}(u,y|B)\,du$$

여기서 $B=(x<X\leq x+dx)$이다. 식(4.116)을 사용하면

$$f_Y(y|B) = \int_x^{x+dx} \frac{f_{XY}(u,y)}{P\{B\}}du \approx \frac{f_{XY}(x,y)dx}{P\{B\}}$$

여기서 $x\in B$. 이제 식(3.16)으로부터 P{B}는

$$P\{B\}=P\{x<X\leq x+dx\} = \int_x^{x+dx} f_X(x)dx \approx f_X(x)dx \qquad (4.118)$$

그러므로

$$f_Y(y|B) = \frac{f_{XY}(x,y)dx}{f_X(x)dx}$$

이고 $dx\rightarrow 0$, $B\rightarrow(X=x)$이 되면

$$f_Y(y|X=x) = \frac{f_{XY}(x,y)}{f_X(x)}$$

이 표현을 보통 다음과 같이 표현한다:

$$f_Y(y|x) = \frac{f_{XY}(x,y)}{f_X(x)} \tag{4.119}$$

바로 x와 y를 교환하면 대칭적 관계로부터 다음을 얻는다.

$$f_Y(x|y) = \frac{f_{XY}(x,y)}{f_Y(y)} \tag{4.120}$$

이 마지막 두 식에서 **베이즈 정리**의 형태를 만들어 결합시키면

$$f_X(x|y)f_Y(y) = f_Y(y|x)f_X(x) \tag{4.121}$$

이는 전체 확률(total probability)에 대한 베이즈 정리인 식(2.30)과 비슷하다. 하지만 식(4.121)은 pdfs에 대한 관계를 진술해준다. X나 Y의 pdf가 0이 되는 곳에서는 유효하지 않다. 왜냐하면 그 경우에 식(4.119)나 식(4.120)에서 조건부 pdf는 정의되지 않기 때문이다.

만일 X와 Y가 **서로 독립적**이면 $f_{XY}(x,y) = f_X(x)f_Y(y)$ 이기 때문에 다음 식이 성립된다:

$$f_Y(y|x) = f_Y(y) \tag{4.122}$$

$$f_X(x|y) = f_X(x) \tag{4.123}$$

식(4.119)와 식(4.120)의 두 조건부 pdfs로부터 몇 가지 결과가 따라 나온다. 예를 들어 조건부 cdf를 표현하면

$$F_Y(y|x) = \int_{-\infty}^{y} f_Y(u|x)du \tag{4.124}$$

$$F_X(x|y) = \int_{-\infty}^{x} f_X(u|y)du \tag{4.125}$$

식(4.119)와 식(4.120)에 관련한 조건부 기댓값은

$$E[g_1(Y)|x] = \int_{-\infty}^{\infty} g_1(y)f_Y(y|x)dy \tag{4.126}$$

$$E[g_2(X)|y] = \int_{-\infty}^{\infty} g_2(x)f_X(x|y)dx \tag{4.127}$$

식(4.124)와 식(4.125)를 사용하여 우리는 조건부 평균, 분산, 그리고 특성 함수를 계산할 수 있다:

$$\mu_{Y|x} = \int_{-\infty}^{\infty} yf_Y(y|x)dy \tag{4.128}$$

$$\mu_{X|y} = \int_{-\infty}^{\infty} xf_X(x|y)dx \tag{4.129}$$

$$\sigma_{Y|x}^2 = \int_{-\infty}^{\infty} (y - \mu_{Y|x})^2 f_Y(y|x)\,dy \tag{4.130}$$

$$\sigma_{X|y}^2 = \int_{-\infty}^{\infty} (x - \mu_{X|y})^2 f_X(x|y)\,dx \tag{4.131}$$

그리고 특성 함수식은

$$\Phi_{Y|x}(j\omega) = \int_{-\infty}^{\infty} f_Y(y|x)e^{j\omega y}dy \tag{4.132}$$

$$\Phi_{X|y}(j\omega) = \int_{-\infty}^{\infty} f_X(x|y)e^{j\omega x}dx \tag{4.133}$$

식(4.128)에서 식(4.133)의 적분을 수행함에 있어 조건부로 주어진 영역 B에 대한 적분 구간 범위를 조심스럽게 설정해야 할 것이다.

예제 4.18

랜덤 변수 X와 Y는 독립적이며 가우시언 분포를 갖는다. 각각의 평균은 0이고 분산이 σ^2이다. 따라서

$$f_X(x) = \frac{1}{\sigma\sqrt{2\pi}} exp(-x^2/2\sigma^2)$$

$$f_Y(x) = \frac{1}{\sigma\sqrt{2\pi}} exp(-y^2/2\sigma^2)$$

식(4.18)로부터 X와 Y에 대한 결합 pdf는 여기에 주어진 2개의 한계 pdfs의 곱으로 주어지게 된다. 우리의 관심은 X를 Y로 나누어 얻어지는 단일 랜덤 변수인 경우이다. 즉

$$Z = a\frac{X}{Y} \tag{4.134}$$

여기서 a는 양수이다. 만일 랜덤 변수 Z와 Y가 결합 pdf를 갖고 있다면 식(4.13)를 사용하여 Z에 대한 pdf를 얻을 수 있다.

$$f_Z(z) = \int_{-\infty}^{\infty} f_{ZY}(z,y)dy$$

식(4.120)을 사용하여 적분내 결합 pdf를 표현하면

$$f_Z(z) = \int_{-\infty}^{\infty} f_{Z|Y}(z|y)f_Y(y)dy \tag{4.135}$$

여기서 조건부 pdf $f_{Z|Y}(z|y)$는 y가 어떤 값에 고정되었다고 가정한다. 이 경우에 Z는 단일 랜덤 변수 X만의 함수라고 볼 수 있다. 즉,

$$Z = \frac{a}{y}X$$

단일 랜덤 변수의 함수 변환에 의해(3.5절 참조)

$$z = \left(\frac{a}{y}\right)x \text{ 일 때} \quad F_{Z|Y}(z|y) = P\{Z \le z|y\}$$

그러면

$$P\{Z \le z|y\} = P\left(X \le \frac{yz}{a}\right) = F_X\left(\frac{yz}{a}\right)$$

두 관계를 합쳐서 생각하면

$$F_{Z|Y}(z|y) = F_X\left(\frac{yz}{a}\right) \tag{4.136}$$

pdf를 얻기 위해 양변을 z에 대해 미분한다. y의 부호가 양 혹은 음이 될 수 있으므로

$$f_{Z|Y}(z|y) = f_X\left(\frac{yz}{a}\right)\left|\frac{y}{a}\right|$$

이를 본 예제의 처음에 주어진 $f_X(x)$에 대한 표현식에 대입하면

$$f_{Z|Y}(z|y) = \frac{|y|}{a\sigma\sqrt{2\pi}} exp\left(-\frac{y^2z^2}{2a^2\sigma^2}\right) \tag{4.137}$$

식(4.137)을 식(4.135)에 대입하여 모든 결과를 적분에 종합하여 정돈하면

$$f_Z(z) = \frac{1}{2\pi a\sigma^2}\int_{-\infty}^{\infty}|y|\exp[-(y^2 + y^2z^2/a^2)/2\sigma^2]dy \tag{4.138}$$

적분항은 기함수이므로

$$f_Z(z) = \frac{1}{\pi a\sigma^2}\int_{0}^{\infty}|y|\exp[-(y^2 + y^2z^2/a^2)/2\sigma^2]dy$$

다음과 같은 변수 치환을 사용하면

$$u = y^2(1 + z^2/a^2)/2\sigma^2 \rightarrow du = ydy(1 + z^2/a^2)/\sigma^2$$

다음을 얻게 된다.

$$f_Z(z) = \frac{1}{\pi a\sigma^2}\frac{\sigma^2}{1 + z^2/a^2}\int_{0}^{\infty}e^{-u}du$$

정적분을 평가하면 1이 되므로 최종적으로 다음의 pdf를 얻는다.

$$f_Z(z) = \frac{a}{\pi(z^2 + a^2)}, \quad -\infty < z < \infty \tag{4.139}$$

이 pdf를 **코쉬**(Cauchy)라고 한다. **코쉬 랜덤 변수**는 3장 끝에 나온 연습문제 11에서 언급되었다. 연습문제에서 코쉬 랜덤 변수의 특성함수가

$$\Phi_Z(j\omega) = \exp(-a|\omega|) \tag{4.140}$$

임을 보이도록 물었다.

$j\omega$에 대한 이 특성 함수의 유도는 $\omega=0$일 때 존재하지 않는다. 평균과 분산을 얻는 적분식 (3.50)과에서 코쉬 랜덤 변수의 평균과 분산은 존재하지 않는다고 말한다.

이는 모멘트가 존재하지 않는 경우에도 유효한 pdf를 가질 수 있음을 보여주는 또다른 관점이다. 본 예제에서 코쉬 랜덤 변수를 발생하기 위한 알고리듬을 제안해준다. 원하는 변수 a를 선택하고 2개의 IID 가우시언 랜덤 변수로부터 관측을 나누어 얻어지는 변수는 코쉬 랜덤 변수 특성을 갖는다.

코쉬의 pdf와 cdf에 대한 대표적인 그래프를 그림 4.15에 나타냈다.

그림 4.15 예제 4.18에서 논의한 코쉬 랜덤 변수에 대한 (a) pdf와 (b) cdf의 대표적인 그래프

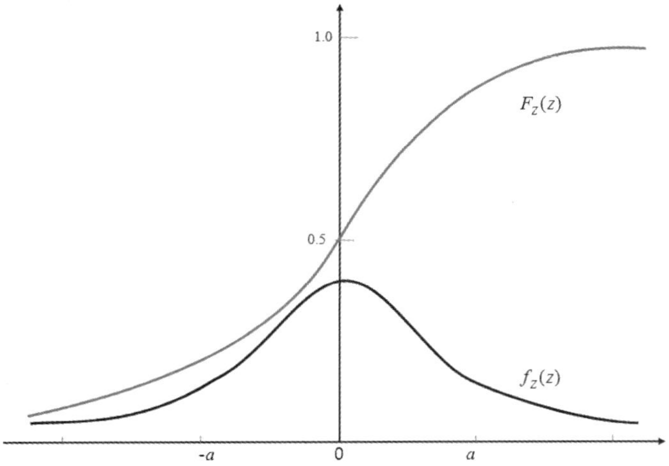

예제 4.19

t 분포(혹은 Student's t 분포) 는 통계적 추정 이론에서 그 응용을 찾아 볼 수 있으며 아래의 관계로부터 얻어진다.

$$T=\frac{U}{\sqrt{V/r}} \tag{4.141}$$

여기서 U는 평균이 0이고 분산이 1인 정규 가우시언 랜덤 변수이다:

$$f_U(u)=\frac{1}{\sqrt{2\pi}}\exp(-u^2/2), -\infty<u<\infty$$

V는 차수가 r인 χ^2 랜덤 변수이다. 여기서 r은 정수로서, $r=$ 1, 2, 3, …이다.

$$f_V(v)=\frac{1}{\Gamma(r/2)2^{r/2}}v^{(r-2)/2}\exp(-v/2),\ 0<v<\infty$$

여기서 $\Gamma(x)$는 감마 함수이다. T에 대한 관계를 정의하는데 사용된 변수 r은 χ^2 랜덤 변수 V에 대한 변수와 동일하다. U와 V는 독립적이라고 가정한다. 우리는 여기서 pdf $f_T(t)$을 찾으려고 한다. 식(4.13)으로부터

$$f_T(t) = \int_{-\infty}^{\infty} f_{TV}(t, v)dv$$

식(4.120)을 사용하여 적분내 결합 pdf를 표현하면

$$f_T(t) = \int_{-\infty}^{\infty} f_T(t|v) f_V(v) dv \tag{4.142}$$

랜덤 변수 V는 가령 V=v로 고정되었다고 하자. 이 경우에 T는 단일 랜덤 변수 U만의 함수라고 볼 수 있다.

$$T = \frac{U}{\sqrt{v/r}}$$

단일 랜덤 변수의 함수 변환에 의해(3.5절 참조)

$$F_T(t|v) = P\{T \leq t|v\}$$

이 되고 확률과 cdf의 관계로부터

$$P\{T \leq t|v\} = P\{U \leq t\sqrt{v/r}\} = F_U(t\sqrt{v/r})$$

위 관계식을 결합하면

$$F_T(t|v) = F_U(t\sqrt{v/r}) \tag{4.143}$$

다음 t에 대해 양변을 미분하면

$$f_T(t|v) = f_U(t\sqrt{v/r})\sqrt{v/r}$$

랜덤 변수 U에 대하여 본 예제에 주어진 pdf를 사용하면

$$f_T(t|v) = \frac{1}{\sqrt{2\pi}} \sqrt{v/r} \exp(-vt^2/2r) \tag{4.144}$$

식(4.144)를 식(4.142)에 대입하여 모든 결과를 적분에 종합하여 정돈하면

$$f_T(t) = \int_0^{\infty} \frac{1}{\sqrt{2\pi r}} v^{1/2} \exp(-vt^2/2r) \frac{1}{\Gamma(r/2)2^{r/2}} v^{(r-2)/2} \exp(-v/2) dv$$

이를 간단히 하기 위해 다음과 같이 변수 치환식을 사용한다.

$$w = (v/2)(1 + t^2/r)$$

또 감마 함수에 대한 적분 관계식을 사용하면

$$\Gamma(a) = \int_0^{\infty} x^{a-1} e^{-x} dx, \, a > 0$$

이들로부터 정리하면 **student t 분포**에 대한 pdf는

$$f_T(t) = \frac{\Gamma[(r+1)/2]}{\sqrt{\pi r}\,\Gamma(r/2)(1 + t^2/r)^{(r+1)/2}} \tag{4.145}$$

여기서 $-\infty < t < \infty$ 이고 r=1, 2, 3 ⋯

t 분포에 대한 pdf를 변수 r의 여러 값에 대하여 그림 4.16에 보였다. $F_T(t)$는 t=0에 대하여 대칭이고

$$E[T]=0,\ Var[T]=\frac{r}{r-2},\ r>2 \tag{4.146}$$

이다.

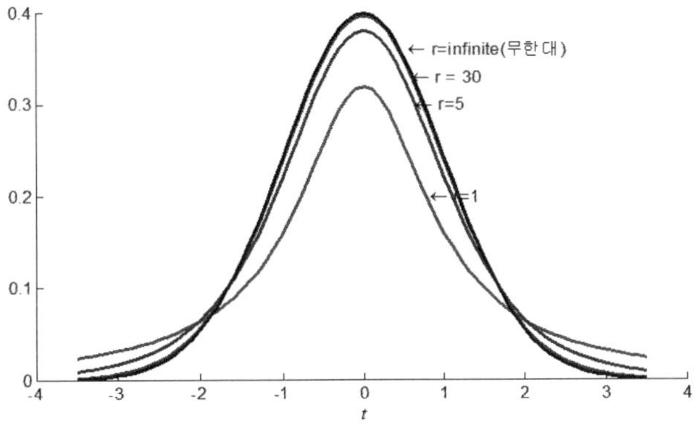

그림 4.16 예제 4.19에서 언급한 t 분포 pdf의 대표적인 그래프

복 습

본 장에서는 한 개 이상의 랜덤 변수를 동시에 고려하는 다변량 랜덤 변수를 소개하였다. 단일 랜덤 변수에서 얻어진 모든 결과들 즉 밀도함수, 분포함수와 기댓값 등을 포함하여 이 개념들이 다차원으로 확장되었다.

1. 이변량 랜덤 변수 X와 Y의 결합 cdf는 다음과 같이 정의 된다.

$$F_{XY}(x,y) = P\{(X \le x) \cap (Y \le y)\} = P\{X \le x, Y \le y\}$$

이 변량 랜덤 변수에 관련된 여러 특성을 요약하면 아래 식들이 성립된다

$$F_{XY}(-\infty, y) = P(\Phi) = 0$$
$$F_{XY}(x, -\infty) = P\{\Phi\} = 0$$
$$F_{XY}(-\infty, -\infty) = P\{\Phi\} = 0$$
$$F_{XY}(\infty, \infty) = P\{S\} = 1$$
$$F_{XY}(\infty, y) = P\{Y \le y\} = F_Y(y)$$
$$F_{XY}(x, \infty) = P\{X \le x\} = F_X(x)$$

2. 이변량 랜덤 변수 X와 Y의 결합 pdf는 다음과 같이 정의된다.

$$f_{XY}(x,y) = \frac{\partial^2 F_{XY}(x,y)}{\partial x \partial y} \ge 0$$

한계 확률 밀도 함수는

$$f_Y(y) = \int_{-\infty}^{\infty} f_{XY}(x,y)dx$$

$$f_X(x) = \int_{-\infty}^{\infty} f_{XY}(x,y)dy$$

3. 이변량 랜덤 변수 X와 Y가 서로 독립적이면

$$F_{XY}(x,y) = P\{X \le x\}P\{Y \le y\} = F_X(x)F_Y(y)$$
$$f_{XY}(x,y) = \frac{d}{dx}F_X(x)\frac{d}{dy}F_Y(y) = f_X(x)f_Y(y)$$
$$E[XY] = R_{XY} = \int_{-\infty}^{\infty} xf_X(x)dx \int_{-\infty}^{\infty} yf_Y(y)dy = E[X]E[Y]$$

4. 이변량 랜덤 변수의 기댓값에 대한 특수한 경우들-공분산, 상관 계수

이변량 랜덤 변수의 기댓값의 정의는 다음과 같다.

$$E[g(X,Y)] = \int_{-\infty}^{\infty}\int_{-\infty}^{\infty} g(x,y)f_{XY}(x,y)dxdy$$

그리고 X와 Y가 이산 랜덤 변수일 경우 이 함수에 대한 기댓값은 다음과 같이 표현된다.

$$E[g(X,Y)] = \sum_i \sum_j g(x_i, y_j) P\{X = x_i, Y = y_j\}$$

공분산: $Cov[XY] = E[(X - \mu_X)(Y - \mu_Y)]$

상관계수: $\rho_{XY} = \dfrac{Cov[XY]}{\sigma_X \sigma_Y}$

5. 정규 가우시언 이변량 랜덤 변수(normalized Gaussian bivariate random variables)의 결합 pdf를 다음과 같이 정의된다.

$$f_{Z_1 Z_2}(z_1, z_2) = \frac{1}{2\pi\sqrt{1-\rho_Z^2}} \exp\left[-(z_1^2 - 2\rho_z z_1 z_2 + z_2^2)\frac{1}{2(1-\rho_Z^2)}\right]$$

일반적인 가우시언 이변량 랜덤 변수 X와 Y의 평균이 μ_X, μ_Y이고 분산이 σ_X^2, σ_Y^2 인 경우 결합 pdf는

$$f_{XY}(x,y) = \frac{1}{2\pi\sigma_X\sigma_Y\sqrt{1-\rho_{XY}^2}} \exp\left[-(\left(\frac{x-\mu_X}{\sigma_X}\right)^2 - 2\rho_{XY}\left(\frac{x-\mu_X}{\sigma_X}\right)\left(\frac{y-\mu_Y}{\sigma_Y}\right) + \left(\frac{y-\mu_Y}{\sigma_Y}\right)^2)\frac{1}{2(1-\rho_{XY}^2)}\right]$$

6. 이변량(Bivariate) 랜덤 변수의 변환

두 개의 독립적인 랜덤 변수의 합의 랜덤 변수 W에 대한 pdf는 두 랜덤 변수 X와 Y가 독립적이라고 가정한다면

$$f_W(w) = \int_{-\infty}^{\infty} f_X(x) f_Y(w-x)\,dx$$

두 결합 랜덤 변수 X, Y를 변환하여 새로운 결합 랜덤 변수 U, V를 얻는 과정은 다음과 같은 대응적 관계를 갖는 두 함수에 대하여

$$U = g(X,Y), \;\; V = h(X,Y)$$

여기서 변환 함수 $g(,)$와 $h(,)$는 역함수가 존재한다고 가정한다. 새로운 랜덤 변수 U, V의 결합 pdf는 다음 식으로 주어진다:

$$f_{UV}(u,v) \equiv \frac{f_{XY}(g^{-1}(u,v), h^{-1}(u,v))}{|J(x,y)|} = f_{XY}(g^{-1}(u,v), h^{-1}(u,v))|J(u,v)|$$

여기서 자코비언 J는 다음과 같이 정의된다.

$$|J(u,v)| = \begin{vmatrix} \frac{\partial x}{\partial u} & \frac{\partial x}{\partial v} \\ \frac{\partial y}{\partial u} & \frac{\partial y}{\partial u} \end{vmatrix} = \frac{1}{|J(x,y)|}$$

7. 독립적이며 동등하게 분포된(IID) 랜덤 변수들의 합

$$\mu_Y = E[Y] = n\mu_X$$

$$\sigma_Y^2 = Var[Y] = n\sigma_X^2$$

이제 랜덤 변수 Y를 Xi 랜덤 변수들의 평균식으로 표현한다.

$$Y = \frac{1}{n}\sum_{i=1}^{n} X_i$$

윗 식의 랜덤 변수 Xi는 IID이다. 이제 이 식을 다음과 같이 고쳐쓰면

$$Y = \sum_{i=1}^{n}\left(\frac{X_i}{n}\right)$$

이 경우에 $E[X_i/n] = E[X/n] = \mu_X/n,\ Var[X_i/n] = Var[X/n] = \sigma_X^2/n^2$

Y에 대한 평균과 분산은

$$\mu_Y = n(\mu_X/n) = \mu_X, \quad \sigma_Y^2 = n\left(\frac{\sigma_X^2}{n^2}\right) = \frac{\sigma_X^2}{n}$$

8. 한 점 {X=x}에 조건적인 결합 확률 및 확률 밀도함수의 계산

$$f_Y(y|X=x) = \frac{f_{XY}(x,y)}{f_X(x)}$$

바로 x와 y를 교환하면 대칭적 관계로부터 다음을 얻는다.

$$f_Y(x|y) = \frac{f_{XY}(x,y)}{f_Y(y)}$$

이 마지막 두 식에서 베이즈 정리의 형태를 만들어 결합시키면

$$f_X(x|y)f_Y(y) = f_Y(y|x)f_X(x)$$

9. 중앙 극한 정리에 의하면 통계적으로 독립인 랜덤 변수들을 아래 식과 같이 합하는 경우 $\sum_{i=1}^{n}\frac{X_i - \mu_{X_i}}{\sqrt{n}\,\sigma_{X_i}}$에서 더해지는 랜덤 변수의 수가 커질수록 평균이 0이고 분산이 1인 가우시언 분포에 근접하게 된다.

10. 몇 가지 중요한 확률 모델들(χ^2, 코쉬, 학생 t 분포, 레일리 등))에 관련된 랜덤 변수의 정의와 확률 밀도 함수의 계산 과정을 예제에서 유도하였다.

연습문제

확률 분포 함수와 밀도 함수

1. 랜덤 변수 X와 Y에 대한 결합 pdf가

$$f_{XY}(x,y)\begin{cases} C(1+xy), 0<x<1, 0<y<2 \\ 0, \qquad\qquad \text{그밖에영역에서} \end{cases}$$

   a. C의 값을 찾아라.
   b. X와 Y는 독립적인가?
   c. 결합 cdf $F_{XY}(x,y)$는?
   d. $P[(X<1 \cup Y<1)]$는 얼마인가?

2. 랜덤 변수 X는 ± 1사이에 균일하게 분포되었고 랜덤 변수 Y는 ±2 사이에 균일하게 분포되었다. X와 Y는 독립적이다.

   a. $f_{XY}(x,y)$를 찾아라.
   b. $F_{XY}(x,y)$를 찾아라.
   c. $F_{XY}(0,1)$의 값을 찾아라.

3. 결합 pdf는

$$f_{XY}(x,y)=\frac{1}{3}\delta(x)\delta(y-1)+\frac{1}{3}\delta(x-1)\delta(y)+\frac{1}{3}\delta(x-1)\delta(y-1)$$

   따라서 이변량 랜덤 변수 X와 Y는 점(0,1), (1,0)와 (1,1)에서 1/3의 확률 질량(mass) 밀도를 갖는다는 것을 알 수 있다.

   a. X와 Y는 독립적인가?
   b. $F_{XY}(0.5,1.5)$의 값을 찾아라.

이변량 랜덤 변수의 기댓값, 공분산 및 상관 관계

4. 랜덤 변수 X의 평균과 분산은 -2와 3이고, 랜덤 변수 Y의 평균과 분산은 3과 5이다. 상관계수는 $\rho=0.7$이다.

   a. 공분산(covariance) Cov[XY]는 얼마인가?
   b. 상관 관계 E[XY]를 구하라.

5. 랜덤 변수 X의 평균과 분산은 -2와 3이고, 랜덤 변수 Y의 평균과 분산은 3과 5이다. 공분산(covariance) Cov[XY]= -0.8이다.

   a. 상관 계수 ρ는 얼마인가?
   b. 상관 관계 E[XY]는 무엇인가?

6. 랜덤 변수 X의 평균과 분산은 -2와 3이고, 랜덤 변수 Y의 평균과 분산은 3과 5이다. X와 Y는 직교한다. W=7X+2Y-5가 주어졌을 때

   a. 상관 관계 E[WX]는 얼마인가?
   b. 상관 관계 E[WY]는 얼마인가?

7. X와 Y는 다음과 같은 파라미터를 갖는 랜덤 변수이다:
   $\mu_X=3$, $Var[X]=49$, $\mu_Y=5$, $Var[Y]=144$, $\rho=0.6$이다.
   U=X+CY, V=X-CY에 의해 새로운 랜덤 변수 U와 V가 이어졌고, U와 V가 상관 관계가 없다면(uncorrelated) C의 값을 결정하라.

8. 결합 pdf가

$$f_{XY}(x,y)=\frac{1}{3}\delta(x)\delta(y-1)+\frac{1}{3}\delta(x-1)\delta(y)+\frac{1}{3}\delta(x-1)\delta(y-1)$$

   일 때 기대값 E[X], E[Y], E[XY]를 찾아라.

이변량 랜덤 변수의 변환 및 가우시언 이변량 랜덤 변수

9. 이변량 랜덤 변수 X_1과 X_2가 평균이 0이고 분산 Var[X_1]=2, Var[X_2]=15를 갖는다. 상관 계수 $\rho_X=0.7$이다. 랜덤 변수X_1과 X_2는 아래 관계식으로부터 얻어졌다.

$$Y_1 = X_1 + X_2$$
$$Y_2 = X_1 - 2X_2$$

   Var[Y_1], Var[Y_2]와 $Cov[Y_1 Y_2]$를 구하라.

10. 식(4.67)에 나타낸 제곱식을 완성하는 방법을 사용하여 가우시언 결합 pdf 식(4.65)으로부터 얻어진 한계 확률 밀도 함수 $f_{Z_1}(z_1)$가 가우시언임을 보여라.

11. 랜덤 변수 X는 $0<x<3$사이의 모든 x 값에 대해서는 pdf가 c(3-x)로 주어지며, 그밖의 영역에서는 0의 값을 갖는다. 랜덤 변수 Y는 X와는 독립적이며, 0과 3사이에 균일하게 분포되어 있다. V=X+Y라고하면 필요한 c의 값과 $f_V(v)$을 구하라.

12. 랜덤 변수 U는 0과 1사이의 균일 분포를 갖는다. 새로운 랜덤 변수 V는 그림 4.17 주어진 그래프에 나타낸 바와 같이 U와 연관되어 있다.

a. V의 평균

b. σ_V^2

c. $f_V(v)$

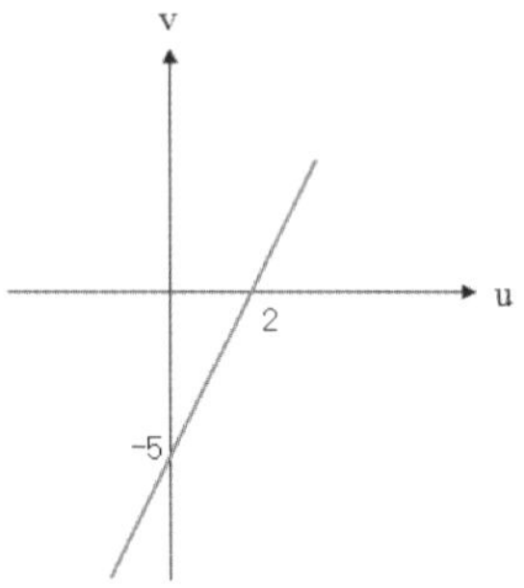

그림 4.17 연습문제 12에 사용된 변환 함수 그래프

독립적인 랜덤 변수의 합

13. 랜덤 변수 X는 ±3사이에 균일하게 분포되었다.
    a. $W = X_1 + X_2$로 주어진 W에 대한 pdf를 찾아라. 여기서 X_1과 X_2는 독립적이다.
    b. W의 평균과 분산을 무엇인가?

14. 랜덤 변수 S가 ±5사이에 균일하게 분포되었다고 하자. 또한 랜덤 변수 V에 대한 pdf를 $f_V(v) = 3e^{-3v}u(v)$라고 하자. 여기서 $u(\cdot)$는 단위 계단 함수이다. S와 V는 독립적이고 W=S+V이다.
    a. W의 pdf는 무엇인가?
    b. W의 평균과 분산은 얼마인가?

15. 두 개의 독립적인 랜덤 변수 X와 Y에 대한 확률 밀도 함수가

$$f_X(x) = ae^{-ax}u(x)$$
$$f_Y(y) = (a^3/2)y^2e^{-ay}u(y)$$

이다. 여기서 $u(\cdot)$는 단위 계단 함수이다. 상수 a=3이다. Z=X+Y라고하면 $f_Z(z)$는 무엇인가?

16. 이산 랜덤 변수 Y가

$$f_Y(y) = 0.3\delta(y+1) + 0.7\delta(y-2)$$

인 pdf를 갖는다. $W = Y_1 + Y_2$라고 두자. 여기서 Y_i는 서로 독립적이다. W에 대한 pdf는 무엇인가?

17. 두 개의 랜덤 변수 X와 Y가 Z=X-Y와 같이 차로 주어지는 경우를 생각하자. 먼저 Z=X+W, W= -Y라고 두어 Z에 대한 일반적인 (적분) 표현식을 찾아라. 그 다음 W에 대한 pdf를 찾기 위하여 (3.5절에 나온) 단일 랜덤 변수의 함수 변환식을 사용하라.

18. X와 Y는 독립적인 코쉬(Cauchy) 랜덤 변수라고 하자. 따라서 pdf는

$$f_X(x) = \frac{a/\pi}{x^2 + a^2}, \quad f_Y(y) = \frac{b/\pi}{y^2 + b^2}$$

이다. Z=X+Y라고 하면 Z도 또한 코쉬 랜덤 변수임을 보여라. (힌트: 특성함수를 사용하라.)

19. 상관 관계가 없는 랜덤 변수 X, Y, Z에 대한 pdfs는 알려져 있지 않다. 하지만 평균이 $\mu_X = 9$, $\mu_Y = 6$, $\mu_Z = 10$인 것과 분산이 $\sigma_X^2 = 4$, $\sigma_Y^2 = 1$, $\sigma_Z^2 = 6$이라는 것이 알려졌다. W=X+Y-Z라고 하면 μ_W와 σ_W는 얼마인지 구하라.

IID 랜덤 변수의 합

20. 랜덤 변수 X의 평균과 분산은 각각 3.74와 1.46이다.

$$Y = n^{-1/2}\sum_{k=1}^{n}(X_k - 3.74)$$

라고 하자. 여기서 X_k는 IID이다. 기대값 E[Y]와 Var[Y]를 찾아라.

21. 랜덤 변수 U는 1/3의 평균과 1.5의 분산을 갖는다.
    a. U_i는 IID이고 $Y = \frac{1}{53}\sum_{i=1}^{53} U_i$인 경우 μ_Y와 σ_Y^2를 찾아라.
    b. U_i는 IID이고 $Y = \sum_{i=1}^{53} U_i$인 경우 μ_Y와 σ_Y^2를 찾아라.

22. 랜덤 변수 $X_i = 5 + V_i$로 주어졌다. 여기서 V_i는 평균 0과 분산 30을 갖는 IID 가우시언 랜덤 변수이다. 랜덤 변수 Y는 $Y = \frac{1}{n}\sum_{i=1}^{n} X_i, \quad n = 70$ 이다.

μ_Y 와 σ_Y^2 는 무엇인가?

23. 합이 $Y = \frac{1}{n}\sum_{k=1}^{n} X_k$ 로 주어진 경우, 여기서 X_k 는 IID이고 $E[X]=1$, $E[X^2]=4$ 이다. 다음 관계식이 사실인 경우 최소 정수 n은 얼마인가?

$$Var[Y] < 0.05\sigma_X^2$$

24. 평균이 0이고 분산이 7.3인 가우시언 랜덤 변수 Y의 n개의 독립적인 관측에 대한 평균을 구한다고 가정하자. 평균의 표준 편차가 0.1를 초과하지 않기 위해 n은 얼마의 크기로 하면 좋은가?

25. 랜덤 변수 X_i 는 평균이 1200, 분산이 2500을 갖는 IID이다. X의 n개의 관측을 평균을 다음 식을 사용하여 구한다.

$$Y = \frac{1}{n}\sum_{i=1}^{n} X_i$$

다음 조건식이 사실이 되기 위한 n의 최소 값을 찾기위하여 중앙 극한치 정리를 사용하라. 조건: $P(Y > 1205) < 10\%$

26. 랜덤 변수 X는 다음의 지수 pdf를 갖는다.

$$f_X(x) = \frac{1}{6}exp(-x/6)u(x)$$

여기서 $u(\bullet)$ 는 단위 계단 함수이다. 랜덤 변수 Y는 20개의 독립적인 X의 관측치의 합으로 주어진다. Y 〉 100일 확률을 추정하기 위해 중앙 극한 정리를 사용하라.

27. 랜덤 변수 X는 평균이 0.5, 분산이 1.0을 갖는다. 랜덤 변수 Y가 n=20개의 독립적인 X의 랜덤 변수를 더함으로써 얻어진다. 랜덤 변수 Y가 구간 (-∞, 9]사이에 놓일 확률을 추정하기 위해 중앙 극한 정리를 사용하라.

28. 랜덤 변수 Z는 0과 1사이에 균일한 분포를 갖는다. 랜덤 변수 Y는 Z로부터 다음 식에 의해 얻어진다.

$$Y = 3.5Z + 5.25$$

Y의 100개의 독립적인 실험값을 얻어 평균이 다음 식으로 구해졌다:

$$V = \frac{1}{100}\sum_{i=1}^{100} Y_i$$

a. 확률 $P(V \le 7.1)$ 을 추정하라.
b. 1000번 V의 독립적인 계산이 수행됐다면 이중 V에 대한 이 계산 값이 7.1보다 작게 될 경우는 대략 몇 번이 되겠는가?

29. 랜덤 변수 X는 레이라이(Rayleigh)이고 pdf는

$$f_X(x) = (2x/7)\exp(-x^2/7)u(x)$$

를 갖는다. 여기서 $u(\bullet)$ 는 단위 계단 함수이다. 20개의 독립적인 X의 관측값을 더하여 새로운 랜덤 변수가 얻어진다고 가정하여 합의 값이 40과 50사이에 있을 확률을 추정하여라(중앙 극한 정리를 사용하라).

조건부 결합 확률 분포

30. 그림 4.18의 회색 부분은 이변량 pdf $f_{XY}(x,y) = c$ 인 x,y 평면의 영역을 나타낸다. 그밖의 영역에서 pdf는 0이다.

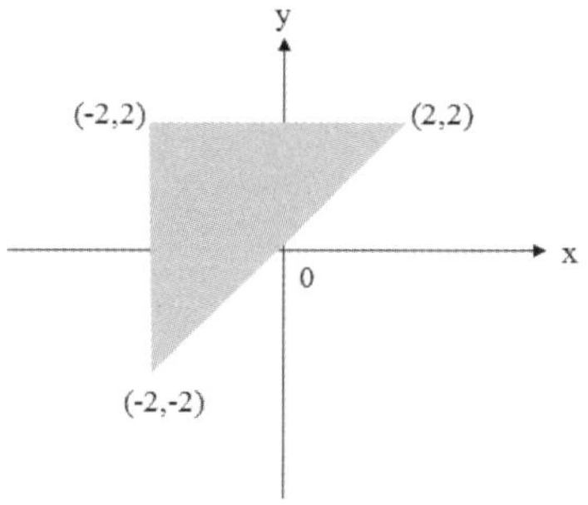

그림 4.18 연습문제 37에서 사용된 그림

식(4.119)를 사용하여 X=1에 의한 조건부 Y의 pdf를 구하라. 다음 조건부 pdf $f_Y(y|x)$ 가 (3.14)로 주어지는 확률 밀도 전체 면적이 1이 되는가를 증명하라. 마지막으로 X=1에 의한 조건부 랜덤 변수 Y의 평균과 분산을 구하라.

컴퓨터 활용

컴퓨터 시뮬레이션을 통해 랜덤 변수에 관련된 기본적인 확률적 정보인 중앙 극한 정리, pdf, cdf, 평균과 분산 등을 예측하고 기대하는 결과를 사전에 확인해봄으로써 의미 있는 결정을 내리는데 매우 도움이 된다. 여기서 소개된 몇 가지 컴퓨터 실습 예제와 문제들은 본 장에서 배운 이론적인 내용을 뒷받침하는 일부분이 되며 관심 있는 독자는 좀 더 심도 있는 연구를 위하여 참고문헌(Leon-Garcia, Alberto, Probability and Random Processes for Electrical Engineering, Reading Mass., Addison-Wesley Pub. Co., 1989)을 공부하기 바란다.

이변량 랜덤 변수의 컴퓨터 시뮬레이션 데이터 생성 방법은 랜덤 변수 X와 Y가 서로 독립적이라면 X와 Y에 대한 난 수 발생기를 사용하여 데이터 집합 $\{(x_i, y_i)\}$를 결합시켜 얻는다. 반면 랜덤 변수 X와 Y가 독립적이지 않다면 X로부터 얻어진 실현 값이 Y로부터 얻어진 실현 값과 연관되어 있기 때문에 (X,Y)로부터 동시에 데이터 집합 $\{(x_i, y_i)\}$을 얻어야 한다.

분산의 추정

1장의 컴퓨터 활용에서 데이터로부터 평균, 분산, 상관 계수와 같은 통계적 정보를 구하는 방법을 설명하였다. (1.14)의 공분산도 비슷한 방법으로 추정할 수 있다.

$$c_{xy} = \frac{n\sum x_i y_i - \sum x_i \sum y_i}{n(n-1)}$$

(1.16)의 상관 계수는

$$r_{xy} = \frac{c_{xy}}{s_x s_y}$$

랜덤 변수 XY의 상관값은 식(1.14)로부터

$$Exy = \frac{1}{n-1}\sum x_i y_i = c_{xy} + \bar{x}\bar{y}$$

표준 편차 계산식은

$$s_x = \sqrt{\frac{n\sum x_i^2 - (\sum x_i)^2}{n(n-1)}}\ ,\ \ s_y = \sqrt{\frac{n\sum y_i^2 - (\sum y_i)^2}{n(n-1)}}$$

의사코드	MATLAB 코드(Cxyandmore.m)

Xsum=0, Ysum=0, XYsum=0, Xsqsum=0, Ysqsum=0으로 초기화한다
n=1000으로 설정
For i= 1 to n
X = rand; %(0,1)사이 균일분포 난수
Y=0.2X+1.0
Xsum=Xsum+X;
Xsqsum=Xsqsum+X*X;
Ysum=Ysum+Y;
Ysqsum=Ysqsum+Y*Y;
XYsum=XYsum+X*Y;
endFor
Xavg=Xsum/n; Yavg=Ysum/n;
sdx=sqrt((n*Xsqsum - Xsum^2)/(n(n-1)));
sdy=sqrt((n*Ysqsum - Ysum^2)/(n(n-1)));
Cxy = (n*XYsum - Xsum*Ysum)/n(n-1);
rxy =Cxy/(sdx*sdy);
Exy= Cxy+Xavg*YAvg;
	rand('state',0);
	Xsum=0; Ysum=0; XYsum=0;
	Xsqsum=0; Ysqsum=0; n=1000;
	for i=1:n
	X = rand; %(0,1)사이 균일분포 난수
	Y=0.2*X+1.0
	Xsum=Xsum+X;
	Xsqsum=Xsqsum+X*X;
	Ysum=Ysum+Y;
	Ysqsum=Ysqsum+Y*Y;
	XYsum=XYsum+X*Y;
	end
	Xavg=Xsum/n; Yavg=Ysum/n;
	sdx=sqrt((n*Xsqsum - Xsum^2)/(n*(n-1)));
	sdy=sqrt((n*Ysqsum - Ysum^2)/(n*(n-1)));
	Cxy = (n*XYsum - Xsum*Ysum)/n*(n-1);
	rxy =Cxy/(sdx*sdy);
	Exy= Cxy+Xavg*Yavg;

중앙 극한 정리

랜덤 변수 X는 $\mu_X = 1/2, \sigma_X^2 = 1/12$를 갖는 정규 균일 랜덤 변수인 URNG라고 두자.

새로운 랜덤 변수 Y를 다음과 같이 두면

$$Y = \sum_{i=1}^{12} X_i - 6$$

그러면 식(4.99)과 식(4.100)로 정규화하면 $\mu_Y = 0, \sigma_Y^2 = 1$임을 알 수 있다.

상대 도수 기법과 부록 A의 URNG알고리듬(혹은 MATAB의 rand)을 사용하여 n=1,000개의 Y 관측을 생성한다. 각 관측을 조사해 다음과 같이 7개의 구간으로 나누어서 알아본다.

$$\begin{aligned}
-3 - w/2 &\le Y < 3 + w/2 \\
-2 - w/2 &\le Y < 2 + w/2 \\
-1 - w/2 &\le Y < 1 + w/2 \\
-0 - w/2 &\le Y < 0 + w/2 \\
+1 - w/2 &\le Y < 1 + w/2 \\
+2 - w/2 &\le Y < 2 + w/2 \\
+3 - w/2 &\le Y < 3 + w/2
\end{aligned}$$

각 구간에서 발생하는 관측을 매번 카운트하려 해당 구간의 빈도수를 증가시킨다. 각 구간에서 발생 수를 n으로 나누어 $\Psi(y)$를 추정하여 $\hat{\Psi}(y)$로 나타낸 이들 추정값을 이론적인 정규 가우시언 cdf ($\Psi(y)$)와 비교한다, 그 결과는 다음과 같을 것이다.

y	Pyest	$\hat{\Psi}(y)$	$\Psi(y)$
(-3-w/2, -3+w/2]	0.0080	0.0080	0.0062
(-2-w/2, -2+w/2]	0.0660	0.0740	0.0668
(-1-w/2, -1+w/2]	0.2510	0.3250	0.3085
(0-w/2, 0+w/2]	0.3580	0.6830	0.6915
(1-w/2, 1+w/2]	0.2690	0.9520	0.9332
(2-w/2, 2+w/2]	0.0420	0.9940	0.9938
(3-w/2, 3+w/2]	0.0050	0.9990	0.9998

이 실험적 연구와 다른 결과들은 중앙 극한 정리에 기초한 이 기법은 균일 난수 발생기를 사용하여 정규 가우시안 랜덤 변수를 생성해주는 관측을 생성하기 위한 알고리듬으로서 사용하기에 매우 타당함을 말해준다.

의사코드

```
URNG초기화
n=1000으로 설정
//Generate normalized Gaussian Random
Number using Central Limit Theorem
Ygrng(k)=0, k=1,2,...n;
For I=1:n
    X=0;
    For j= 1 to 12
        X = X+URNG; //(0,1) 균일분포
    endFor
    Ygrng(i)=X-6.0; //정규화
endFor
Bincenters =[-3 -2 -1 0 1 2 3]
Bins=length(Bincenters);
hist(k)=0,k=1,2,...,7
for k=1 to Bins
    for i=1 to n
        if Ygrng(i)  Bincenters(k)  -width/2 ...
                &&              Ygrng(i)            <=
            Bincenters(k)+width/2
        hist(k)=hist(k)+1;
        endIf
    endFor
 endFor
Pyest = histo/(n*width);%실험적인 pdf
%이론적인 정규 가우시안 pdf 함수
Pytheory = (1/sqrt(2π) * exp(-y^2/2);
print Pyest, Pytheory
plot Pyest, Pytheory
```

MATLAB 코드(CentralLimitTheorem.m)

```
randn('state',0); rand('state',0);
n=1000; width=1;
%Generate normalized Gaussian Random
Number using Central Limit Theorem
Ygrng=zeros(n,1);
for i=1:n
    X=0;
    for j= 1:12
        X = X+rand; %(0,1) 균일분포
    end
    Ygrng(i)=X-6.0; %정규화
end
Bincenters=-3.0:width:3.0;
Bins=length(Bincenters);
h = zeros(Bins,1);
for k=1:Bins
    for i=1:n
        if Ygrng(i) > Bincenters(k)-width/2 ...
                &&              Ygrng(i)            <=
Bincenters(k)+width/2
            h(k,1) = h(k,1)+1;
        end
    end
end
Pyest = h/(n*width); %확률밀도함수값 추정

bar(Bincenters, Pyest)%실험적인 pdf
hold on
Ypdf = @(y) 1/sqrt(2*pi)*exp(-y.^2 /2); %이론적인
정규 가우시안 pdf 함수
ezplot(Ypdf)
hold off
```

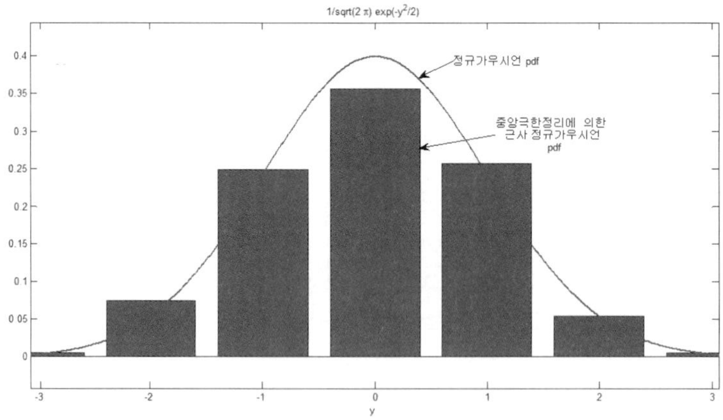

그림 4.A 중앙극한 정리에 의한 정규 가우시안 pdf의 근사화

두 독립 랜덤 변수의 합

X, Y와 Z가 서로 독립적이며 W=X+Y+Z라고 두자. 식(4.88)은 pdf $f_W(w)$을 찾는 컨보루션 적분식이다. 이 결합 확률 밀도 함수 $f_W(w)$을 컴퓨터를 사용하여 추정하는 알고리듬을 소개하고자 한다.

의사코드

```
n=# of data, Bins = freq bin의 수
wmin=결합 랜덤 변수의 최소값
wmax=결합 랜덤 변수의 최대값
Bins = 구간 Cell의 수
freq(k)=0, k=1,2,...Bins;
delta = (wmax-wmin)/Bins

For i=1:n
   Generate S.I. observations of X, Y,Z
   W=X+Y+Z
   k = floor(W-wmin)/delta + 1
   if k > Bins
        k=8;
   end
   freq(k)=freq(k)+1
endFor

fpdfw=zeros(1,Bins+1); %초기화
Fcdfw=zeros(1,Bins+1); %초기화
fpdfw(1) = freq(1)/(n*delta);%실험적인 pdf
Fcdfw(1) =freq(1)/n;실험적인 pdf
for k=2 to Bins
   fpdfw(k) = freq(k)/(n);%실험적인 pdf
   Fcdfw(k)=Fx(k-1)+freq(k)/n; %cdf  추정
endFor
plot fpdfw, Fcdfw
```

MATLAB 코드(Estimatepdfandcdf.m)

```
randn('state',0); rand('state',0);
n=1000;%# of data, Bins = freq bin의 수
wmin=0;%결합 랜덤 변수의 최소값
wmax=4;%결합 랜덤 변수의 최대값
Bins=20;
freq = zeros(1, Bins+1);
delta = (wmax-wmin)/Bins;
Bincenters=0:4/Bins:4.0;
For i=1:n
   X=rand; Y=rand;
   W=X+Y+Z;
   k = floor(W-wmin)/delta + 1;
   if k > Bins
        k=Bins+1;
    end
   freq(k)=freq(k)+1;
end

fpdfw=zeros(1,Bins+1); %초기화
Fcdfw=zeros(1,Bins+1); %초기화
fpdfw(1) = freq(1)/(n*delta);%실험적인 pdf
Fcdfw(1) =freq(1)/n;실험적인 pdf
for i=2:Bins+1
    fpdfw(i)=freq(i)/(n*delta); %pdf 추정
    Fcdfw(i)=Fx(i-1)+freq(i)/n; %cdf  추정
end
fpdfw=fpdfw';
Fcdfw=Fcdfw';

bar(Bincenters, fpdfw);%실험적인 pdf
stairs(Bincenters, Fcdfw);%실험적인 pdf
```

컴퓨터 시뮬레이션 결과로부터 얻어진 W의 pdf 와 cdf를 plotting하면 다음 그림 4.B와 같다. 3개의 독립적인 랜덤 변수의 합으로 얻어진 W의 평균은 이론적으로

$\mu_W = 3/2; \sigma_W^2 = 3/12$이며 컨볼루션 적분 결과로 얻어진 W의 pdf는

$$f_W(w) = \begin{cases} w^2/2, & 0 < w < 1 \\ -(2w^2 - 6w + 3)/2, & 1 < w < 2 \\ [(w-1)^2 - 4(w-1) + 4]/2, & 2 < w < 3 \\ 0, & \text{그밖에서} \end{cases}$$

이다. 이론적인 pdf의 plot과 실험적인 pdf와의 비교 분석은 독자에게 맡긴다.

그림 4.B 랜덤 변수 W=X+Y+Z의 pdf와 cdf 근사

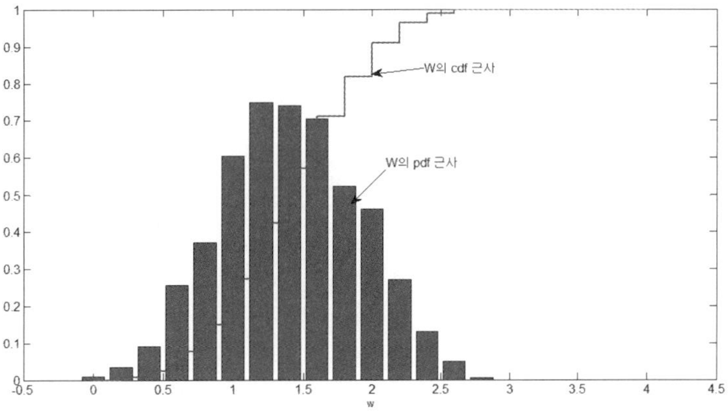

실습 과제

1. URNG(부록 A 참조)혹은 이와 동등한 알고리듬을 사용하여 n=1000개의 서로 상관관계가 없는 평균이 0인 가우시언 랜덤 변수 U_1과 U_2를 발생시킨다. 분산은 $Var[U_1]=26.13$, $Var[U_2]=2.87$를 사용하라. 다음의 변환식

$$Y_1 = U_1\cos\theta - U_2\sin\theta$$

$$Y_2 = U_1\sin\theta + U_2\cos\theta$$

를 사용하여 랜덤 변수 Y_1과 Y_2이 얻어진다. 여기서 $\theta=-12.74$이다. n=1000개의 발생한 데이터를 사용하여 Y_1, Y_2에 대한 공분산, 상관, 상관 계수의 값을 추정하여라. 추정치를 이론적인 값과 비교하라.

2. X와 Y는 서로 독립적이며, 비율 상수 $\lambda=0.5$를 갖는 지수 랜덤 변수의 분포를 따른다. 이제 W=X+Y라고 두고 n=10,000번을 시행하여 관측치 W를 얻는다. 관측치로부터 결합 확률 밀도 함수 $f_W(w)$를 근사화하라. 이의 결과를 이론적인 결과($\lambda=0.5$이고 2차 Erlang 확률밀도함수)와 비교하라. 단, $\text{wmax}=5/\lambda$를 사용하라. wmax이상의 구간에 대해서는 3장의 컴퓨터 활용에서 빈도수 셀의 구간을 설정하는 법을 설명한 부분을 참고하라.

3. 컴퓨터로 연습문제 34를 모의 실험하기 위하여 다음과 같이 처리한다. 즉 URNG와 같이 랜덤 변수 Z는 0과 1 사이에 균일하게 분포되었다고 가정한다. 또 랜덤 변수 X는 평균이 0.5와 분산 1을 갖는 랜덤 변수임이 알려졌다. 이 경우 식 X=3.464Z −1.232가 연습문제 26의 랜덤 변수 X를 모의 실험하기 위하여 사용된다. 연습문제 26에 의거해서

$$Y = \sum_{i=1}^{20} X_i$$

를 관측한다. n=1000번 시행하여 Y의 관측치를 계산한다. Y의 관측치가 9보다 작게 되는 경우의 수를 세어 보고 $P(Y<9)$일 확률을 추정하기 위해 상대 빈도수 기법을 사용하여라. 이 결과를 이론치와 비교하여라.

4. 컴퓨터에서 n=1000시행을 사용하여 연습문제 28을 모의 실험하라. 만일 랜덤 변수 Z가 URNG와 같이 0과 1사이에 균일하게 분포되었다면 $X=[-7\ln(1-Z)]^{1/2}$는 연습문제 28에 나온 랜덤 변수 X를 모의실험할 것이다. 연습문제 28에 의거해서

$$Y=\sum_{i=1}^{20} X_i$$

n=1000 시행하여 Y의 관측치를 얻는다. Y의 관측값이 40보다 크고 50보다 작은 경우의 수를 세어라. 확률 $P(40<Y<50)$를 추정하기 위해 상대 빈도를 사용하여라. 실험치를 이론치와 비교하여라.

랜덤 프로세스

5장에서 다루어지는 내용에는 시스템(혹은 필터)내외에서 발생되는 랜덤한 특성을 갖는 함수를 소개하고, 특히 랜덤한 신호를 시간에 따라 발생시키는 랜덤 변수의 앙상블에 대한 과정인 광의의 정상적 랜덤 프로세스에 초점을 맞추어 설명할 것이다. 앙상블 기댓값과 시간 평균값이 동일한 값을 갖는 에르고딕 프로세스는 많은 공학적 응용을 단순화시켜주며 유용한 기법을 제공해준다. 또한 랜덤 프로세스와 관련하여 두 시점에서의 평균값으로서 가장 전형적이며 중요한 개념이 자기 상관 함수이다. 정상적인 랜덤 프로세스에 대한 자기 상관 함수의 특성을 잘 이해할 필요가 있다. 일반적으로 자기 상관 함수의 프리에 변환을 전력 밀도 함수라고 하며 이는 **위너-킨친** 정리로 알려져 있으며 통신 시스템, 필터링, 제어 시스템과 같은 시스템 분석과 설계 응용에서 랜덤 프로세스는 매우 핵심적인 역할을 담당한다. 랜덤 프로세스의 응용을 선형 시스템에 적용하여 잡음을 포함하는 시스템의 필터 응답과 SNR를 최대화해주는 정합 필터 개념과 관련 수식의 유도 과정을 이해할 필요가 있다.

학습목표

1. 랜덤 프로세스에 대한 앙상블 평균 개념과 시간 평균 개념을 설명할 수 있다.
2. 협의의 정상적 랜덤 프로세스와 광의의 정상적 랜덤 프로세스의 특성을 설명할 수 있다.
3. 정상적인 랜덤 프로세스에 대한 자기 상관 함수의 특성을 이해하고, 자기 상관 함수의 프리에 변환을 통하여 전력 밀도 함수를 유도할 수 있다.
4. 랜덤 프로세스의 응용을 선형 시스템에 적용하여 잡음을 포함하는 시스템의 필터 응답과 SNR를 최대화 해주는 정합 필터 개념과 관련 수식을 유도할 수 있다.
5. 랜덤 프로세스에 관련된 프로세스의 생성 및 기대값, 자기 상관함수, 전력밀도함수 계산을 위한 컴퓨터 알고리듬을 작성할 수 있으며, 모의실험을 통하여 잡음 해석, 자기 상관 함수, 전력 밀도를 추정하는 실험을 수행할 수 있다.

5.1 서론

랜덤 변수를 시간의 함수로 보면 비결정적 반응을 나타내는 아주 다양한 응용을 생각할 수 있다. 가령 예를 들면,

- 라디오 방송에서 전파되는 모든 음성 신호들
- 텍스트의 문장을 소리내어 읽는 사람의 목소리들
- 디지털 통신 시스템에서 전송되는 비트열의 패턴
- 시간대별 날씨의 온도 변화량
- 생산되는 제품의 위치별 매끄러움 정도 등등

좀더 구체적인 예로써 필터장치, 변조기, 복조기와 같은 선형과 비선형 시스템은 정보와 데이터를 처리하는 전기·전자·통신 공학 문제에 자주 등장한다. 이들 시스템의 응용에서는 오직 시불변(time-invariant) 시스템들만이 사용된다고 가정한다. 시불변 시스템에 대한 입력이 랜덤할 때, 일반적으로 출력 또한 랜덤하다. 하지만 어떤 시스템에 입력으로 사용되어지는 많은 랜덤 신호들 각각을 연구하는 것은 불가능한 작업이다. 대신에 신호들의 **앙상블**(ensemble: 그룹, 혹은 집단)의 평균적 특성을 결정하고 나서 이 평균적 특성에 기초하여 시불변 시스템을 설계한다. *랜덤 프로세스*(혹은 *통계적 프로세스*)를 시간의 함수인 랜덤 변수로 정의하여 시작하자. 이같은 정의는 3장의 서론에서 설명한 랜덤 변수 개념의 확장이다. 토의를 위해 그림 5.1, 5.2, 5.3, 5.4에 보인 여러 가지 경우의 신호 집합 중 3개만 랜덤 프로세스 앙상블 형태로 랜덤 프로세스를 설명하였다.

그림 5.1은 결정적 신호와 비결정적 신호의 유형을 시간 변화로 나타내고 있다. 그림 5.1(a)는 함수의 시간 변화를 예측할 수 있는 전형적인 정현파형이지만 그림 5.1(b)의 두 신호는 시간에 다른 파형을 정확

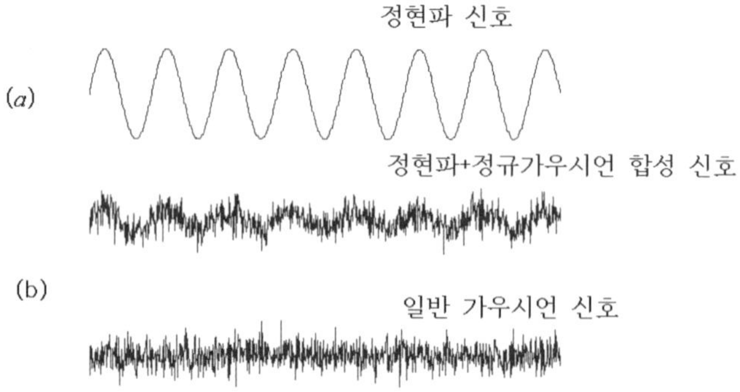

그림 5.1 여러 종류의 시간 파형 (a) 결정적 정현파 신호 (b) 비결정적 잡음 신호

히 예측할 수 없는 랜덤 파형을 나타낸다.

5.2 앙상블

그림 5.2는 가우시언 잡음의 기록에 대한 앙상블을 보여준다. 여기서 $x_1(t)$는 잡음의 한 샘플 함수의 일부분을 나타낸다. 이 앙상블에서 각 샘플 함수는 모든 시간에 대하여 존재한다고 가정한다. 모든 가능한 샘플 함수들의 집합은 랜덤 프로세스 X(t)의 한 앙상블이다. 그림 5.2에 보인 바와 같이 임의적이지만 고정된 시간 t에서 각 가우시언 잡음 샘플 함수의 값은 $x_j(t)$, $j=1, 2, \cdots$이다. 그러므로 랜덤 값 x_j는 시변(time-varying) 랜덤 변수 X(t)의 측정 값들이며 X(t)의 샘플 공간을 형성한다.

랜덤 프로세스 X(t)의 샘플 함수들은 일반적으로 공학에서는 보통 연속적인, 이산적인, 표본화된, 혹은 주기적 파형의 형태를 갖는다. 여기서 강조하는 바는 그림 5.2, 5.3과 5.4에서 제시한 것처럼 랜덤 프로

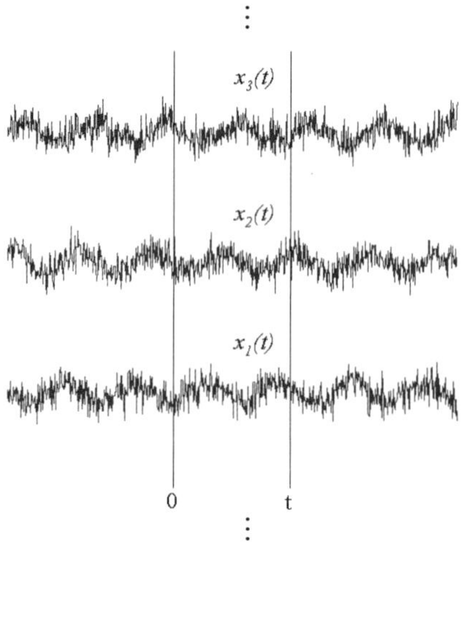

그림 5.2 잡음 기록의 앙상블. 각 기록은 (이론적으로) 모든 시간 $-\infty$에서 $+\infty$로 확장된다. 앙상블은 연구하려는 모든 유형의 모든 가능한 평균 0인 가우시언 잡음의 기록을 포함한다. 이를 줄임 마크인(...)으로 그림의 맨 윗쪽에 나타냈다.

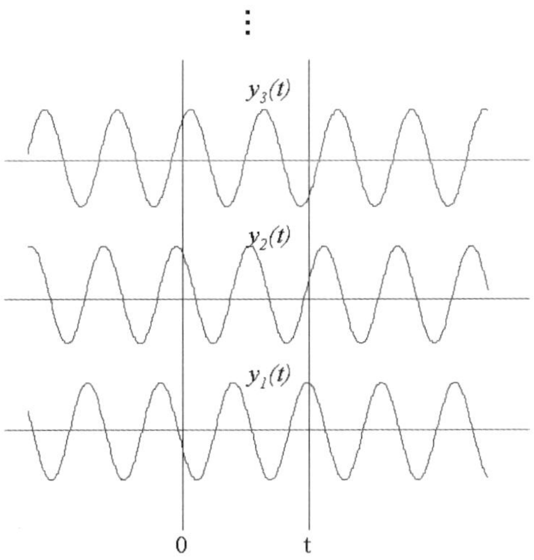

그림 5.3 랜덤 위상각을 갖는 정현파로 구성된 앙상블. 각 기록은 (이론적으로) 모든 시간 $-\infty$에서 $+\infty$로 확장된다. 앙상블은 $\pm\pi$ 사이에 균일하게 분포된 모든 가능한 위상각을 갖는 정현파를 포함한다. 이를 줄임 마크인(...)으로 그림의 맨 윗쪽에 나타냈다.

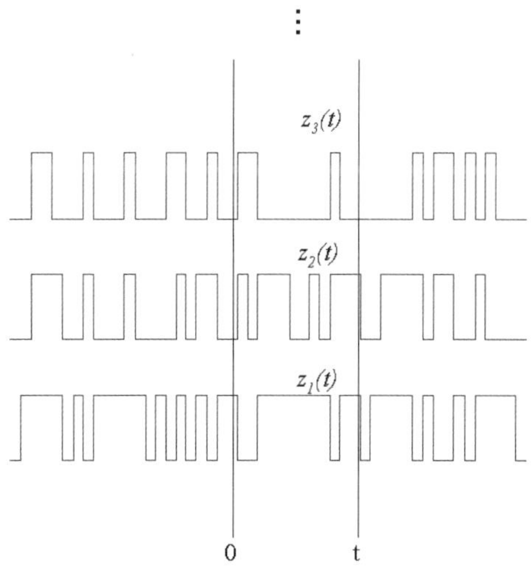

그림 5.4 비동기 펄스의 랜덤 시퀀스의 앙상블. 각 기록은 (이론적으로) 모든 시간 $-\infty$에서 $+\infty$로 확장된다. 앙상블은 연구하려는 모든 유형의 모든 가능한 펄스 시퀀스의 기록을 포함한다. 이를 줄임 마크인(...)으로 그림의 맨 윗쪽에 나타냈다.

세스의 실현은 여러 경우에 따라 달리 표현된다는 것이다.

본 장에서 전개하려는 내용은 3장과 4장에서 소개한 랜덤 변수의 이론에 랜덤 프로세스 개념을 추가하여 이론을 확장하고 응용하려는 것이다. 따라서 혼동을 피하기 위해 가능한 랜덤 변수(X, Y, Z 등)의 논의에서 사용되었던 기호들을 비슷한 방법으로 랜덤 프로세스(X(t), Y(t), Z(t) 등)에서도 사용될 것이다.

5.3 확률 밀도 함수

일반적으로 앙상블의 샘플 함수들로부터 얻어진 하나의 랜덤 변수 X(t)는 측정값 $x_j(t)$뿐만 아니라 시간 함수인 확률 밀도 함수 $f_{X(t)}(x,t)$를 갖는다. 그림 5.2에서 잡음은 랜덤 변수가 시변인 특별한 경우의 예이지만, 어떤 고정된 시간 t에서 이 앙상블에 걸쳐서 측정된 pdf는 시간에 대하여 독립적이라고 말할 수 있다. 그러므로 $t=0$일 때 pdf는

$$f_{X(0)}(x,0)=f_{X(0)}(x) \geq 0, \ -\infty < x < \infty \tag{5.1}$$

가정에 의하여 임의의 다른 시간 t에 대하여 식(5.1)과 유사한 pdf를 표현할 수 있다. 예를 들어 평균이 0이고 분산이 σ_X^2인 가우시언 랜덤 프로세인 경우의 pdf는

$$f_{X(t)}(x,t) = \frac{1}{\sqrt{2\pi}\,\sigma_X} e^{(-x^2/2\sigma_X^2)} \tag{5.2}$$

이제 서로 다른 두 개의 시점 t_1과 t_2에서의 랜덤 프로세스에 대한 통계적인 특성인 이변량 pdf를 표현하면

$$f_{X(t_1)X(t_2)}(x_1,x_2) \geq 0, \ -\infty < x_1, x_2 < \infty \tag{5.3}$$

이변량의 경우는 두 개의 다른 랜덤 프로세스 X(t)와 Y(t)로도 적용 가능하다:

$$f_{X(t)Y(t)}(x,y) \geq 0, \ -\infty < x,y < \infty \tag{5.4}$$

일반화하여 n-차수의 다변 확률 밀도 함수가 존재한다고 가정할 수 있다:

$$f_{X(t_1)X(t_2)\cdots X(t_n)}(x_1,x_2,\cdots,x_n) \geq 0, \ -\infty < x_1, x_2,\cdots,x_n < \infty \tag{5.5}$$

5.3.1 독립성

n개의 사건간의 독립성은 식(2.34), 식(2.35), 식(2.36)에서 정의하였다. 이 식을 사용하여 랜덤 변수의 독립성에 대한 식(4.18)로부터 다변 랜덤 프로세스의 독립성은 다음과 같이 확장시킬 수 있다:

$$f_{X(t_1)X(t_2)}(x_1,x_2) = f_{X(t_1)}(x_1)f_{X(t_2)}(x_2) \tag{5.6}$$

$$f_{X(t_1)X(t_2)X(t_3)}(x_1,x_2,x_3) = f_{X(t_1)}(x_1)f_{X(t_2)}(x_2)f_{X(t_3)}(x_3) \tag{5.7}$$

계속 같은 방법으로 n 사건까지 모두 동시에 고려하면

$$f_{X(t_1)X(t_2)\cdots X(t_n)}(x_1,x_2,\cdots,x_n) = f_{X(t_1)}(x_1)f_{X(t_2)}(x_2)\cdots f_{X(t_n)}(x_n) \tag{5.8}$$

만일 두 랜덤 프로세스 X(t)와 Y(t)가 독립적이라면

$$\begin{aligned} &f_{X(t_1)\cdots X(t_n)Y(t'_1)\cdots Y(t'_n)}(x_1,\cdots,x_n,y'_1,\cdots,y'_n) \\ &= f_{X(t_1)\cdots X(t_n)}(x_1,\cdots,x_n)f_{Y(t_1)\cdots Y(t'_n)}(y'_1,\cdots,y'_n) \end{aligned} \tag{5.9}$$

5.3.2 기댓값

식(3.50), 식(3.51), 식(3.53)을 참조하여 다변 랜덤 변수의 기댓값에 대한 논의를 시작하고자 한자. 임의의 주어진 시간 t에 대하여 랜덤 프로세스 X(t)의 기댓값을 표현하면

$$\mu_{X(t)} = E[X(t)] = \int_{-\infty}^{\infty} x f_{X(t)}(x)dx \tag{5.10}$$

$$\sigma^2_{X(t)} = Var[X(t)] = \int_{-\infty}^{\infty} (x-\mu_{X(t)})^2 f_{X(t)}(x)dx \tag{5.11}$$

일반적으로 랜덤 프로세스의 평균과 분산은 pdf $f_{X(t)}(x)$가 시간에 의존하기 때문에 시간 변수에 의존한다. 이변량의 경우 식(4.32)를 사용하여 표현하면

$$E[X(t_1)X(t_2)] = \int_{-\infty}^{\infty}\int_{-\infty}^{\infty} x_1 x_2 f_{X(t_1)X(t_2)}(x_1, x_2)dx_1 dx_2 \tag{5.12}$$

두 랜덤 프로세스 $X(t)$와 $Y(t)$를 동시에 고려한다면

$$E[X(t_1)\,Y(t_2)] = \int_{-\infty}^{\infty}\int_{-\infty}^{\infty} x_1 y_2 f_{X(t_1)Y(t_2)}(x_1, y_2)dx_1 dy_2 \tag{5.13}$$

따라서 식(5.12)와 식(5.13)의 이변량 기댓값은 일반적으로 두 개의 변수 t_1, t_2에 의존한다.

예제 5.1

그림 5.2의 잡음 앙상블은 여현파 신호(진폭=1, dc=0)에 정규 가우시언 잡음을 더하여 얻어졌다. 이 앙상블로부터 측정된 값들은 평균 0과 일정한 분산(σ^2_X)을 갖는 가우시언이 될 것이다.

$$E[X(t)] = 0\text{와}\quad Var[X(t)] = \sigma^2_X = 1/2 + 1 = 3/2 \tag{5.14}$$

다른 랜덤 프로세스는 그림 5.3에 보였는데 여기서 앙상블은

$$Y(t) = \cos(\omega_0 t + \Phi) \tag{5.15}$$

이 앙상블에서 각 여현파의 위상은 ϕ인데, ϕ는 위상 변수 ϕ로부터 얻어진 관측 결과이다. ϕ의 관측 결과는 $\pm\pi$사이에서 랜덤하게 발생한다. 어느 특정한 시간이 선택된다 해도 문제는 되지 않기 때문에 식(5.15)은 랜덤 변수 ϕ의 함수로서 랜덤 변수 $Y(t)$를 표현할 수 있다. 즉 $Y(t) = g(\Phi)$. 기대값 연산자를 이용하여 $Y(t)$의 평균과 분산을 계산하면,

$$E[Y(t)] = \int_{-\infty}^{\infty} y(t,\phi) f_{\Phi}(\phi)d\phi = \frac{1}{2\pi}\int_{-\infty}^{\infty} \cos(w_0 t + \phi)d\phi = 0 \tag{5.16}$$

$$Var[Y(t)] = E[Y^2(t)] = \int_{-\infty}^{\infty} y^2(t,\phi) f_{\varphi}(\phi)d\phi = \frac{1}{2\pi}\int_{-\infty}^{\infty} \cos^2(\omega_0 t + \phi)d\phi = \frac{1}{2} \tag{5.17}$$

랜덤 프로세스 $Y(t)$의 평균과 분산은 시간에 독립적임을 알 수 있다.

예제 5.2

랜덤 프로세스의 세 번째 경우를 그림 5.4에 보였다. 이 앙상블의 각 샘플 함수는 똑같이 발생하는(equally likely) 양과 음의 펄스들의 시퀀스이다. 각 펄스의 주기는 T초이며 펄스 변환 시간은 그 앙상블 멤버들 사이에서 동기가 이루어지지 않았다. 임의의 시간 t에서 랜덤 프로세스로부터의 값들은 $\pm V$ 사이에서 똑같은 확률로 발생하다. 그러므로 pdf는 시간에 대하여 독립적이다:

$$f_{Z(t)}(z,t) = 0.5\delta(z+V) + 0.5\delta(z-V) \tag{5.18}$$

식(5.10)을 이용하면 다음을 찾을 수 있다.

$$E[Z(t)] = 0 \quad \text{and} \quad Var[Z(t)] = V^2 \tag{5.19}$$

일반적으로 한 랜덤 프로세스 $X(t)$가 시간에 따라 변하는 랜덤 변수이면, 이 랜덤성은 pdf보다 더 많은 정보에 의해 기술될 필요가 있다. pdf 그 자체만으로는 평균과 분산을 찾는데 사용되어질 수 있을 뿐이다. 이러한 두 기대값들은 서로 다른 랜덤 프로세스들 사이에서 발생되는 중요한 차이를 특징지을 수 없다.

5.4 정상성(Stationarity)

정상성이란 기댓값이 시간의 변화에 불변하다는 의미를 갖고 있다. 이는 기댓값을 계산하기 위해 사용된 랜덤 프로세스의 확률밀도 함수(pdf)가 시간의 변화(시간 이동)에 불변인 경우에 해당된다고 볼 수 있다. 먼저 식(5.5)에 보인 일반적인 다변 확률 밀도 함수의 경우를 생각해보자. *n차의 정상성*(stationarity of order n)이란 n차 다변 확률 밀도 함수가 임의의 시작 t_s 시간 이동에 대하여 불변하다는 것을 의미한다. 즉,

$$f_{X(t_1+t_s)X(t_2+t_s)\cdots X(t_n+t_s)}(x_1,x_2,\cdots,x_n) = f_{X(t_1)X(t_2)\cdots X(t_n)}(x_1,x_2,\cdots,x_n) \tag{5.20}$$

식(5.20)의 몇 가지 흥미 있는 경우에 대해 살펴보면 다음과 같다:

1차 정상성의 경우

$$f_{X(t_1+t_s)}(x) = f_{X(t_1)}(x) = f_X(x) \tag{5.21}$$

이 경우는 임의의 시간 이동에 대해 pdf는 불변이다. 따라서 시간과는 독립적임을 알 수 있다. 식(5.10)에 보인대로 이 랜덤 프로세스의 평균과 분산은 각각 상수임을 의미한다.

$$\mu_{X(t)} = \mu_X \tag{5.22}$$

$$\sigma^2_{X(t)} = \sigma^2_X \tag{5.23}$$

2차 정상성의 경우

$$f_{X(t_1+t_s)X(t_2+t_s)}(x_1,x_2)=f_{X(t_1)X(t_2)}(x_1,x_2) \tag{5.24}$$

두 랜덤 프로세스간의 임의의 시간 이동에 대하여 불변이므로 $t_1+t_s=t$라고 두어 정리하면 $t_2+t_s=t_2+t-t_1=t+(t_2-t_1)=t+\tau$를 얻는다. 여기서 τ는 두 랜덤 프로세스간의 ***시간차***를 나타낸다. 따라서 위 시간 관계식을 사용하여 식(5.24)를 랜덤 프로세스 $X(t)$와 $Y(t)$에 대해 표현하면

$$f_{X(t_1+t_s)Y(t_2+t_s)}(x_1,y_2)=f_{X(t_1)Y(t_2)}(x_1,y_2)=f_{X(t)Y(t+\tau)}(x_1,y_2) \tag{5.25}$$

n차 정상성의 경우 : 협의의 정상적(SSS: Strict-sense Stationary) **랜덤 프로세스**

랜덤 프로세스의 1차 pdf가 시간과 무관하고, 두 시점에서의 결합 pdf가 시간차 t_2-t_1에만 의존하며 일반적으로 n개의 시점에 대한 결합 pdf가 시간차인 t_2-t_1, t_3-t_1, $\cdots$, t_n-t_1만의 함수로 표현될 경우로 식(5.20)이 적용되는 경우이다.

n차 정상성의 경우 : 광의의 정상적(WSS: Wide-sense Stationary) 랜덤 프로세스

랜덤 프로세스의 기댓값과 분산이 시간과 독립적이고 자기 상관함수가 두 시점의 시간차인 $\tau=t_2-t_1$만의 함수로 표현되고 그 외의 어떤 조건도 주어지지 않은 경우로서 pdf에 대한 어떤 조건도 요구되지 않는 경우이다. 아마도 가장 광범위한 활용성을 갖는다.

$$\mu_X=E[X(t)] \tag{5.26}$$

$$E[X(t_1)X(t_2)]=E[X(t)X(t+\tau)] \tag{5.27}$$

식(5.26)에서 광의의 랜덤 프로세스의 평균은 필연적으로 상수이며, 식(5.27)에서 광의의 랜덤 프로세스의 자기상관은 절대시간 t와는 독립적이다. 또한 식(5.26)과 식(5.27)은 $\tau=t_2-t_1=0$일 때 서로 연관되어 있음을 알 수 있다.

$$E[X(t)X(t)]=E[X^2(t)]=\sigma_X^2+\mu_X^2 \tag{5.28}$$

만일 랜덤 프로세스가 1차, 2차 정상성을 가지면 당연히 광의의 정상적 랜덤 프로세스가 된다. 그 역은 반드시 성립하지 않는다.

두 랜덤 프로세스 $X(t)$와 $Y(t)$를 동시에 고려한다면 정상성에 관한 진술은 필요에 따라 직접적인 방법으로 수정될 수 있다. 예를 들어 $X(t)$와 $Y(t)$가 *결합적으로 광의의 정상적 랜덤 프로세스*라면 $\tau=t_2-t_1$ 관계를 사용하여 다음과 같이 기댓값과 상관을 표현할 수 있다:

$$E[X(t_1)Y(t_2)]=E[X(t)Y(t+\tau)] \tag{5.29}$$

$$E[Y(t_1)X(t_2)] = E[Y(t)X(t+\tau)] \tag{5.30}$$

5.5 상관 함수

5.5.1 자기 상관 함수

상관 관계는 평균과 분산으로는 충분히 설명될 수 없는 랜덤 프로세스의 특성을 설명할 수 있는 한 방법이다. 평균과 분산은 모두 pdf에 의존하며, 이는 pdf가 단지 한 순간에서의 시간을 포함할 뿐이다. 반면에 상관 관계는 이변량 변수이다. 즉 서로 다른 두 시점 t_1, t_2를 포함하는 식(5.24)나 식(5.25)와 같은 이변량 pdf를 사용한다. 그러므로 ***자기 상관 함수***(autocorrelation function)를 다음과 같이 정의할 수 있다.

$$R_X(t_1, t_2) = E[X(t_1)X(t_2)] \tag{5.31}$$

광의적 랜덤 프로세스의 자기 상관 함수는 식(5.27)를 사용하여 다음과 같이 표현할 수 있다.

$$R_X(\tau) = E[X(t)X(t+\tau)] \tag{5.32}$$

이 식에서 시간 t와 τ는 임의적이다. 식(5.32)를 식(5.28)과 비교하면 식(5.32)를 $\tau=0$에서 평가된 자기 상관함수는 랜덤 프로세스의 제곱 평균임을 보여준다. 그런 의미에서 식(5.32)에서 $R_X(0)$를 일반적인 의미의 ***평균 전력***(Average Power)이라고 한다. 또한 식(5.28)과 $R_X(0)$를 연관지어 생각해보면 일반적으로 전체 평균 전력은 dc 평균 전력과 ac 평균 전력의 합으로 표현된다. 따라서

$$R_X(0) = E[X^2(t)] = dc\text{평균전력} + ac\text{평균전력} = \mu_X^2 + \sigma_X^2 \tag{5.33}$$

식(5.32)에서 $+\tau$대신에 $-\tau$를 자기 상관 함수식에 대입하여 표현하면

$$R_X(-\tau) = E[X(t)X(t-\tau)]$$

이제 $t-\tau=t'$로 변수 치환하여 윗 식에 대입하여 정리하면

$$R_X(-\tau) = E[X(t'+\tau)X(t')] = E[X(t')X(t'+\tau)]$$

을 얻는다. 식(5.32)의 정의식에 따르면 이는

$$R_X(-\tau) = R_X(\tau) \tag{5.34}$$

이 된다. 이는 자기 상관 함수 $R_X(\tau)$가 우(even) 함수임을 보여준다.

5.5.2 상호 상관 함수

자기 상관 함수 식(5.32)는 서로 다른 두 시점에서 발생하는 같은 랜덤 프로세스에서 나온 프로세스간의 상관을 연결해준다. 두 개의 서로 다른 랜덤 프로세스들과의 상관을 서로 비교하는 경우를 생각할 수 있다. 예를 들어 $X(t)$가 시스템의 입력이고 $Y(t)$가 시스템의 출력일 때의 $X(t)$와 $Y(t)$를 생각해 보자. 이러한 경우에 결합 pdf가 적용된다. $X(t)$와 $Y(t)$를 광의적 의미에서 정상적(wide-sense stationary)이라고 하자. 이때 $X(t)$와 $Y(t)$를 동시에 고려한다면 **상호 상관**(crosscorrelation) 함수는 다음과 같이 정의된다.

$$R_{XY}(\tau) = E[X(t)\,Y(t+\tau)] \tag{5.35}$$

$$R_{YX}(\tau) = E[Y(t)X(t+\tau)] \tag{5.36}$$

랜덤 프로세스 $X(t)$와 $Y(t)$가 결합 WSS라고 가정하면, 상관 함수는 여러 가지 중요한 성질을 갖는다.

예제 5.3

랜덤 프로세스 $Y(t)$가 다음과 같이 (그림 5.3 참조) 주어졌다고 하자.

$$Y(t) = A\cos(\omega_0 t + \Phi) \tag{5.37}$$

여기서 A와 ω_0는 상수이지만 위상인 Φ는 $[-\pi,\ \pi]$사이에 균일하게 분포된 랜덤 변수이다. 식(5.37)의 랜덤 프로세스는 가령 AM 혹은 FM 변조과정에서 랜덤 위상을 갖는 반송파를 나타내는 것으로 생각할 수 있다.
Φ에 대한 pdf는

$$f_\Phi(\phi) = \begin{cases} \dfrac{1}{2\pi}, & -\pi < \phi \le +\pi \\ 0, & \text{그밖의 영역} \end{cases} \tag{5.38}$$

이제 식(5.38)의 pdf를 사용하여 식(5.37)의 랜덤 프로세스에 대한 평균을 식(5.10)에 의해 계산할 수 있다.

$$\mu_Y = E[Y(t)] = \int_{-\infty}^{\infty} y(t,\phi) f_\Phi(\phi)\,d\phi = \frac{1}{2\pi}\int_{-\infty}^{\infty} \cos(w_0 t + \phi)\,d\phi = 0$$

이 경우 앙상블의 평균은 항상 0이다. 다음 자기 상관 함수를 구하면

$$\begin{aligned} R_Y(\tau) &= E[Y(t)\,Y(t+\tau)] = \int_{-\pi}^{\pi} A\cos(\omega_0 t + \phi) A\cos(\omega_0(t+\tau)+\phi)\frac{1}{2\pi}\,d\phi \\ &= \frac{A^2}{2}\cos\omega_0\tau \end{aligned}$$

이 예에서 자기 상관 함수는 시간 원점에 대하여 독립적이고, 절대 시간 t에 대하여 독립적이다. 단지 시간 차 τ에만 의존한다.

$$R_Y(\tau) = \frac{A^2}{2}\cos\omega_0\tau \tag{5.39}$$

식(5.37)에 기술된 랜덤 프로세스는 식(5.26)과 식(5.27)의 요구조건을 만족시키므로 광의의 정상적 랜덤 프로세스이다. 식(5.28)을 사용하여 앙상블의 평균은 상수임을 알 수 있다:

$$\sigma_X^2 = R_Y(0) = \frac{A^2}{2}$$

이 자기상관함수에 대한 그래프를 그림 5.5에 제시하였다. 식(5.34)에서 요구처럼 τ에 대하여 우함수임을 주목하라.

그림 5.5 식(5.37)의 랜덤 프로세스에 대한 자기상관함수의 그래프. 여기서 T는 여현파 함수의 주기($T = 2\pi/\omega_0$)를 나타낸다.

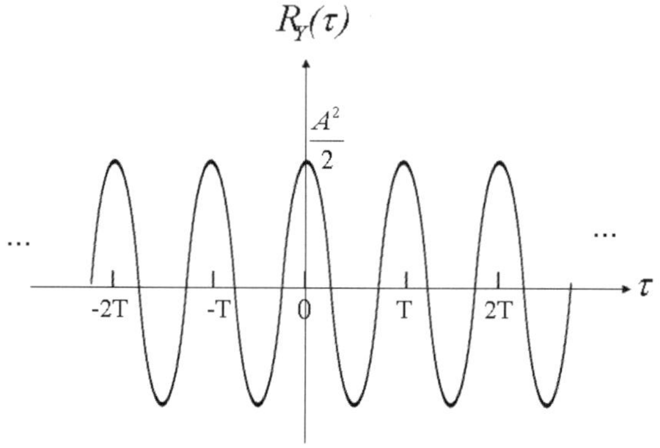

앞의 예제의 결과를 사용하여 다음 전개과정에서 몇 가지 관찰을 통해 일반화시켜보자. 식(5.37)의 임의의 특정 샘플 함수 $y(t)$를 관찰하면

$$y(t) = A cos(\omega_0 t + \phi)$$

여기서 ϕ는 $\pm\pi$ 범위의 특정한 값을 갖는다. 다시 말해서 위상값 ϕ가 알려지면 샘플함수 자체는 모든 시간($-\infty < t < \infty$)에 대하여 정확하게 규명되어진다. 이같은 특성을 갖는 랜덤 프로세스를 **결정적**(deterministic) **랜덤 프로세스**라고 한다.

이전 예제로 돌아가서 보면 자기 상관 함수 식(5.39)는 위상 랜덤 변수 Φ에 대한 아무런 정보를 갖고 있지 않다. 이는 일반적인 결과로서 *광의의 정상적 랜덤 프로세스에서 자기 상관 함수는 위상 정보를 잃어버린다.*

주기적 관계

만일 랜덤 프로세스 $X(t)$가 주기 T를 갖는다면,

$$X(t+T) = X(t) \tag{5.40}$$

식(5.32)의 자기 상관 함수식으로부터 자기 상관 함수 역시 주기 T를 갖는 주기적인 함수가 된다.

$$R_X(\tau+T) = E[X(t)X(t+\tau+T)] \tag{5.41}$$

식(5.40)로부터 주기적 관계를 사용하면 식(5.41)은

$$R_X(\tau+T) = E\ [X(t)X(t+\tau)] = R_X(\tau) \tag{5.42}$$

이는 *$X(t)$가 주기 T를 갖는 광의의 정상적 랜덤 프로세스라면 자기 상관 함수 $R_X(\tau)$도 주기 T를 갖는 주기함수*이다. 유사한 관계식이 식(5.29)의 상호상관함수에 대해서도 성립된다.

$$R_{XY}(\tau+T) = R_{XY}(\tau) \tag{5.43}$$

대칭 성질

자기 상관 함수는 우함수이다.

$$R_X(-\tau) = R_X(\tau) \tag{5.44}$$

이를 보이기 위해 다음과 같이 놓자.

$$R_X(-\tau) = E[X(t)X(t-\tau)]$$

변수 치환에 의해 $w = t-\tau$ 를 윗식에 대입하면

$$R_X(-\tau) = E[X(w+\tau)X(w)]$$

곱셈의 교환 법칙을 적용하면 다음 식을 유도할 수 있다.

$$R_X(-\tau) = E[X(w)X(w+\tau)] = R_X(\tau)$$

그림 5.5에서 자기 상관 함수는 우함수임을 확인하였다.
상호상관 함수에 대해서도 이와 유사한 과정을 적용하면 다음의 식을 유도할 수 있다.

$$R_{XY}(-\tau) = R_{YX}(\tau) \tag{5.45}$$

상호상관 함수가 우함수가 아니라는 점에 주목하라. 식(5.45)에서 아래 첨자들의 순서가 중요하다.

예제 5.4

그림 5.4에 보인 앙상블의 각 샘플 함수는 일련의 펄스로 구성된 파형이다. 여기에 적용된 자기 상관 함수는 백색 잡음의 자기 상관 함수와는 매우 다른 결과를 나타낼 것이다. 각 펄스의 주기는 T초이며 펄스가 변하는 시점들이 앙상블간에 동기화되어 있지 않다. 각 펄스는 다른 펄스들과는 상관 관계가 없다. 임의의 시간 t에서 랜덤 프로세스의 값을 읽으면 똑같이 +V 혹은 -V가 된다. 그러므로 이에 관련된 pdf는 두 개의 값을 갖는 이산 랜덤 변수와 같다:

$$f_Z(z) = \frac{1}{2}\delta(z-V) + \frac{1}{2}\delta(z+V) \tag{5.46}$$

이 앙상블 랜덤 프로세스의 평균을 구하면 식(5.10)으로부터

$$\mu_Z = E[Z(t)] = \int_{-\infty}^{\infty} z\left(\frac{1}{2}\delta(z-V) + \frac{1}{2}\delta(z+V)\right)dz = 0 \tag{5.47}$$

평균이 0인 이 앙상블 랜덤 프로세스의 분산을 구하면

$$\sigma^2_Z = E[Z^2(t)] = \int_{-\infty}^{\infty} z^2\left(\frac{1}{2}\delta(z-V) + \frac{1}{2}\delta(z+V)\right)dz = V^2 \tag{5.48}$$

다음에, 이 랜덤 펄스의 앙상블에 대한 자기 상관 함수를 찾아보자. 이를 위해서 다음의 두 가지 경우로 나누어 생각해야 한다.

1. $|\tau| = |t_2 - t_1| > T$일 때 : 서로 다른 두 시점 t_1, t_2에서 얻어진 표본 펄스 함수의 값 $z(t_1)$과 $z(t_2)$는 $\tau = t_1 - t_2 > T$이므로 다른 주기의 펄스들로부터 얻어지는 경우에 해당된다(그림 5.6(b) 참조). 이같은 조건하에서 앙상블을 기술할 때 주어진 샘플 함수 내에 있는 한 주기 이상 떨어진 다른 펄스들은 서로 무관하다고 규정한다. 그러면 식(5.31), 식(4.37), 식(5.47)로부터 자기 상관 함수는 다음과 같이 쓸 수 있다.

$$\begin{aligned} R_Z(\tau) &= E[Z(t)Z(t+\tau)] = E[Z(t)]E[Z(t+\tau)] \\ &= \mu_Z^2 = 0, \quad |t_2 - t_1| > T \end{aligned} \tag{5.49}$$

2. $|\tau| = |t_2 - t_1| \le T$일 때 : 펄스 앙상블의 표본 함수의 값은 다른 펄스 혹은 같은 펄스로부터 얻어지는 경우에 해당된다(그림 5.6 (a) 참조). $|\tau|$ 구간 내에서 주기의 시작이 발생하는 사건을 $\overline{A}$라고 두자. 주기의 시작은 구간 (0, T)사이에서 균일하게 발생하므로 이같은 시작이 구간 내에서 발생할 확률은 구간의 폭에 비례한다. 즉

$$P(\overline{A}) = P\{|\tau| \text{ 구간내에서 주기시작}\} = \frac{|\tau|}{T}, \quad |\tau| \le T \tag{5.50}$$

구간 밖에서 주기의 시작이 발생하는 사건을 A라고 두면 이는 앞의 사건과 배타적 사건이므로

$$P(A) = 1 - P(\overline{A}) = 1 - \frac{|\tau|}{T}, \quad |\tau| \le T \tag{5.51}$$

그러면 조건부 기대값 식(3.139)과 전확률 정리 식(2.28)을 이용하여

$$\begin{aligned} R_Z(\tau) &= E[Z(t)Z(t+\tau)] \\ &= E[Z(t)Z(t+\tau) \mid A]P(A) + E[Z(t)Z(t+\tau) \mid \overline{A}]P(\overline{A}) \end{aligned} \tag{5.52}$$

만일 사건 A가 주어진 경우, t_1과 t_2가 같은 펄스 상에 있게 되므로

$$E[Z(t)Z(t+\tau) \mid A] = (\pm V)^2 = V^2 \tag{5.53}$$

반면에 만일 사건 $\overline{A}$가 주어진 경우 t_1과 t_2가는 다른 주기의 펄스 상에 있게 되므로 이들은 서로 상관이 없다고 규정하였다. 따라서

$$E[Z(t)Z(t+\tau) \mid \overline{A}] = E[Z(t)Z(t+\tau)] = E[Z(t)]E[Z(t+\tau)] = 0 \tag{5.54}$$

위의 $\overline{A}$와 A의 관계를 (5.52)와 결합하면

$$R_Z(\tau) = V^2(1 - \frac{|\tau|}{T}), \qquad |\tau| \le T \tag{5.55}$$

이러한 결과는 자기 상관 함수 $R_Z(\tau)$가 시간 원점에 대하여 독립적이라는 것을 보여준다. 정리하면

$$R_Z(\tau) = E[Z(t)Z(t+\tau)] = \begin{cases} V^2(1 - \frac{|\tau|}{T}), & |\tau| \le T \\ 0 & |\tau| > T \end{cases} \tag{5.56}$$

이제 자기 상관 함수가 어떻게 랜덤 프로세스를 특징짓는지를 관찰할 수 있다. 이 자기 상관 함수 식(5.56)를 그림 5.7에 도시하였다. 펄스 앙상블 랜덤 프로세스는 식(5.26)과 식(5.27)를 만족하므로 Z(t)는 WSS이다. 또한 원점에 대하여 대칭 함수이다. 샘플 함수의 다른 값들이 주기적으로 반복되는 것처럼 자기 상관 함수도 또한 주기적으로 반복된다. 그림 5.7에서 만일 $|\tau|$가 펄스의 폭(주기)보다 크다면 랜덤 펄스의 시퀀스에 대한 자기 상관 함수는 0이다. 그러나 펄스의 제한된 폭을 고려할 경우 자기 상관 함수는 0이 아니다.

끝으로 $\tau_c = T$ 시간을 **동기(coherence) 시간**이라고 한다. 전자기파의 전파 특성에서 coherence 시간은 전파되는 전자기파의 위상을 평균적으로 예측할 수 있는 시간 구간으로 정의한다. 다시 말해서 동기가 가능한 시간 간격이라고 본다.

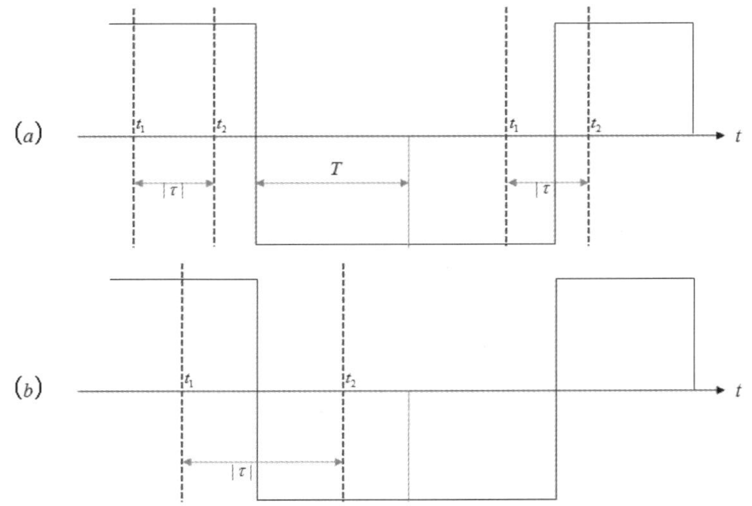

그림 5.6 랜덤 2진 펄스 신호에서 주기의 시작 위치가 (a) 구간 밖에서 발생하는 경우와 (b) 구간 내에서 발생하는 경우

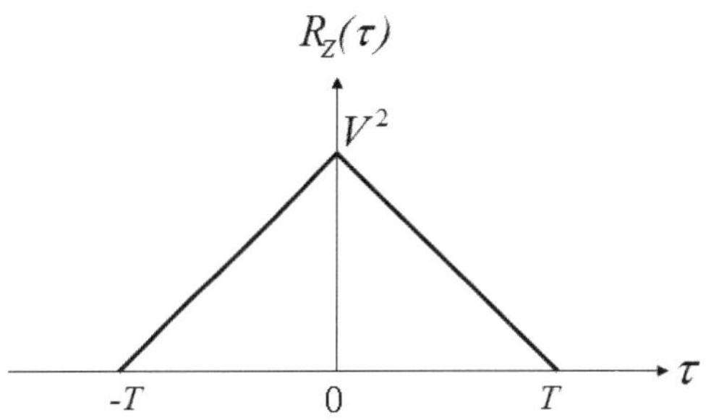

그림 5.7 펄스 앙상블의 랜덤 프로세스들에 대한 자기상관함수 그래프

펄스 시퀀스의 크기 스펙트럼은 sinc 함수 형태를 취하며 첫 번째 null 주파수를 대역폭(B)로 정의하기도 한다. 주기가 T인 펄스의 첫 번째 null(0) 주파수는 $1/T$=B이다. 따라서 coherence 시간은 대역폭에 반비례한다.

$$\tau_c \propto 1/B$$

일반적으로 고주파 잡음 랜덤 프로세스는 비교적 τ_c 가 작은 임펄스 모양의 자기상관 함수 특성을 갖는다. 그림 5.2~5.4에서 보인 세 개의 앙상블은 모두 WSS의 예로써 사용된다.

상관함수에 대한 한계 관계식(Bounding Relations)

WSS 랜덤 프로세스의 제곱의 평균이 상수일 때,

$$R_X(0) = E\,[X^2(t)] = \sigma_X^2 + \mu_X^2 \tag{5.57}$$

특히 $X(t)$가 평균이 0인 랜덤 프로세스이면, 제곱 평균값은 분산과 같으며 그림 5.2~5.4의 세 개의 앙상블 프로세스의 평균은 모두 0인 자기 상관 함수를 나타낸다.

WSS 랜덤 프로세스의 자기 상관 함수는 다음과 같이 $R_X(0)$의 값으로 제한됨을 보일 수 있다.

$$|R_X(\tau)| \le R_X(0) \tag{5.58}$$

식(5.58)을 증명하기 위해 다음 부등식으로부터 시작한다.

$$E\,[(X(t) \pm X(t+\tau))^2] \ge 0 \tag{5.59}$$

이 기대값은 제곱 함수이므로 음이 아니며, 이 부등식은 제곱을 전개하면

$$E\,[X^2(t) \pm 2X(t)X(t+\tau) + X^2(t+\tau)] \ge 0 \tag{5.60}$$

기댓값 연산을 수행하면,

$$R_X(0) \pm 2R_X(\tau) + R_X(0) \ge 0 \tag{5.61}$$

이 식으로부터 식(5.58)이 유도된다.

랜덤 프로세스 X와 Y의 상호 상관함수 값은 제곱 평균 $R_X(0)$과 $R_Y(0)$의 산술 평균값으로 제한되어 있다.

$$|R_{XY}(\tau)| \le \frac{1}{2}[R_X(0) + R_Y(0)] \tag{5.62}$$

비슷한 방법으로 평균 제곱 $R_X(0)$과 $R_Y(0)$의 기하 평균으로 상호 상관함수의 범위가 제한되어 있다.

$$|R_{XY}(\tau)| \le \sqrt{R_X(0) R_Y(0)} \tag{5.63}$$

식(5.62)와 식(5.63)의 상호상관함수에 관한 한계 범위가 참이라는 것을 아래의 전개과정을 통하여 보일 수 있다. 우선 두 랜덤 프로세스 $X(t)$와 $Y(t)$가 포함된 관계식에서 시작하자.

$$E\left[(X(t) \pm k Y(t+\tau))^2\right] \ge 0$$

여기서 k는 임의의 실수인 상수이다. 제곱을 전개하면,

$$E\left[X^2(t) \pm 2kX(t)Y(t+\tau) + k^2 Y^2(t+\tau)\right] \ge 0$$

다음 기대값을 구하면

$$R_X(0) \pm 2kR_{XY}(\tau) + k^2 R_Y(0) \ge 0 \tag{5.64}$$

만일 k=1이면, $R_X(0) + R_Y(0) \pm 2R_{XY}(\tau) \ge 0$을 얻는다.

이 식으로부터 바로 식(5.62)가 유도된다.

이제 식(5.64)로 돌아가서 k가 양의 실수인 상수라고 가정하자.

$$k^2 R_Y(0) + 2kR_{XY}(\tau) + R_X(0) \ge 0 \tag{5.65}$$

만약 이 관계식를 변수 k에 대한 2차 부등식 함수로 본다면, 위 2차 부등식 조건이 만족되려면 판별식이 비 양수(non-positive)이어야한다. 즉, 2차 함수는 허근을 가져야 한다.

$$D = \sqrt{(2R_{XY}(\tau))^2 - 4R_Y(0)R_X(0)} \le 0 \rightarrow 4R_{XY}^2(\tau) - 4R_X(0)R_Y(0) \le 0$$

이로부터 바로 식(5.63)이 유도된다.

거기에다 식(5.63)의 기하평균은 식(5.62)의 산술 평균보다 더 강한 바운드이기 때문에

$$\sqrt{R_X(0) R_Y(0)} \le \frac{1}{2}\left[R_X(0) + R_Y(0)\right] \tag{5.66}$$

이 성립된다.

공분산(Covariance)

만일 $X(t)$와 $Y(t)$가 평균 0이 아닌 랜덤 프로세스라고 하면

$$E[X(t)] = \mu_X\,, \quad E[Y(t)] = \mu_Y$$

공분산 함수를 정의하는 것이 편리하다. **자기 공분산(autocovariance) 함수**는

$$C_X(\tau) = E[(X(t) - \mu_X)(X(t+\tau) - \mu_X)] = R_X(\tau) - \mu_X^2 \tag{5.67}$$

$$(R_X(0) = E[X^2]\text{이므로 따라서 } C_X(0) = \sigma_X^2\text{이다.})$$

상호 공분산(crosscovariance) 함수는

$$C_{XY}(\tau) = E[(X(t) - \mu_X)(Y(t+\tau) - \mu_Y)] = R_{XY}(\tau) - \mu_X\mu_Y \tag{5.68}$$

유사한 관계식을 $C_Y(\tau)$와 $C_{YX}(\tau)$에 대해서도 쓸 수 있다.

자기 공분산 함수와 상호 공분산 함수는 각각의 랜덤 프로세스가 0의 평균을 가질 때는 단순히 자기 상관 함수와 상호 상관 함수가 된다. 위에서 언급한 상관 함수의 모든 성질은 공분산 함수에도 똑같이 적용된다. 많은 경우에 상관 함수를 사용하는 것이 더 의미를 부여할 수 있는데 - 비록 랜덤 프로세스의 평균이 0이 아니라 해도 - 그 이유는 **상관**(correlation)이라는 단어가 우리가 말하는 기대값의 물리적 의미를 더 정확하게 전달해 주기 때문이다.

5.5.3 두 WSS 랜덤 프로세스의 합

독립적인 두 WSS 랜덤 프로세스의 합으로 표현되는 새로운 랜덤 프로세스 $Z(t)$에 대한 경우를 고려해보자.

$$Z(t) = X(t) + Y(t) \tag{5.69}$$

이같은 경우,

$$R_Z(\tau) = E[Z(t)Z(t+\tau)]$$

$$R_Z(\tau) = E[(X(t) + Y(t))(X(t+\tau) + (Y(t+\tau))]$$

$$R_Z(\tau) = R_X(\tau) + R_{XY}(\tau) + R_{YX}(\tau) + R_Y(\tau) \tag{5.70}$$

만일 $X(t)$와 $Y(t)$가 직교하면 $R_{XY}(\tau) = 0 = R_{YX}(\tau)$이고, 식(5.70)은 다음과 같게 된다.

$$R_Z(\tau) = R_X(\tau) + R_Y(\tau) \tag{5.71}$$

이 결과는 부가적 결합의 두 직교 랜덤 프로세스(말하자면 신호와 잡음)간의 실제적인 예에 해당하므로 매우 중요하다.

$X(t)$와 $Y(t)$가 독립적이기 때문에 상호 상관 함수는 식(5.70)으로부터

$$R_{XY}(\tau) = R_{YX}(\tau) = \mu_X\mu_Y \tag{5.72}$$

랜덤 프로세스에서 상수와 주기적인 항

랜덤 프로세스 $Y(t)$가 단지 상수와 주기적 항을 포함한다고 가정하자. 그러면 식(5.40)과 식(5.44)로 인해

$$R_Y(\tau) = \mu_Y^2 + \sum_{k=1}^{\infty} C_k \cos(2\pi kt \ / T) \tag{5.73}$$

반면 랜덤 프로세스 $X(t)$는 어떠한 상수나 주기적 항을 포함하지 않는 백색 잡음과 같다고 가정하면 식(5.73)과는 반대로 자기 상관 함수는 시간 차이 $|\tau|$가 커짐에 따라 사라지게 된다.

$$\lim_{|\tau| \to \infty} R_X(\tau) = 0 \tag{5.74}$$

이러한 성질을 갖는 자기 상관 함수를 그림 5.7에서 살펴볼 수 있다. $\tau \to \infty$로 진행해감에 따라 식(5.71)의 자기 상관 함수 $R_Z(\tau)$에서 상수 값과 주기성을 갖는 랜덤 프로세스 $Y(t)$의 효과가 지배적이 된다고 결론을 내릴 수 있다.

예제 5.5

그림 5.8(a)에서 데이터의 앙상블은 주기적 신호와 랜덤한 잡음 프로세스의 합의 대표적인 형태이다. 잡음이 너무 커서 주기적인 신호가 무엇인지 결정할 수 없겠지만 이 데이터를 좀더 자세히 관찰해보면 주기적인 신호와 잡음 신호의 합의 형태라는 것을 볼 수 있다. 랜덤 프로세스 $W(t)$의 자기 상관 함수가 계산되었다고 가정하고, 그 결과를 그림 5.8(b)에 보였다. (다른 절에서 자기 상관 함수를 계산하는 방법을 보일 것이다.) 자기 상관 함수를 조사해 보면 **특이점**(singularity) 한 점을 갖는 원점 부분을 제외하고는 주기적이다. 자기 상관 함수의 성질은 $W(t)$가 그림 5.3과 같은 주기적 신호와 그림 5.2와 같은 잡음의 합이라는 것을 보여 준다.

$$W(t) = S(t) + N(t)$$

여기서 $S(t)$는 식(5.37)과 유사한 결정적인 랜덤 프로세스로 다음과 같이 표현하자.

$$S(t) = A cos(\omega_0 t + \Phi)$$

여기서 A, ω_0는 상수이며 Φ는 $\pm\pi$사이의 균일 분포를 갖는 랜덤 변수이다. $S(t)$의 자기 상관 함수는

$$R_S(\tau) = \frac{A^2}{2} cos(\omega_0 \tau)$$

이는 그림 5.5에 보인 것과 같다.

이제 랜덤 프로세스 $S(t)$와 $N(t)$가 서로 상관이 없다고 가정하면 이들은 또한 직교한다; 즉, $R_{SN}(\tau) = R_{NS}(\tau) = 0$이다. 그러므로 그림 5.8(b)에서 자기 상관 함수는 식(5.71)과 같은 2개 이상의 기본적인 자기 상관 함수들의 합이 된다.

$$R_W(\tau) = R_S(\tau) + R_N(\tau)$$

$R_N(\tau)$를 그림 5.8(a)에 보인 백색 잡음과 유사한 랜덤 프로세스 잡음과 관련지어 생각하면 일반적으로 잡음의 대역폭 $B \gg \omega_0/2\pi$인 관계를 만족한다. 평균이 0인 잡음 신호의 전형적인 자기 상관 함수 모양은 그림 5.7과 유사한 패턴을 갖는다. 잡음 신호의 동기(coherence) 시간 $\tau_c = \tau_N \propto \frac{1}{B}$인 관계를 가지므로 τ_N은 매우 작은 값을 가지게 된다. 극단적인 경우 완전 백색 잡음인 경우 잡음의 자기 상관 함수는 임펄스 형태의 모양을 취한다. 즉 $R_N(0) = \sigma_N^2$ 따라서 신호와 잡음으로 구성된 랜덤 과정의 자기 상관 함수는

$$R_W(\tau) = R_S(\tau) + R_N(\tau) = \frac{A^2}{2} \cos\omega_0\tau + \sigma_N^2 \tag{5.75}$$

그림 5.8(b)는 주기적인 신호의 전력($R_S(0) = \frac{A^2}{2}$)과 백색 잡음 신호의 전력($R_N(0) = \sigma_N^2$)를 나타내 보여주고 있다. 이로부터 잡음에 대한 *신호의 상대적인 전력비*(Signal-to-Noise Ratio, SNR)를 구할 수 있다.

$$S/N = A^2/2\sigma_N^2 \tag{5.76}$$

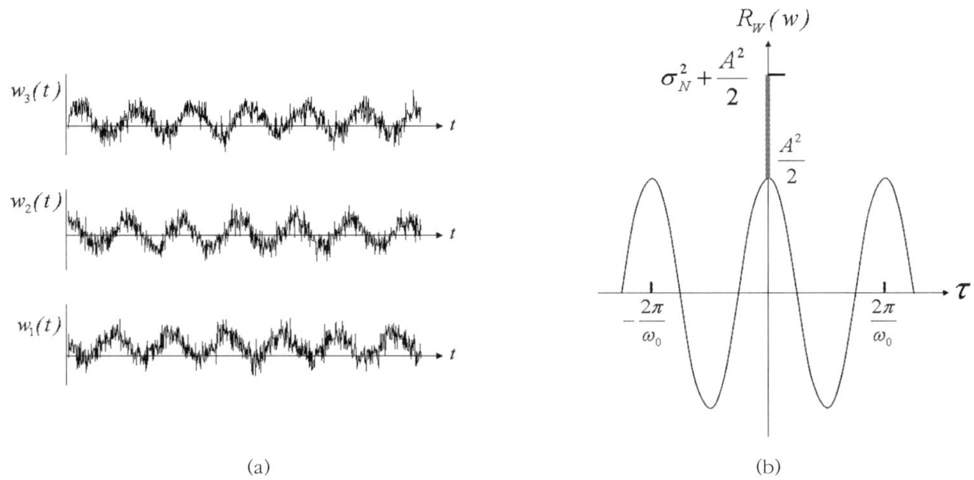

그림 5.8 (a) 앙상블 Y(t)에서 나온 함수들 (b) Y(t)의 자기 상관 함수

5.5.4 WSS 랜덤 프로세스의 곱

만일 $W(t)$가 두 개의 서로 상관이 없는 WSS 랜덤 프로세스의 곱으로 표현되는 경우를 생각해보자:

$$W(t) = X(t) \cdot Y(t) \tag{5.77}$$

$W(t)$의 평균은

$$E[W(t)] = \mu_W = E[X(t)]E[Y(t)] = \mu_X \mu_Y$$

$W(t)$의 분산은

$$\sigma_W^2 = E[(X(t)\,Y(t) - \mu_X \mu_Y)^2] = (\sigma_X^2 + \mu_X^2)(\sigma_Y^2 + \mu_Y^2) - \mu_X^2 \mu_Y^2$$

이 곱의 자기 상관 함수는

$$R_W(\tau) = E[W(t)\,W(t+\tau)] = E[X(t)\,Y(t)\,X(t+\tau)\,Y(t+\tau)] \tag{5.78}$$

$$= E[X(t)\,X(t+\tau)]E[\,Y(t)\,Y(t+\tau)] = R_X(\tau)\,R_Y(\tau)$$

여기서 주목할 것은 랜덤 프로세스의 곱의 자기 상관 함수는 개별 자기 상관 함수의 곱의 형태로 표현된다는 점이다. 이것은 통신이론의 변조와 복조와 같은 응용에서 발견되는 비선형 연산에서 유용하게 쓰일 수 있다.

예제 5.6

$X(t)$와 $Y(t)$가 서로 독립적이고 결합 WSS 랜덤 프로세스라고 가정하자.

$$X(t) = A\cos(\omega_1 t + \Theta_1)$$

$$Y(t) = B\cos(\omega_2 t + \Theta_2)$$

여기에서 독립적이란 의미는 위상 Θ_1과 Θ_2가 서로 독립 랜덤 변수임을 의미한다. 이제 예제 5.2의 식(5.38)을 사용하여 다음을 얻는다:

$$R_X(\tau) = \frac{A^2}{2}\cos\omega_1\tau$$

$$R_Y(\tau) = \frac{B^2}{2}\cos\omega_2\tau$$

이제 식(5.78)을 사용하면

$$R_W(\tau) = \frac{A^2B^2}{4}\cos\omega_1\tau\cos\omega_2\tau$$

$$= \frac{A^2B^2}{8}[\cos(\omega_1+\omega_2)\tau + \cos(\omega_1-\omega_2)\tau]$$

이 결과는 변조 과정의 전형적인 주파수 합과 차를 나타낸다. 이 결과를 좀 더 가시화하여 설명하는 더 좋은 방법은 전력 스펙트럼을 소개할 때 다시 언급될 것이다.

5.6 에르고딕(Ergodic) 랜덤 프로세스

식(5.31)에서 랜덤 프로세스의 자기 상관 함수를 앙상블 전체에 걸친 표본 프로세스들의 평균인 기댓값으로 소개하였다. 이 기댓값를 *통계적 평균*이라고도 부른다. 이를 다시 쓰면

$$R_X(\tau) = E[X(t)X(t+\tau)]$$

이같은 계산은 랜덤 과정과 랜덤 변수를 연관지울 수 있다는 관점에서 매우 바람직하다. 앙상블(ensemble)이란 이론적 관점에서 매우 흥미롭지만 실제적인 상황에서 앙상블의 데이터 집합을 구성하거나 생성하는 것은 매우 어렵고 비현실적이다. 반면에 시간(time)에 대한 샘플 데이터의 평균은 앙상블 평균에 비해 실제적인 이점을 갖는다. 본 절은 시간 평균이 앙상블 평균과 같은지? 시간 평균과 앙상블 평균으로서의 자기 상관함수가 같을 수 있는지? 어떤 조건하에 이 둘은 같은 의미로 해석될 수 있는지 살펴볼 것이다.

에르고딕 랜덤 프로세의 정의

한 표본 함수의 시간 평균이 전체 앙상블 평균과 같은 프로세스를 **에르고딕 랜덤 프로세스**라고 한다. 이같은 성질은 실제적으로 시간 평균값만이 구현 및 계산이 가능하다는 점에서 매우 중요한 의미를 갖는다.

시간에 대한 평균을 나타내기 위하여 $\langle x(t) \rangle$ 기호를 사용할 것이다:

$$< x(t) > = \lim_{T\to\infty}\frac{1}{T}\int_{-T/2}^{T/2} x(t)dt \tag{5.79}$$

식(5.79)에서 극한 과정은 평균을 취하는 시간 구간 T가 신뢰할 수 있는 결과를 줄 수 있을 만큼 충분히 크게 잡아야 할 것이다. 다른 시간 구간 T를 갖는 수치적 시뮬레이션이 필요할 수도 있다.

비슷한 방법으로 시간 평균으로서의 자기상관함수를 계산하면 다음과 같다:

$$< x(t)x(t+\tau) > = \lim_{T\to\infty}\frac{1}{T}\int_{-T/2}^{T/2} x(t)x(t+\tau)dt \tag{5.80}$$

식(5.79)와 식(5.80)에서와 같이 앙상블 평균값이 1차와 2차 통계량(즉 평균, 분산, 자기 상관 함수)에만 국한하여 동일할 수 있는데 이를 **광의의 에르고딕 랜덤 프로세스**라 하기도 한다.

자, 이제 앞에서 질문을 던졌던 앙상블 평균과 시간 평균으로서의 자기 상관 함수가 어떻게 서로 연관되어있는지 예제를 통하여 확인할 것이다.

예제 5.7

식(5.37)으로 표현된 결정적 랜덤 프로세스의 경우를 다시 검토하려고 한다.

$$Y(t) = A\cos(\omega_0 t + \Theta)$$

여기서 A와 ω_0는 상수이며, Θ는 $\pm\pi$사이에 균일하게 분포된 랜덤 변수이다. 랜덤 프로세스 $Y(t)$로부터 얻어진 한 대표적인 샘플 함수는

$$y(t) = A\cos(\omega_0 t + \theta)$$

여기서 θ는 $-\pi$와 $+\pi$사이의 범위 값을 갖는 상수이다. 식(5.80)에 대입하여 자기 상관 함수를 구하면

$$\begin{aligned} < y(t)y(t+\tau) > &= \lim_{T\to\infty}\frac{1}{T}\int_{-T/2}^{T/2} A\cos(\omega_0 t+\theta)A\cos[\omega_0(t+\tau)+\theta]dt \qquad (5.81) \\ &= \frac{A^2}{2}\lim_{T\to\infty}\frac{1}{T}\int_{-T/2}^{T/2}\{\cos(2\omega_0 t+\omega_0\tau+2\theta)+\cos(\omega_0\tau)\}dt \end{aligned}$$

여기서 $\cos(2\omega_0 t+\omega_0\tau+2\theta)$항은 시간 t에 대한 주기 함수이므로 적분 결과는 0이 된다. $\cos\omega_0\tau$항은 시간 t에 대하여 상수항처럼 작용하므로 적분 결과는 $\frac{A^2}{2}\cos\omega_0\tau$가 된다. 이를 종합하여 식(5.81)을 다시 쓰면

$$< y(t)y(t+\tau) > = \frac{A^2}{2}\cos\omega_0\tau\lim_{T\to\infty}\frac{1}{T}\int_{-T/2}^{T/2}dt = \frac{A^2}{2}\cos\omega_0\tau \qquad (5.82)$$

따라서 식(5.82)의 시간 평균 결과는 정확히 식(5.39)의 앙상블 평균 결과와 일치한다. 시간에 대한 샘플 함수 y(t)의 평균과 분산이 앙상블 평균과 분산과 같으므로 이 프로세스는 에르고딕 프로세스이다.

5.6.1 실제적인 고려 사항들

위 예제로부터 에르고딕 랜덤 프로세스는 실제적 상황에서 발생됨을 유추할 수 있다. 그러나 "에르고딕" 프로세스라는 가정을 작업하려는 어떤 랜덤 프로세스에 적용하기 전에 매우 조심스러워야 한다. "*에르고딕 랜덤 프로세스가 WSS하다*"라는 진술이 사실일지라도 그 역은 사실이 아닐 수도 있다.

실제적인 샘플 데이터에서 평균을 구하는 시간 구간 T는 극한을 취할 수 없는 어떤 유한한 구간일 수 있다. 이같은 경우는 아래에 지적한대로 식(5.80)에 또 다른 제약을 추가한다.

- x(t)는 WSS 랜덤 프로세스로부터 얻어진 샘플 함수라고 가정한다. 따라서 x(t)는 모든 시간 구간 $(-\infty < t < +\infty)$에 대하여 존재한다고 가정한다.
- 그러나 실제적으로 일정 시간 구간 (T)에 대해서만 x(t)를 안다고 가정하고 나머지 구간에 대해서는 0으로 처리한다. 따라서 x(t)의 일부분 샘플인 $x_T(t)$만을 고려한다:

$$x_T(t) = \begin{cases} x(t), 0 < t < T \\ 0, \quad \text{그외영역에서} \end{cases} \qquad (5.83)$$

그림 5.9 식(5.80)의 자기 상관 함수에 대한 실제적 제약 사항을 보여주는 에르고딕 프로세스의 샘플 함수

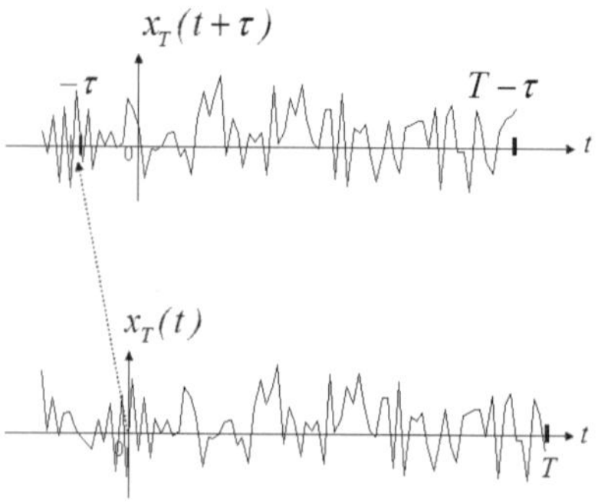

(WSS 랜덤 프로세스의 경우에 시간 구간을 $0<t<T$으로 잡든지 아니면 $-T/2<t<+T/2$으로 잡든지 상관없다.)

- 식(5.80)에서 자기 상관 함수 피적분항은 $x(t)$와 $x(t+\tau)$의 곱 혹은 식(5.83)을 사용하면 $x_T(t)$와 $x_T(t+\tau)$의 곱을 포함한다.
- $x_T(t)$와 $x_T(t+\tau)$의 plots을 그림 5.9에 제시하였다. 그림을 보면 적분 구간이 $0<t<T$에서 $0<t<T-\tau$로 감소되었다. 이 밖의 영역에서의 곱은 0이 되기 때문이다.
- (5.80)의 보다 실제적인 계산식은

$$<x(t)x(t+\tau)> \;\approx \frac{1}{T}\int_0^{T-\tau} x(t)x(t+\tau)dt, \quad \tau \geq 0 \tag{5.84}$$

$\tau \geq 0$인 요구 조건은 그림 5.9로부터 나온 것이며, 적분 구간 $0<t<T-\tau$는 $x_T(t)$를 τ만큼 왼편으로 이동시켰기 때문이다. 만일 오른편으로 τ만큼 이동되었다면 적분 구간은 $\tau<t<T$가 될 것이다.

- 에르고딕 프로세스의 가정과 식(5.84)의 실제적인 계산식을 사용한다는 전제하에서 자기 상관 함수는 다음 식과 같이 근사화 식으로 표현할 수 있다:

$$R_X(\tau) \approx \widehat{R_X}(\tau) = \frac{1}{T}\int_0^{T-\tau} x_T(t)x_T(t+\tau)dt, \quad \tau \geq 0 \tag{5.85}$$

- 식(5.85) 적분의 수치적 근사식은

$$\widehat{R_X}(\tau) = \frac{1}{N\Delta t}\sum_{k=0}^{N-1-\tau} x_T(k\Delta t)x_T(k\Delta t+\tau)\Delta t, \quad \tau \geq 0 \tag{5.86}$$

여기서 Δt는 샘플링 간격이며 $N\Delta t = T$를 만족한다.

예제 5.8

잡음 에르고딕 랜덤 프로세스로부터 샘플 전압을 측정하여 아래 그림 5.10에 도시하였다. 전체 시간 구간 1초 동안 1000개의 샘플이 얻어졌다고 한다. 따라서 샘플링 주파수는 $f_s = 1/\Delta t = 1/(1\text{sec}/1000) = 1KHz$가 된다. 컴퓨터의 메모리에 이 데이터가 $x_T(t)$로 저장되었다고 하자. 이제 식(5.86)의 자기 상관 함수를 구하기 위해 수치적 근사 알고리듬이 사용된다. 결과를 시간 구간 $\tau = 0$에서 $\tau = 100[ms]$까지 그림 5.10에 제시하였다.

그림 5.10은 평균이 0인 잡음의 특성을 보여준다. 이 잡음 프로세스의 자기 상관 함수는 근사적으로 $\tau > \tau_V$ 이상에서는 0으로 볼 수 있다. 잡음의 분산은 자기 상관 함수로부터 얻어진다:

$$E[X^2(t)] = \widehat{R}_X(0) = 0.517\,V^2$$

따라서 1Ω의 부하에 걸리는 샘플 잡음 전압은 $V_n = \sqrt{0.517\,V^2} = 0.719\,V_{rms}$

그림 5.10 에르고딕 랜덤 잡음의 한 segment에 대한 자기 상관 함수

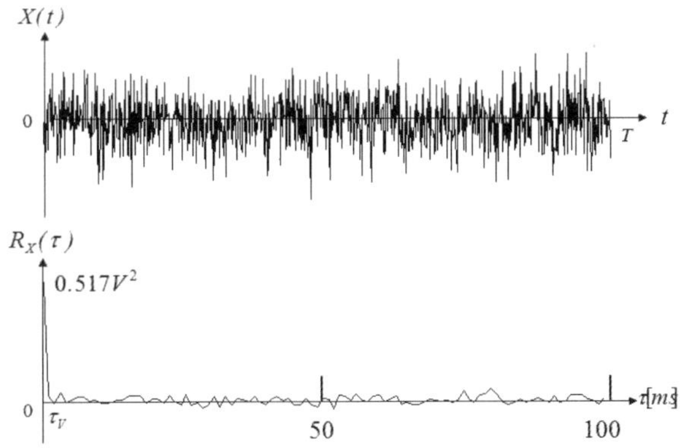

5.6.2 이산 데이터 시퀀스

샘플 함수에 대한 자기 상관 함수의 근사 계산식(5.86)은 크기가 N인 이산 데이터로 얻어지는 경우 자기 상관 함수 추정은 다음과 같이 계산된다:

$$r_X(n) = \frac{1}{N} \sum_{k=0}^{N-1-n} x(k)x(k+n) \tag{5.87}$$

여기에 사용된 소문자 $r_X(n)$은 이산 시퀀스에 대한 자기 상관 함수를 나타내기 위해 사용되었다.

5.6.3 상호 상관 함수

자기 상관 함수에 관하여 논의했던 설명을 그대로 상호 상관 함수로 확장할 수 있다. 예를 들면 식(5.80), 식(5.86), 식(5.87)과 비슷한 방법으로 $X(t)$와 $Y(t)$가 결합적으로 에르고딕 랜덤 프로세스라면 상호 상

관 함수를 정의하고 이에 대한 근사적 계산식을 얻을 수 있다:

$$< x(t)y(t+\tau) > = \underset{t\to\infty}{\mathrm{Lim}}\frac{1}{T}\int_{-T/2}^{T/2} x(t)y(t+\tau)dt \tag{5.88}$$

$$< y(t)x(t+\tau) > = \underset{t\to\infty}{\mathrm{Lim}}\frac{1}{T}\int_{-T/2}^{T/2} y(t)x(t+\tau)dt \tag{5.89}$$

상호 상관(cross-correlation) 함수에 대한 **추정량**(estimators)은 다음과 같다:

$$\widehat{R_{XY}}(\tau) = \frac{1}{N\Delta t}\sum_{k=0}^{N-1-\tau} x_T(k\Delta t)y_T(k\Delta t+\tau)\Delta t \ , \quad \tau \ge 0 \tag{5.90}$$

$$\widehat{R_{YX}}(\tau) = \frac{1}{N\Delta t}\sum_{k=0}^{N-1-\tau} y_T(k\Delta t)x_T(k\Delta t+\tau)\Delta t \ , \quad \tau \ge 0 \tag{5.91}$$

여기서 Δt는 샘플링 간격이며 $N\Delta t = T$를 만족한다.

크기가 N인 이산 데이터로 얻어지는 경우 상호 상관 함수 추정은 다음과 같이 계산된다:

$$r_{XY}(n) = \frac{1}{N}\sum_{k=0}^{N-1-n} x(k)y(k+n) \tag{5.92}$$

$$r_{YX}(n) = \frac{1}{N}\sum_{k=0}^{N-1-n} y(k)x(k+n) \tag{5.93}$$

5.7 전력 스펙트럼 밀도

본 절에서는 자기 상관 함수와 상호 상관 함수의 Fourier 변환 관계를 소개할 것인데, 결론적으로 말하자면 상관함수의 주파수 변환량은 전력 밀도를 나타내기 때문에 비음수(non-negative)임을 확인하게 될 것이다.

전 절에서 보았듯이 WSS 랜덤 프로세스들은 상관 함수를 사용하여 표현된다. 이러한 랜덤 프로세스들은 주파수 특성으로 표현되는 여러 가지 시스템들(변환기, 필터, 변조기, 채널, 부호기 등)에서 찾아볼 수 있다. 그러므로 WSS 랜덤 프로세스에 대한 스펙트럼 설명이 필요한데, Fourier 변환이 이를 잘 설명해주는 수단이다.

Fourier 변환은 그 성질에 의하여 곧 바로 WSS 신호에 적용될 수 없다. Fourier 변환은 변환 $X(w)$가 의미를 가지려면 신호 x(t)가 절대 적분 가능한(absolutely integrable) 함수[1] 혹은 제곱 적분 가능한(square integrable)함수[2]이어야 함을 요구한다. WSS 랜덤 프로세스로부터 나온 샘플 함수는 모든 시

그림 5.11 (a) 랜덤 프로세스 X(t)에서 나온 샘플 함수 x(t)의 예 (b) 폭 T의 윈도우는 |t| < T/2 동안만 x(t)를 볼 수 있으며, x(t)의 윈도우의 이 부분을 $x_T(t)$라고 둔다.

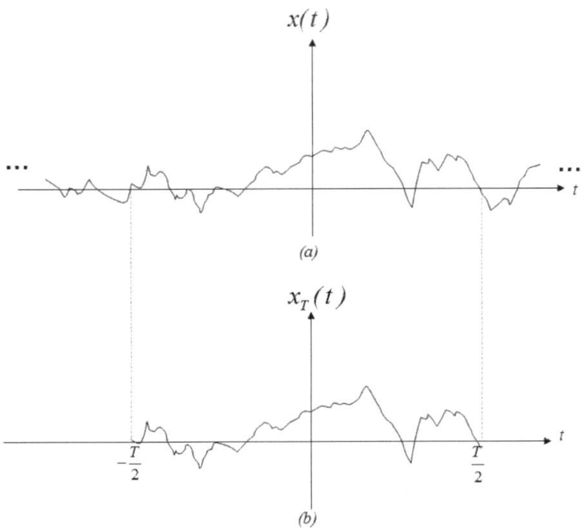

간에 대해 존재한다. 따라서 요구 조건인

$$\int_{-\infty}^{\infty} |x(t)|dt < \infty$$

가 WSS 랜덤 프로세스로부터 나온 임의의 한 샘플 함수만으로는 만족하는지 판단할 수 없다.

이같은 문제를 극복하기 위해 일정 시간 구간 T를 갖는 **창(window) 함수**를 생각하여 이 창을 통해서만 신호 $x(t)$를 고려한다:

$$x_T(t) = \begin{cases} x(t), & |t| \leq T/2 \\ 0, & |t| > T/2 \end{cases} \tag{5.94}$$

이 창 함수에 의한 신호의 표현을 그림 5.11에 나타내었다. 윈도우의 폭 T는 "충분히 크기만 하다면" 임의적이다. $T \to \infty$로 표시함으로써 이를 나타낸다. 그러나 데이터가 유한한 시간 구간 안에서 측정되어야 하기 때문에 윈도우는 실제적인 크기를 유지해야 한다.

T가 유한하기만 하면 Fourier 변환은 식(5.94)에 있는 창구간 내에서 정의된 $x_T(t)$의 샘플 함수에 적용될 수 있다. 결과의 Fourier 변환 쌍은 다음과 같다.

$$\text{프리에 순방향 변환}: X_T(\omega) = \int_{-\infty}^{\infty} x_T(t) e^{-j\omega t} dt \tag{5.95}$$

---

1) 절대 적분 가능한 함수가 되기 위한 조건은 $\| x \| = \int_{-\infty}^{\infty} |x(t)| dt < \infty$이다.

2) 제곱 적분 가능한 함수가 되기 위한 조건은 $\| x \|^2 = \int_{-\infty}^{\infty} |x(t)|^2 dt < \infty$이다.

$$\text{프리에 역방향변환:} \quad x_T(t) = \frac{1}{2\pi}\int_{-\infty}^{\infty} X_T(\omega)e^{j\omega t}d\omega \tag{5.96}$$

신호의 *전력*은 그 신호의 제곱항으로 표현할 수 있다. 이런 방식에 의한 전력의 정의는 저항을 1Ω으로 정규화시킨 전기회로에서의 일반화된 정의이다($P = VI = I^2R = V^2/R$). 만일 신호가 전압이나 전류가 아니고 1Ω의 단위 부하저항에서 전력을 소모한다고 가정하지 않는다면 전기회로에서의 watt의 단위가 아니고 신호의 제곱항을 단지 전력이라고 정의할 뿐이다. 전력의 일반화는 신호 처리에서 오랜 기간 사용되어 온 약속이므로 우리도 그 의미를 여기에서 사용할 것이다. 폭 T의 윈도우 내에서 신호 $x(t)$의 평균 전력은

$$P_T = \frac{1}{T}\int_{-T/2}^{T/2} x^2(t)dt$$

이 식에 창구간 내에서 정의된 $x_T(t)$의 샘플 함수식인 식(5.94)를 적용하면

$$P_T = \frac{1}{T}\int_{-\infty}^{\infty} x_T^2(t)dt \tag{5.97}$$

와 같이 고쳐 쓸 수 있다.

식(5.97)의 적분 인자의 한 요소에만 식(5.96)을 사용하여 고쳐 쓰면

$$P_T = \frac{1}{T}\int_{-\infty}^{\infty} x_T(t)\frac{1}{2\pi}\int_{-\infty}^{\infty} X_T(\omega)e^{j\omega t}d\omega dt$$

위 적분의 순서를 바꾸면

$$P_T = \frac{1}{2\pi T}\int_{-\infty}^{\infty} X_T(\omega)\int_{-\infty}^{\infty} x_T(t)e^{j\omega t}dtd\omega$$

식(5.95)의 변환식에서 $+\omega$대신에 $-\omega$로 대치하면 윗식은 다음과 같이 된다:

$$P_T = \frac{1}{2\pi T}\int_{-\infty}^{\infty} X_T(\omega)X_T(-\omega)d\omega$$

여기서 $x_T(t)$는 시간의 실수 함수이므로 식(5.95)를 이용하면

$$X_T(-\omega) = X_T^*(\omega) \tag{5.98}$$

여기서 *는 공액 복소수(complex conjugate)를 나타낸다. 그러면

$$P_T = \frac{1}{2\pi T}\int_{-\infty}^{\infty} |X_T(\omega)|^2 d\omega$$

일련의 식들을 요약하면 다음의 에너지 보존 법칙인 **Parseval의 정리**를 얻는다.

$$\text{시간영역에너지} = T \cdot P_T = \int_{-T/2}^{T/2} x^2(t)dt \tag{5.99}$$
$$= \frac{1}{2\pi}\int_{-\infty}^{\infty} |X_T(\omega)|^2 d\omega = \text{주파수공간에너지}$$

식(5.99)의 Parseval의 정리는 랜덤 프로세스의 앙상블로부터 취한 임의의 한 샘플 함수 $x(t)$에 적용된 경우이다. 이제 Parseval의 정리를 앙상블 전체의 랜덤 프로세스 $X(t)$로 확장시켜 보자. 이를 위해 창구 간에서 정의된 랜덤 프로세스 $X(t)$의 앙상블 X_T(t)의 Fourier 변환을 나타내기 위해 굵은 글씨체 $\boldsymbol{X_T}(\omega)$를 사용하면

$$\int_{-T/2}^{T/2} X^2(t)dt = \frac{1}{2\pi}\int_{-\infty}^{\infty} |\boldsymbol{X_T}(\omega)|^2 d\omega \tag{5.100}$$

식(5.99)에서의 샘플 함수 관계는 식(5.100)의 랜덤 프로세스 관계에 포함되어 있다. 이제 식(5.100)에 기대값을 취하면

$$E\left[\int_{-T/2}^{T/2} X^2(t)dt\right] = \frac{1}{2\pi}E\left[\int_{-\infty}^{\infty} |\boldsymbol{X_T}(\omega)|^2 d\omega\right]$$

적분과 기대값의 연산자 위치를 바꿔서 쓰면

$$\int_{-T/2}^{T/2} E\left[X^2(t)\right]dt = \frac{1}{2\pi}\int_{-\infty}^{\infty} E\left[|\boldsymbol{X_T}(\omega)|^2\right] d\omega$$

기댓값 $E[X^2(t)]$는 WSS 랜덤 프로세스인 경우 상수 값을 갖기 때문에 왼쪽의 적분을 계산하면

$$T \cdot E\left[X^2(t)\right] = \frac{1}{2\pi}\int_{-\infty}^{\infty} E\left[|\boldsymbol{X_T}(\omega)|^2\right] d\omega$$

다음 식(5.57)과 연계하면

$$T \cdot R_X(0) = \frac{1}{2\pi}\int_{-\infty}^{\infty} E\left[|\boldsymbol{X_T}(\omega)|^2\right] d\omega$$

이제 $T \to \infty$의 극한치(limit)를 취하면 WSS 랜덤 프로세스의 평균 전력에 대한 표현이 가능하다:

$$R_X(0) = \frac{1}{2\pi}\int_{-\infty}^{\infty} \lim_{T\to\infty}\frac{1}{T}E\left[|\boldsymbol{X_T}(\omega)|^2\right] d\omega$$

이 식은 두 개의 더 간단한 관계식으로 분리하여 표현할 수 있다. 이제 WSS 랜덤 프로세스 $X(t)$에 대

그림 5.12 주파수 대역 $w_1 < |w| < w_2$ 에서 0이 아닌 주파수 대역을 갖는 대역 제한 전력 스펙트럼 밀도 함수

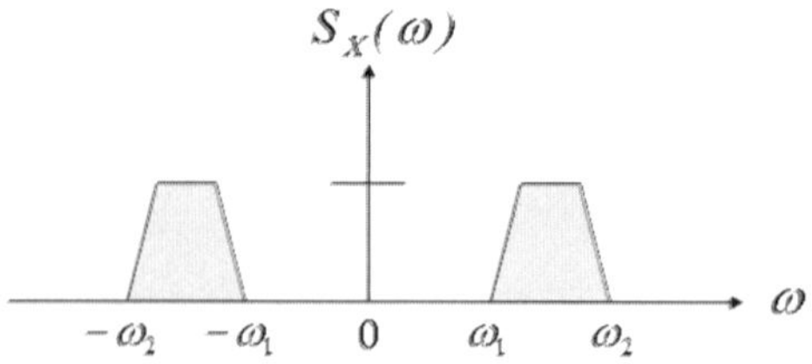

한 **전력 스펙트럼 밀도**(PSD:Power Spectral Density) $S_X(\omega)$를 다음과 같이 정의한다:

$$R_X(0) = \frac{1}{2\pi}\int_{-\infty}^{\infty} S_X(\omega)d\omega \tag{5.101}$$

$$S_X(\omega) = \lim_{T\to\infty}\frac{1}{T}E\left[|\boldsymbol{X}_T(\omega)|^2\right] \tag{5.102}$$

식(5.102)으로 정의된 PSD는 식(5.101)에 의해 자기 상관 함수 $R_X(\tau=0)$와 연관되어 있음을 알 수 있다. *전력 스펙트럼 밀도란 어떤 주파수 영역에서 평균 전력이 얼마나 분포되어 있는가를 규정해준다.* 만일 WSS 랜덤 프로세스 X(t)가 대역 제한 랜덤 프로세스라면 그 PSD는 그림 5.12와 같은 모양을 가질 것이다.

식(5.102)에서 $S_X(\omega)$의 정의 관계는 만만치 않은 문제이다. 특별한 응용에서 $S_X(\omega)$를 추정하는 것은 기술적 전문성을 요구한다. 그럼에도 불구하고 PSD의 어떤 성질이나 특성이 식(5.102)로부터 바로 도출될 수 있다.

식(5.102)의 기대값 연산자에 주목하자. 기대값이 뜻하는 바처럼 평균을 수행함이 없이 PSD의 추정을 시도한다면 아마 불안정한 추정의 결과를 초래할 것이다: 즉 부가적 데이터가 추정기의 분산을 증가시키는 원인을 일으킬지 모른다. 이런 잠재적 불안정을 갖는 추정량을 식(5.102)와 구별하기 위해 **periodograms**[3] 라고 부른다.

대칭성

PSD의 몇 가지 성질과 특징을 식(5.102)로부터 바로 유추할 수 있다. 식(5.102)에서 절대값의 제곱 형태를 띠기 때문에 PSD는 결코 음이 될 수 없다:

$$S_X(\omega) \geq 0, \quad \text{for 모든 } \omega \tag{5.103}$$

만일 어떤 주파수에서 PSD가 음이 된다면 PSD는 그러한 주파수에서 음의 전력을 의미하는데, 이같은

---

3) 데이터 시퀀스에 대한 periodogram은 $S_X(\omega) = \frac{1}{N}\left|\sum_{n=1}^{N} x_n e^{-j\omega n}\right|^2$ 식으로 주어진다. 이 공식은 시퀀스 $[x_1, x_2, \cdots, x_N]$로 정의된 신호의 전력 스펙트럼의 밀도를 추정하는데 사용된다.

신호는 허용되지 않으며 또한 식(5.102)의 유도과정에서 사용되었던 가정과도 모순이 된다.

또한 식(5.102)을 보면 절대값의 제곱 연산 때문에 PSD는 ω에 대한 실함수가 됨을 알 수 있다 ($\because |X_T(\omega)|^2 = X_T(\omega)X_T^*(\omega)$):

$$S_X^*(\omega) = S_X(\omega) \tag{5.104}$$

PSD는 실수일 뿐만 아니라 ω의 우함수이기도 하다.

$$S_X(-\omega) = S_X(\omega) \tag{5.105}$$

이 우함수 성질은 식(5.98)로부터 증명된다.

예제 5.9

한 랜덤 프로세스 $X(t)$에 대한 PSD($S_X(\omega)$)가 그림 5.13와 같이 주어졌다고 하자. 이 스펙트럼 밀도 함수 $S_X(\omega)$는 비 음수이며, 실함수이며, 또한 기함수임을 주목하라. 이 경우 $X(t)$의 전체 평균 전력 얼마인가?

전체 전력은 직류와 교류의 평균 전력의 합으로 주어짐을 식(5.57)에서 살펴보았다. 이제 식(5.101)로부터 구하면

$$R_X(0) = \frac{1}{2\pi}\int_{-\infty}^{\infty} S_X(\omega)d\omega = \text{면적}$$
$$= \frac{1}{2\pi}\left(\frac{1}{2}\times 2000\times 7\times 10^{-6}\right) = 0.001114\,V^2$$

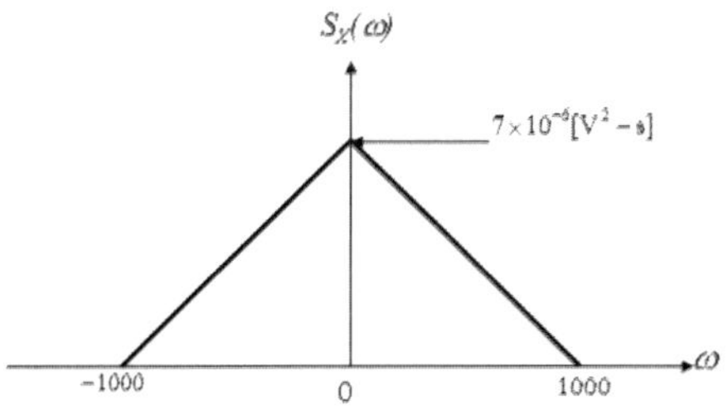

그림 5.13 랜덤 프로세스의 전력 밀도 함수와 전체 평균 전력 계산 문제

5.7.1 위너-킨친(Wiener-Khinchin) 관계

Wiener-Khinchin 관계는 부록 F 에 수록되어 있으며, 이 관계는 WSS 랜덤 프로세스에 대한 전력 스펙트럼 밀도 $S_X(\omega)$와 자기 상관 함수 $R_X(\tau)$가 Fourier 변환의 쌍을 이루고 있음을 설명해준다:

$$S_X(\omega) = \int_{-\infty}^{\infty} R_X(\tau)e^{-j\omega\tau}d\tau \tag{5.106}$$

$$R_X(\tau) = \frac{1}{2\pi}\int_{-\infty}^{\infty} S_X(\omega)e^{j\omega\tau}d\omega \tag{5.107}$$

τ=0일 때, 식(5.107)이 식(5.101)과 같아짐을 주목하라.

앞 절에서 전력 스펙트럼 밀도 함수와 자기 상관함수의 관계를 유도하는 과정에서 설명했던 성질들을 요약하면 다음과 같다:

- 전력 스펙트럼은 실함수이고 기함수이다.

$$S_X^*(\omega) = S_X(\omega)$$
$$S_X(-\omega) = S_X(\omega)$$

- 전력 스펙트럼은 비 음수이다.

$$S_X(\omega) \ge 0, \quad \text{모든 } \omega\text{에 대하여}$$

랜덤 프로세스 신호의 전체 평균 전력은 전력 밀도 함수의 적분과 같다.

$$E\{[X(t)|^2\} = R_X(0) = \frac{1}{2\pi}\int_{-\infty}^{\infty} S_X(\omega)d\omega = \frac{1}{\pi}\int_{0}^{\infty} S_X(\omega)d\omega$$

- 평균이 μ_X인 랜덤 프로세스의 전력 스펙트럼 밀도함수에는 주파수가 0인 위치(즉 dc 성분)에 크기가 $2\pi\mu_X^2$인 임펄스가 존재한다.

$$\int_{-\infty}^{\infty} \mu_X^2 e^{-j\omega\tau}d\tau = 2\pi\mu_X^2\delta(\omega)$$

- 랜덤 프로세스의 자기 공분산 함수 $C_X(\tau) = R_X(\tau) - \mu_X^2$의 프리에 변환은 전력 스펙트럼을 나타내며, 0인 주파수에 임펄스 전력 성분을 포함하지 않는다. $Z(t) = X(t) - \mu_X$라고 두면

$$S_X(\omega) = S_Z(\omega) + 2\pi\mu_X^2\delta(\omega) \tag{5.108}$$

전형적인 몇몇 자기 상관 함수와 전력 스펙트럼 밀도간의 프리에 변환 쌍을 [표5.1]에 나타냈다. 이에 대한 유도 과정은 장 뒤에 있는 연습문제를 풀어 증명해보기 바란다.

표 5.1 자기상관 함수와 전력 스펙트럼 밀도함수 간의 프리에 변환 관계

	자기 상관 함수	전력 스펙트럼 밀도
1. 여현 형태의 함수	$\cos\omega_0\tau$	$\pi[\delta(\omega-\omega_0)+\delta(\omega+\omega_0)]$
2. 임펄스 형태의 함수	$\delta(\tau)$	1
3. 지수 함수 형태	$e^{-a\lvert\tau\rvert},\ a>0$	$2a/(\omega^2+a^2)$
4. 삼각 모양의 함수	$\begin{cases} T(1-\lvert\tau\rvert/T), & \lvert\tau\rvert \le T \\ 0, & \text{그밖의 영역} \end{cases}$	$T^2\left(\frac{\sin\omega T/2}{\omega T/2}\right)$
5. 싱크 모양의 함수	$(\omega_B/\pi)\frac{\sin(\omega_B\tau)}{\omega_B\tau}$	$\begin{cases} 1, & \lvert\omega\rvert \le \omega_B \\ 0, & \text{그밖의 영역} \end{cases}$

이제 흥미 있는 몇 가지 대표적인 랜덤 프로세스에 대한 프리에 변환 관계를 조사해보고자 한다.

예제 5.10 단일 펄스형태의 구형파 프로세스

구형파의 시간함수 x(τ)를 다음과 같이 두자.

$$x(\tau)=\begin{cases} A, & \lvert\tau\rvert< T/2 \\ 0, & \text{그밖의 영역} \end{cases} \tag{5.109}$$

$x(\tau)$를 그림 5.14(a)에 도시하였다. $x(\tau)$의 Fourier 변환은 그림 5.14(b)에서 보이는 것과 같이 sinc 함수 형태를 취한다:

$$X(\omega)=AT\frac{\sin(\omega T/2)}{\omega T/2} \tag{5.110}$$

$x(\tau)$가 우함수이고, 식(5.58)의 평균 제곱의 한계(bound)를 만족하며 또한 절대 적분 가능(absolutely integrable)하다. 그러나 그림 5.14(b)에서 보는 바와 같이 $x(\tau)$의 변환은 식(5.103)을 만족하지 않는다. 이는 ω의 어떤 구간에서 음이 됨을 의미한다. 따라서 $x(\tau)$는 WSS 랜덤 프로세스의 자기 상관 함수가 될 수 없다.

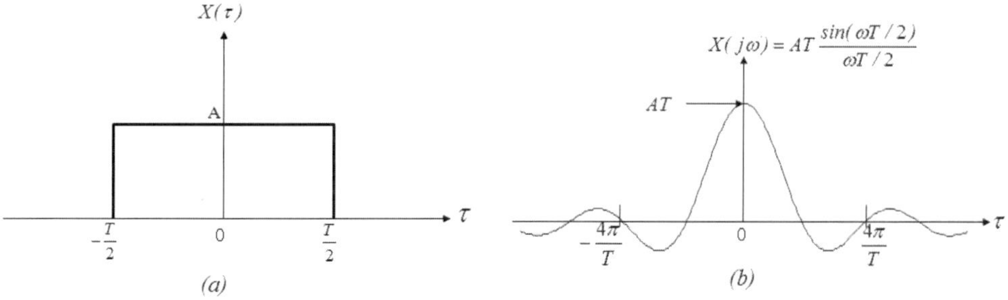

그림 5.14 (a) 구형파 시간 함수 (b) 이에 대한 Fourier 변환. 이 Fourier 변환 쌍은 PSD가 결코 음이 될 수 없기 때문에 자기 상관함수도 PSD도 될 수 없다.

예제 5.11 삼각 펄스형태의 프로세스

예제 5.10에서 프리에 변환 쌍 $x(\tau)$와 $X(\omega)$는 WSS 랜덤 프로세스의 자기 상관 함수도 PSD도 될 수 없음을 설명하였다. 그러나 구형파 $x(\tau)$를 그 자신과 **컨벌루션**(convolution) 적분을 수행 후 얻어진 삼각파 $y(\tau)$는 $y(\tau)=x(\tau)\odot x(\tau)$로 표현된다. 여기서 $\odot$는 컨벌루션 연산자를 나타낸다.

이 컨볼루션의 결과는 그림 5.15(a)에 보인 삼각파 함수 형태이다. $y(\tau)$에 대한 Fourier 변환은 "*시간 영역에서의 컨볼루션은 주파수 영역에서의 곱과 같다*"라는 프리에 성질로부터 유도된다.

$$Y(\omega)=X^2(\omega)=(AT)^2\left(\frac{\sin(\omega T/2)}{\omega T/2}\right)^2 \tag{5.111}$$

이 변환은 그림 5.15(b)에 예시되었으며, [표 5.1]의 4번째 항에 명시되었다. 이 Fourier 변환 쌍은 식(5.103)의 부등식 조건이 만족되므로 자기 상관 함수와 PSD가 될 수 있다. 사실상 그림 5.15(a)의 삼각파 함수는 그림 5.6의 WSS 랜덤 프로세스에 대한 자기 상관 함수와 같은 것이다.

그림 5.15 (a) 시간에 대한 삼각파 함수 (b) 이에 대한 프리에 변환. 식(5.103)의 부등식 조건이 만족되므로 이 프리에 변환 쌍은 자기 상관 함수와 PSD가 될 수 있다.

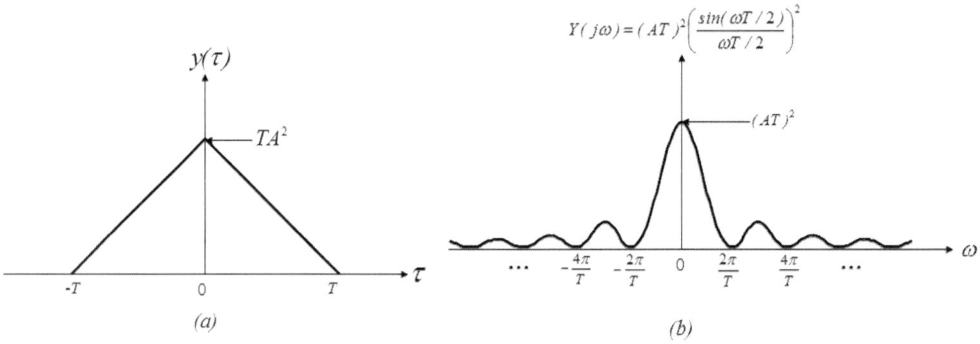

예제 5.12 대역제한 WSS 백색잡음의 프로세스

그림 5.16(b)의 전력 스펙트럼 밀도를 갖는 이상적인 랜덤 프로세스 신호를 나타내기 위해 $\omega_B$rad/s 이상의 모든 주파수들을 차단시키고 저주파 영역만을 필터에 의해 통과시키는 경우를 생각한다. 이 신호의 상관 함수는 식(5.107)을 이용하여

$$R_X(\tau)=\frac{1}{2\pi}\int_{-\omega_B}^{\omega_B}Ae^{j\omega\tau}d\omega=\frac{A\omega_B}{\pi}\left(\frac{\sin\omega_B\tau}{\omega_B\tau}\right) \tag{5.112}$$

을 얻는다. 이를 그림 5.16(a)에 도시하였다. 이는 $\boldsymbol{\omega}$와 $\boldsymbol{\tau}$의 역할이 바뀌었다는 것을 제외하고는 예제 5.10에서 사용된 것과 본질적으로 같은 Fourier 변환 쌍이다. 이 예제의 결과는 잡음을 공부할 때 유용하게 쓰일 것이다.

그림 5.16 (a) sinc 함수 형태의 상관 함수 (b) $|w| < \omega_B$일 때 균일한 스펙트럼을 포함하는 신호에 대한 PSD

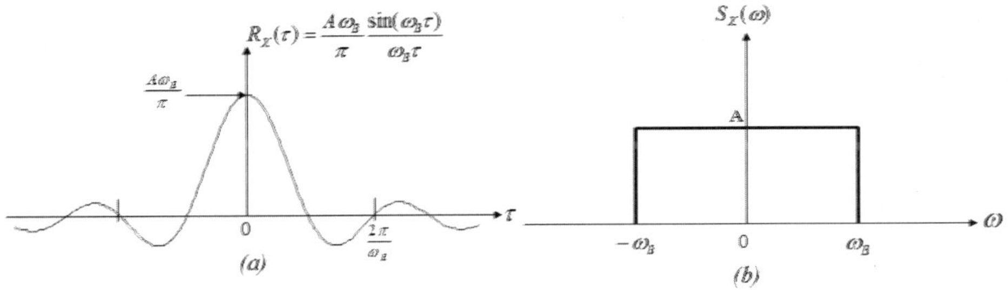

식(5.107)에 PSD를 소거하기 위해서 식(5.106)을 대입하면

$$R_X(\tau) = \frac{1}{2\pi}\int_{-\infty}^{\infty}\left[\int_{-\infty}^{\infty} R_X(\alpha)e^{-j\omega\alpha}d\alpha\right]e^{j\omega\tau}d\omega$$

이 적분 관계는 자기 상관 함수[4] $R_X(\tau)$와 동일하다. 여기서 α는 적분의 dummy 변수이고 τ와는 관련이 없는 변수이다. 적분의 순서를 바꾸면,

$$R_X(\tau) = \int_{-\infty}^{\infty} R_X(\alpha)\left[\frac{1}{2\pi}\int_{-\infty}^{\infty} e^{-j\omega(\alpha-\tau)}d\omega\right]d\alpha \tag{5.113}$$

이 관계는 자기 상관 함수 $R_X(\tau)$와 등식(identity)인 관계이다. 다음 Dirac-delta 함수 $\delta(t)$의 기본적인 적분 성질을 윗 식에 적용하면,

$$\int g(x-x_0)\delta(x)dx = g(x_0)$$

식(5.113)으로부터 Dirac-delta 함수에 대한 다음 표현을 얻을 수 있다.

$$\frac{1}{2\pi}\int_{-\infty}^{\infty} e^{-j\omega(\alpha-\tau)}d\omega = \delta(\alpha-\tau) \tag{5.114}$$

식(5.114)를 다음과 같이 일반화시킬 수 있다.

$$\int_{-\infty}^{\infty} e^{\pm jxy}dx = 2\pi\delta(y) \tag{5.115}$$

식(5.115)의 유용성은 다음 두 예제[5]에서 찾아 볼 수 있다.

4) 특히 자기 상관 함수에 대해 여기에 쓰여졌지만 임의 함수 f(t)에 대해서도 성립되는 등식이다.
5) (5.115) 표현은 일반적이며 응용의 필요에 따라 y는 τ 혹은 ω를 나타낼 수 있다.

예제 5.13 WSS 백색 잡음의 랜덤 프로세스

이상적인 경우를 가정하여 PSD $S_X(\omega)$가 모든 주파수에서 상수인 A 값을 갖는다고 하자:

$$S_X(\omega) = A, \quad |\omega| < \infty$$

이와 연관된 자기 상관 함수를 구하기 위해 식(5.107)를 사용하면

$$R_X(\tau) = \frac{A}{2\pi}\int_{-\infty}^{\infty} e^{j\omega\tau} d\omega$$

이 적분은 통상적인 의미에서는 아무런 의미가 없지만 식(5.115)를 이용하면 다음과 같이 쓸 수 있다.

$$R_X(\tau) = A\delta(\tau)$$

이것은 이상적인 랜덤 백색 잡음 과정의 표현이다. 그림 5.1(b)에서처럼 잡음이 완전히 랜덤한 경우 본 예제의 경우에서처럼 Fourier 변환을 적용시킬 수 있다고 가정한다. 평균이 0이고 분산이 σ_X^2인 백색 랜덤 잡음 신호의 자기 상관 함수는

$$R_X(\tau) = \sigma_X^2\delta(\tau)$$

로 주어진다. 따라서 임펄스 형태의 자기 상관 함수를 갖는 이상적인 잡음은 모든 주파수 성분을 균일하게 갖으며, 이에 대한 전력 스펙트럼 밀도는 모든 주파수에 대하여 일정하다:

$$S_X(\omega) = \sigma_X^2$$

약속에 의하여 이같은 특성을 갖는 잡음을 **백색 잡음**(white noise)[6]이라고 부른다. 백색 잡음에 대하여 평균 전력 $R_X(0)$을 보면 모든 전력이 한 곳($\tau = 0$)에 집중된 형태이므로 아무런 물리적 의미를 부여할 수 없는 실현 불가능한 프로세스이다.

예제 5.14 랜덤 위상을 갖는 정형파 형태의 주기적 랜덤 프로세스

예제 5.3에 살펴본 결정적 랜덤 프로세스로 기술된 주기적 신호는

$$V(t) = V_p \cos(\omega_c t + \Theta)$$

여기서 A와 ω_c는 상수이지만 위상인 Θ는 $[-\pi, \pi]$사이에 균일하게 분포된 위상 랜덤 변수이다.

이에 대한 자기 상관 함수는 다음과 같이 주어짐을 예제 5.2(식 5.39)에서 살펴보았다.

6) 백색 광은 모든 가시광의 파장에 대하여 균일한 전력 성분으로 구성되어 있다. 비슷하게 백색 잡음은 모든 주파수에 대하여 균일한 전력 성분을 갖는다.

$$R_V(\tau) = \frac{V_p^2}{2} \cos\omega_c\tau = V_{rms}^2 \cos\omega_c\tau$$

이에 대한 PSD는 식(5.106)을 이용하여 얻어진다.

$$S_V(\omega) = V_{rms}^2 \int_{-\infty}^{\infty} \cos\omega_c\tau e^{-j\omega\tau} d\tau$$

여현(cosine) 함수를 지수 함수의 형태로 고쳐 표현하면

$$S_X(\omega) = \frac{V_{rms}^2}{2} \int_{-\infty}^{\infty} \exp[-j(\omega-\omega_c)\tau] d\tau + \frac{V_{rms}^2}{2} \int_{-\infty}^{\infty} \exp[-j(\omega+\omega_c)\tau] d\tau$$

식(5.115)를 이용하면 다음의 식을 얻는다.

$$S_X(\omega) = \pi V_{rms}^2 \ \delta(\omega-\omega_c) + \pi V_{rms}^2 \ \delta(\omega+\omega_c)$$

평균 전력을 얻기 위해 이 결과를 식(5.101)에 대입하여 정리하면

$$R_X(0) = \frac{1}{2\pi} \int \left[\pi V_{rms}^2 \ \delta(\omega-\omega_c) + \pi V_{rms}^2 \ \delta(\omega+\omega_c)\right] d\omega = V_{rms}^2$$

본 예제에서 논하는 랜덤 프로세스는 랜덤 위상각을 갖는 정현파 전압이며, 이같은 랜덤 프로세스의 평균 전력은 $\omega = \pm\omega_c$에 집중되어 있다. 이같은 임펄스 형태의 PSD 함수가 존재하는 경우 주기적인 성분에 전력이 존재하게 된다. 이와 비슷한 형태의 평균 전력을 갖는 예제 5.8의 그림 5.13을 보면 이 경우에는 임펄스 형태의 PSD 함수가 존재하지 않는다. 따라서 그림 5.13과 같은 PSD를 갖는 랜덤 프로세스에는 주기적인 성분에 전력이 존재하지 않는다.

그림 5.17 주파수 ω_c인 결정적 랜덤 프로세스에 대한 PSD

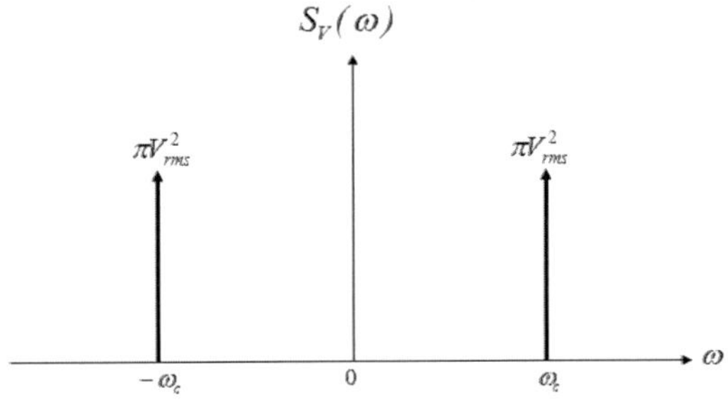

5.7.2 두 개의 WSS 랜덤 프로세스의 합과 곱

만일 X(t)와 Y(t)가 서로 상관이 없는 WSS 랜덤 프로세스이고, 각 평균이 0을 갖는다면, 이들의 합의 자기 상관은 식(5.71)에서 각각의 자기 상관 함수의 합임을 알았다. Fourier 변환의 선형성 때문에 합의 PSD는 각 PSD의 합이 됨을 식(5.71)로부터 유도된다.

$$S_Z(\omega) = S_X(\omega) + S_Y(\omega) \tag{5.116}$$

더욱이, 두 개의 서로 무관한 WSS 랜덤 프로세스 X(t)와 Y(t)가 곱해진다면 식(5.78)에 의하여

$$R_Z(\tau) = R_X(\tau) R_Y(\tau)$$

Wiener-Khinchin 관계 식(5.106)을 이용하여 $S_Z(\omega)$를 얻으면.

$$S_Z(\omega) = \int_{-\infty}^{\infty} R_X(\tau) R_Y(\tau) e^{-j\omega\tau} d\tau$$

식(5.107)을 이용하여

$$S_Z(\omega) = \int_{-\infty}^{\infty} R_X(\tau) \frac{1}{2\pi} \int_{-\infty}^{\infty} S_Y(\alpha) e^{j\alpha\tau} d\alpha e^{-j\omega\tau} d\tau$$

적분의 순서를 바꾸면

$$S_Z(\omega) = \frac{1}{2\pi} \int_{-\infty}^{\infty} S_Y(\alpha) \int_{-\infty}^{\infty} R_X(\tau) e^{-j(\omega-\alpha)\tau} d\tau d\alpha$$

그리고 나서, 식(5.106)을 다시 이용하면

$$S_Z(\omega) = \frac{1}{2\pi} \int_{-\infty}^{\infty} S_Y(\alpha) S_X(\omega - \alpha) d\alpha \tag{5.117}$$

이 convolution 관계는 신호의 변조와 복조의 응용에 중요하다.

5.7.3 상호 스펙트럼(Cross-spectrum) 밀도

전력 스펙트럼 밀도는 Wiener-Khinchin 관계식(5.106)과 식(5.107)에서 보는 것처럼 자기 상관 함수만으로 정의된다. 또한 상호 상관 함수의 Fourier 변환식으로부터 **상호 스펙트럼 밀도**(cross-spectral density)를 정의할 수 있다.

$$S_{XY}(\omega) = \int_{-\infty}^{\infty} R_{XY}(\tau) e^{-j\omega\tau} d\tau \tag{5.118}$$

$$R_{XY}(\tau) = \frac{1}{2\pi} \int_{-\infty}^{\infty} S_{XY}(\omega) e^{j\tau\omega} d\omega \tag{5.119}$$

PSD의 뚜렷한 성질들은 상호 스펙트럼 밀도(CSD)에 적용되지 않지만,

CSD는 다음과 같은 성질들을 갖는다.

$$S_{XY}^*(\omega) = S_{YX}(\omega) \tag{5.120}$$

$$S_{XY}(-\omega) = S_{YX}(\omega) \tag{5.121}$$

첫 번째 식은 상호 상관 함수가 실수이므로 성립되며, 두 번째 식은 대칭관계 식(5.34)로 인해 유도된 것이다. 선형 시스템에서 랜덤 프로세스를 논의할 때 CSD 주제를 다시 다룰 것이다.

5.7.5 실제적인 고려사항들

스펙트럼 추정은 본 서에서 다루기에는 너무나 광범위한 주제를 다루는 전문성을 요구하는 신호처리의 중요한 주제[7]이기도 하다. 그러나 실제적인 경우에 PSD를 추정할 수 있는 배경과 방법을 소개하는 것은 본 장의 주제를 이해하는 데 도움을 줄 것이다. 위너-키친 관계식 (5.106)으로부터 유도된 한 방법은 $\exp(-j\omega\tau) = \cos\omega\tau - j\sin\omega\tau$인 관계를 적용하여 다음과 같이 표현 가능하다:

$$S_X(\omega) = \int_{-\infty}^{\infty} R_X(\tau)(\cos\omega\tau - j\sin\omega\tau)d\tau$$

우함수와 기함수의 곱의 적분 성질을 사용하면 두 번째 피적분 항은 사라진다.

$$S_X(\omega) = \int_{-\infty}^{\infty} R_X(\tau)(\cos\omega\tau)d\tau = 2\int_{0}^{\infty} R_X(\tau)\cos\omega\tau\, d\tau \tag{5.122}$$

식(5.122)의 적분 수행은 ω를 변수로 한 수치해석 방법을 사용하여 얻어질 수 있다.

또 다른 한 방법은 유한한 크기(T-구간)로 데이터 시퀀스를 나누고 이에 대한 Fourier 변환값을 얻어 제곱 평균을 취하는 방법이다:

$$S_X(\omega) \approx \frac{1}{T}E[|X_T(j\omega)|^2] \tag{5.123}$$

식(5.123)에서 T 값은 충분히 크도록 잡아야 하며 기댓값 연산 대신에 산술적 평균 기법을 사용하면 될 것이다. 여기에 속하는 고전적인 방법 중의 하나는 "*periodogram*"일 것이다.

5.8 선형 시스템[8]

공학도들은 랜덤 프로세스를 특성화하기 위해 PSD를 사용할 뿐만 아니라, 원하는 주파수 특성을 갖는 시

---

7) MATLAB의 Signal Processing Toolbox는 스펙트럼 추정에 대한 다양한 함수를 제공한다. 자세한 설명을 원하는 경우 http://www.mathworks.com/access/helpdesk/help/toolbox/signal/f12-6587.html#f12-20691 참조하라.

8) 본 절은 독자들의 수준에 따라 생략할 수도 있다.

스템(필터)을 설계하기 위해서 PSD를 사용한다. 상호 스펙트럼 밀도(CSD)는 두 개의 다른 랜덤 신호 사이의 관계를 나타내기 위해 사용된다. 또한 시스템의 입력에서의 랜덤 프로세스와 출력에서의 랜덤 프로세스를 비교함으로써 시스템의 프로세스 응답을 설명하는 데에 사용된다. 이를 위해 *선형(linear)*, *시불변(time-invariant)*, *인과(causal)*, *수동(passive)*인 시스템들이 사용될 것이다. 선형성은 중첩 원리를 사용할 수 있음을 의미한다. 시불변이란 시스템의 출력이 인가한 시스템의 입력 시간에 의존하지 않음을 의미한다. 시스템의 인과(causal) 성질은 모든 $t<0$일 때 임펄스 응답이 0이라는 것을 의미하며, 반면에 시스템의 수동(passive) 성질은 임펄스 입력에 대한 시스템 응답이 유한한 양의 에너지를 포함한다는 것을 의미한다.

전달함수가 $H(j\omega)$인 선형 시스템의 입출력 관계를 라플라스(Laplace) s-영역에서 표현하면

$$Y(s)=H(s)X(s)$$

여기서 $X(s)$와 $Y(s)$는 각각 입력 신호 $x(t)$와 출력 신호 $y(t)$에 대한 라플라스 변환[9]이다. 이를 시간 영역에서 convolution 적분식으로 표현된다:

$$y(t)=\int_0^{\infty}h(u)x(t-u)du$$

여기서 $h(t)$는 인과 선형 시스템의 임펄스 응답 함수이다.

우리가 고려하려는 WSS 랜덤 과정 $X(t)$와 $Y(t)$를 비슷한 방법으로 컨볼루션 적분으로 표현 가능하다. 즉

$$Y(t)=\int_0^{\infty}h(u)X(t-u)du \tag{5.124}$$

이제 랜덤 프로세스에 대한 선형 시스템의 응답에 식(5.124)이 사용될 것이다.

랜덤 프로세스의 스펙트럼 성질이 우리에게 중요한 관심사가 되지만 전통적인 방법의 전달 함수 H(j**ω**)를 사용할 수 없다. 즉, 변환 관계 $Y(\omega)=H(j\omega)X(\omega)$를 사용하여 출력 프로세스의 샘플 함수 y(t)와 입력 프로세스의 샘플 함수 x(t)를 연관 시킬 수 없다. WSS 랜덤 프로세스의 Fourier 변환이 존재하지 않기 때문에 입력과 출력 변환인 X(w)와 Y(w)도 존재하지 않는다. PSD를 전개 할 때 이 문제를 언급했었다. 다행히도 랜덤 프로세스로부터 얻어진 특별한 한 샘플 함수에 대한 스펙트럼은 별 의미가 없다. 하지만 랜덤 프로세스의 평균적 결과는 관심 대상이 된다. 이같은 관점을 식(5.102)에서 기대값 연산자로 명백히 나타냈었다. 또한 그림 5.12와 5.16(b)에 도시된 것과 같은 어떤 특수한 PSD에도 함축되어 있다.

---

9) $X(s)=\int_{-\infty}^{\infty}x(t)e^{-st}dt$

예제 5.15

가장 간단한 저역 통과 RC 필터를 그림 5.18에 나타냈다. 회로 이론의 방법을 사용하여 이 필터에 대한 주파수 응답을 구하면

$$H(j\omega)=\frac{V_C(\omega)}{V_{\text{in}}(\omega)}=\frac{1}{1+j\omega RC}$$

그림 5.18 예제 5.15에서 논의한 저역 통과 RC 필터

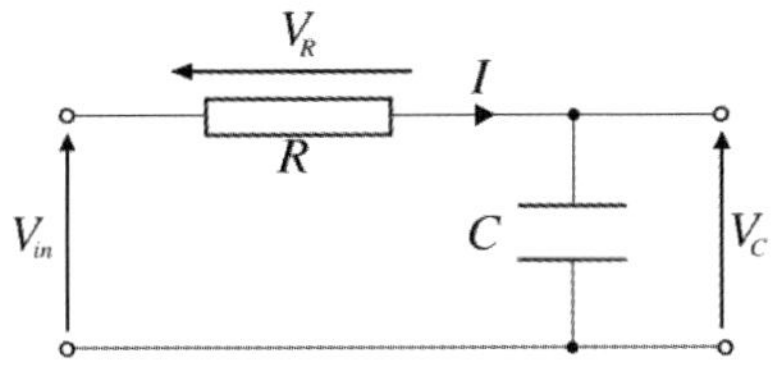

따라서 단위 임펄스 응답은 아래와 같이 얻어진다.

$$h(t)=\frac{1}{RC}e^{-t/RC}u(t)$$

여기서 $u(t)$는 단위 계단 함수이다. RC의 값을 회로의 **시정수**(time constant)라고 한다.

Y(t)의 평균

$Y(t)$의 기대값은 식(5.124)를 사용하여,

$$\mu_Y=E[Y(t)]=\int_0^\infty h(u)E[X(t-u)]du$$

이 임펄스 응답 $h(t)$는 시불변 시스템을 기술해주며 기댓값 연산자와는 상관이 없다. 따라서 기댓값을 적분 밖으로 이동해도 된다.

$$\mu_Y=E[Y(t)]=\mu_X\int_0^\infty h(u)du \tag{5.125}$$

$h(t)$는 유한한 에너지를 가지므로 식(5.125)로부터 $Y(t)$의 기댓값이 상수임을 알 수 있다. 혹은 $h(t)$의 라플라스 변환식으로부터

$$H(s)=\int_0^\infty h(t)e^{-st}dt$$

s=0을 대입하면

$$H(0) = \int_0^{\infty} h(t)dt$$

을 얻는다. 이 식을 사용하여 식(5.125)를 다른 방식으로 쓰면

$$\mu_Y = \mu_X H(0) \tag{5.126}$$

여기서 H(w)는 시스템 전달 함수이며 $h(t)$의 Fourier 변환이다. 더욱이 식(5.125) 혹은 식(5.126)은 만일 $X(t)$가 평균 0의 랜덤 프로세스이면 $Y(t)$도 또한 평균 0의 랜덤 프로세스라는 것을 보여준다.

X(t)와 Y(t) 사이의 상호 상관 관계

WSS 랜덤 프로세스 $X(t)$와 $Y(t)$ 간의 상호 스펙트럼(Cross-spectral) 관계를 찾기 위해 식(5.124)를 사용하고, 적분과 기대값의 연산은 서로 교환할 수 있으므로

$$R_{XY}(\tau) = E[X(t)Y(t+\tau)] = \int_0^{\infty} h(u)E[X(t)X(t+\tau-u)]du$$

식(5.32)를 이용하면 위 식은 convolution 적분식으로 간소화된다.

$$R_{XY}(\tau) = \int_0^{\infty} h(u)R_X(\tau-u)du \tag{5.127}$$

식(5.127)에서 상호 상관의 Fourier 변환은 식(5.118)을 이용하면 다음과 같다.

$$S_{XY}(\omega) = \int_0^{\infty} h(u)\int_{-\infty}^{\infty} R_X(\tau-u)e^{-j\omega\tau}d\tau du$$

변수 치환 $v=\tau-u$라고 두고 정리하면

$$S_{XY}(\omega) = \int_0^{\infty} h(u)\int_{-\infty}^{\infty} R_X(v)e^{-j\omega(v+u)}dvdu$$

$$S_{XY}(\omega) = \int_0^{\infty} h(u)e^{-j\omega u}dz\int_{-\infty}^{\infty} R_X(v)e^{-j\omega v}dv$$

$$S_{XY}(\omega) = H(j\omega)S_X(\omega) \tag{5.128}$$

만일 $X(t)$가 평균 0인 백색 잡음이라면, 입력 PSD는 상수이다.

$$S_X(\omega) = \sigma_X^2$$

그러면 식(5.128)은 다음과 같이 된다.

$$S_{XY}(\omega) = \sigma_X^2 H(j\omega) \tag{5.129}$$

이 결과는 시스템의 입력에 평균 0인 백색 잡음을 인가하여 상호 스펙트럼 밀도를 추정함으로써 시스템의 미지의 전달 함수를 측정할 수 있음을 의미한다. 상관 함수를 이용하면 비슷한 관계가 얻어진다. 가령 평균 0인 백색 잡음(이상화된)의 자기 상관 함수는

$$R_X(\tau) = \sigma_X^2 \delta(\tau)$$

식(5.127)에 이를 대입하면 다음 식이 바로 나온다.

$$R_{XY}(\tau) = \int_0^\infty h(z)\sigma_X^2 \delta(\tau - z)dz$$

$$R_{XY}(\tau) = \sigma_X^2 h(\tau) \tag{5.130}$$

시스템의 입력이 백색 잡음일 때, 상호 상관은 시스템의 임펄스 응답에 비례한다.

예제 5.16

평균 0인 백색 잡음 X(t)가 예제 5.15의 저역 통과(low-pass) 필터의 입력으로 인가된다고 하자. 다음 식(5.129)를 사용하여 상호 스펙트럼 밀도를 구하면

$$S_{XY}(\omega) = \sigma_X^2 \frac{1}{1 + j\omega RC}$$

식(5.130)을 사용하면 이 예제의 상호 상관 함수를 구할 수 있다.

$$R_{XY}(\tau) = \frac{\sigma_X^2}{RC} e^{-\tau/RC} u(\tau)$$

출력 Y(t)에 대한 자기 상관과 PSD

식(5.32)와 (5.124)를 사용하여 WSS 랜덤 프로세스 $Y(t)$에 대한 자기 상관 함수 표현은 다음과 같이 쓸 수 있다:

$$\begin{aligned} R_Y(\tau) = E[Y(t)\,Y(t+\tau)] &= \int_0^\infty h(v) \int_0^\infty h(u) E[X(t-v)X(t+\tau-u)]dudv \\ &= \int_0^\infty h(v) \int_0^\infty h(u) R_X(\tau+v-u)dudv \end{aligned} \tag{5.131}$$

따라서 출력 랜덤 프로세스의 자기 상관 함수는 이중 적분으로 표현된다.

혹은 식(5.127)을 사용하여 더 간결한 표현을 얻을 수 있다.

$$R_Y(\tau) = \int_0^{\infty} h(v) R_{XY}(\tau + v) dv \tag{5.132}$$

식(5.131)에 Wiener-Khinchin 관계 식(5.106)을 적용하면,

$$S_Y(\omega) = \int_0^{\infty} h(v) \int_0^{\infty} h(u) \int_{-\infty}^{\infty} R_X(\tau + v - u) e^{-j\omega\tau} d\tau du dv$$

윗 식을 변수 치환 $z = \tau + v - u$을 이용하여 다시 쓰면

$$S_Y(\omega) = \int_{\infty}^{\infty} h(v) e^{j\omega v} dv \int_0^{\infty} h(u) e^{-j\omega u} du \int_{-\infty}^{\infty} R_X(z) e^{-j\omega z} dz$$

$$S_Y(\omega) = H(-j\omega) H(j\omega) S_X(\omega)$$

$$S_Y(\omega) = |H(j\omega)|^2 S_X(\omega) \tag{5.133}$$

식(5.133)은 비록 입력 신호가 랜덤하다 할지라도 시스템이 신호 전력의 여러 다른 주파수 성분에 어떻게 영향을 미치는지를 보여주기 때문에 이 관계식은 PSD의 주파수 특성을 제어하기 위한 필터 설계에 있어 매우 중요하다. 특히, 만일 시스템의 입력 X(t)가 평균 0이고 전력 밀도가 σ_X^2인 백색 잡음이라면 출력 PSD는

$$S_Y(\omega) = \sigma_X^2 |H(j\omega)^2| \tag{5.134}$$

출력 분산 σ_Y^2는 식(5.57)과 식(5.101)을 결합하여 식(5.134)로부터 얻어질 수 있다. 여기서 $|H(j\omega)|^2$를 **전력 필터(power filter) 함수**라고 한다.

예제 5.17

한 백색 잡음이 예제 5.15의 저역통과 필터의 입력으로 인가된다. 식(5.134)를 사용하여 출력 랜덤 프로세스 $Y(t)$의 PSD를 구하라.

앞의 예제 5.15의 저역 통과 필터의 임펄스 응답 $h(t)$는 $H(s) = \dfrac{1}{1+sRC}$의 역 라플라스 변환으로부터 다음과 같이 얻어진다:

$$h(t) = e^{-a|t|}, \quad a = \frac{1}{RC}$$

이에 대한 Fourier 변환은 [표 4.1]의 3번째 엔트리로부터

$$|H(j\omega)|^2 = \frac{2a}{\omega^2 + a^2}, \quad a = \frac{1}{RC}$$

식(5.134)로부터

$$S_Y(\omega)=\sigma_X^2\left|\frac{1}{1+j\omega RC}\right|^2 \tag{5.135}$$

$$S_Y(\omega)=\sigma_X^2\frac{1}{1+(\omega RC)^2}$$

이 식과 Wiener-Khinchin 관계 식(5.107)을 사용하면, 본 예제에서 출력 랜덤 프로세스 $Y(t)$에 대한 자기 상관 함수를 찾을 수 있다.

$$R_Y(\tau)=\frac{1}{2\pi}\int_{-\infty}^{\infty}\sigma_X^2\frac{1}{1+(\omega RC)^2}e^{j\omega\tau}d\omega$$

$$R_Y(\tau)=\frac{\sigma_X^2}{2RC}\frac{1}{2\pi}\int_{-\infty}^{\infty}\frac{2/RC}{\omega^2+(1/RC)^2}e^{j\omega\tau}d\omega$$

$$R_Y(\tau)=\frac{a}{2}\sigma_X^2e^{-a|\tau|},\ a=\frac{1}{RC} \tag{5.136}$$

본 예제에 대한 $R_Y(\tau)$와 $S_Y(\omega)$의 plot를 그림 5.19에 도시하였다. 이 예제에서 WSS 랜덤 프로세스 $Y(t)$를 pink(혼합색) 잡음[10]이라고 한다. $X(t)$가 0 평균이므로 $Y(t)$도 역시 0의 평균을 갖는다. 이때 출력 분산은

$$\sigma_Y^2=R_Y(0)=\frac{1}{2RC}\sigma_X^2$$

이 예제는 선형 시스템 $H(s)$가 WSS 랜덤 프로세스의 주파수 스펙트럼을 shaping하는 효과를 예시해주는 좋은 예이다.

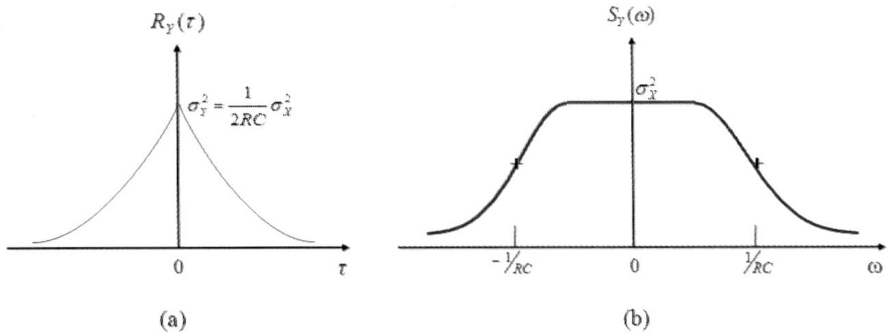

그림 5.19 (a) 0의 평균을 갖는 pink 잡음의 자기 상관 함수 (b) 0의 평균 pink 잡음에 대한 PSD. $w=\pm 1/RC$일 때, PSD의 크기는 최대치의 반이 된다. 이 결과는 예제 5.17으로부터 얻어진다.

10) 본 예제에서 논의된 1차 RC 회로망은 저역 통과 필터이다. 백색 잡음이 필터에 입력으로 인가된 경우 저주파(긴 파장) 성분이 전송되고 고주파(짧은 파장) 성분은 차단되게 된다. 이같이 백색 잡음이 필터의 출력단에 백색이 아닌 pink색 잡음으로 나타난다고 하여 붙여진 이름이다.

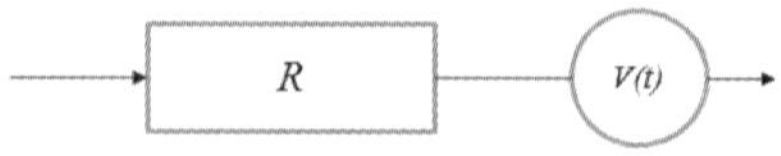

그림 5.20 열 잡음 전압를 갖는 저항의 표현

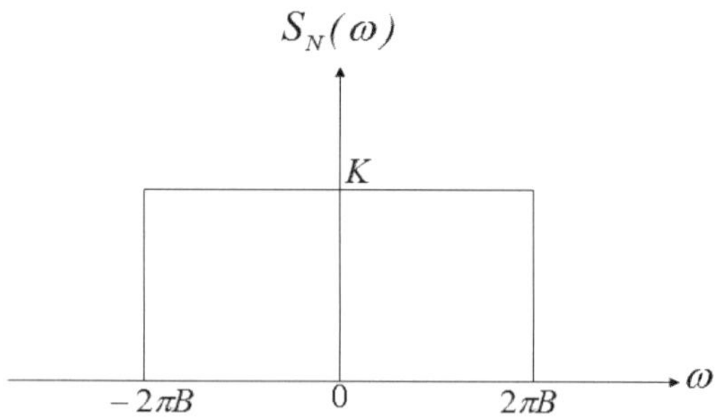

그림 5.21 이상적인 잡음의 PSD 분포

5.9 잡음

전기 도체에서의 전류는 자유 전자의 이동에 의해 발생된다. 저항 R인 단자에 아무런 외부 전압이 인가되지 않은 경우라도 온도 변화에 따른 자유 전자의 이동에 의해 전압 강하가 발생될 수 있다. 만일 저항이 절대 온도 T에 놓여 있고 측정하는 장치의 대역폭이 B Hz라고하면 저항에서 관측되는 실효 전압은 그림 5.20과 같이 모델링되고 다음과 같이 주어짐이 실험적으로 밝혀졌다:

$$v_s = \sqrt{4kTBR}$$

여기서 k는 볼쯔만 상수이다. 이 식은 THz 범주에서 유효하다. 따라서 저항 R에서 소모되는 전력은

$$\frac{v_s^2}{R} = 4kTB$$

이 식으로부터 이같은 **열잡음**(thermal noise)에 대한 PSD는 대역폭 내의 모든 주파수에 대하여 *일정*하므로 식(5.101)을 사용하여 다음을 얻는다:

$$R_V(0) = v_{rms}^2 = 4kTBR = \frac{1}{2\pi}\int_{-2\pi B}^{2\pi B} S_R(\omega)d\omega = \frac{1}{2\pi}S_R(\omega)[2\pi B-(-)2\pi B]$$

따라서

$$S_R(\omega) = 2kTR \tag{5.137}$$

PSD가 대역 주파수에 대하여 일정하고, 이같이 열잡음 프로세스를 백색광에 비추어 백색 잡음이라고 부른다.

일반적으로 이같은 대역 주파수 B에 대하여 일정한 PSD를 갖는 저항 회로의 열전압 실험은 그림 5.21

에 보인 이상적인 잡음으로 모델링된다.

평균이 0이고 대역 내에서 일정한 PSD를 갖는 칼라 잡음을 수식으로 표현하면

$$S_N(\omega) = \begin{cases} K, -2\pi B \le \omega \le 2\pi B \\ 0, \text{ 그밖의 영역} \end{cases} \tag{5.138}$$

식(5.101)과 식(5.28)로부터

$$\sigma_N^2 = \frac{1}{2\pi}(K)(4\pi B) = 2KB \tag{5.139}$$

표 5.1의 5번째 엔트리를 사용하여 백색 잡음에 대한 자기 상관 함수를 표현하면

$$R_N(\tau) = \left(\frac{K\omega_B}{\pi}\right)\frac{\sin(\omega_B\tau)}{\omega_B\tau} \tag{5.140}$$

$\tau = 0$일 때 식(5.140)은

$$R_N(0) = \left(\frac{K\omega_B}{\pi}\right) = \frac{K(2\pi B)}{\pi} = 2KB$$

이는 식(5.139)와 동일하다.

대역폭 B가 증가되면 잡음 전력 $R_N(0)$는 비례하여 증가하지만 자기 상관 함수인 $R_N(\tau)$는 $\tau = 0$을 중심으로 폭이 좁아진다. 이는 $R_N(\tau)$가 식(5.140)에서 보는 것처럼 *sinc* 함수 형태를 취하고 있기 때문이다. 식(5.140)에서 첫 번째 null 값이 되는 시간인 **동조(coherence) 시간** τ_N로 두면

$$\sin(\omega_B\tau_N) = 0 \rightarrow \omega_B\tau_N = \pi$$

따라서 동조 시간은 대략적으로

$$\tau_N \approx \frac{1}{2B} \tag{5.141}$$

로 주어지며, 동조 시간은 대역폭에 반비례한다.

식(5.133)의 전력 필터 함수는 입출력 PSD 관계를 연결시켜준다. 만일 입력이 백색 잡음이라면, 식(5.138)에 주어진 것과 같이 $S_X(\omega) = S_N(\omega)$이다. 잡음 대역폭이 전력 필터 함수의 대역폭에 비해 충분히 크다면 $S_N(\omega) = K$로 둘 수 있으므로

$$S_Y(\omega) = |H(j\omega)|^2 S_X(\omega) = K|H(j\omega)|^2 \tag{5.142}$$

예제 5.18

이득이 $A(\omega)$인 증폭기의 단순 회로도(그림 5.22 참조)를 참조하라. 모든 실제적인 증폭기는 대역을 제한시키는 유한한 대역폭을 갖으며 내부 잡음을 발생시킨다. 내부 잡음이 증폭기 내에 분포되어 있지만 우리의 경우 모든 내부 잡음원을 등가적으로 입력단에 v_N의 잡음 전압원을 추가하여 설명하고자 한다. 또한 잡음 전압원은 백색 잡음이라고 가정한다. 식(5.142)에 의해 출력 PSD는

$$S_o(\omega) = K|A(\omega)|^2$$

식(5.101)을 사용하여 출력 전력을 구하면

$$R_o(0) = < v_o^2(t) > = \frac{K}{2\pi}\int_{-\infty}^{\infty} |A(\omega)|^2 d\omega$$

피적분항은 대칭 함수이며 $\omega = 2\pi f$로 놓고 정리하면

$$R_o(0) = < v_o^2(t) > = 2K\int_{0}^{\infty} |A(f)|^2 df$$

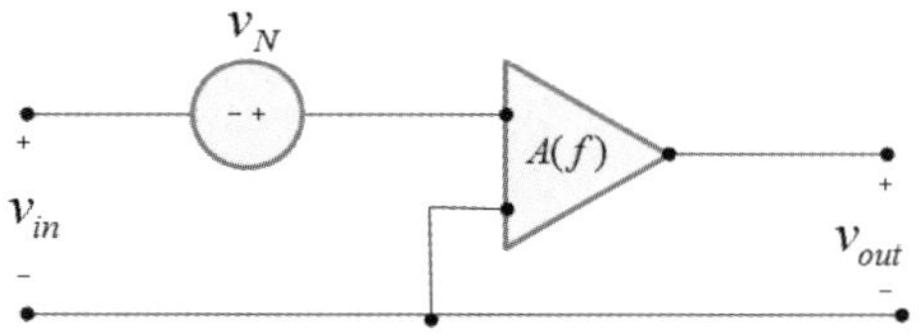

그림 5.22 이득 A(f)이고 내부 전압 잡음이 v_N인 증폭기 회로도

예를 들어 $A(f)$가 저역 통과 특성을 갖는다는 것이 알려졌다면 $A(f)$를 다음과 같이 표현할 수 있다:

$$A(f) = \frac{A_o}{1 + (jf/f_c)}$$

여기서 A_o는 증폭기의 중간 대역 이득이고, f_c는 증폭기의 차단 주파수이다. $A(f)$를 출력 전력 식에 대입하면

$$R_o(0) = < v_o^2(t) > = 2K\int_{0}^{\infty} \frac{A_o^2}{1 + (f/f_c)^2} df$$

적분을 수행하면

$$< v_o^2(t) > = v_{o,\mathrm{rms}}^2 = \pi K A_o^2 f_c \tag{5.143}$$

식(5.143)에 나온 $A_o, f_c, v_{o,\mathrm{rms}}$ 값들은 알려져 있거나 측정가능하기 때문에 잡음 전력 밀도 함수인 K에 대해 풀면

$$K = \frac{v_{o,\mathrm{rms}}^2}{\pi A_o^2 f_c}$$

열 잡음 외에도 실제적으로 다른 잡음원들이 있다. 그 중 중요한 두 가지 잡음에 대해서 설명하고자 한다.

산탄(shot) 잡음은 열잡음과는 그 원인이 전혀 다른 백색 잡음이다. 순방향으로 바이어스된 pn 접합을 통해 전류가 흐를 때 발생한다. I_D가 pn 접합시 전류라고하면 잡음 전류 $i_S(t)$는 일정한 I_D에 대한 변화에 기인한다.

$$< i_S^2(t) > \; = i_{S,rms} = 2qI_D B$$

여기서 $q(=1.6\times 10^{-19}C)$는 전하를 나타내고 B는 산탄 잡음을 관측하는 측정 장치의 대역폭[Hz]을 나타낸다.

플리커(flicker) 잡음은 산탄 잡음과 같이 dc 전류를 요구하지만 열이나 산탄 잡음과 달리 플리커 잡음은 백색 잡음이 아니다. 플리커 잡음은 pn 접합, 저항, 혹은 dc 전류 I_{dc}를 흘리는 모든 장치에서 발생된다.

$$< i_F^2(t) > \; = i_{F,\mathrm{rms}}^2 \propto \frac{I_{dc}^a B}{f}$$

실험적으로 $\frac{1}{2} < a < 2$ 범위를 갖으며, B는 측정 장치의 시스템 대역폭이다. 관심 영역의 주파수 범위에서 플리커 잡음은 주파수에 반비례한다. 플리커 잡음의 다른 이름은 ***one-over-f 잡음***(1/f)이라고 한다.

5.10 정합 필터 프로세스

그림 5.23에 보인 것과 같이 신호가 잡음 속에 내포되어 있다고 가정하자. 여기서 신호 펄스 $x(t)$는 유한한 에너지를 갖는 결정적 신호이다. 그리고 $x(t)$의 표현이 알려져 있고 이에 대한 Fourier 변환도 알려졌다고 가정한다. 이 경우에 우리가 알고자 하는 것은 시간축상의 펄스 신호의 시작점인 t_s의 추정이다. 예를 들어 잡음 속에 내재된 레이더 리턴 펄스의 송수신 시간차를 구하는 것과 같은 연구가 본 절의 주제이다. 본절에서는 신호의 위치인 t_s를 찾는 선형 시불변인 causal 필터를 설계하는 방법을 논하게 될 것이다.

원하는 필터는 전달함수인 $H(j\omega)$나 혹은 등가적으로 임펄스 응답인 $h(t)$에 의해 기술될 수 있다. 그리

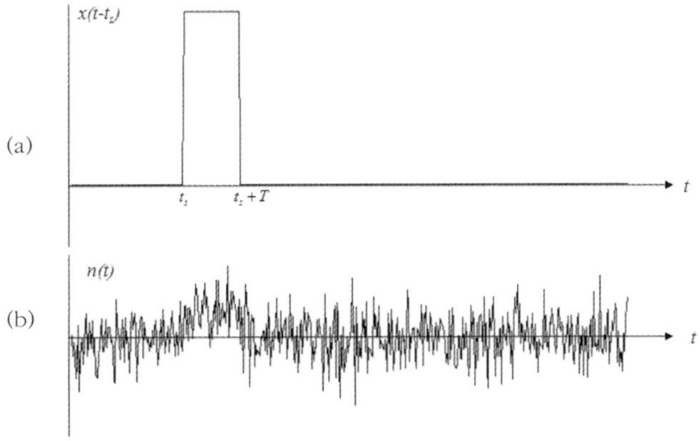

그림 5.23 (a) t_s시간 지연을 갖는 폭 T의 단일 펄스 신호 파형 (b) 잡음 신호에 펄스 신호를 내포한 잡음 신호 파형, 펄스 신호 파형의 존재를 알아보기 힘듦.

고 잡음은 평균이 0인 백색잡음이라고 가정한다. 따라서 식(5.101), 식(5.28)과 식(5.142)에 의해 잡음의 PSD는 관심 대역의 범위에 대해서 상수 값 K로 나타낼 수 있다.

$$\sigma_o^2 = \frac{1}{2\pi}\int_{-\infty}^{\infty} K|H(j\omega)|^2 d\omega \tag{5.144}$$

신호만 있는 경우 필터의 출력은

$$X_o(j\omega) = H(j\omega)X(j\omega)e^{-j\omega t_s}$$

윗 식과 Fourier 역변환식을 사용하여 시간 $t = t_0$에서의 출력을 구하면

$$x_0(t_0) = \frac{1}{2\pi}\int_{-\infty}^{\infty}\left[H(j\omega)X(j\omega)e^{-j\omega t_s}\right]e^{j\omega t_0}d\omega \tag{5.145}$$

전력에 대한 **신호대잡음비(Signal-to-Noise Ratio, SNR)**를 아래와 같이 정의하자:

$$SNR \equiv \frac{x_o^2(t_0)}{\sigma_o^2} \tag{5.146}$$

이제 SNR을 최대화하는 조건을 찾으면 그 조건하에서 얻어진 최적 선형 필터가 정합필터 솔루션이 된다. 이를 증명하기 위하여 식(5.144)와 식(5.145)를 식(5.146)에 대입하면

$$SNR = \frac{\left[\frac{1}{2\pi}\int_{-\infty}^{\infty}\left[H(j\omega)X(j\omega)e^{-j\omega t_s}\right]e^{j\omega t_0}d\omega\right]^2}{\frac{1}{2\pi}\int_{-\infty}^{\infty}K[H(j\omega)]^2 d\omega} \tag{5.147}$$

복소수 함수 적분에 대한 Schwartz 부등식은

$$\left[\int_{-\infty}^{\infty}F(j\omega)G(j\omega)^2 d\omega\right] \le \int_{-\infty}^{\infty}[F(j\omega)]^2 d\omega \int_{-\infty}^{\infty}[G(j\omega)]^2 d\omega$$

Schwartz 부등식에서 등식의 성립은 $F(j\omega) = cG^*(j\omega)$, 여기서 c는 임의 상수이고 *는 공액복소수를 나타낸다. Schwartz 부등식을 사용하여 식(5.147)의 분자를 정리하여 다음과 같이 쓸 수 있다:

$$\left[\int_{-\infty}^{\infty}\left(\sqrt{\frac{K}{2\pi}}H(j\omega)\right)\left(\frac{1}{\sqrt{2\pi K}}X(j\omega)e^{j\omega(t_0 - t_s)}\right)d\omega\right]^2$$

이 수정된 분자식과 Schwartz 부등식을 사용하여 SNR을 표시하면

$$SNR \le \frac{\int_{-\infty}^{\infty} \frac{K}{2\pi}|H(j\omega)|^2 d\omega \int_{-\infty}^{\infty} \frac{1}{2\pi K}|X(j\omega)e^{j\omega(t_0-t_s)}|^2 d\omega}{\frac{1}{2\pi}\int_{-\infty}^{\infty} K|H(j\omega)|^2 d\omega}$$

분자와 분모항에서 공통 부분을 제거하면 SNR은 다음 식으로 단순화 된다:

$$SNR \le \int_{-\infty}^{\infty} \frac{1}{2\pi K}|X(j\omega)|^2 d\omega = \frac{1}{K}\int_{t_s}^{t_s+T}[x(t-t_s)]^2 dt \tag{5.148}$$

윗 식의 간략화 과정에서 Parseval의 정리를 사용하였다. 결과적으로 적분 결과는 신호 에너지이다. SNR의 최대값은 $F(j\omega)=cG^*(j\omega)$ 조건이 만족되는 경우가 된다. 즉

$$\sqrt{\frac{K}{2\pi}}H(j\omega) = c\frac{1}{\sqrt{2\pi K}}]X(j\omega)e^{j\omega(t_0-t_s)}]^* = c\frac{1}{\sqrt{2\pi K}}X^*(j\omega)e^{-j\omega(t_0-t_s)}$$

c=1이라고 두고 $H(j\omega)$에 대하여 정리하면

$$H(j\omega) = \frac{1}{K}X^*(j\omega)e^{-j\omega(t_0-t_s)} \tag{5.149}$$

식(5.149)에서 t_0는 SNR 값이 최대가 되는 시점이다. 식(5.148)로부터 최대 SNR 값은 상한값이 된다:

$$SNR_{\max} = \int_{-\infty}^{\infty} \frac{1}{2\pi K}|X(j\omega)|^2 d\omega \tag{5.150}$$

SNR이 최대가 되는 식(5.149)에 관련된 정합 필터의 임펄스 응답은 Fourier 역변환으로부터 얻어진다.

$$h(t) = \frac{1}{K}x((t_0-t_s)-t) \tag{5.151}$$

식(5.151)은 SNR이 최대가 되는 최적 필터가 되며 이를 **정합 필터**(Matched Filter)라고 한다. $h(t)$는 입력 신호 $x\{(t_0-t_s)-t\}$를 $t=0$를 중심으로 회전시킨 후 t_0-t_s만큼 오른쪽으로 이동시켜 얻어진다. SNR의 최대값이 얻어지는 시점은 그림 5.24로부터 $t_0-t_s=T$ 일 때이며 정합 필터가 causal 필터 조건을 만족하기 위해서는 $t_0-t_s \ge T$ 조건을 만족해야 한다.

입력 신호 $x(t-t_s)$에 대한 정합 필터 $h(t)$의 출력은 컨볼루션 적분식으로부터 얻어진다:

$$x_o(t) = \int_{-\infty}^{\infty} x(u-t_s)h(t-u)du \tag{5.152}$$

여기서 $h(t-u) = \frac{1}{K}x(u-(t-T))$

그림 5.24 정합 필터의 예시 (a) 입력 신호 (b) 정합 필터의 임펄스 응답

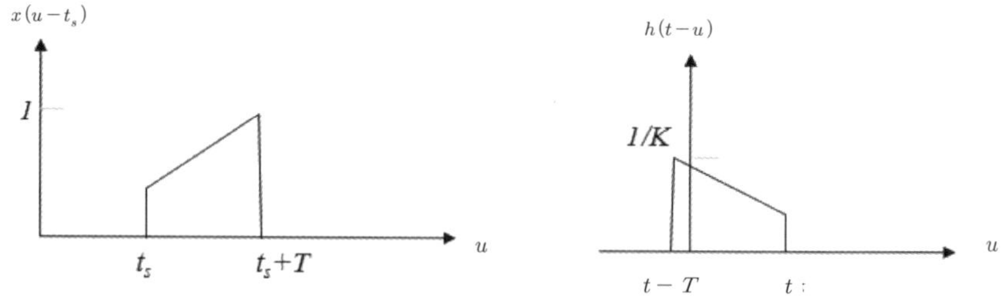

$h(t-u)$를 식(5.152)에 대입하여 정리하면

$$x_o(t)=\frac{1}{K}\int_{-\infty}^{\infty}x(u-t_s)x(u-(t-T))du \tag{5.153}$$

식(5.153)의 적분의 최대값은 두 이동된 입력 신호 $x(u-t_s)$와 $x(u-(t-T))=h(t-u)$가 최대로 중첩이 되었을 경우이다. 이 경우를 "정합"이 되었다고 하며 $t_s=t-T$일 때 발생한다. 즉

$$t \to t_m = t_s + T \tag{5.154}$$

이 경우 식(5.153)은 적분 구간은 t_s에서 t_s+T가 된다.

$$x_o(t_m)=\frac{1}{K}\int_{t_s}^{t_s+T}x^2(u-t_s)du$$

$u-t_s=t$로 변수치환하면

$$x_o(t_m)=\frac{1}{K}\int_0^T x^2(t)dt \tag{5.155}$$

시간 영역에서의 총 에너지 합은 주파수 영역에서의 에너지와 동일해야 한다는 Parseval의 정리를 사용하면

$$x_o(t_m)=\frac{1}{K}\int_0^T x^2(t)dt=\frac{1}{2\pi K}\int_{-\infty}^{\infty}|X(j\omega)|^2 d\omega \tag{5.156}$$

$$=SNR_{\max}$$

예제 5.19

$x(t)$는 그림 5.25(a)와 같이 진폭이 A이고 펄스 폭이 T인 사각 펄스라고 가정한다.

$$x(t) = \begin{cases} A, 0 < t < T \\ 0, \text{ 그밖의 영역} \end{cases} \tag{5.157}$$

$x(t)$의 Fourier 변환은

$$X(j\omega) = ATe^{-j\omega T/2}\frac{\sin(\omega T/2)}{(\omega T/2)} \tag{5.158}$$

식(5.150)에서 최대 SNR값은 주어진 $X(j\omega)$에 대하여 적분을 수행하여 얻어지나 식(5.156)의 Parseval의 정리를 사용하면

$$SNR_{\max} = \int_{-\infty}^{\infty}\frac{1}{2\pi K}|X(j\omega)|^2 d\omega = \frac{1}{K}\int_0^T x^2(t)dt = \frac{A^2 T}{K} \tag{5.159}$$

최대 SNR 조건하($t_0 - t_s = T$)에서 식(5.149)와 식(5.158)를 사용하여 정합 필터의 전달 함수를 구하면

$$\begin{aligned} H(j\omega) &= \frac{AT}{K}\left(e^{-j\omega T/2}\frac{\sin(\omega T/2)}{(\omega T/2)}\right)^* e^{-j\omega(t_0 - t_s)} \\ &= \frac{AT}{K}e^{-j\omega T/2}\frac{\sin(\omega T/2)}{(\omega T/2)} \end{aligned}$$

식(5.151)에 식(5.157)를 결합하면 정합 필터의 임펄스 응답은

$$h(t) = \frac{1}{K}x(T-t) = \begin{cases} \dfrac{A}{K}, 0 < t < T \\ 0, \quad \text{그밖의 영역} \end{cases}$$

이제 그림 5.25(a)로 돌아가서 식(5.153)를 분석하면 다음의 4가지 경우를 생각할 수 있다:

1) $t < t_s$일 때 $x_0(t) = 0$이다
2) $t_s < t < t_s + T$일 때 $x_0(t) = \dfrac{A^2}{K}\displaystyle\int_{t_s}^{t}(1)du = \dfrac{A^2}{K}(t - t_s)$
3) $t_s + T < t < t_s + 2T$일 때 $x_0(t) = \dfrac{A^2}{K}\displaystyle\int_{t-T}^{t_s+T}(1)du = \dfrac{A^2}{K}(-t + t_s + 2T)$
4) $t > t_s + 2T$일 때 $x_0(t) = 0$

4가지를 고려하여 정합 필터의 출력 파형을 그리면 그림 5.25(b)와 같다. 그림에서 보듯이 필터 출력의 최대 시점은 $t \to t_m = t_s + T$에서 얻어진다. 그림 5.25(b)와 식(5.159)로부터 최대 SNR 값은

$$SNR_{\max} = x_o(t_m) = x_o(t_s + T) = \frac{A^2 T}{K}$$

그림 5.25 (a) 입력 단일 펄스 파형 (b) $t = t_s + T$에서 최대 SNR 값을 주는 정합 필터의 출력 파형

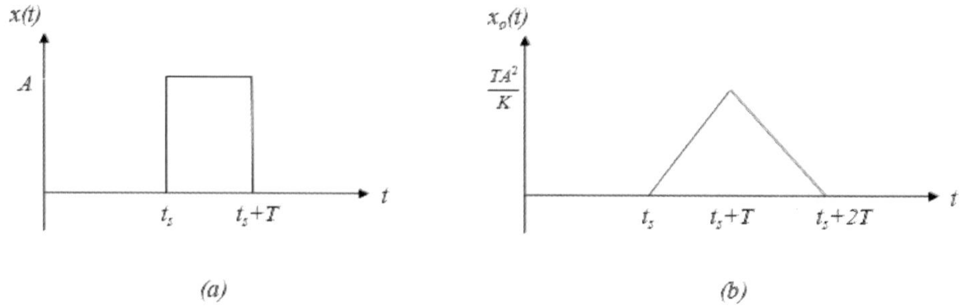

복 습

본 장에서 랜덤 변수의 개념을 랜덤 프로세스로 확장하였다. 랜덤 프로세스란 시간 혹은 다른 독립 변수의 함수 형태로 표현되는 랜덤 변수 개념이다.

1. 랜덤 프로세스의 앙상블 평균 혹은 통계적 평균과 분산은

$$\mu_{X(t)} = E[X(t)] = \int_{-\infty}^{\infty} x f_{X(t)}(x) dx$$

$$\sigma^2_{X(t)} = Var[X(t)] = \int_{-\infty}^{\infty} (x - \mu_{X(t)})^2 f_{X(t)}(x) dx$$

한편 자기상관함수는 두 시점에 대한 랜덤 프로세스간의 평균으로서 정의된다:

$$R_{X(t)}(t_1, t_2) = E[X(t_1)X(t_2)] = \int_{-\infty}^{\infty}\int_{-\infty}^{\infty} x_1 x_2 f_{X(t_1)X(t_2)}(x_1, x_2) dx_1 dx_2$$

두 개의 서로 다른 WSS 랜덤 프로세스인 X(t)와 Y(t) 간의 상관을 상호 상관 함수라고하며 다음과 같이 정의 된다.

$$R_{XY}(\tau) = E[X(t)\,Y(t+\tau)]$$

2. 랜덤 프로세스의 n차 결합 pdf가 시간차인 $t_2 - t_1, t_3 - t_1, \ldots, t_n - t_1$만의 함수로 표현될 때 이를 n차 정

상 랜덤 프로세스라고 한다.

1차 정상성의 경우는 임의의 시간 이동에 대해 pdf는 불변이다. 따라서 시간과는 독립적이다. 2차 정사성의 경우는 두 랜덤 프로세스간의 임의의 시간 이동에 대하여 불변이며, 시작 시간과는 무관하다. 따라서 자기상관함수는 시간차 τ만의 함수로 표시된다.

3. $X(t)$와 $Y(t)$가 평균이 0이 아닌 WSS 랜덤 프로세스인 경우에 자기 공분산(autocovariance) 함수는

$$C_X(\tau) = E[(X(t) - \mu_X)(X(t+\tau) - \mu_X)] = R_X(\tau) - \mu_X^2$$

4. 에르고딕 랜덤 프로세스란 통계적 평균과 이에 상응하는 시간적 평균값이 같은 특수한 랜덤 프로세스를 의미한다. 시간에 대한 평균을 나타내기 위하여 ⟨x(t)⟩ 기호를 사용하여 표현하면,

$$< x(t) > = \lim_{T\to\infty} \frac{1}{T} \int_{-T/2}^{T/2} x(t)dt$$

비슷한 방법으로 시간 평균으로서의 자기상관함수를 계산하면 다음과 같다.

$$< x(t)x(t+\tau) > = \lim_{T\to\infty} \frac{1}{T} \int_{-T/2}^{T/2} x(t)x(t+\tau)dt$$

에르고딕 프로세스는 상관 함수와 전력 스펙트럼 밀도에 대한 실제적인 접근 방법을 제공해준다.

5. 폭 T의 윈도우 내에서 신호 x(t)의 평균 전력은

$$P_T = \frac{1}{T} \int_{-T/2}^{T/2} x^2(t)dt$$

이 식에 창구간 내에서 정의된 $x_T(t)$의 샘플 함수식인 식(5.94)를 적용하면

$$P_T = \frac{1}{T} \int_{-\infty}^{\infty} x_T^2(t)dt$$

와 같이 고쳐 쓸 수 있다. 여기에 프리에 변환쌍 관계식을 적용하면

$$P_T = \frac{1}{2\pi T} \int_{-\infty}^{\infty} |X_T(\omega)|^2 d\omega$$

일련의 식들을 요약하면 다음의 에너지 보존 법칙인 Parseval의 정리를 얻는다.

$$\text{시간영역에너지} = T \cdot P_T = \int_{-T/2}^{T/2} x^2(t)dt$$
$$= \frac{1}{2\pi} \int_{-\infty}^{\infty} |X_T(\omega)|^2 d\omega = \text{주파수공간에너지}$$

자기 상관 함수와 상호 상관 함수를 소개하였고 위너-킨친 관계(부록 F)를 통해 전력 스펙트럼 밀도 $S_X(\omega)$ (PSD)와 자기 상관 함수 $R_X(\tau)$의 관계는 Fourier 변환 쌍을 이룬다:

$$S_X(\omega) = \int_{-\infty}^{\infty} R_X(\tau) e^{-j\omega\tau} d\tau$$

$$R_X(\tau) = \frac{1}{2\pi} \int_{-\infty}^{\infty} S_X(\omega) e^{j\omega\tau} d\omega$$

본문 5.9절에서 전력 스펙트럼밀도함수와 자기 상관함수의 관계를 유도하는 과정에서 설명했던 성질들을 이해할 필요가 있다.

6. 랜덤 프로세스의 응용을 선형 시스템에 적용하여 잡음을 포함하는 시스템의 필터 응답과 SNR를 최대화해주는 정합 필터 개념과 관련 수식을 유도하였다. 필터의 입력 랜덤 프로세스의 전력 밀도 함수가 $S_X(\omega)$일 때 출력의 전력 밀도 함수는

$$S_Y(\omega) = |H(j\omega)|^2 S_X(\omega)$$

로 주어지며 여기서 $H(j\omega)$는 필터의 응답 함수이다.

7. 열잡음 저항은 잡음이 없는 이상적인 저항과 열잡음 전압원 v_s이 직렬로 연결된 것으로 간주할 수 있다.

$$v_s = \sqrt{4kTBR}$$

회로상에 저항 이외에 캐패시터나 인덕터가 존재하는 경우에도 위 모델은 그대로 적용될 수 있으며 이 때 저항값은 전체 회로의 등가 임피던스의 실수부분에 해당하게 된다.

8. 정합필터란 어느 특정 모양의 입력신호에 대하여 극대의 출력값을 나타내는 필터로서 필터 인자가 입력신호 인자와 역순으로 된 필터가 된다. 이에 대한 이론적 유도 과정은 식(5.146)으로 주어지는 SNR을 최대화하는 조건을 찾으면 그 조건하에서 얻어진 최적 선형 필터가 정합필터 솔루션이 된다. SNR이 최대가 되는 식(5.149)에 관련된 정합 필터의 임펄스 응답은 Fourier 역변환으로부터 얻어진다.

$$h(t) = \frac{1}{K} x((t_0 - t_s) - t)$$

연습문제

상관 함수

1. $X(t)$는 자기 상관 함수 RX(τ)를 갖는 랜덤 프로세스이고 C(t)는 반송파 랜덤 프로세스이다.

$$C(t) = A\cos(\omega_0 t + \theta)$$

여기서 A와 ω_0는 상수이고 θ는 $\pm\pi$사이에 균일하게 분포되었다. $X(t)$와 $C(t)$는 서로 무관하다. 랜덤 프로세스 $W(t)$는 $W(t) = X(t)C(t)$로 주어졌다.

a. 임의의 시간 t에서 W(t)의 평균을 찾아라.
b. W(t)에 대한 자기 상관 함수를 찾아라.
c. W(t)는 WSS 랜덤 프로세스인가?

2. 랜덤 프로세스 Y(t)가 $Y(t) = A\cos(\omega_0 t + \theta)$로 주어졌다. 여기서 A와 ω_0는 상수이고 θ는 $\pm\pi$사이에 균일하게 분포된 랜덤 변수이다. 랜덤 프로세스 U(t)는

$$U(t) = Y^2(t)$$

a. 임의의 시간 t에서 U(t)의 평균을 찾아라.
b. U(t)에 대한 자기 상관 함수를 찾아라.
c. U(t)는 WSS 랜덤 프로세스인가?
d. 상호 상관 함수 E[Y(t)U(t+τ)]를 찾아라.

3. $X(t)$와 $C(t)$는 다음과 같은 자기 상관 함수를 갖는 두 개의 서로 무관한 WSS 랜덤 프로세스이다.

$$R_c(\tau) = \frac{A}{2}\cos\omega_0\tau \text{ 와 } R_X(\tau) = P\frac{\sin W\tau}{W\tau}$$

여기서 ω_0=5W 이며, $Y(t) = X(t)C(t)$로 주어졌다.

a. 자기 상관 함수 $R_Y(\tau)$를 찾아라.
b. 0에서 5π까지 $\pi/20$의 간격으로 W_τ에 대한 $R_Y(\tau)$를 도시하라.

4. 평균이 0이고 주기가 T인 주기적 신호 $x(t)$는 Fourier 급수를 이용하여 다음과 같이 표현될 수 있다.

$$x(t) = \sum_{k=1}^{\infty} A_k\cos(k\omega_0 t + \phi_k)$$

여기서 $\omega_0 = 2\pi f_0 = 2\pi/T$ 이다. x(t)가 $\pm T/2$의 구간 안에서 랜덤하게 시간축 이동(time-shift) 이 될 수 있다고 가정한다. 이는 다음의 WSS인 랜덤 프로세스 X(t)를 준다.

$$X(t) = \sum_{k=1}^{\infty} A_k\cos(k\omega_0 t + \phi_k + k\theta)$$

여기에서 θ는 $\pm\pi$사이에서 균일하게 분포되었다. X(t)에 대한 자기 상관 함수가 다음과 같음을 보여라.

$$R_X(\tau) = \sum_{k=1}^{\infty} \frac{A_K^2}{2}\cos(k\omega_0\tau)$$

5. (5.56)에서 $R_Z(\tau)$를 유도될 때, 그림 5.6의 랜덤 펄스들이 $\pm V$사이에 균일하게 똑같은 확률로 발생하며, 각 펄스의 폭은 T로 일정하다고 가정하였다. 이때 t_1에서의 한 값과 t_2에서의 다른 하나의 값이 똑같은 펄스가 될 확률 P(A)는 다음과 같다.

$$P(A) = 1 - \frac{|t_2 - t_1|}{T}$$

이제 펄스 폭이 일정하지 않다고 가정한다. 즉 펄스 폭이 변수 λ를 갖는 지수적(exponential)인 분포를 갖는다. 여전히 각 펄스는 $\pm V$ 사이에서 똑같이 발생한다고 가정한다. 그러면,

$$P(A) = \exp(-\lambda|t_2 - t_1|)$$

이 경우에 대한 자기 상관 함수 $R_Z(\tau)$를 찾아라.

6. WSS 랜덤 프로세스 Z(t)에 대한 식(5.56)의 자기 상관 함수를 그림 5.6에 도시되었다. 랜덤 프로세스 X(t)는 Z(t)와 랜덤 변수 U와의 합으로 연관되어 있다. 즉

$$X(t) = Z(t) + U$$

여기서 $E[U] = 0,\ \sigma_U^2 = A^2$이며, U와 Z(t)는 무관하다. 자기 상관 함수 $R_X(\tau)$를 찾고, 이 랜덤 프로세스가 WSS인지를 결정하라.

랜덤 프로세스의 합과 상호 상관 함수

7. 랜덤 프로세스 $X(t)$가 다음과 같은 자기 상관 함수를 갖는다.

$$R_X(\tau) = 15e^{-2|\tau|}$$

랜덤 프로세스 $Y(t)$는 다음과 같다.

$$Y(t) = X(t) - 3$$

a. $Y(t)$의 평균은 얼마인가?
b. $Y(t)$에 대한 자기 상관 함수는 얼마인가?
c. $Y(t)$의 분산은 얼마인가?
d. 상호 상관 함수 $R_{XY}(\tau)$는 얼마인가?

8. X(t)와 Y(t)는 평균 0을 갖는 서로 무관한 WSS 랜덤 프로세스이다. 랜덤 프로세스 U(t)와 V(t)는

$$U(t) = X(t) + Y(t)$$

$$V(t) = X(t) - Y(t)$$

상관 함수 $R_U(\tau)$, $R_V(\tau)$, $R_{VY}(\tau)$, $R_{UX}(\tau)$, 그리고, $R_{UV}(\tau)$는 얼마인가?

전력 스펙트럼 밀도

9. X(t)와 Y(t)는 서로 무관하며, 평균 0의 WSS 랜덤 프로세스이다. 이들의 PSD는 $S_X(\omega)$, $S_Y(\omega)$이다. 새로운 랜덤 프로세스 Z(t)가 다음의 관계에 의해 형성된다고 하자.

$$Z(t)=aX(t)+bY(t)$$

여기서 a와 b는 실 상수이다. X(t)와 Y(t)의 PSD 식으로 Z(t)의 PSD에 대한 표현을 찾아라.

10. 랜덤 프로세스 Z(t)가 두 개의 서로 무관한, 평균 0의 WSS 랜덤 프로세스의 합에 의해 형성될 때

$$Z(t)=X(t)+Y(t)$$

아래의 관계식이 알려졌다.

$$S_X(\omega) = (VT)^2 \frac{\sin^2(\omega T/2)}{(\omega T/2)^2} \text{와} \quad R_Y(\tau) = \frac{AW}{\pi}\frac{\sin W_\tau}{W_\tau}$$

이 관계식에 사용된 변수들은 T=3ms, V=10V, A=5(unit), $f_0 = W/2\pi$=150Hz이다.

a. 파라미터 A의 단위는 무엇인가?
b. $R_Z(0)$의 값은 얼마인가?

11. WSS 랜덤 프로세스 X(t)는 PSD $S_X(\omega)$를 가지며, $S_X(\omega)$는 $|\omega| < W$일 때 상수 값 K이고, 그 밖의 영역에서는 0이다. X(t)의 분산에 대한 표현을 찾아라.

12. WSS 랜덤 프로세스가 이산적인 스펙트럼을 갖는다.

$$S_X(\omega) = 7\delta(\omega \pm \omega_0) + 3\delta[\omega \pm (\omega_0 + \omega_S)] + 3\delta[\omega \pm (\omega_0 - \omega_S)]$$

여기서 $\omega_S \ll \omega_0$이다.

a. PSD를 그려라.
b. X(t)의 평균 전력은 얼마인가?

13. WSS 랜덤 프로세스 X(t)의 PSD를 그림 5.26에 도시하였다. 여기서 $a=55, b=5$, $\omega_0 = 1{,}000$, $\omega_B = 100$이다. $E[X^2(t)]$, σ_X^2와 $|\mu_X|$는 얼마인가?

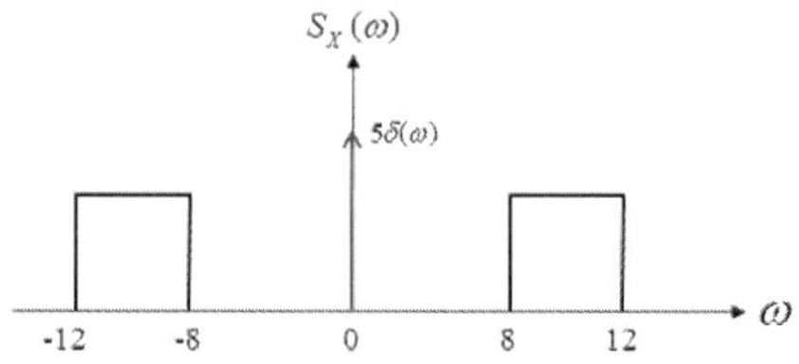

그림 5.26 연습문제 13에 대한 PSD

14. PSD가 다음과 같이 주어질 때

$$S_X(\omega) = \frac{10\omega^2}{\omega^4 + 10}$$

X(t)의 평균 전력을 찾아라.

15. WSS 랜덤 프로세스 X(t)의 자기 상관 함수가 아래와 같을 때

$$R_X(\tau) = 15e^{-2|\tau|} + 9$$

PSD $S_X(\boldsymbol{\omega})$를 찾아라.

16. WSS 랜덤 프로세스 Y(t)에 대한 자기 상관 함수가 아래와 같을 때

$$R_Y(\tau) = \begin{cases} 9 + 15\left(1 - \dfrac{|\tau|}{T}\right), & |\tau| < T \\ 9, & \text{그밖의 영역} \end{cases}$$

PSD $S_Y(\boldsymbol{\omega})$를 찾아라.

17. 대역 제한 WSS 랜덤 프로세스 X(t)가 다음의 PSD를 갖는다.

$$S_X(\omega) = \begin{cases} 5\cos(\frac{\pi\omega}{2\omega_M}), & |\omega| < \omega \\ 0, & \text{그밖의 영역} \end{cases}$$

X(t)와 상호 무관한 반송파 랜덤 프로세스 C(t)가 다음의 PSD를 가질 때

$$S_C(\omega) = 100\pi[\delta(\omega+\omega_0)+\delta(\omega-\omega_0)]$$

여기서 $\omega_0 = 10\omega_M$

a. X(t)의 평균 전력은 얼마인가?

b. Y(t)=X(t)C(t)라고 놓자. 랜덤 프로세스 Y(t)의 PSD는 얼마인가? 평균 전력은 얼마인가?

18. 랜덤 프로세스 X(t)와 Y(t)는 다음과 같은 자기 상관 함수를 갖는다.

$$R_X(\tau) = 15e^{-10|\tau|} \quad \text{과} \quad R_Y(\tau) = 4.5\cos(100\tau)$$

만일, Z(t)=X(t)Y(t)이고, X(t)와 Y(t)가 서로 무관하다면 Z(t)의 PSD는 얼마인가?

19. 랜덤 프로세스 X(t)의 PSD는

$$S_X(\omega) = 50\pi\delta(\omega+1000)+50\pi\delta(\omega-1000)$$

X(t)와 무관한 랜덤 프로세스 Y(t)의 PSD가 $|\omega|<100$인 동안에는 상수 값 30π을 갖고, 그밖에서는 0이다. 만일 Z(t)=X(t)Y(t)이면 랜덤 프로세스 Z(t)의 PSD는 얼마인가?

20. WSS 랜덤 프로세스 X(t)는 그림 5.27에 보인 PSD를 갖는다. 여기서 $W \ll \omega_0$이다. 랜덤 프로세스 Y(t)가 다음으로부터 얻어진다.

$$Y(t) = X(t)\cos(\omega_0 t+\theta)$$

여기서 θ는 $\pm\pi$ 안에서 균일한 분포를 갖는다. Y(t)의 PSD를 찾아라.

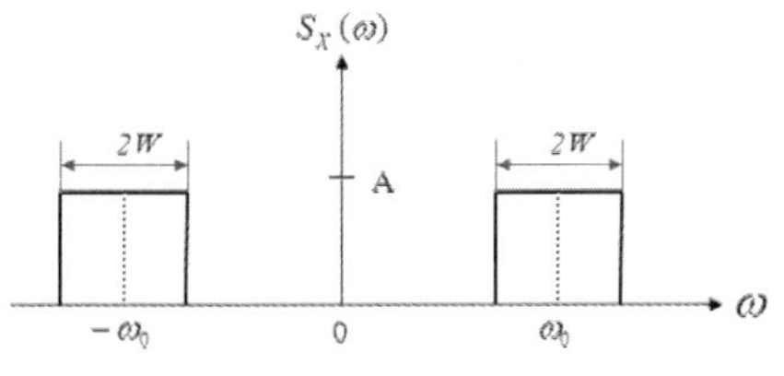

그림 5.27 연습문제 20에 대한 PSD

21. Δf=100,000Hz의 대역폭을 갖는 측정 시스템이 450 °K의 실효 잡음 온도와 실효 저항 52Ω을 갖는 장치에 걸리는 평균 잡음 전압을 측정한다.

a. 이 잡음원의 양측파대 PSD는 얼마인가?

b. 어떤 rms 잡음 전압이 측정되었는가?

에르가딕 랜덤 프로세스

22. 다음의 데이터는 에르가딕 랜덤 프로세스로부터 얻어진 샘플 함수를 창(window)을 씌어 얻어졌다고 가정하라. τ=0, 7, 14 ms에 대한 자기 상관 함수를 계산하기 위해 식(5.86)을 이용하라. 여기서 $\Delta t = 7ms$이다.

x(t)	0.4	1.1	0.8	-0.4	0.3	-1.7	-2.0	-1.2	-0.2	0.8
k	0	1	2	3	4	5	6	7	8	9

선형 시스템과 잡음

23. 선형 시스템의 전압 전달 함수는 다음과 같다:

$$H(s) = \frac{1}{s+3}e^{-0.2s}$$

이 회로에 대한 입력은 대역폭 B=5MHz이고 분산이 $3.7V^2$를 갖는 평균이 0인 백색 잡음이다. 이 회로의 출력단에서의 PSD, $S_Y(\omega)$를 구하라.

24. 평균이 0인 백색 잡음 스펙트럼의 크기는 $K=36\times10^{-8}V^2s$. 이 잡음을 저역 통과 RC 회로에 입력으로 인가된다. 회로 소자의 값 $R=38K\Omega$, $C=0.1\mu F$이다. 캐패시터 양단의 회로 출력 PSD, $S_Y(\omega)$를 구하라.

25. 증폭기의 등가 잡음 입력의 PSD는 평균이 0, 백색 잡음이고 $K=2.2\times10^{-16}V^2s$이다. 증폭기는 다음 이득함수로 주어지는 저역 통과 장치이다:

$$A = \frac{103}{1+j\frac{f}{f_C}}$$

여기서 $f_C = 55KHz$는 차단 주파수이다. 이 증폭기의 rms 잡음 출

력은 얼마인가?

26. 예제 5.14에서 저역 통과 필터에 대한 상호 상관 함수 $R_{XY}(\tau)$= E[Y(t)X(T+τ)]를 계산하라. 이 필터의 입력은 평균 0의 백색 잡음 X(t)이다. 이 계산은 예제 5.15에서 보인바와 같이 $R_{XY}(\tau)$를 사용하여 식(5.45)를 증명해야 한다.

27. 식(5.132)를 사용하여 예제 5.16에서 $R_Y(\tau)$에 대한 결과를 증명하라.

28. 선형 시스템은 임펄스 응답 $h(t) = 5e^{-t/3}u(t)$를 갖는다. 이 시스템의 입력은 아래의 자기 상관 함수를 갖는 WSS 랜덤 프로세스이다:

$$R_X(\tau) = 2e^{-|\tau|/2}$$

τ=1일 때 $R_{XY}(\tau)$의 값을 계산하라.

29. 그림 5.28에서 회로의 입력이 아래와 같은 PSD를 갖는 평균 0인 광의의 정상 랜덤 프로세스(WSS)이다.

$$S_X(\omega) = \frac{35,000}{\omega^2 + (700)^2}$$

$\omega = 400\,radians/s$일 때 $S_Y(\omega)$는 얼마인가?

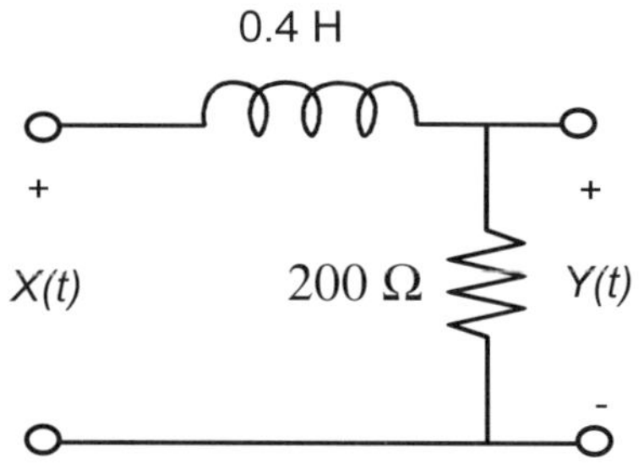

그림 5.28 연습문제 29에 대한 회로도

30. 그림 5.29의 회로망의 입력 신호가 7의 분산을 갖는 평균 0의 백색 잡음이다. 출력 랜덤 프로세스 Y(t)의 PSD는 무엇인가?

31. 선형 시스템의 전달 함수가 다음과 같다.

$$H(S) = \frac{4(S+1)}{S^2+3S+1}e^{-0.2s}$$

이 시스템의 입력이 5의 분산을 갖는 평균 0의 백색 가우시언 잡음이다. $\omega = 3\,\text{radians/s}$일 때 이 시스템의 출력 Y의 PSD는 얼마인가?

32. 시스템의 전달 함수가 아래와 같다.

$$H(S) = \frac{(S+1)}{S^2+3S+2}$$

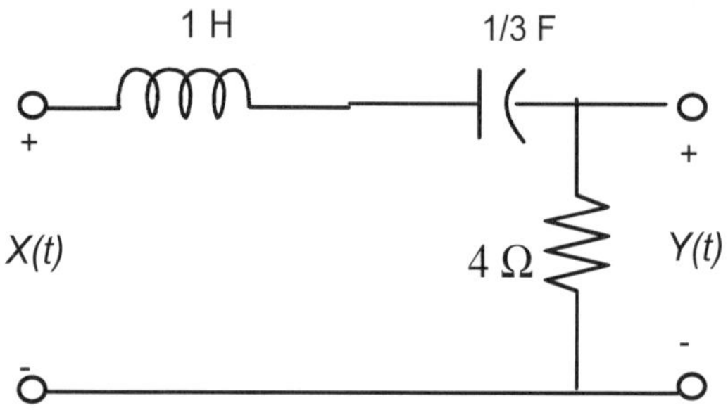

그림 5.29 연습문제 30에 대한 회로도

이 시스템의 입력이 아래의 PSD를 갖는 WSS 랜덤 프로세스이다.

$$S_X(\omega) = \frac{6}{\omega^2 + 9}$$

이때 출력 랜덤 프로세스의 PSD를 찾아라.

정합 필터

33. 유한한 에너지를 갖는 펄스 x(t)가 PSD $S_N(\omega) = K$를 갖는 백색 잡음에 실려 임의의 시간 t_s만큼 지연되어 얻어졌다.

$$x(t) = \begin{cases} Ae^{-t}, & 0 < t < 1 \\ 0, & \text{그밖의 영역} \end{cases}$$

다음의 시간 지점($t = t_s, t_s + 0.5, t_s + 1.0, t_s + 1.5, t_s + 2.0$)에 대하여 식(5.153)으로 주어진 정합 필터의 출력을 계산하라.

34. 유한한 에너지를 갖는 펄스 x(t)가 PSD $S_N(\omega) = K$를 갖는 백색 잡음에 실려 임의의 시간 t_s만큼 지연되어 얻어졌다.

$$x(t) = \begin{cases} A\sin(2\pi t), & 0 < t < 1 \\ 0, & \text{그밖의 영역} \end{cases}$$

다음의 시간 지점($t = t_s, t_s + 0.5, t_s + 1.0, t_s + 1.5, t_s + 2.0$)에 대하여 식(5.153)으로 주어진 정합 필터의 출력을 계산하라.

컴퓨터 활용

양자화 잡음은 아날로그 신호가 표본화되고 각 표본이 유한 집합의 값 중의 하나로 양자화되는 디지털시스템(A/D 변환)에서 발생한다. 즉, 원래의 아날로그 신호와 양자화한 후에 복구된 신호간의 차를 양자화 오차 또는 양자화잡음이라고 하며 균일 랜덤 변수의 특성이 있으며 이같은 잡음을 모델링하는데는 URNG가 사용된다. 또한 통신 시스템에서 데이터를 채널을 통해 전송하는 경우 유선 환경에서 발생되는 잡음은 가우시언 랜덤 변수의 특성을 갖으며 이같은 잡음을 모델링하는데는 GRNG가 사용된다. 이외에도 무선 전파환경의 경우 잡음 특성은 또 다른 랜덤 프로세스를 형성한다.

식(5.31)에서 랜덤 프로세스의 자기 상관 함수($R_X(\tau)$)를 앙상블 전체에 걸친 표본 프로세스들의 평균인 기댓값으로 소개하였다. x(t)는 WSS 랜덤 프로세스로부터 얻어진 샘플 함수라고 가정한다. 따라서 x(t)는 모든 시간 구간($-\infty < t < +\infty$)에 대하여 존재한다고 가정한다. 그러나 실제적으로는 x(t)의 일정 시간 구간(T)에 대해서만 값이 주어지기 때문에 나머지 구간에 대해서는 0으로 처리해야 하는 제약이 있으며 컴퓨터를 사용하면 식(5.86)에서처럼 근사적인 상관 함수를 얻게 된다.

샘플 함수에 대한 자기 상관 함수의 근사 계산식(5.86)은 크기가 N인 이산 데이터로 얻어지는 경우 자기 상관 함수 추정은 다음과 같이 계산된다:

$$r_X(n) = \frac{1}{N}\sum_{k=0}^{N-1-n} x(k)x(k+n) \tag{5.87}$$

의사코드	MATLAB 코드(GnoiseandCorr.m)

GRNG에 대한 seed를 초기화한다.
변수 N=1000, n =100 설정한다.
Rxx(k), k=0,...,N을 0으로 초기화한다
데이터 평균 Xbar=0.0 로 설정
표준편차 Xstd = 3.0로 설정
 	
GRNG를 사용하여 가우시언 랜덤 시퀀스생성
noise(k)=GRNG(Xavg, Xstd, seed), k=0,1,...,N 생성
 	
For n=0 to N-1
    For k=0 to N-1-n
///single sided autocorrelation function
    Rxx(n)= Rxx(n)+noise(n+j)*noise(j);
    EndFor
EndFor
//Autocorrelation 계산
Rxx = [flipdata(Rxx) Rxx(2:N-1)]
 	
Plot Noise profile
Plot Autocorrelation function(Rxx)
	randn('state', 0);
	k = 0:999;%1000개 데이터
	yn=randn(1,length(k));
	Xavg=0.0; Xstd=sqrt(9.0);
	noise = Xavg + Xstd * randn(1,length(k));%mean=0.0, var=9 gaussian
	
	rxx=zeros(1,length(k));
	for n=0:length(k)-1
	    for j=0:length(k)-1-n
	%single sided autocorrelation function
	        rxx(n+1)= rxx(n+1)+noise(n+j+1)*noise(j+1);
	    end
	end
	%Autocorrelation 계산
	Rx =[fliplr(rxx) rxx(2:length(k))];
	
	subplot(2,2,1)
	plot(k,yn), %Gaussian noisy recordings
	subplot(2,2,2)
	[c_ww,lags] = xcorr(noise,100,'coeff'); % 'coeff' 옵션은 Rx(0)=1로 정규화
	plot(lags,c_ww)

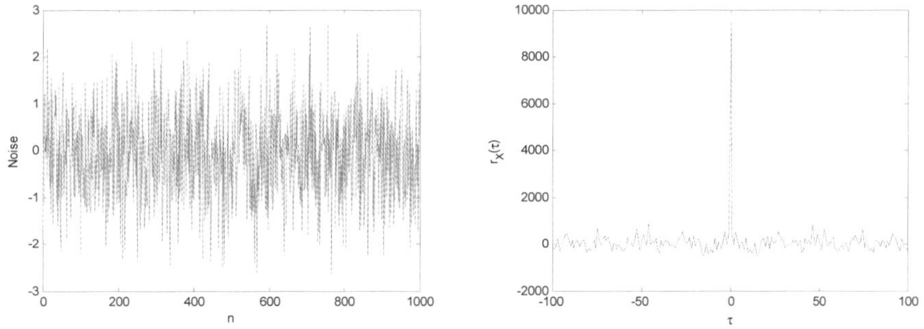

실습 과제

1. 평균이 0이고 분산이 9인 GRNG를 사용하여 가우시언 랜덤 잡음을 $0 \le n \le 999$까지 생성한다. 이 데이터를 noise(k), k=0, …, 999 라고 둔다. 식(5.87) 이산 데이터에 대한 자기 상관 함수 알고리듬을 사용하여 n=0, …, 999까지 계산하라. $r_X(n), n=0,1,\cdots,100$를 plot 루틴을 사용하여 그리면 그림 5.10(b) 결과와 유사한 결과를 얻게 될 것이다.

2. 다음 식으로 주어지는 랜덤 신호 파형 signal(k), k=0, …, 999 데이터를 생성하라. 이 데이터를 정현파 형태를 취하지만 위상이 $\pm\pi$사이에 균일한 잡음 분포를 갖는다.

$$signal(k) = 4.25\cos[2\pi(k/20)+\theta],\ k=0,1,\cdots,999$$

따라서 우리에게 주어진 데이터 signal(k)는 랜덤 위상을 갖는 정현파의 일부 신호이다.
식(5.87) 이산 데이터에 대한 자기 상관 함수 알고리듬을 사용하여 n=0, …, 999까지 계산하라. 먼저 (고정된) 위상 잡음을 $\theta_i = \pi(URNG-0.5)$의 한 값을 선택하여 $r_X(n), n=0,1,\cdots,100$를 plot 루틴을 사용하여 그려라. 다음 계속적으로 랜덤하게 위상이 변하는 상태에서 $r_X(n), n=0,1,\cdots,100$를 plot 루틴을 사용하여 그려라. 고정된 위상 잡음의 경우에 대하여 그림 5.5 결과와 유사한 결과를 얻게 될 것이다.

3. 그림 5.4에 주어진 펄스 시퀀스와 같은 펄스 파형 pulse(k), k=0, …, 999 데이터를 생성하라. MATLAB 함수의 randint()를 [0 1] 범위로 설정하면 (0,1)사이의 정수 랜덤 난수가 발생된다. 식(5.87) 이산 데이터에 대한 자기 상관 함수 알고리듬을 사용하여 n=0, …, 999까지 계산하라. 시작점을 달리하는 펄스 파형 pulse(k)의 전체 데이터에 대해 $r_X(n), n=0,1,\cdots,100$를 plot 루틴을 사용하여 그려라. 1000개의 샘플의 시간 길이 W=10초라고 하면 샘플링률은 1000/10=100 samples/sec가 된다. 따라서 한 샘플의 폭 T=0.1초가 된다. 비동기 펄스 파형 pulse(k)의 일부를 고정된 위상 잡음의 경우에 대하여 자기 상관 함수를 구하면 이상적인 그림 5.7 결과와 유사한 결과를 얻게 될 것이다.

4. 선형 시스템 H(s)의 입력으로 WSS 랜덤 프로세스 X(t)가 인가된다고 가정한다. 이제 입력 잡음 시퀀스 x(k), k=0,1,…,999는 (-0.5, 0.5)사이에 균일하게 분포된 랜덤 시퀀스라고 가정하라. 그리고 저역 통과 필터의 임펄스 응답은

$$h(n) = \begin{cases} (0.9)^n, & n \ge 0 \\ 0, & n < 0 \end{cases}$$

이고 필터의 출력 시퀀스 y(k)는 다음 순환식에 의해 주어진다:

$$y(n) = 0.9y(n-1) + x(n),\ n \ge 1,\ y(-1) = 0$$

출력 시퀀스 y(k)를 계산하고 자기 상관 함수 $r_X(\tau)$와 $r_Y(\tau)$를 식(5.87)를 사용하여 결정하라. $r_X(\tau)$와 $r_Y(\tau)$의 DFT를 계산함으로써 전력 스펙트럼 밀도 $S_X(f)$와 $S_Y(f)$를 계산하라. 10번의 전력 스펙트럼 밀도 $S_X(f)$와 $S_Y(f)$ ensemble 평균을 plot 루틴을 사용하여 그리고 비교하라.

통계적 추론과 신뢰성

본 장은 1장에서 소개한 기초적인 통계적인 기법을 보다 확장하여 추정량에 대한 신뢰 수준을 소개한다. 6장의 주제들은 공학도들에게 통계적 신뢰, 즉 신뢰 수준, 신뢰 한계 그리고 신뢰 구간 등을 자주 접하게 되기 때문에 제안되었다. 실제로 공학도들은 빈번히 "추정"에 근거하여 결정을 내리게 된다. 그러므로 6장의 주요 목적은 통계적 신뢰(수준)를 진술하지 않은 추정량, 즉 잠재적 오류에 관한 어떤 설명도 없는 추정량은 완전지 못함을 지적하는 것이다. 따라서 미지의 평균과 표준 편차가 어떤 주어진 수치적 구간 범위내에서 얼마나 "사실값(true value)"에 근접하는지에 대한 신뢰 수준을 결정할 필요가 있다. 본장에서는 공학도가 반드시 알아야 할 최소한의 실제적인 통계적 기법을 소개하고 있다.

학습목표

1. 확률 모델이 정확히 알려져 있지 않은 경우 IID 랜덤 변수의 합의 평균과 분산의 추정 방법을 설명할 수 있다.
2. 확률 모델의 미지의 파라미터 추정을 위한 Maximum Likelihood 기법을 사용하여 랜덤 변수의 평균과 분산을 추정하는 방법을 설명할 수 있다.
3. 분산이 알려진 경우 평균을 추정하고 신뢰 한계를 구할 수 있다.
4. 평균이 알려진 경우 분산을 추정하고 주어진 신뢰 수준에서 신뢰 구간을 구할 수 있다.
5. 평균이 미지일 경우 분산을 추정하고 주어진 신뢰 수준에서 신뢰 구간을 구할 수 있다.
6. 컴퓨터 모의실험을 사용하여 주어진 신뢰 수준에서 평균과 분산에 대한 신뢰 한계값과 신뢰 구간을 추정할 수 있는 알고리듬을 작성할 수 있다.

6.1 추정량의 바람직한 특성

앞의 장들에서 우리는 랜덤성에대한 여러 가지의 확률 모델: 균일분포, 가우시언 분포, 지수함수 분포, 이항 분포, 포아송 분포와 다른 분포들을 소개하였다. 보편적으로 이들 여러 모델중 하나를 규명할 수 있다면 우리에게 유리하다. 왜냐면 몇몇 유용한 특징들 즉 pdf, cdf, 평균, 분산과 특성 함수와 같은 특징을 알기 때문이다. 하지만 실제로 우리는 확률 모델을 완벽하게 알지 못할 수도 있다. 예를 들면 신뢰도 연구에서 "랜덤변수 X는 지수함수이다"라는 것은 알 수 있지만, 변수 λ의 값을 정확히 알지 못한다. 마찬가지로 측정과정에서 랜덤 변수 Y가 가우시언이라는 것을 알고 있지만 평균 μ_Y나 표준 편차 σ_Y의 값을 알지 못할 수 있다. 보통 이같은 실제적인 경우에 우리는 주어진 데이터를 사용하여 미지의 변수의 값을 **추정**(estimate)한다.

우리의 관심 대상이 되는 어떤 미지의 변수(지수함수의 λ 변수와 같이)를 θ_0라고 하자. θ를 어떤 적절한 공식을 사용하여 주어진 데이터로부터 계산된 θ_0의 추정값이라고 하자.

$$\theta = g(x_1, x_2, \cdots, x_n) \tag{6.1}$$

여기서 $x_i, i=1,2,\cdots,n$ 는 데이터이고 n 변수의 함수 $g(x_1,x_2,\cdots,x_n)$ 는 선정된 어떤 특정한 공식이다. 공식의 예들은 표본 평균 식(1.1)과 표본 분산 식(1.4)이 될 것이다. 만일 데이터 x_i를 랜덤 변수 X_i로 대치하면, 이의 결과는

$$\hat{\theta} = g(X_1, X_2, \cdots, X_n) \tag{6.2}$$

식(6.2)에서 랜덤 변수 X_i는 독립이며 동등하게 분포(independent and identically distributed,

IID)되었다고 가정한다. 공식 $g(\cdot)$는 X_i의 함수이며 통계(statistics)라고 한다. 미지의 변수를 근사화한 공식 (6.2)의 $\hat{\theta}$는 **추정량**(estimator)이라고 하는 랜덤 변수이다. 추정량에는 **점(point) 추정량**과 **구간(interval) 추정량**의 두 가지 종류가 있다. 점 추정량에 대해 3가지 적합성 테스트를 사용하고자 한다.

1. 추정량의 ***편향***(bias) B는 추정량의 기대값과 관심대상의 미지 변수간의 차이이다.

$$B = E[\hat{\theta}] - \theta_0 \tag{6.3}$$

   만일 편향이 0이면 추정량은 ***불편향***(unbiased) 추정량이라고 부른다. 이때 편향은 추정량의 체계적인 오차(1장 참고)의 척도가 된다.

2. 추정량의 ***분산***(variance)은

$$Var[\hat{\theta}] = E[(\hat{\theta} - E[\hat{\theta}]^2] \tag{6.4}$$

   분산은 추정량의 *부정밀도*(imprecision)의 척도이다. 분산이 작으면 작을수록 추정량은 더 정밀하다.

3. 추정량과 미지의 변수간의 차는 오차(error)이다. 추정량은 작은 편향을 갖으면서 큰 분산을 갖게 될 수 있다. 역 또한 사실이어서 작은 분산을 갖으면서 큰 편향을 갖는 추정량을 선택할 수 있다. 이같은 어려움을 완화하기 위해 편향과 분산을 함께 ***평균 제곱 오차***(Mean Squared Error, MSE)라고 하는 한 개의 식으로 묶을 수 있다.

$$MSE = E[(\hat{\theta} - \theta_0)^2] \tag{6.5}$$

   추정량의 평균을 식(6.5)에 더하고 빼주면

$$MSE = E[\{(\hat{\theta} - E[\hat{\theta}]) - (\theta_0 - E[\hat{\theta}])\}^2]$$

   제곱항을 풀어 정리하면

$$MSE = E\left[(\hat{\theta} - E[\hat{\theta}])^2 - 2E(\hat{\theta} - E[\hat{\theta}])(\theta_0 - E[\hat{\theta}]) + (\theta_0 - E[\hat{\theta}])^2\right] \tag{6.6}$$

   전개한 식에서 첫 번째 항은 분산 식(6.4)이다. 두 번째 항에 기대값 연산자를 적용하면 $E[\hat{\theta} - E[\hat{\theta}]] = 0$이 되므로 없어진다. 세 번째 항은 편향 식(6.3)의 제곱이다. 그러므로

$$MSE = Var[\hat{\theta}] + B^2 \tag{6.7}$$

   평균제곱 오차는 추정량의 *정확도*(accuracy)의 역 척도이다. 만일 데이터의 수가 증가해감에 따라 분산과 편향이 0으로 가면 추정량은 ***일관성***(consistent)이 있다고 한다. 그러므로 일관적인 추정량은

$n \to \infty$로 접근함에 따라 분산과 평균이 0으로 접근하며 일관성 있는 추정량은 정확한 추정량이 된다.

예제 6.1

어떤 랜덤 변수 X의 평균에 대한 추정량으로 식(4.111)의 랜덤 변수 $Y=\widehat{\mu_X}$를 사용했다고 가정하자. 랜덤 변수 X_i는 IID(Independently and Identically Distributed)라고 가정한다. 그러면

$$\widehat{\mu_X} = \frac{1}{n}\sum_{i=1}^{n} X_i$$

식(4.112)와 식(6.3)을 사용하면

$$E[\widehat{\mu_X}] = E[\frac{1}{n}\sum_{i=1}^{n} X_i] = \mu_X \to E[\widehat{\mu_X}] - \mu_X = 0$$

따라서 식(6.3)에 의해 추정량 $\widehat{\mu_X}$는 불편향(unbiased)이다. 식(4.113)를 사용하여

$$Var[\widehat{\mu_X}] = \frac{\sigma_X^2}{n}$$

이 분산은 $n \to \infty$로 감에 따라 없어진다. 그러므로 추정량 $\widehat{\mu_X}$는 일관성이 있다고 한다.

식(6.3), 식(6.4)과 식(6.7)에 사용된 *적합성*(goodness)에 관련된 기준은 매우 유용하다. 하지만 또 다른 적합성의 기준의 한 예로써 몇몇 통계(statistics)는 *특이점*(outliers)에 민감하지 않다. 특이점은 표본 데이터의 대표적인 그룹에 속한 데이터와는 상당히 동떨어진 데이터를 말한다. 특이점은 종종 잘못된 데이터임을 제시해준다. 특이점에 민감하지 않는 통계를 **강인**(robust)하다고 한다. 중앙값은 다음 예제에서 보듯이 강인한 통계이다.

홀수개의 데이터를 증가순으로 나열한다면 미디언(median)은 중앙 데이터(중앙값)가 된다. 짝수개의 데이터를 증가순으로 나열하면 미디언은 2개의 중앙 데이터의 산술 평균으로 정의된다.

예제 6.2

집접회로의 39 표본 중에서 측정한 전류의 분포가 다음과 같다고 가정하자.

10개의 표본은 3과 $5\mu A$사이의 전류를 갖는다.
20개의 표본은 5와 $7\mu A$사이의 전류를 갖는다.
8개의 표본은 7과 $9\mu A$사이의 전류를 갖는다.
1개의 표본은 $200\mu A$의 전류를 갖는다.

표본 데이터를 사용한 전류의 평균은

$$\bar{x} \approx \frac{10(4\mu A)+20(6\mu A)+8(8\mu A)+200\mu A}{39} = 10.9\mu A$$

그러나 표본 평균의 의도가 전류에 대한 대표값을 나타내는 것이라면 표본 평균은 제 기능을 못한 것이다. 보다 좋은 통계는 미디언(중앙값)이 된다. 이 경우에는 $6\mu A$이다. 이 미디언은 $200\mu A$ 특이점의 값에 민감하지 않으므로 강인하다.

6.2 Maximum Likelihood(ML) 기법

6.1절의 예제 6.1에서 살펴본 표본 평균은 소위 직관적 추정량에 속한다. 추정량을 구성하는 방법적인 면에서 합리적이라고 생각되므로 그냥 사용하는 것이다. 본 절에서는 추정량을 찾기 위한 보다 논리적인 방법론으로서 ***Maximum Likelihood(ML: 최대가능도) 기법***이라고 하는 한 방법을 소개한다. 이 방법은 pdf의 형태가 알려졌지만 pdf의 변수의 값이 알려져 있지 않은 경우의 응용에 도움이 된다.

랜덤 변수 X의 pdf는 $f(x,\theta_0)$이며, 이 pdf의 미지의 변수는 θ_0이다. 모집단 $\{X_1,X_2,\cdots,X_n\}$로부터 서로 독립인 랜덤 변수 X의 n개의 관측에 대한 결합 pdf는

$$f(x_1,x_2,\cdots,x_n,\theta_0) = f(x_1,\theta_0)f(x_2,\theta_0)\cdots f(x_n,\theta_0) \tag{6.8}$$

동일한 미지 변수(θ_0)는 각 한계(marginal) pdf에 나타난다. n개의 특정 데이터 $x_i, i=1,2,,\cdots,n$를 식(6.8)에 대입하고 난후 결합 pdf 식(6.8)이 최대가 될 때까지 변수 θ_0를 변화시킨다. 최대가 되는 이 변수를 θ로 나타내고, θ_0의 추정으로서 사용된다. 다시 말해서 데이터는 이미 발생하였으므로 이들 데이터의 발생이 "most likely(가장 빈번하게)" 나타나게 하는 pdf의 변수를 선택하는 것이다. ML 과정에서 결합 pdf 식(6.8)을 **likelihood 함수**라고 하며 L로 나타낸다.

$$L = \prod_{i=1}^{n} f(x_i,\theta) \tag{6.9}$$

L을 최대화하는 θ값을 찾으려면 L을 θ에 대하여 미분하고 0으로 두어 θ값을 찾는다. 하지만 ML기법에서 L을 직접 최대화하지 않고 보통 L의 자연로그를 최대화한다. 이렇게 해도 최대화 과정을 변하지 않는데 그 이유는 자연로그 함수가 단조 증가함수이기 때문이다. 따라서 ML 추정량이 만족해야할 조건은 다음과 같다:

$$\frac{d}{d\theta} lnL(\theta)\Big|_{\theta=\theta_0} = \frac{1}{L(\theta)} \cdot \frac{dL(\theta)}{d\theta}\Big|_{\theta=\theta_0} = 0 \tag{6.10}$$

예제 6.3

집접회로의 신뢰도 연구에 사용된 지수 랜덤 변수에 대한 pdf는

$$f_X(x) = \lambda e^{-\lambda x} u(x) = \begin{cases} \lambda e^{-\lambda x}, & x \ge 0 \\ 0, & x < 0 \end{cases}$$

로 주어진다. 여기서 추정해야 할 변수 θ_0는 $\lambda(>0)$이다. $\overline{\lambda}$를 미지 변수 λ의 추정치로 사용하고자 한다. 지수 랜덤 변수 pdf를 사용하면 likelihood 함수 식(6.9)는

$$L = \prod_{i=1}^{n} \overline{\lambda} \exp(-\overline{\lambda} x_i) = (\overline{\lambda})^n \exp\left(-\overline{\lambda} \sum_{i=1}^{n} x_i\right)$$

likelihood 함수의 자연로그를 취하면

$$\ln L(\overline{\lambda}) = n \ln \overline{\lambda} - \overline{\lambda} \sum_{i=1}^{n} x_i$$

이 log-likelihood 함수를 식(6.10)에 의거 $\overline{\lambda}$에 대하여 최대화하면 다음 결과가 얻어진다.

$$\frac{d}{d\overline{\lambda}} lnL(\overline{\lambda}) = 0 \quad \rightarrow \quad 1/\overline{\lambda} = \frac{1}{n} \sum_{i=1}^{n} x_i$$

$\overline{\lambda}$는 n개의 데이터 x_i를 사용하여 얻어진 추정치임을 주목하라. 식(6.2)에 대응되는 추정량은 x_i를 IID 랜덤 변수 X_i로 바꾸면 다음과 같다:

$$1/\hat{\lambda} = \frac{1}{n} \sum_{i=1}^{n} X_i$$

$1/\lambda$는 지수 랜덤 변수의 평균임을 기억하기 바란다. 이것과 예제 6.1의 결과는 추정량 $\widehat{\mu_X} = 1/\hat{\lambda}$이 일관성 있음을 보여준다.

6.3 평균과 분산의 추정

본 절에서는 실제적인 측정에서 매우 관심이 높은 두 변수인 평균과 분산의 추정에 대한 통계적인 작용을 조사해 보고자 한다. 조사가 끝날 때까지는 의미가 분명치 않을 수 있을 것이다. 하지만 이 조사를 위해서 과정의 확실한 순서가 요구된다. 먼저 우리는 분산이 알려진 경우에 평균을 추정하는 방법을 소개할 것이며, 다음에 평균이 알려진 경우에 분산을 추정하는 방법을 소개할 것이다. 세 번째로 평균이 미지일 때 분산을 추정하는 방법도 소개할 것이다. 마지막으로 분산이 미지일 때 평균을 추정하는 방법을 소개로 본 절을 마치고자 한다.

6.3.1 분산이 알려진 경우 평균의 추정

랜덤 변수의 n개의 독립적인 관측이 주어졌다고 가정하자. 즉 $x_i, i=1,\ 2,\ \cdots,\ n$ 값이 얻어졌다. 이 데이터를 사용한 표본 평균은

$$\bar{x} = \frac{1}{n}\sum_{i=1}^{n} x_i$$

다음 예제 6.1에서 보인 평균의 추정량은

$$Y = \widehat{\mu_X} = \frac{1}{n}\sum_{i=1}^{n} X_i \tag{6.11}$$

여기서 X_i는 IID이다. 예제 6.1에서 식(4.111)과 식(6.3)을 사용하여 다음을 보였다.

$$\mu_Y = E[\widehat{\mu_X}] = \mu_X \tag{6.12}$$

$$\sigma_Y^2 = Var[\widehat{\mu_X}] = \frac{\sigma_X^2}{n} \tag{6.13}$$

따라서 이 평균 추정량 식(6.11)은 일관성 있다. 중앙 극한 정리는 **대수(Large number)의 법칙**에 의해 Y가 (적어도 근사적으로) 가우시언임을 말해준다. 이제 Y는 가우시언 랜덤 변수이며, 그 평균과 분산은 식(4.112)와 식(4.113)에 의해 주어진다. Y의 가우시언 랜덤 변수를 **정규화**하여 새로운 랜덤변수 Z를 소개한다.

$$Z = \frac{Y - \mu_Y}{\sigma_Y} \tag{6.14}$$

그림 6.1은 정규 가우시언 랜덤 변수 Z의 pdf를 예시해준다. [표 6.1]은 그림 6.1에 보인 $1-\alpha$의 백분율 값에 대한 신뢰 구간의 경계값 z_c를 보여준다. 랜덤 변수 Z가 $1-\alpha$ 구간 안에 있을 확률은

$$P\{-z_c < Z < z_c\} = 1 - \alpha \tag{6.15}$$

여기서 $(1-\alpha)$는 보통 **신뢰 수준**(confidence level 혹은 degree of confidence)이라고 하는 확률이다. 보통 $(1-\alpha)$의 신뢰 수준(확률)을 갖고 랜덤 변수 Z가 $\pm z_c$사이의 구간 안의 값을 갖는다고 말한다.

다음 식(6.14)를 사용하여 식(6.15)를 다시 쓰면

$$P\left(-z_c < \frac{Y - \mu_Y}{\sigma_Y} < z_c\right) = 1 - \alpha$$

그림 6.1 정규 가우시언 랜덤 변수에 대한 pdf와 면적 $(1-\alpha)$는 신뢰 수준을 나타낸다.

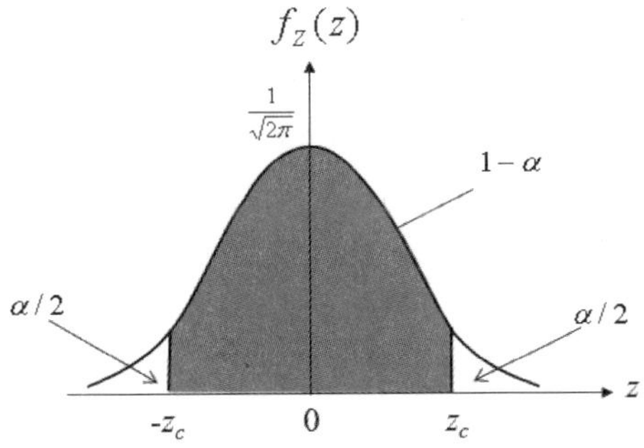

재정리하면

$$P\{-z_c\sigma_Y < Y-\mu_Y < z_c\sigma_Y\} = 1-\alpha$$
$$P\{Y-z_c\sigma_Y < \mu_Y < Y+z_c\sigma_Y\} = 1-\alpha \tag{6.16}$$

보편적으로 식(6.16)의 해석은 "*(추정하려는 미지의) 변수 μ_Y는 신뢰 구간 $\mu_Y = Y \pm z_c\sigma_Y$ 안의 값을 가질 확률이 $(1-\alpha)$ 이다*"라고 표현한다.

표 6.1 정규화된 랜덤 변수 Z에 대한 변수 z_c의 함수로서의 신뢰수준 $(1-\alpha)$

$(1-\alpha)\%$	z_c
90.00	1.645
95.00	1.960
98.00	2.326
99.00	2.576
99.90	2.291
99.99	3.891

식(4.112)와 식(4.113)를 사용하여 신뢰도 구간에 대한 식을 표현하면

$$\mu_X = Y \pm z_c \cdot \frac{\sigma_X}{\sqrt{n}} \tag{6.17}$$

식(6.17)의 랜덤 변수 $Y=\widehat{\mu_X}$의 추정값은 ML 추정량에 의해 $\bar{x}$로 대치할 수 있으며, 따라서 **신뢰 구간**(confidence interval)에 대한 표현을 다음과 같이 쓸 수 있다.

$$\mu_X = \bar{x} \pm \frac{z_c\sigma_X}{\sqrt{n}} \tag{6.18}$$

$\bar{x} \pm z_c\sigma_X/\sqrt{n}$ 의 값을 **신뢰 한계**(confidence limits)라고 한다. 식(6.18)을 사용함에 있어 표준 편차

σ_X를 알고 있다고 가정한다. 표본 평균 $\bar{x}$과 같은 추정치를 **점 추정**(point estimate)이라고 하며 식(6.18)의 표현식에서와 같이 신뢰 구간을 **구간 추정**(interval estimate)이라고 한다. 실제적으로는 평균이 알려져 있지 않으면 표준 편차도 알려져 있지 않다. 다음 절에서 이같은 어려움을 어떻게 제거하는가를 보여주게 될 것이다.

예제 6.4 **분산이 알려진 경우 평균의 추정**

다음에 주어진 데이터 $x_k(\Omega)$는 안테나의 독립적인 12개의 입력 저항의 측정치이다. 설계시 70Ω를 갖도록 되어 있다고 한다.

69.71	71.56
77.31	73.33
69.05	66.98
68.66	71.72
72.84	70.77
75.32	71.36

이 랜덤 변수 X의 분산 $\sigma_X^2 = 13.0$임이 알려져 있다. 그러나 X의 평균은 알려져 있지 않아 식(1.1)을 사용하여 표본 평균을 계산하면

$$\bar{x} = 71.55\,\Omega$$

만일 95%의 신뢰 수준이 요구된다면 μ_X의 이 추정치에 대한 신뢰 한계는 얼마인가? 표 6.1로부터 $(1-\alpha)$ 가 95%일 때 신뢰 한계값 $z_c = 1.960$이다. 식(6.18)를 사용하여 구하면

$$\mu_X = \bar{x} \pm \frac{z_c \sigma_X}{\sqrt{n}} = 71.55 \pm \frac{1.960\sqrt{13}}{\sqrt{12}} = 71.55 \pm 2.04\,\Omega$$

을 얻는다. 따라서 랜덤 변수 X의 평균이 신뢰 구간 $69.51 < \mu_X < 73.59\,\Omega$ 안에 있다라고 95%의 신뢰 수준(확률)으로 말할 수 있다.

6.3.2 평균이 알려진 경우 분산의 추정

앞 절에서 평균을 추정할 때 가정한 일반성이 분산 추정에 바로 적용시킬 수는 없다. 다음 결과들은 가우시언 pdf와 유사한 pdf를 갖는 경우에 유용하지만 공식적으로는 가우시언 랜덤 변수를 가정하고 작업한다. 본 절에서 가우시언 랜덤 변수 X의 평균 μ_X는 알려져 있다고 가정한다.

분산에 대한 추정량을 구할 때에 먼저 ML 기법을 적용한다. 미지의 변수 $\theta_0 = \sigma_X$이고 식(6.1)의 추정 변수 θ는 s_1으로 나타냈다. 따라서 가우시언 랜덤 변수에 대하여 likelihood 함수 식(6.9)는

$$L = \prod_{i=1}^{n} f(x_i, s_i)$$

가우시언 pdf를 likelihood 함수에 대입하면

$$L = \prod_{i=1}^{n} \frac{1}{\sqrt{2\pi}\, s_1} \exp[-(x_i - \mu_X)^2 / 2s_1^2]$$

$$L = (2\pi)^{-n/2} s_1^{-n} \prod_{i=1}^{n} \exp[-(x_i - \mu_X)^2 / 2s_1^2]$$

$$L = (2\pi)^{-n/2} s_1^{-n} \exp\left[\frac{-1}{2s_1^2} \sum_{i=1}^{n} (x_i - \mu_X)^2\right]$$

likelihood 함수의 자연 로그를 취하면

$$\ln L = -\frac{n}{2} \ln(2\pi) - \mathrm{n} \ln s_1 - \frac{1}{2s_1^2} \sum_{i=1}^{n} (x_i - \mu_X)^2 \tag{6.19}$$

ML 기법에 의거 식(6.19)를 s_1에 대하여 미분을 취하고 결과가 0이 되는 곳이 최대값을 나타내므로

$$s_1^2 = \frac{1}{n} \sum_{i=1}^{n} (x_i - \mu_X)^2 \tag{6.20}$$

여기서 s_1은 표본 데이터 x_i에 대하여 likelihood 함수를 최대화하는 표준 편차의 값이다. 이는 평균 μ_X가 알려졌을 때 분산에 대한 추정량을 제안해준다.

$$S_1^2 = \frac{1}{n} \sum_{i=1}^{n} (X_i - \mu_X)^2 \tag{6.21}$$

여기서 S_1은 추정량이고 식(6.2)의 $\hat{\theta}$에 해당한다.

식(6.21)의 분산에 대한 추정량의 몇 가지 성질을 밝히기 위해 새로운 랜덤 변수 V를 소개한다.

$$V = n \frac{S_1^2}{\sigma_X^2} = \sum_{i=1}^{n} \left(\frac{X_i - \mu_X}{\sigma_X} \right)^2 \tag{6.22}$$

만일 X_i가 독립적인 가우시언 랜덤 변수이면 V는 n개의 정규 가우시언 랜덤 변수 Z의 제곱의 합으로 표현된다:

$$V = \sum_{i=1}^{n} Z_1^2$$

예제 4.15에 따라 V는 n차의 χ^2(콰이-제곱이라고 읽음)랜덤 변수이다. n을 보통 **자유도**(degree of freedom)의 수라고 부르기도 한다(자유도의 수는 문제에 사용된 독립적인 데이터의 수의 척도가 된다). 예제 4.15에 제시된 결과를 사용하면

$$E[V]=n, \quad Var[V]=2n$$

이들을 식(6.22)과 합치면 식(6.21)의 추정량은 불편향임을 알 수 있다.

$$E[S_1^2]=E\left[\frac{\sigma_X^2 V}{n}\right]$$

$$=\sigma_X^2\frac{E[V]}{n}$$

$$=\sigma_X^2$$

또한 식(6.21)에 주어진 추정량의 분산은 다음과 같다:

$$Var[S_1^2]=Var\left[\frac{\sigma_X^2 V}{n}\right]$$

$$=\sigma_X^4\frac{Var[V]}{n^2}$$

$$=\frac{2\sigma_X^4}{n}$$

추정량이 불편향(unbiased)이고, $n\to\infty$로 감에 따라 분산은 0으로 접근하기 때문에 추정량 (6.21)은 일관성이 있다.

대표적인 χ^2 pdf를 그림 6.2에 그렸다. 비록 이 pdf가 좌우가 비대칭이지만 그림 6.1의 가우시언 pdf의 한계값을 나누어었던 방법과 비슷하게 영역을 나눌 수 있다. 부록 E.1에서 설명한 주어진 p와 자유도 n에 대한 cdf의 역함수 값 ν_a를 MATLAB의 Statistics Toolbox의 함수 chi2inv() 사용하여 그림 6.2에서 ν_a와 ν_b의 가로축 값을 찾을 수 있다.

$$P(\nu_a < V < \nu_b)=1-\alpha$$

전과 같이 $1-\alpha$는 신뢰 수준이라고 한다. 식(6.22)를 사용하면 이 관계식은

$$P\left(\nu_a < \frac{nS_1^2}{\sigma_X^2} < \nu_b\right)=1-\alpha$$

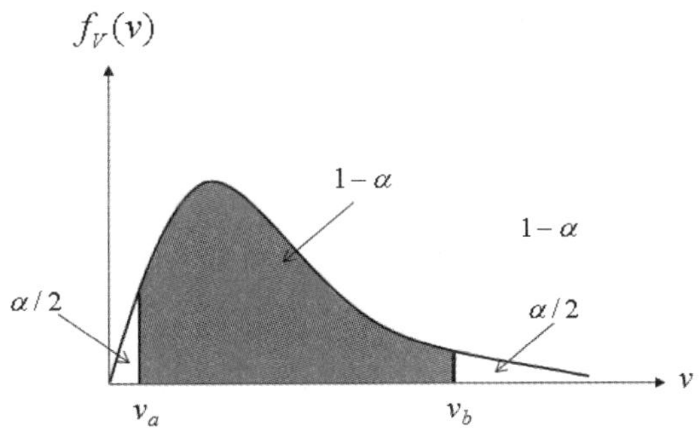

그림 6.2 대표적인 χ^2 pdf. 면적 $1-\alpha$는 신뢰 수준이다. 비록 pdf가 대칭이 아니지만 신뢰 수준의 양쪽에 있는 면적은 $\alpha/2$과 같게 둔다.

부등식을 재정리하면

$$P\left(\frac{nS_1^2}{\nu_b} < \sigma_X^2 < \frac{nS_1^2}{\nu_a}\right) = 1-\alpha$$

이 관계는 랜덤 변수 S_1에 대해 유효하다. 그러므로 랜덤 변수 S_1의 관측값인 s_1에 대해서도 유효하다.

$$P\left(\frac{ns_1^2}{\nu_b} < \sigma_X^2 < \frac{ns_1^2}{\nu_a}\right) = 1-\alpha \tag{6.23}$$

평균이 알려졌을 때 분산에 대한 구간 추정을 위해 식(6.23)을 사용한다. 이제 가우시언 랜덤 변수의 예제를 살펴보자.

예제 6.5　평균이 알려진 경우 분산의 추정

예제 6.4에 주어진 안테나 입력 저항의 데이터를 그대로 사용한다. 그러나 평균이 $\mu_X = 70$임이 알려졌다고 가정한다.

69.71	71.56
77.31	73.33
69.05	66.98
68.66	71.72
72.84	70.77
75.32	71.36

n=12개의 데이터와 식(6.20)를 사용하여 분산을 추정하면

$$s_1^2 = \frac{1}{12}\sum_{i=1}^{12}(x_i-70)^2 = \frac{120.63}{12} = 10.05\,\Omega^2$$

그러므로 분산에 대한 점 추정은 $10.05\Omega^2$이다. 이제 95%의 신뢰 수준을 선택한다고 하자. 본 예제에서 χ^2 랜덤 변수의 자유도 r=n=12이다. 이 자유도에 대하여 표 E.1의 MATLAB 함수를 사용하면

1. $P(V > \nu_b)$[1]$= 0.025 \rightarrow \nu_b = 23.337$
2. $P(V > \nu_a)$[2]$= 1 - 0.025 = 0.975 \rightarrow \nu_a = 4.404$

다음 식(6.23)를 사용하면

$$\frac{12(10.05)}{23.337} < \sigma_X^2 < \frac{12(10.05)}{4.404} \rightarrow 5.17\Omega^2 < \sigma_X^2 < 27.39\,\Omega^2$$

추정하려는 미지의 분산은 $5.17\,\Omega^2$에서 $27.39\,\Omega^2$(혹은 표준 편차로는 2.27과 $5.23\,\Omega$ 사이)의 구간 안의 값을 갖는다라고 $1-\alpha$ = 95%의 신뢰 수준으로 말할 수 있다.

6.3.3 자유도

통계적 추정과 신뢰의 논의를 더 진행하기에 앞서 자유도의 새로운 용어를 좀 살펴볼 필요가 있다. 이 용어를 소개하는 한 가지 방법은 표본 평균과 연관지어 설명하는 것이다.

$$\bar{x} = \frac{1}{n}\sum_{i=1}^{n} x_i$$

이 식을 정리하여 다시 쓰면

$$\sum_{i=1}^{n} x_i - n\bar{x} = 0 \rightarrow \sum_{i=1}^{n}(x_i - \bar{x}) = 0 \qquad (6.24)$$

식(6.24)를 조사해보면 n항 중 나머지 한 항은 (n-1) 항의 합으로 표현이 가능해진다. 따라서 $(x_i - \bar{x})$는 (n-1) ***자유도***(혹은 차원)를 갖는다.

평균 μ_X나 분산 σ_X^2이 알려지지 않은 n개의 표본 데이터로 계산이 이루어질 때 표본 평균을 추정하기 위해

$$\bar{x} = \frac{1}{n}\sum_{i=1}^{n} x_i \qquad (6.25)$$

를 사용하고, 표본 분산을 추정하기 위해

1) ν_b=chi2inv($1-\alpha/2$,n)=chi2inv(1-0.025,12)=23.3367
2) ν_a=chi2inv($\alpha/2$,n)=chi2inv(0.025,12)=4.4038

$$s_X^2 = \frac{1}{n-1}\sum_{i=1}^{n}(x_i - \overline{x})^2 \tag{6.26}$$

를 사용한다. 여기서 주목할 것은 식(6.24)와 식(6.26)에 $(x_i - \overline{x})$항이 나타난다. 따라서 식(6.25)와 식(6.26)에 대해서는 자유도가 (n-1)이 된다.

물론 첫 번째 일은 $\overline{x}$를 계산하고 데이터 x_i를 사용하여 s_X를 계산하는 것이다. 이같이 계산된 추정값은 IID 랜덤 변수 X_i의 추정량을 제안해준다.

$$\widehat{\mu_X} = \frac{1}{n}\sum_{i=1}^{n} X_i \tag{6.27}$$

$$\widehat{\sigma_X^2} = \frac{1}{n-1}\sum_{i=1}^{n}(X_i - \widehat{\mu_X})^2 \tag{6.28}$$

여기서도 마찬가지로 (n-1)항 만이 독립적이다. 따라서 자유도는 (n-1)이 된다.

6.3.4 평균이 미지일 경우 분산의 추정

식(6.28)은 평균이 미지인 조건하에서 분산을 추정할 때 사용되는 추정량이다. 식(6.22)에서와 유사하게 식(6.28)를 사용하여 새로운 랜덤 변수 W를 소개한다.

$$W = (n-1)\frac{\widehat{\sigma_X^2}}{\sigma_X^2} = \sum_{i=1}^{n}\left(\frac{X_i - \widehat{\mu_X}}{\sigma_X}\right)^2 \tag{6.29}$$

식(6.29)의 형태로 봐서 식(6.28)에서 제곱 합은 자유도가 (n-1)이고 χ^2 분포를 가지기 때문에 랜덤 변수 W는 r=n-1차의 χ^2 분포를 갖는다. 직관적으로 보인 이 결과는 통계학적 방법을 사용하여 좀 더 확실하게 유도할 수 있지만 본서의 범위를 벗어나므로 참고문헌[3]을 참조하기 바란다. 예제 4.15의 결과로부터 다음을 보일 수 있다.

$$E[W] = n-1, \quad Var[W] = 2(n-1)$$

이것과 식(6.29)를 사용하여 식(6.28)에 주어진 분산에 대한 추정량은 일관성을 가짐을 밝힐 수 있다.

$$\begin{aligned} E[\widehat{\sigma_X^2}] &= E\left[\frac{\sigma_X^2 W}{n-1}\right] \\ &= \frac{\sigma_X^2}{n-1}E[W] \\ &= \sigma_X^2 \end{aligned}$$

---

3) Hogg, R. V. and A. T. Craig. *Introduction to Mathematical Statistics*. 4th ed. New York: Macmillan Publishing Company, 1978.

$$
\begin{aligned}
Var[\widehat{\sigma_X^2}] &= Var\left[\frac{\sigma_X^2 W}{n-1}\right] \\
&= \frac{\sigma_X^4}{(n-1)^2} Var[W] \\
&= \frac{2\sigma_X^4}{n-1}
\end{aligned}
$$

그림 6.2를 참조하면 신뢰 수준은

$$
P(\nu_a < W < \nu_b) = 1-\alpha \tag{6.30}
$$

로 기술된다.

식(6.29)를 식(6.30)에 대입하여 정리하면

$$
P\left[\frac{(n-1)\widehat{\sigma_X^2}}{\nu_b} < \sigma_X^2 < \frac{(n-1)\widehat{\sigma_X^2}}{\nu_a}\right] = 1-\alpha \tag{6.31}
$$

식(6.31)에서 랜덤 변수 $\widehat{\sigma_X^2}$에 대하여도 사실이므로 $\widehat{\sigma_X^2}$의 관측의 하나인 s_X^2에 대해서도 또한 사실이다.

$$
P\left[\frac{(n-1)s_X^2}{v_b} < \sigma_X^2 < \frac{(n-1)s_X^2}{v_a}\right] = 1-\alpha \tag{6.32}
$$

이 식은 평균과 분산 어느 것도 알려져 있지 않은 경우에 대한 구간 추정이다.

예제 6.6 평균이 미지인 경우 분산의 추정

예제 6.4와 6.5에서 사용되었던 저항 데이터를 다시 쓰면

69.71	71.56
77.31	73.33
69.05	66.98
68.66	71.72
72.84	70.77
75.32	71.36

식(6.25)와 식(6.26)을 사용하여 표본 평균과 표본 분산의 점 추정값을 구하면

$$
\bar{x} = 71.55\,\Omega,\ \ s_X^2 = 8.34\Omega^2
$$

이 예제에서 자유도 r=n-1=11이다. 95%의 신뢰 수준이 요구된다고 하자. 그러면 $1-\alpha=0.95$, $\alpha/2=0.025$이다. 부록 E.1과 E.2를 사용하고 그림 6.2를 참조하여 예제 6.5의 경우에서와 같이 MATLAB 함수로 사용하면

$$\text{(i)}\ \ P(W > v_b) = 0.025, \rightarrow v_b = 21.920$$

$$\text{(ii)}\ \ P(W > v_a) = 1 - 0.025 = 0.975, \rightarrow \nu_a = 3.816$$

을 얻는다. 식(6.32)을 적용하면

$$\frac{11(8.34)}{21.920} < \sigma_X^2 < \frac{11(8.34)}{3.816} \rightarrow 4.19\,\Omega^2 < \sigma_X^2 < 24.04\,\Omega^2$$

95%의 신뢰 수준으로 미지의 분산이 $4.19\,\Omega^2$와 $24.04\,\Omega^2$사이(혹은 표준 편차가 2.05에서 $4.90\,\Omega$사이)의 값을 갖는다라고 말할 수 있다.

6.3.5 분산이 미지일 때 평균의 추정

랜덤 변수 X의 분산 σ_X^2 값이 알려진 경우, 독립적인 랜덤 변수의 합은 중앙극한정리에 따라 가우시언 분포에 접근하므로 이를 정규화한 가우시언 랜덤 변수를 식(6.14)에 소개할 수 있었다.

$$Z = \frac{Y - \mu_Y}{\sigma_Y} = \frac{Y - \mu_X}{\sigma_X / \sqrt{n}}$$

그러나 σ_X^2을 알지 못하는 경우 다음의 전개에서 보듯이 더 이상 가우시언 랜덤 변수 Z를 정의할 수 없다. 하지만 미지의 분산과 평균에 대하여 추정치를 적용하여 새로운 랜덤 변수 T를 정의할 수 있다.

$$T = \frac{\widehat{\mu_X} - \mu_X}{\widehat{\sigma_X} / \sqrt{n}} \tag{6.33}$$

식(6.33)은 표본 평균과 표본 표준편차라는 두 랜덤 변수의 비이며, 이를 앞에서 정의한 랜덤 변수 Z와 W를 사용하여 T를 표현하면

$$T = (\widehat{\mu_X} - \mu_X)\left(\frac{1}{\sigma_X\sqrt{\dfrac{W}{n-1}} / \sqrt{n}}\right) = \frac{(\widehat{\mu_X} - \mu_X)}{\sigma_X / \sqrt{n}}\left(\frac{1}{\sqrt{W/(n-1)}}\right)$$

$$\therefore T = \frac{Z}{\sqrt{W/(n-1)}} \tag{6.34}$$

여기서 분자 Z는 정규 가우시언 랜덤 변수이며 W는 (n-1)차의 χ^2 랜덤 변수이다. 통계학은 $\widehat{\mu_X}$와 $\widehat{\sigma_X}$는 독립적임을 보여준다[참고문헌[4]]. 그 의미는 만일 $\widehat{\mu_X}$와 $\widehat{\sigma_X}$가 독립적이면 Z와 W도 독립적인 관계에

---

4) Mann, Nancy R., Ray E. Schafer, and Nozer D. Singpurwalla, *Methods for Statistical Analysis of Reliability and Life Data*, New York: John Wiley and Sons, 1974

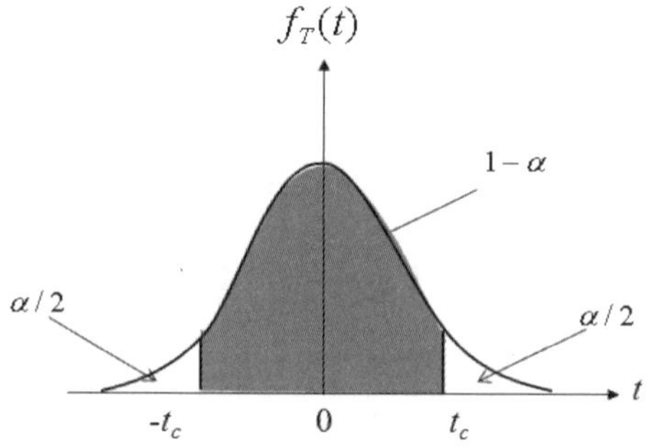

그림 6.3 대표적인 Student's t 의 pdf. 면적 $1-\alpha$는 신뢰 수준이다.

있다고 말할 수 있다. 그러므로 랜덤 변수 T는 예제 4.19에서 살펴보았던 Student's t임이 나온다. 대표적인 Student's t pdf 의 그림을 그림 6.3에 보였다. 이 그림은 또한 신뢰 수준 $(1-\alpha)$의 면적을 나타내 주고 있다. 신뢰 수준에 따른 Student's t pdf에 대한 데이터는 부록 E.2에 설명한 MATLAB 함수를 사용하여 구할 수 있다. 그림 6.3으로부터

$$P(-t_c < T < t_c) = 1-\alpha$$

임을 볼 수 있고 식(6.33)을 사용하면

$$P\left(-t_c < \frac{\widehat{\mu_X} - \mu_X}{\widehat{\sigma_X}/\sqrt{n}} < t_c\right) = 1-\alpha$$

μ_X에 대하여 다시 정리하여 쓰면 $\mu_X = \widehat{\mu_X} \pm t_c\widehat{\sigma_X}/\sqrt{n}$을 얻는다.

따라서 신뢰수준 $(1-\alpha)$에 대한 식은 다음과 같이 다시 쓸 수 있다:

$$P\{\widehat{\mu_X} - t_c\widehat{\sigma_X}/\sqrt{n} < \mu_X < \widehat{\mu_X} + t_c\widehat{\sigma_X}/\sqrt{n}\} = 1-\alpha$$

이는 랜덤 변수 $\widehat{\mu_X}$와 $\widehat{\sigma_X}$에 대하여 사실이므로 관측값 $\bar{x}$와 s_X에 대해서도 사실이다.

$$P\{\bar{x} - t_c s_X/\sqrt{n} < \mu_X < \bar{x} + t_c s_X/\sqrt{n}\} = 1-\alpha$$

이 식으로부터 신뢰수준 $(1-\alpha)$를 갖는 식(6.18)과 매우 유사한 식을 얻는다:

$$\mu_X = \bar{x} \pm t_c s_X/\sqrt{n} \tag{6.35}$$

식(6.35)은 평균과 분산을 모두 추정해야 할 때 평균의 구간 추정이 된다.

예제 6.7 분산이 미지일 때 평균의 추정

예제 6.5와 6.6에 사용되었던 같은 12개의 독립적인 저항 데이터를 사용한다면 측정값의 표본 평균과 분산은 $\bar{x}=71.55\,\Omega$, $s_X=\sqrt{8.47}=2,89\,\Omega$을 얻는다.

가령 $(1-\alpha)=0.95$의 신뢰 수준을 사용하여 평균에 대한 신뢰 한계를 계산하고 싶다고 하자. [표 E.2]를 참고하면 $\alpha/2=0.025$이고 n-1=11 자유도일 때 $t_c=2.202$을 얻는다. 그러므로 식(6.35)를 사용하여 95%의 신뢰 수준으로 다음을 찾을 수 있다.

$$\mu_X=\bar{x}\pm\frac{t_c s_X}{\sqrt{n}}$$

$$\mu_X=71.55\pm2.202(2.89)/\sqrt{12}$$

$$\mu_X=71.55\pm1.84\,\Omega$$

따라서 측정한 저항의 평균값은 95% 신뢰 수준에서 $69.71\Omega<\mu_X<73.39\Omega$사이의 값을 갖는다고 말할 수 있다.

복 습

본 장은 통계학의 일부 선택된 주제인 추정량에 대한 간단한 서론에 지나지 않는다. 특별히 IID 랜덤 변수의 합의 평균과 분산을 추정 방법을 설명하였다. 추정의 종합적인 한 부분으로써 신뢰 수준, 신뢰 한계 와 신뢰 구간를 얻는 기법을 소개하였다. 추정된 변수에 사용된 신뢰 한계는 공학 설계의 실제에 있어 기술자들이 자주 접하게 되는 주제이며, 이에 대한 독자들이 통계학의 면밀한 연구를 계속해 줄 것을 강력히 권장하는 바이다. 특히 실험의 설계와 관련된 경우는 더욱 그렇다. 이같은 주제는 본서의 범위를 벗어나지만 현장 기술자들에겐 매우 중요하다.

1. 미지의 변수를 근사화한 공식(6.2)의 $\hat{\theta}$는 추정량(estimator)라고 하는 랜덤 변수이다. 추정량에는 점(point) 추정량과 구간(interval) 추정량의 두 가지 종류가 있다. 분산과 편향이 0으로 가면 추정량은 일관성(consistent)이 있다고 한다.
2. 모집단으로부터 추출한 표본값들에 근거하여 어떤 파라미터 값이 가장 가능성이 높은가란 기준 설정으로 얻어지는 추정기를 최대가능성(ML) 추정량이라고 한다.

   ML 과정에서 결합 pdf 식(6.8)을 likelihood 함수라고 하며 L로 나타낸다.

$$L = \prod_{i=1}^{n} f(x_i, \theta)$$

   L을 최대화하는 θ값을 찾으려면 L을 θ에 대하여 미분하고 0으로 두어 θ값을 찾는다.

   하지만 ML기법에서 L을 직접 최대화하지 않고 보통 L의 자연로그를 최대화한다. 이렇게 해도 최대화 과정을 변하지 않는데 그 이유는 자여로그 함수가 단조 증가함수이기 때문이다. 따라서 ML 추정량이 만족해야 할 조건은 다음과 같다:

$$\frac{d}{d\theta} lnL(\theta)\bigg|_{\theta=\theta_0} = \frac{1}{L(\theta)} \cdot \frac{dL(\theta)}{d\theta}\bigg|_{\theta=\theta_0} = 0$$

3. 구간 추정기는 다음과 같은 확률식에 의해 정의된다.

$$P\{\theta_l < \theta < \theta_u\} = 1-\alpha,\ \alpha > 0$$

   여기서 $(1-\alpha)$는 보통 신뢰 수준(confidence level 혹은 degree of confidence)이라고 하는 확률이다. 보통 $(1-\alpha)$의 신뢰 수준(확률)을 갖고 랜덤 변수 θ가 신뢰구간(θ_l, θ_u)사이의 값을 갖는다고 말한다. 그리고 구간의 양쪽 경계값을 신뢰 한계값이라고 한다.

   신뢰도가 주어진 경우 그에 해당하는 신뢰 한계값들(θ_l, θ_u)을 결정하기 위해서는 추정기의 pdf를 먼저 구해야하는데 이는 일반적으로 매우 어렵다. 하지만 표본 평균 $\bar{x}$ 혹은 표본 분산 s_1^2과 같은 추정치를 점 추정이라고 하며, 위 표현식에서와 같이 신뢰 구간을 구간 추정(interval estimate)이라고 한다.

연습문제

추정량의 특성

1. 표본 공분산(covariance) 식(1.13)는 식(5.68)에 있는 공분산 Cov[XY]에 대한 다음 추정량를 제안한다.

$$Cov[XY] = \frac{n\sum_{i=1}^{n} X_i Y_i - \sum_{i=1}^{n} X_i \sum_{j=1}^{n} Y_j}{n(n-1)}$$

$i \neq j$일 때 데이터 간에 독립성을 가정하여 이 추정량(estimator)이 불편향(unbiased)임을 보여라.

2. a. 예제 6.4에 나온 데이터의 미디언(중앙값)을 찾아라. 이 데이터의 평균과 중앙값을 비교하라.
   b. 어떤 잡음 때문에 예제 6.4에 나온 71.36의 데이터 값이 실제적으로 1071.36으로 기록되었다고 가정하라. 게다가 이 데이터를 처리하는 컴퓨터가 1071.36의 값이 특이점(outlier)라는 것을 인식할 수 없다고 가정하라. 71.36대신에 특이점을 사용하여 이들 데이터의 중앙값과 평균값을 계산하라.

3. 다음 데이터가 주어졌다.

986.0	1187.4
1076.5	1075.6
1050.6	911.3
1011.3	1147.8
1061.7	1038.0

   a. 데이터의 미디언과 평균을 구하라.
   b. 자동 기록 시스템에서의 결함 때문에 1050.6의 값이 0으로 잘못 기록되었고 또한 이 데이터를 처리하는 컴퓨터는 이 데이터가 특이점임을 인식할 수 없다고 가정하라. 1050.6대신에 특이점을 사용하여 이들 데이터의 미디언과 평균치를 계산하라.

4. 번창하는 어떤 중소기업에서 다음과 같이 급여를 지급한다:

   20명의 행정원과 조립공에게 각각 ₩13,000,000을
   3명의 전문 고용인에게 각각 ₩50,000,000을
   1명의 소유주에게 ₩50,000,000을 지급.

   a. 회사의 미디어 급여를 계산하라.
   b. 회사의 평균 급여를 계산하라.
   c. 소유주가 회사를 위해 "특별한" 급여를 공개하려고 한다면 그는 미디언이나 평균치로 얼마를 사용해야 하는가?

ML 기법

5. 예제 3.12에 나온 레이라이(Rayleigh) pdf의 변수 a^2에 대한 추정량을 찾기 위해 maximum likelihood 기법을 사용하라. 결과의 추정량에 대한 편향은 얼마인가?

6. 이산 이항 랜덤 변수에 대한 likelihood 함수를 다음과 같이 정의하자.

$$L = \Pi_{i=1}^{m} P_n(k_i)$$

   여기서 m개의 독립적 이항(binomial) 시행의 결과가 정수 k_i이다.

   a. 이항 파라미터 p에 대한 ML(maximum Likelihood) 추정량을 찾아라.
   b. (a)에서 얻은 추정량의 편향을 구하라.

평균과 분산의 추정

7. 10개의 독립적인 시간지연 (단위 μsecs)의 측정치가 다음과 같이 주어졌다.

56.3	52.9
51.4	55.6
50.5	55.7
53.0	55.6
50.8	55.8

   이들 관측치로부터 얻어진 랜덤 변수 Y의 평균과 분산이 $\mu_Y = 53.75\mu\text{sec}$, $\sigma_Y^2 = 4.69\mu\text{sec}^2$로 알려졌다.

   a. 주어진 데이터에 대한 샘플 평균를 계산하라.
   b. (a)에서 계산한 평균은 추정량 $\hat{Y} = \frac{1}{10}\sum_{i=1}^{10} Y_i$의 한 관측치이다. $E[\hat{Y}]$와 $\hat{Y}$의 표준 편차는 얼마인가?

8. 각각 1000Ω으로 표기된 10개의 개별 저항으로부터 다음 데이터가 측정되었다. 저항의 조립 공정은 $\sigma_X = 100\Omega$의 표준 편차를 갖는다는 것이 알려졌다.

986.0	1187.4
1076.5	1075.6
1050.6	911.3
1011.3	1147.8
1061.7	1038.0

a. 이 저항 값들의 평균치를 추정하라.
b. 신뢰 수준이 95%일 때 추정된 평균에 대한 신뢰한계를 찾아라.
c. 신뢰 수준이 99%일 때 추정된 평균에 대한 신뢰한계를 찾아라.

9. 30개의 측정치가 랜덤변수 X로부터 얻어졌다. X는 $\sigma_X = 120$의 표준 편차와 $\sum_{i=1}^{30} X_i = 30{,}016.07$를 갖는다.

a. 샘플 평균을 구하라.
b. 90%의 신뢰 수준에 대한 신뢰 한계를 구하라.
c. 98%의 신뢰 수준에 대한 신뢰 한계를 구하라.

10. 공기의 유전 강도를 300V/mm의 readings 표준 편차를 갖는 계측기로 20번 측정하였다. 데이터의 평균을 냈을 때 공기의 유전 강도가 2.9kV/mm이었다. 99%의 신뢰정도를 사용하여 공기의 유전 강도의 구간 추정을 구하라.

11. 10개의 표본에 대한 표본 평균의 표준 편차가 10이라고 한다. 이 표준 편차값을 0.1로 만들기 위해서는 몇 개의 표본을 취해야 하는가?

12. 표본 분산은 n=15 자유도에 대하여 $s_1^2 = 150.0$이다. 90%의 신뢰 수준을 사용하여 표준 편차 σ_X를 추정하라.

13. 표본 표준 편차는 n=17 자유도에 대하여 $s_1 = 92$이다. 99%의 신뢰 수준을 사용하여 표준 편차 σ_X를 추정하여라.

14. 다음 표의 데이터는 평균이 15이고 분산이 9인 모집단으로부터 추출한 값들을 나타낸다.
a. 표본 평균값을 계산하라.
b. 표본 평균의 기댓값은 얼마인가? 분산은 얼마인가?

i	1	2	3	4	5
X_i	8.81	15.91	20.39	8.63	13.80
i	6	7	8	9	10
X_i	21.73	27.23	7.32	14.83	20.26

15. 가우시언 분포를 갖고 있다고 알려진 모집단($\mu_X = 10$, $\sigma^2_{X=4}$)으로부터 다음의 표본값들이 추출되었다: 7.31, 10.8, 11.27, 11.91, 5.51, 8.0, 9.03, 14.42, 10.24, 10.91. 이들로부터 평균과 분산에 대한 ML 추정값을 구하라.
이렇게 10개의 표본을 여러 번(n=10번) 추출하여 평균과 분산값을 구한 결과를 아래 표에 나열하였다:

가우시언 모집단으로부터 추출한 표본들에 대한 표본평균과 표본분산

횟수	표본 평균	표본 분산
1회	10.24	9.42
2회	9.32	4.90
3회	11.44	4.16
4회	9.65	5.23
5회	10.98	4.85
6회	10.03	8.30
7회	9.72	4.36
8회	10.01	3.89
9회	10.39	5.28
10회	9.84	2.70
평균		

위 10개의 표본에 대하여 95% 신뢰 수준(신뢰도)을 갖도록 신뢰 한계값을 구하라. 그리고 만일 표본의 개수를 100개로 증가시키면 95% 신뢰 한계값이 어떻게 변하는가?

16. 랜덤변수 X의 n=10개의 독립적인 측정이 이루어졌다고 가정하라. 이 측정치를 사용하여 다음이 얻어졌다:

$$\sum_{i=1}^{n} x_i = 828.28, \sum_{i=1}^{n} x_1^2 = 68{,}715.10$$

또한 X는 가우시언 랜덤 변수라고 가정하라.

a. 90% 신뢰 구간을 사용하여 분산의 구간 추정을 찾아라.
b. 90%의 신뢰 구간을 사용하여 평균의 구간 추정을 찾아라.

17. 랜덤 변수 X의 독립적인 측정으로부터 얻어진 다음 데이터가 주어졌다. 95%의 신뢰도 수준을 선정했을 때 표본 평균과 표준편차, 신뢰 구간을 구하라.

848.8	1044.9
1131.2	898.1
980.4	1056.6
949.1	923.7
990.3	1002.3

컴퓨터 활용

본 장에서는 관측 데이터의 모집단으로부터 추출된 표본값을 이용하여 파라미터 값을 추정하는 기법을 소개하였다. 두 가지 유형의 추정량으로서 점 추정량과 구간 추정량이 소개되었다. 또한 모집단의 pdf는 알려져 있지만 그 pdf의 파라미터 값은 알려져 있지 않은 경우에 파라미터 추정을 해야 할 때 Maximum Likelihood(ML) 함수를 사용하여 그 pdf를 최대화하는 파라미터 값을 구함으로써 추정치를 산출하게 된다.

먼저 우리는 분산이 알려진 경우에 평균을 추정하는 방법, 평균이 알려진 경우에 분산을 추정하는 방법, 평균이 미지일 때 분산을 추정하는 방법과 마지막으로 분산이 미지일 때 평균을 추정하는 방법이 본 장의 이론 전개 부분에서 언급되었다.

가우시언 분포의 평균, 분산 추정 모의 실험

모집단 평균이 μ이고 분산이 σ^2를 갖는 가우시언 랜덤 변수 발생기를 사용하여 평균(mean)과 분산(variance)을 추정하는 유용한 의사코드와 MATLAB 코드를 아래에 작성하였다.

의사코드	MATLAB 코드

GRNG에 대한 seed를 초기화한다.
변수 ysum=0.0, ysqsum=0.0, 데이터 수 n (> 1)을 설정한다 .
For i=1 to n
Generate a Gaussian random Observation y;
ysum= ysum+y;
ysqsum = ysqsum+y*y;
Endfor
mean=ysum/n;
variance = (n*ysqsum-ysum*ysum)/(n(n-1));
	rand('twister', 1234);
	n=1000;%표본 데이터의 수
	
	y = randn(1,n); %randn는 built-in 코드
	
	meanY=mean(y); %mean은 built-in 코드
	variance = std(y)^2; %srd는 built-in 코드

분산이 알려진 경우 모집단 평균값의 추정 실험

주어진 조건: 표본수 n=12, 신뢰 수준 $(1-\alpha)$=95%, $\sigma^2=13.7$, 가우시언 분포 (예제6.4)

$$\text{평균 추정 식 : } \mu_Y=\bar{y}\pm\frac{z_c\sigma_Y}{\sqrt{n}}$$

95% 신뢰 수준에 대응한 z_c의 값: 표 6.1로부터 $z_c=1.960$.

의사코드	MATLAB 코드

GRNG에 대한 seed를 초기화한다.
변수 ysum=0.0, 데이터 수 n (> 1)을 설정한다 .
given zc, varY, Moffset;
For i=1 to n
Generate a Gaussian random Observation y;
ysum= ysum+y;
 	
Endfor
smean=ysum/n;
upperMuY= smean+zc*sqrt(varY)/sqrt(n);
lowerMuY= smean-zc*sqrt(varY)/sqrt(n);
	rand('twister', 1234);
	n=12;%표본 데이터의 수
	
	zc=1.960, varY=13.7; mu=71.55;
	
	y = normrnd(mu, sqrt(varY),n,1); %normrnd는 Statistics TB에있는 built-in 코드
	
	% normfit는 Statistics TB에 built-in func
	[muhat sigmahat,muci, sigmaci]=normfit(y);
	
	smeanY=mean(y); %mean은 built-in 코드
	upperMuY= smeanY+zc*sqrt(varY)/sqrt(n);
	lowerMuY= smeanY-zc*sqrt(varY)/sqrt(n);

MATLAB 모의 실험 결과

신뢰한계값 lowerMuY=69.1862, upperMuY=73.3746 이 결과를 예제 6.4와 비교하기 바란다.

평균이 알려진 경우 모집단 분산값의 구간 추정 실험

주어진 조건: 표본수 n=12, 신뢰 수준 $(1-\alpha)$=95%, $\mu_Y = 70$ (예제6.5)

$$\text{분산 구간 추정 식 : } P\left(\frac{ns_1^2}{\nu_b} < \sigma_Y^2 < \frac{ns_1^2}{\nu_a}\right) = 1-\alpha$$

95% 신뢰 수준 : 예제 6.5에서 χ^2 랜덤 변수의 자유도 r=n=12이다. 이 자유도에 대하여 표 E.1를 사용하면

1. $P(V > \nu_b) = 0.025 \rightarrow \nu_b = 23.337$

2. $P(V > \nu_a) = 1 - 0.025 = 0.975 \rightarrow \nu_a = 4.404$

의사코드	MATLAB 코드

변수 ysum=0.0, ysqsum=0.0 , MuY, 데이터 수 n (> 1)을 설정한다 .
computes the inverse of the chi-square cdf with parameters specified by chi-square random value V for the corresponding probabilities P-->(va, vb)
For i=1 to n
    read yi data;
    ysum= ysum+yi;
    ysqsum = ysqsum+(yi-MuY)*(yi-MuY);
Endfor
smean=ysum/n;
svar = ysqsum/n;
upperSigmaY= n*sqrt(svar)/va;
lowerSigmaY= n*sqrt(svar)/vb;;
	n=12;%표본 데이터의 수, 자유도의 수
	alpha=0.05;%1-alpha=confidence level
	muY=70.0; varY=13.7;%va=4.404; vb=23.337;
	    vb = chi2inv(1-alpha/2, n); %chi2inv는 Statistics TB에있는 Chi-square cdf의 역 built-in func
	    va = chi2inv(alpha/2, n);%va=upper limit
	
	%y = normrnd(muY, sqrt(varY),n,1); %normrnd는 Statistics TB에있는 built-in func 코드
	%svar = std(y)^2; %std는 built-in 코드
	ydata=[[69.71 71.56 77.31 73.33 69.05 66.98 68.66 71.72 72.84 70.77 75.32 71.36];
	svar=sum(((ydata-muY).^2))/n;
	upperSigmaY= sqrt(n*svar/va);
	lowerSigmaY= sqrt(n*svar/vb);

MATLAB 모의 실험 결과

분산의 구간 추정값은 95% 신뢰도 수준에서 (2.2736, 5.2338) 사이의 값을 갖는다. 이 결과를 예제 6.5와 비교하기 바란다.

실습 과제

1. 본 컴퓨터 실험은 식(6.11)의 추정량 $\widehat{\mu_X}$의 평균식(6.12)와 분산 식(6.13)을 조사하려는 것이다. 이 실험을 수행하기 위해 평균이 100, 분산이 10인 가우시언 랜덤 변수 X의 120번 관측값을 GRNG나 이와 유사한 가우시언 난 수 발생기를 사용하여 얻는다. 이 120개의 관측값을 10개로 구성된 12개의 그룹으로 나눈다. 10개의 각 그룹에 대하여 다음을 계산한다.

$$\overline{x}=\frac{1}{10}\sum_{i=1}^{10}x_i$$

여기서 12개의 평균치 $((\overline{x})_j, j=1,2,\cdots,12)$을 얻게 될 것이다.

   a. 12개의 평균치 $(\overline{x})_j$에 대한 평균과 표준편차를 구하라.

   b. (a)에서 구한 값을 이론값 $E[\overline{\mu_X}]$, $\sqrt{Var[\overline{\mu_X}]}$와 비교하라. 여기서 $\overline{\mu_X}=\frac{1}{10}\sum_{i=1}^{10}X_i$

2. 본 컴퓨터 실험에서 추정기 식(6.17), 추정기의 평균식(6.19)과 분산식(6.20)을 조사하고자 한다. 이 실험을 수행하기 위해 평균이 100, 분산이 10인 가우시언 랜덤 변수 X의 120 관측치를 GRNG나 이와 유사한 랜덤 수 발생기를 사용하여 얻는다. 이 120개의 관측치를 10개로 구성된 12개의 그룹으로 나눈다. 10개의 각 그룹에 대하여 다음을 계산한다.

$$s_1^2=\frac{1}{10}\sum_{i=1}^{10}(x_i-100)^2$$

여기서 12개의 평균치 $((\overline{s_1^2})_j, j=1,2,\cdots,12)$을 얻게 될 것이다.

   a. 12개의 분산 평균치 $(\overline{s_1^2})_j$에 대한 평균과 표준 편차를 구하라.

   b. (a)에서 구한 샘플분산의 평균과 표준 편차 값을 이론치 $E[\overline{S_1^2}]$, $\sqrt{Var[\overline{S_1^2}]}$ 와 비교하라. 여기서

$$s_1^2=\frac{1}{10}\sum_{i=1}^{10}(X_i-100)^2$$

3. 평균이나 표준 편차 어느 것도 알려져 있지 않은 경우에 한 실험을 수행하였다.

   a. 6개의 데이터를 측정하였다고 샘플 분산이 $s_X^2=5.00$라고 가정하라. 95%의 신뢰 수준을 갖는 분산의 구간 추정을 찾아라.

   b. (a)를 반복하되 n=20개의 데이터를 측정하였다고 가정하여라.

4. 연습문제 15에서 계산한 표본 평균의 95% 신뢰 구간을 검증하기 위한 몬테카를로 시뮬레이션을 구현하라. 프로그램상에서는 10개로 구성된 표본 집단에 대한 표본 평균을 반복적으로 계산하여 연습문제 15에서 구한 신뢰구간 한계값들과 비교 검증하라. 이때 표본들의 모집단 평균과 분산은 각각 10과 4를 사용하라.

랜덤 카운팅 프로세스

이항, 푸아송 그리고 얼랑 카운팅 프로세스에 관한 7장의 내용은 공학 전공의 학부생들에게 아주 중요하다. 전체의 장을 다 다룰 수 없다면 푸아송 카운팅 프로세스와 얼랑 카운팅 프로세스의 유도과정을 포함하고 시간이 허락된다면 큐잉 이론의 기초를 다룰 것을 권장한다.

본장의 7.4절의 큐에 대한 간단한 소개는 대기 이론에 기초한 다양한 응용들(통신망의 성능, 트래픽 분석 등)을 이해하는데 도움을 줄 것이다. 적어도 공학도들이 문헌에서 "Little의 공식"이나 "M/M/1" 표시법을 만나게 될 때, 이 책은 아마 좋은 자원이 될 것이다.

학습목표

1. 반복적으로 발생하는 독립적인 베루누이 시행의 카운팅 프로세스 모델을 사용하여 이항 분포의 카운팅 프로세스 모델을 식으로 유도할 수 있으며 관련 분포와 특성을 파악할 수 있다.
2. 반복적이고 독립적인 베루누이 시행의 카운팅 프로세스 모델을 사용하여 푸아송 분포의 카운팅 프로세스 모델을 식으로 유도할 수 있으며 관련 분포와 특성을 파악할 수 있다.
3. 주어진 어떤 조건 하에서 이항 카운팅 프로세스를 푸아송 카운팅 프로세스로부터 근사화할 수 있다.
4. 얼랑 분포의 카운팅 프로세스 모델을 식으로 유도할 수 있으며 관련 분포와 특성을 파악할 수 있다.
5. 큐잉의 개념과 리틀의 법칙을 이해하고 M/M/1 큐잉 시스템의 성능을 분석할 수 있으며 컴퓨터 모의실험을 통하여 큐 데이터 생성 시뮬레이션기법을 사용할 수 있다.

7.1 서론

중요한 확률 과정의 한 부류로서의 카운팅 프로세스는 어떤 구간 안에서 발생하는 이산적인 사건을 다룬다. 카운팅 프로세스는 시간(혹은 길이, 면적 등)에 따라 임의적으로 발생하는 사건을 관측하고 다루게 된다. 예를 들면 어떤 주어진 시간 구간 내에 통신 포트로 전화가 걸려오는 호의 수, 은행 창구에서 줄서서 기다리는 사람의 수라든지 혹은 주어진 시간대에 웹 검색자의 도착 건수 등등이다.

여기서 사건의 존재 여부를 가리기 위해 주어진 구간을 정의하는데 이 구간은 시간 구간, 길이 구간, 혹은 면적이나 체적 구간이 될 수도 있다. 구간은 임의적인 크기를 갖기 때문에 구간 랜덤 변수 Y를 정의한다. 이 구간 내에서 발생하는 랜덤 사건의 수는 이산적이며, 셀 수 있는 사건의 랜덤 변수 X를 제안해준다:

$$X = k, k = 0,\ 1,\ 2,\ 3, \cdots,\ n,\ \cdots$$

아래 그림 7.1은 은행 창구에 서비스를 받기 위해 들어오는 고객의 수를 랜덤 시간 구간별로 나타낸 그림이다. 고객이 들어오때마다 카운터는 일정하게 1씩 증가하지만 도착 시간 t_i는 임의적이다. 따라서 도착 시간의 시퀀스인 $\{t_1, t_2,\ t_3,\ \cdots, t_n\}$는 랜덤하다.

어떤 구간 내에서 발생하는 카운트할 수 있는 사건의 응용을 두 가지 경우로 나누어 설명할 수 있다.

1. 첫 번째 경우로 고정 구간 $Y = y \geq 0$을 가정하고 이 구간 내에서 임의적으로 발생하는 사건의 발생 수를 랜덤 변수 $X = k, k = 0,1,2,3,\cdots,n,\cdots,\infty$로 두는 경우의 카운팅 프로세스이다. 이같은 관점은 *푸아송(Poisson)* 이산 랜덤 변수에 의한 확률 모델로 설명된다.
2. 두 번째 경우로 이번에는 발생 사건의 수 $X = k > 0$를 고정하고 k번째 사건이 발생 요구 시점의 구간 $Y \geq 0$을 임의적인 랜덤 변수로 두는 경우의 카운팅 프로세스이다. 이같은 관점은 *얼랑*(Erlang) 연속 랜덤 변수에 의한 확률 모델로 설명된다.

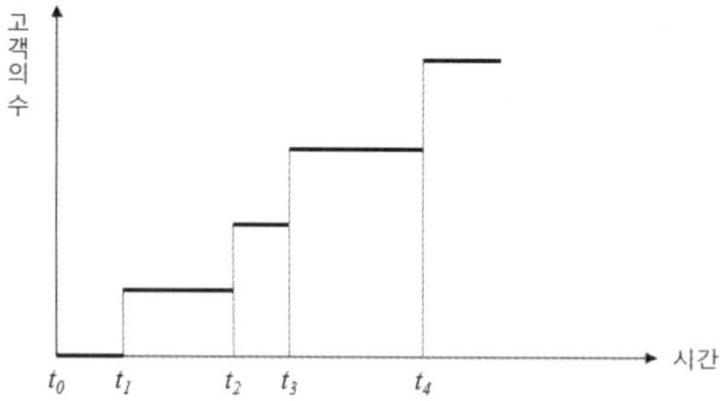

그림 7.1 도착 시간 시퀀스가 랜덤한 카운팅 프로세스

본 장에서는 세 경우, 즉 이항(Binomial), 푸아송과 얼랑 랜덤 변수의 카운팅 프로세스 모델을 연구하게 될 것이다.

1. 이항 분포의 카운팅 프로세스 모델
2. 푸아송 분포 (Poisson)의 카운팅 프로세스 모델
3. 얼랑 분포(Erlang)의 카운팅 프로세스 모델

7.2 카운팅 프로세스 개념[1)]

서론에서 언급한 세 경우의 카운팅 프로세스 모델을 이해하기 위해 몇 가지 기본적인 개념을 정리하고자 한다. 먼저 두 가지 가정을 소개하려고 한다.

1. **독립적인 증가** : 서로 배반적인 구간 내에서의 이산 사건의 발생은 서로 독립적이다.
2. **베루누이 시행** : 구간이 무한히 작아지면($\Delta y \to 0$), 많아야 미소 구간 내에서는 한 사건만이 발생할 것이다. 미소 구간 내에서 한 사건의 발생 확률은 $p = \lambda \Delta y$. 여기서 변수 λ는 해당 프로세스에 대한 평균 발생률이라고 한다. 따라서 이 미소 구간 내에서 한 개의 사건도 발생하지 않을 확률은 $q = 1 - p = 1 - \lambda \Delta y$이다. 2장에서 소개한 베루누이 랜덤 실험은 2개의 상호 배반적인 사건, 즉 A와 $\overline{\text{A}}$를 생성한다. 미소 구간 내에서 사건이 발생할 경우를 A, 미소 구간 내에서 발생하지 않는 경우를 $\overline{\text{A}}$라고 두면 이들 사건의 확률은

$$P(A) = p, \quad P(\overline{A}) = q, \quad \text{여기서 } p + q = 1$$

이항 카운팅 프로세스 모델은 2장에서 살펴본 독립적인 베루누이의 반복 시행 결과로부터 얻어진다. 정수 1과 0을 다음과 같이 할당함으로써 카운팅 랜덤 변수 X를 소개한다.

---

1) http://robotics.caltech.edu/~zoran/Research/poisson/node1.html

$$X(A)=1\text{과}\ \ X(\overline{A})=0$$

이제 $\{A,\ \overline{A}\}$로 구성된 결과를 갖는 n개의 독립적 시행을 생각해 보자. 이때 카운팅 함수는

$$Y=\sum_{i=1}^{n} X_i \tag{7.1}$$

만일 사건 A가 발생하면 Y에 1의 값을 더하게 되고 사건 $\overline{\mathrm{A}}$가 발생하면 Y의 합에 0의 값을 기여하게 될 것이다. 이 같은 방법으로 일련의 독립적인 n개의 베루누이 시행에서 A의 결과를 카운트 한다. 이 경우 Y의 값은 0과 n사이의 값을 가지게 될 것이다. Y=0의 값은 합에서 각 X가 0인 사건만 발생하였음을 말해준다.

X와 함께 소개된 확률 질량 함수(pmf)는

$$P\{X=1\}=p,\quad P\{X=0\}=q$$

이를 사용하여 이산 랜덤 변수 X에 대한 pdf와 cdf는

$$f_X(x)=q\delta(x)+p\delta(x-1)$$
$$F_X(x)=qu(x)+pu(x-1)$$

pdf는 베루누이 랜덤 변수에 대한 평균과 분산을 계산하기 위해 사용된다.

$$\mu_X=p\text{와}\ \ \sigma_X^2=np \tag{7.2}$$

일련의 n개 베루누이 실험을 반복 수행하고 또한 실험이 독립적이라면 식(4.99)과 식(4.100)에 의해 Y에 대한 평균과 분산을 얻는다:

$$\mu_Y=np\text{과}\ \ \sigma_Y^2=npq \tag{7.3}$$

더욱이 식(2.48)에서 binomial 항은 랜덤 변수 Y에 대한 pmf를 형성한다.

$$P_n(k)=\binom{n}{k}p^k q^{n-k},\quad 0\le k\le n$$

그러므로 Y를 **이항(binomial) 랜덤 변수**라 부르며 Y에 대한 pdf와 pmf는 각각 다음과 같다.

$$f_Y(y)=\sum_{k=0}^{n} P_n(k)\delta(y-k) \tag{7.4}$$

$$F_Y(y)=\sum_{k=0}^{n} P_n(k)u(y-k) \tag{7.5}$$

예제 7.1

예제 2.15에서 10개의 터미널이 네트워크 포트를 통해 서버 컴퓨터 A, B, C 중 어느 하나에 연결되어 사용된다. 사용자는 네트워크를 통해 3개의 다른 컴퓨터(A, B, C)에 독립적으로 연결된다고 가정한다. 한 사용자가 컴퓨터 A에 연결되면 사건 A가 발생한다고 하고, 컴퓨터 B나 C에 연결이 되면 사건 $\overline{A}$가 발생한다고 한다. 예제 2.15에서 다음의 연결 확률 조건이 규정되었다.

$$P(A) = p = 0.25 \quad \text{과} \quad P(\overline{A}) = q = 0.75$$

어느 특정한 시간에 컴퓨터실을 들여다봐서 컴퓨터 A에 연결된 사용자의 수를 셀 수 있다. 가장 작은 수는 0이고 가장 큰 수는 10이 될 것이다.

그림 7.2 변수 n=10과 p=0.25를 갖는 이항 카운팅 프로세스에 대한 (a) cdf와 (b) pmf

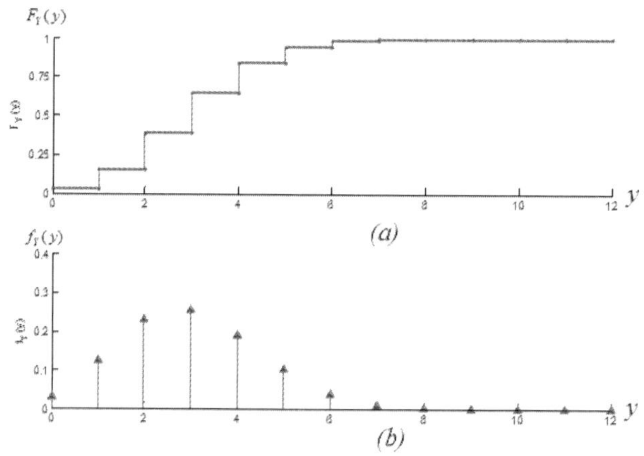

[표 2.3]은 11가지의 모든 경우에 대하여 pmf의 목록을 보여준다. 식(7.4)를 사용하여 그림 7.2(b)에 이 예제에 대한 pdf를 그림으로 보여준다. 이산 랜덤 변수 Y에 대한 이 pdf뿐만 아니라 관심 대상의 확률을 찾고자 하는데 사용될 수 있다. 예를 들어 컴퓨터실에 1사람 이상 4사람 이하가 컴퓨터 A를 사용하고 있을 확률을 알고 싶다면

$$P(1 < Y \leq 4) = \int_{1^+}^{4} f_Y(y)dy = \sum_{k=2}^{4} P_n(k) = 0.6779$$

그림 7.2(a)에 이 이항 랜덤 변수에 대한 cdf를 그림으로 보여준다. 또한 식(7.3)을 이용하여 컴퓨터 A를 사용하게 될 사용자의 평균 수를 계산하면 $\mu_Y = np = 2.50$, 분산은 $\sigma_Y^2 = npq = 1.875$가 된다.

이항 랜덤 변수에 대한 이론을 전개하는데 있어서 정확히 n개의 베루누이 시행이 있어야 한다고 규정했다. 이 랜덤 카운팅 프로세스에 관한 한 변형은 베루누이 시행의 수에 어떤 제한을 두지 않을 때 발생한다. 즉 m번째 A가 발생할 때까지 카운트를 계속한다. 예를 들어 만일 일련의 독립적인 베루시행에서 사건 A가 3번 발생에 관심이 있다고 하자. 아마도 다음과 같은 베루누이 시행이 주어졌다고 볼 수 있다.

$$\overline{A}, \overline{A}, A, \overline{A}, A, A, \cdots$$

여기서 사건 A의 3번째 발생까지 6번의 시행을 카운트 하였다. 아마도 다음번 시퀀스에서는 A의 3번째 발생 이전에 5번 시행, 혹은 7번 시행 혹은 그 이상의 시행을 카운트 할 수도 있다. 이같은 카운팅 프로세스를 **파스칼(Pascal) 카운팅 프로세스**라고 한다. 이에 대한 또 다른 명칭은 **음 이항(negative binomial) 카운팅 프로세스**라고 한다.

파스칼 랜덤 변수에 대한 pmf는 다음과 같이 유도된다. k번의 베루누이 시행에서 m번의 A 사건의 발생을 위해서 다음의 두 조건이 모두 발생해야 한다:

1. A 사건은 k번째 시행에서 발생해야 한다.
2. 정확히 A의 m-1 실현은 k-1번의 이전 시행에서 발생해야 한다.

모든 k개의 베루누이 시행에 대한 독립성을 가정한다. 그러므로

1. k번째 시행에서 A의 발생 확률은 p이다.
2. k-1 시행에서 A가 (m-1)번 발생 확률은

$$\binom{k-1}{m-1} p^{m-1} q^{k-1-(m-1)}$$

파스칼 랜덤 변수에 대한 원하는 pmf는

$$P(k,m) = p \bullet \binom{k-1}{m-1} p^{m-1} q^{k-m} = \binom{k-1}{m-1} p^m q^{k-m} \tag{7.6}$$

만일 파스칼 랜덤 변수를 Z로 나타내면

$$P(k,m) = P\{Z = k\}, \quad k = m,\ m+1,\ m+2,\ \cdots$$

파스칼 pdf와 cdf는

$$f_Z(z) = \sum_{k=m}^{\infty} P(k,m)\delta(z-k) \tag{7.7}$$

$$F_Z(z) = \sum_{k=m}^{\infty} P(k,m)u(z-k) \tag{7.8}$$

파스칼 랜덤 변수에 대한 평균과 분산은

$$\mu_Z = \frac{m}{p} \text{과} \quad \sigma_Z^2 = \frac{mq}{p^2} \tag{7.9}$$

파스칼 랜덤 변수의 특수한 경우는 m=1일 때 발생한다. 처음으로 A 사건의 발생이 나타나기까지 시행의 수가 얼마인가 하는 것이다. 이같은 특수한 경우를 **기하(geometric) 랜덤 변수**라고 하며 pmf 식(7.6)

은 다음과 같이 단순화 된다.

$$P(k,1) = pq^{k-1} \tag{7.10}$$

여기서 k는 0보다 큰 임의의 정수다.

예제 7.2

4-bit 이진 워드를 생각하라. 워드의 어느 한 bit가 전송시 잡음 때문에 역전되었다면 워드는 오류를 갖게 된다. 이 오류 확률을 $q=10^{-4}$라고 하고, 4개의 bit는 서로 독립적이라고 가정한다. 이항 랜덤 변수를 사용하여 워드의 4--bit 중 적어도 1-bit에서의 오류 확률은 (1-무오류 확률)과 같게 된다.

$$\begin{aligned}
&P\{\text{error} \geq 1\} = 1 - P_4(4) \\
&= 1 - \binom{4}{4} p^4 q^0 \\
&= 1-(1-10^{-4})^4 \approx 4q, \quad q \ll 1 \\
&= 0.000400
\end{aligned}$$

오류 검출 코드의 아이디어를 소개함으로써 이 예제를 계속해 보자. 4-bit가 전송되기 전에 패리티 비트라고 하는 다섯 번째 bit가 추가되어 5-bit 워드를 만들었다. 패리티 비트가 1 혹은 0이 되느냐는 원래의 4-bit 워드에 달려 있다. **패리티 비트**의 형성은 **짝수 패리티 검출 코드**를 가정한다. 아래에 이 방법을 기술하였다.

1. 4-bit 워드에 1의 수가 짝수 개이면 패리티 비트는 0으로 한다.
2. 4-bit 워드에 1의 수가 홀수 개이면 패리티 비트는 1로 한다.

그 어느 경우든지 5-bit 워드는 전송 전에 항상 짝수개의 1을 갖게 된다. (**홀수 패리티 검출 코드**를 사용할 수도 있다) 4-bit 워드와 패리티 비트가 수신되었을 때 5-bit에서 홀수 개의 오류가 검출되면 오류로 판정하여 검출된 워드는 거절된다. 이때 시스템은 원래의 워드를 재전송할 것을 요구하게 된다. 그렇지만 짝수 개의 에러가 발생하면 4-bit 워드는 정확한 것으로 수락된다. 5-bit에서 동시에 정확히 2-bit, 4-bit 위치에서의 오류 발생 확률은

$$\begin{aligned}
P\{\text{정확히 2개 오류}\} &= P(\text{정확히 3개 무오류}) \\
&= \binom{5}{3} p^3 q^2 \\
&= 9.997 \times 10^{-8}
\end{aligned}$$

$$\begin{aligned}
P\{\text{정확히 4개 오류}\} &= P(\text{정확히 1개 무오류}) \\
&= \binom{5}{1} p q^4 \\
&= 5 \times 10^{-16}
\end{aligned}$$

패리티 비트 기법에 대한 이 결과를 종합해 보면, 실수하여 오류를 갖는 워드를 수락할 확률은 약 10^{-7} 정도이다. 이것은 패리티 비트를 전혀 사용하지 않는 경우에 비해 상당한 개선을 보여 준다. 기하학 랜덤 변수에 대한 이론을 사용하여 $p=10^{-7}$이라고 두자. 그러면 식(7.9)에 따라 이 같은 종류의 오류는 평균적으로 매 1/p = 10,000,000 워드에 한 번 발생하는 꼴이 된다. 표준 편차 또한 약 10^{-7} 워드가 됨을 주목하라.

7.3 푸아송 카운팅 프로세스

이산 랜덤 사건과 사건의 발생하는 시간을 조사한다고 하자. 예를 들면 방사선 감쇄에 의한 방출 입자수는 랜덤하게 발생한다. 통신망 트렁크(trunk)에 들어오는 전화 호(call) 수는 랜덤하게 도착한다. 잡음 전압은 랜덤하게 어떤 문턱치를 초과한다. 이 같은 예들은 공통적인 요인이 많이 있다. 즉 언급된 사건들은 모두 이산적이며, 사건 간의 시간은 랜덤하며 사건의 (랜덤하게 발생하는)수는 일정 시간 구간 안에서 발생할 수 있다.

$t(t \geq 0)$는 양의 시간 구간을 나타내며, 랜덤 변수 $X(t)$는 그 구간 안에서 발생하는 사건의 수를 나타낸다고 하자.

$$X(t) = k, \quad k = 0,1,2,\cdots$$

여기서 $X(t)$는 시간 0에서 시작하여 시간 t까지 발생한 사건의 수를 나타낸다. 분명히 구간 안에서 가능한 가장 작은 사건의 수는 0이다. 하지만 유한 구간 안에서 가능한 최대 사건 수는 결정할 수 없다. 어떤 k에 대하여 우리는 항상 한 개 더 많은 사건을 갖을 가능성을 생각할 수 있다. 한 예로써 방사선 감쇄가 평균적으로 분당 10개의 사건을 발생시킨다면 분당 11개(혹은 111!)의 사건을 갖을 가능성을 배제 시킬 수 없다. 이 프로세스가 이항 프로세스와 초기하학 프로세스와 구별되는 한 가지 특성은 ***사전에***(a priori) k에 대한 어떤 유한한 상한치를 규정지을 수 없다는 것이다.

확률 질량 함수 P(k,t)를 시간 구간 t에서 정확히 k개 사건이 존재할 확률을 나타내는 것으로 정의한다.

$$P(k,t) = P\{\text{시간 구간 } t\text{에서 정확히 } k\text{개 사건 발생}\}$$

이제 다음을 가정한다.

1. **독립적인 증가**(increments) : 어떤 구간 안에서의 사건 발생은 다른 어느 배반 구간에서의 사건 발생과는 독립적이다.
2. **베루누이 시행** : 구간이 임의적으로 작을 때, 즉 $\Delta t \to 0$일 때 많아야 이 구간에서는 한 개의 사건이 발생할 수 있다고 가정한다. 이 경우의 발생 확률은 $p = \lambda \Delta t$. 변수 λ는 양수이며 평균 발생률로 해석 된다. 따라서 Δt 시간 동안 사건이 발생하지 않을 확률은 $q = 1 - \lambda \Delta t$. 베루누이 사건이 요구하는 바와 같이 $p + q = 1$이 된다.

구간 t까지 어떤 사건도 발생하지 않는 특수한 경우를 살펴봄으로써 시작하자. 구간 $t + \Delta t$에서 0개 사건 발생의 확률은 0에서 t까지의 구간 안에서 0개의 사건이 발생하고(이때의 발생 확률은 P(0,t)이 된다) t에서 $t + \Delta t$까지의 구간 안에서 0개의 사건이 발생하는 경우(이때의 발생 확률은 $P(0,(t,t+\Delta t])$이 된다)

를 생각하여 계산할 수 있다. 따라서 시간 0과 t+Δt 사이에 0개의 사건 발생 확률은 P(0, t+Δt)가 된다:

$$P(0, t+\Delta t) = P\{[zero\ \ events \in (0,t])\} \cap P\{[zero\, events \in (t, t+\Delta t])\}$$

독립적인 증가의 가정에 의해 윗식은

$$P(0, t+\Delta t) = P\{[zero\, events \in (0,t])\} P\{[zero\, events \in (t, t+\Delta t])\}$$

이 된다. 앞서 설명한 베루누이 시행의 가정을 사용하면

$$P(0, t+\Delta t) = P(0,t)q = P(0,t)(1-\lambda \Delta t)$$

다시 고쳐 쓰면

$$\frac{P(0,t+\Delta t) - P(0,t)}{\Delta t} = -\lambda P(0,t)$$

$\Delta t \to 0$함에 따라 극한치가 존재한다면 미분방정식을 얻는다.

$$\frac{d}{dt} P(0,t) = -\lambda P(0,t), \quad t \geq 0$$

0(zero) 길이 시간에서 사건이 발생할 확률은 당연히 0이다. 그러므로 0 길이 시간에서 0 사건을 가질 확률은 1이 된다. 이것은 1차 미분 방정식에 대한 초기 조건을 제공해 준다.

$$P(0,0) = 1$$

이 때 미분 방정식의 해는

$$P(0,t) = e^{-\lambda t}, \quad t \geq 0 \tag{7.11}$$

이제 $k>0$인 경우에 대하여 0과 t+Δt 시간 구간 사이에 정확히 k개의 사건이 발생한다고 가정하자. 이 k개의 사건은 다음 2가지 상호 배타적인 방법 중의 하나에 의해 발생할 수 있다.

1. k개 사건이 시간 구간 0과 t 사이에서 발생하고 시간 구간 $t+\Delta t$ 사이에서는 한 개의 사건도 발생하지 않는다. 혹은
2. $k-1$개의 사건이 시간 구간 0과 t 사이에 발생하고 사간 구간 t와 $t+\Delta t$ 사이에 정확히 한개의 사건만이 발생한다.

위 1과 2를 수식으로 표현하면

$$P(k,t+\Delta t)=P(k,t)q+P(k-1,t)p$$

베루누이 시행에 대한 기호를 사용하여 다시 쓰면

$$P(k,t+\Delta t)=P(k,t)(1-\lambda\Delta t)+P(k-1,t)\lambda\Delta t$$

정리하면

$$\frac{P(k,t+\Delta t)-P(k,t)}{\Delta t}=-\lambda P(k,t)+\lambda P(k-1,t)$$

$\Delta t \to 0$으로 감에 따라 미분이 존재한다고 가정하면

$$\frac{d}{dt}P(k,t)+\lambda P(k,t)=\lambda P(k-1,t)$$

0 길이 시간에 k 개의 사건을 갖을 확률은 존재할 수 없으므로 초기치 확률 값 $P(k,0)=0$이 된다. 이 **비동차**(inhomogeneous) 미분 방정식은 P(k,t)를 순환식으로 계산하는 방법을 제공해 준다. 식(7.11)로부터 P(0,t)를 알기 때문에 P(1,t)에 대하여 쓰면

$$\frac{d}{dt}P(1,t)+\lambda P(1,t)=\lambda P(0,t)=\lambda e^{-\lambda t}$$

상수 계수를 갖는 비동차 미분 방정식의 해는

$$P(1,t)=\lambda t e^{-\lambda t}$$

찾은 P(1, t)를 사용하여 순차적으로 계속하면 P(2, t)를 찾을 수 있다.

$$P(2,t)=\frac{\lambda^2 t^2}{2!}e^{-\lambda t}$$

찾은 P(2, t)를 갖고 같은 방법으로 순환을 계속 진행하면

$$P(3,t)=\frac{(\lambda t)^3}{3!}e^{-\lambda t}$$

을 얻는다. 최종적으로 이 과정을 반복하면 일반해는

$$P(k,t)=P(X(t)=k,t)=P_k=\frac{(\lambda t)^k}{k!}e^{-\lambda t} \tag{7.12}$$

$$\lambda t=b \tag{7.13}$$

이 확률 질량 함수 $P(k,t)=P_k$를 **푸아송 확률**이라 부른다.

푸아송 카운팅 프로세스는 다양한 공학적 응용을 갖기 때문에 우리에겐 지극히 흥미로운 프로세스이다. 이제 그 중요한 특징의 일부를 정리해보자. 이 특징들에 대한 증명은 연습문제로 남겨둔다.

- 모든 가능한 P_k의 합은 공리 1에 의해 요구되는 바와 같이 1이다.

$$\sum_{k=0}^{\infty} P_k = 1 \tag{7.14}$$

- 식(7.12)을 사용하여 푸아송 pdf와 cdf를 쓰면 (여기서 시간에 대한 랜덤 변수로 X를 사용하였다.)

$$f_X(x) = \sum_{k=0}^{\infty} P_k\,\delta(x-k) \tag{7.15}$$

$$F_X(x) = \sum_{k=0}^{\infty} P_k\,u(x-k) \tag{7.16}$$

- 푸아송 랜덤 변수의 평균은 원점에 대한 n차 모멘트를 사용하여 찾는다.

$$E[X^n] = e^{-b}\sum_{k=0}^{\infty}\frac{k^n b^k}{k!},\ \ X=k \tag{7.17}$$

식(7.17)에서 $n=0$이라 두면 pmf의 모든 항은

$$e^{-b}\sum_{k=0}^{\infty}\frac{b^k}{k!} = e^{-b}e^{b} = 1$$

이 된다. 이것은 2장에 나온 공리 IV에 의해 설명된 무한 합의 한 예이다. 식(7.17)을 사용하여 푸아송 랜덤 변수의 평균을 구하면

$$\mu_X = E[X] = e^{-b}\sum_{k=0}^{\infty}\frac{kb^k}{k!} \tag{7.18}$$

이 수열의 첫 번째 항은 0이므로 k는 k=1에서 시작한다. 또한 분자에서 k는 분모에서의 k와 상쇄되므로 평균은

$$\mu_X = e^{-b}\sum_{k=1}^{\infty}\frac{b\cdot b^{k-1}}{(k-1)!} = e^{-b}b\sum_{k=1}^{\infty}\frac{b^{k-1}}{(k-1)!} = e^{-b}be^{b} = b$$

- 푸아송 랜덤 변수의 제곱의 평균도 식(7.17)로부터 n=2에 대하여 정리하면

$$E[X^2] = e^{-b}\sum_{k=0}^{\infty}\frac{k^2b^k}{k!} = e^{-b}\sum_{k=0}^{\infty}\frac{k(k-1+1)b^k}{k!} = e^{-b}\sum_{k=0}^{\infty}\frac{k(k-1)b^k}{k!} + e^{-b}\sum_{k=0}^{\infty}\frac{kb^k}{k!}$$

식(7.18)과 지수함수의 급수(series) 전개로부터

$$E[X^2] = b^2e^{-b}e^b + be^{-b}e^b = b^2 + b \tag{7.19}$$

• 따라서 포아송 랜덤 변수의 분산은

$$\sigma_X^2 = E[X^2] - \mu_X^2 = b^2 + b - b^2 = b \tag{7.20}$$

흥미롭게도 포아송 랜덤 변수의 평균과 분산은 서로 같다. 즉

$$\mu_X = \sigma_X^2 = b = \lambda t \tag{7.21}$$

여기서 λ는 푸아송 카운팅 프로세스에 대한 평균발생률 변수임을 볼 수 있다.

• 푸아송 랜덤 변수에 대한 유용한 순환 관계가 존재한다.

$$P(0,t) = P_0 = \frac{(\lambda t)^0}{0!}e^{-\lambda t} = e^{-b} \tag{7.22}$$

$$P(k,t) = P_k = \frac{(b)^k}{k!}e^{-b} = \frac{b}{k}\frac{(b)^{k-1}}{(k-1)!}e^{-b} = \frac{b}{k}P_{k-1} \tag{7.23}$$

예제 7.3

순환 공식 (7.23)에 의해 b>k인 한 계수 P_k는 계속 증가한다. 그러나 k가 b보다 더 큰 점까지 증가하게 되면 계수 P_k는 감소하게 된다. 아래 두 가지 경우가 이것을 예시해 준다. 처음 b=0.8일 때이고 다음은 b=3일 때이다. [표 7.1]은 b=0.8일 때 P_k에 대한 값의 리스트이다. k=0인 경우를 제외하고는 k의 모든 값이 b보다 크다. 그러므로 P_k의 값이 감소해 감을 볼 수 있다. 이를 푸아송 랜덤 변수에 대하여 pdf를 그림 7.3에 예시하였다. [표 7.2]는 b=3일 때 P_k에 대한 값의 리스트이다. 여기서 k<b일 때 P_k는 증가함을 알 수 있고 k>b일 때 감소함을 알 수 있다. 이것을 b=3인 경우 푸아송 랜덤 변수에 대하여 pdf를 그림 7.4에 예시하였다. 이 두 경우에 기초한 일반적인 관찰로서 pmf의 가장 큰 값(모드값)은 랜덤 변수의 관측 값이 랜덤 변수의 평균인 b와 같거나 근처에서 발생함을 주목하기 바란다.

P_k의 누적값은 푸아송 랜덤 변수가 어떤 범위의 값을 갖는 경우에 대한 확률을 구하는데 유용하다. 가령 푸아송 랜덤 변수 X가 3보다 클 확률을 알고 싶다면 표 7.2로부터 다음 식을 사용하여 구할 수 있다:

$$P\{X > k\} = P\{X > 3\} = \sum_{k=4}^{\infty} P_k = 1 - \sum_{k=0}^{3} P_k = 1 - 0.6742 = 0.3528$$

표 7.1 b=0.8일 때 푸아송 랜덤 pmf P_k에 대한 확률과 누적 확률의 값

k	P_k	$\sum_{i=0}^{k} P_i$
0	0.4493	0.4493
1	0.3595	0.8088
2	0.1438	0.9526
3	0.0383	0.9909
4	0.0077	0.9986
5	0.0012	0.9998
6	0.0002	1.0000

표 7.2 b=3일 때 푸아송 랜덤 pmf P_k에 대한 확률과 누적 확률의 값

k	P_k	$\sum_{i=0}^{k} P_i$
0	0.4498	0.0498
1	0.1494	0.1992
2	0.2240	0.4232
3	0.2240	0.6472
4	0.1680	0.8152
5	0.1008	0.9160
6	0.0504	0.9664
7	0.0216	0.9880
8	0.0081	0.9961
9	0.0027	0.9988

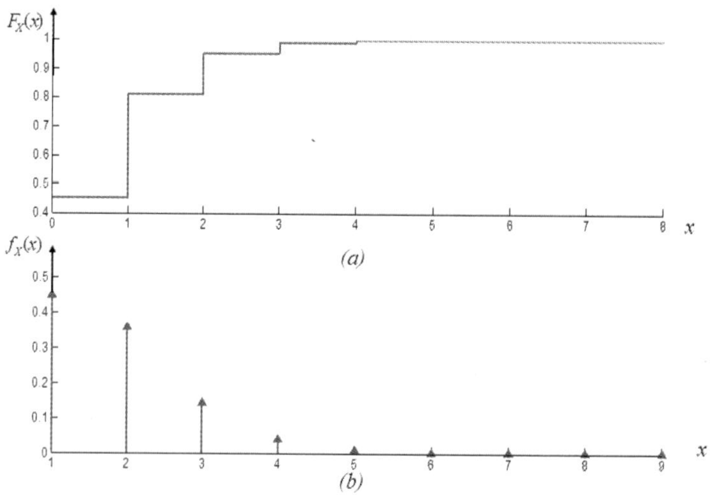

그림 7.3 b=0.8일 때 표 7.1의 푸아송 랜덤 변수에 대한 (a) cdf $F_X(x)$와 (b) pdf $f_X(x)$

그림 7.4 b=3인 경우 표 7.2의 푸아송 랜덤 변수에 대한 (a) cdf $F_X(x)$와 (b) pdf $f_X(x)$

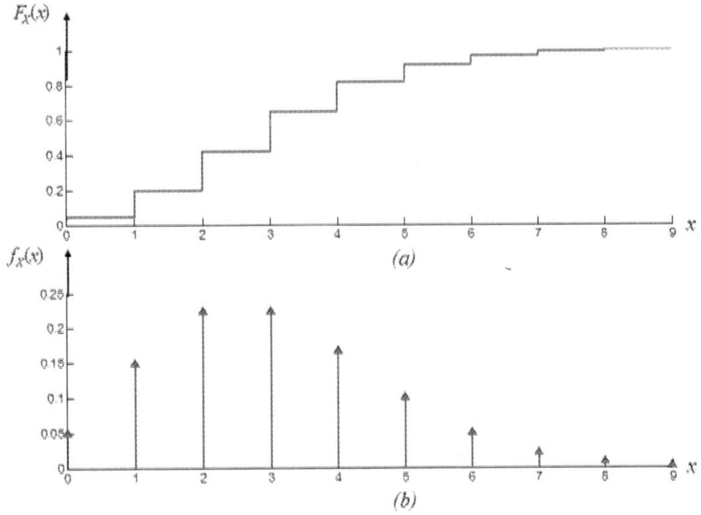

7.3.1 근사화

푸아송과 이항 카운팅 프로세스는 근본적으로 다르지만 어떤 조건 하에서 서로 근사화 할 수 있다. 푸아송 카운팅 프로세스의 경우, 카운트 수 k는 0에서 무한대로 계속되지만 반면 이항 카운팅 프로세스의 경우 k는 항상 유한한 상한 값, 즉 n으로 제한되어 있다. 두 프로세스에 대한 평균과 분산을 비교하면 근사화가 어떻게 이루어지는가 볼 수 있다.

	푸아송 프로세스	이항 프로세스
평 균	b	np
분 산	b	npq

두 카운팅 프로세스가 근사적으로 같다면 그들 각각의 평균과 분산도 근사적으로 같아야 한다. 이것은 q가 가령 q=0.999와 같이 1에 가까운 경우 발생할 수 있다. 따라서 $p=1-q$는 매우 작은 수가 된다. p가 작을 때 큰 표본 n을 사용하는 것이 바람직하다. 그러므로 p가 작은 반면 n은 곱 $b=np$에서 적절한 값을 갖도록 커도 된다. 이같은 조건하에서 또한 $b=np\approx npq$가 됨을 볼 수 있다. 다음 예제에서 이 근사화의 예제를 통해 설명하고자 한다.

예제 7.4

변수 p=0.001, q=0.999, n=5000을 갖는 이항 카운팅 프로세스를 가정하자. 평균과 분산은

$$\mu_X = np = 5 \quad \text{와} \quad \sigma_X^2 = npq \approx 5$$

이항 pmf는 식(2.48)로부터

$$P_{5000}(k) = \binom{5000}{k} P^k q^{5000-k}$$

평균과 분산이 거의 같기 때문에 이 이항 카운팅 프로세스를 푸아송 카운팅 프로세스로부터 근사화 해보자. 식(7.12)와 식(7.13)으로부터

$$P_k = \frac{5^k}{k!} e^{-5}$$

여기서 $\mu_X = \sigma_X^2 = b = 5$ 를 사용하였다. 표 7.3은 각각 이항 카운팅 프로세스에 대한 P_k의 처음 12개의 값을 보여준다.

첫 항을 제외한 모든 푸아송 확률 값을 계산하기 위해 순환 공식 (7.23)을 사용하였다. 표로부터 푸아송과 이항 카운팅 프로세스가 서로 근사적으로 잘 일치됨을 볼 수 있다. 분명히 이항 카운팅 프로세스가 전체 n(이 예제에서는 5≪5000)에 대하여 작은 평균을 가질 때 k가 n에 접근할 때의 값은 푸아송의 경우에서는 k→∞일 때와 아주 비슷한 효과를 갖는다. 이항 카운팅 프로세스에 대한 근사화는 푸아송 카운팅 프로세스를 사용하면 계산적으로 훨씬 용이하다.

표 7.3 푸아송과 이항 카운팅 프로세스*에 대한 pmf Pk와 P5000(k)값의 비교

k	푸아송 P_k	이항 $P_{5000}(k)$
0	$0.0067 = e^{-5}$	$0.0067 = q^{5000}$
1	0.0337	0.0336
2	0.0842	0.0841
3	0.1404	0.1403
4	0.1755	0.1755
5	0.1462	0.1755
6	0.1044	0.1463
7	0.1044	0.1045
8	0.0653	0.0653
9	0.0363	0.0362
10	0.0181	0.0181
11	0.0082	0.0082
12	0.0034	0.0034

*근사적으로 서로 같을 때 이 표는 예제 7.4에서 논의되었다.

7.4 Erlang 랜덤 변수

지금까지 고정 시간 구간 $Y=t(t>0)$를 가정하였고 이 고정된 구간 내에서 발생하는 사건들의 이산적인 수들의 확률을 결정하였다. 이제 우리의 관점을 바꿔서 사건의 발생 수 $X=k(>0)$를 고정시킨다고 가정한다. k번의 사건이 발생하기까지 필요한 랜덤 시간 구간에 대한 기술을 찾고자 한다. k개 사건들 간의 시간은 임의의 값을 가질 수 있기 때문에 우리가 찾고자 하는 랜덤 변수는 연속이며 Y로 표기한다.

t와 $t+\Delta t$ 사이에서 k번째 이산적 사건이 발생할 확률은

$$P\{t<Y\leq t+\Delta t\}=F_Y(t+\Delta t)-F_Y(t)$$

이 사건을 달리 표현하면 "*0과 t사이의 시간 구간에서 정확히 k-1개의 사건이 발생하고, t와 $t+\Delta t$ 사이의 구간에서 정확히 한 개의 사건이 발생하는 것과 같다*"는 것이다. 그러므로 푸아송 랜덤변수와 앞서 정의된 표기를 사용하면

$$\begin{aligned}P\{t<Y\leq t+\Delta t\}&=P(k-1,t)P(1,\Delta t)\\&=P(k-1,t)p=P(k-1,t)\lambda\Delta t\end{aligned}$$

만일 $P(t<Y\leq t+\Delta t)$에 대해서 이 두 확률이 같게 놓으면, 아래와 같다.

$$\frac{F_Y(t+\Delta t)-F_Y(t)}{\Delta t}=\lambda P(k-1,t)$$

그리고 만일 $\Delta t\rightarrow 0$으로 수렴한다면 미분 정의에 따라

$$\frac{d}{dt}F_Y(t)=\lambda P(k-1,t)$$

식(7.12)를 사용하고 cdf의 미분계수가 pdf이므로 윗 식은

$$f_Y(t)=\frac{\lambda^k t^{k-1}}{(k-1)!}e^{-\lambda t},\qquad t>0 \tag{7.24}$$

이는 예제 4.14에서 얻어진 **Erlang 랜덤변수**의 pdf와 같다.

Erlang 누적 분포 함수는 식(7.24)의 적분으로 얻어진다:

$$F_Y(t)=P\{Y\leq t\}=\int_0^t f_Y(y)dy$$

여기서 $f_Y(t)$는 식(7.24)에 있는 pdf이다. $f_Y(t)$가 k에 의존하므로 $F_Y(t)$ 또한 k에 의존한다. 특히

cdf $F_Y(t)$는 0과 t 구간 내에서 k번째 사건이 발생할 확률이다. 0과 t 사이에서 k번째 사건이 일어나지 않을 확률, 다시 말하면 t시간 이후의 어떤 시간에서 발생할 확률과 같다.

$$P(Y > t) = 1 - F_Y(t) = \int_t^{\infty} f_Y(y)dy$$

t가 연속 랜덤 변수로부터 나왔다할지라도 어떤 특정 시간 t를 간주할 때 식(7.12)과 식(7.13)을 사용하여 이산적 푸아송 확률을 쓸 수 있다.

$$P_k = (\lambda t)^k \frac{e^{-\lambda t}}{k!}$$

k개 사건들이 0과 t 사이 구간 내에서 발생하지 않을 확률은 0에서 $k-1$개까지의 사건만이 구간 내에서 발생하는 것을 허용하는 확률과 같다. 따라서

$$P\{Y > t\} = \sum_{j=0}^{k-1} P_j = e^{-\lambda t} \sum_{j=0}^{k-1} \frac{(\lambda t)^j}{j!}$$

$P\{Y > t\}$에 대한 두 표현식을 종합하면 Erlang cdf를 구할 수 있다.[2)]

$$F_Y(t) = 1 - e^{-\lambda t} \sum_{j=0}^{k-1} \frac{(\lambda t)^j}{j!} \tag{7.25}$$

k=1이면 식(7.25)에서 랜덤 변수 Y는 하나의 이산적 사건과 다음 사건간의 시간 구간이며, k=1를 식(7.24)와 식(7.25)에 대입하면 Erlang 랜덤 변수는 지수 랜덤 변수가 됨을 알 수 있다. Erlang 랜덤 변수는 지수 랜덤 변수의 부가적인 합에 의해 얻어지므로 k-차수의 Erlang 랜덤 변수의 평균과 분산은 다음과 같이 주어진다. 이에 대한 체계적 증명은 다음 절의 감마 랜덤 변수에서 설명되어질 것이다.

그림 7.5 k=2, $\lambda = 2/\text{sec}$ 파라미터를 갖는 Erlang 랜덤 변수 Y의 pdf와 cdf

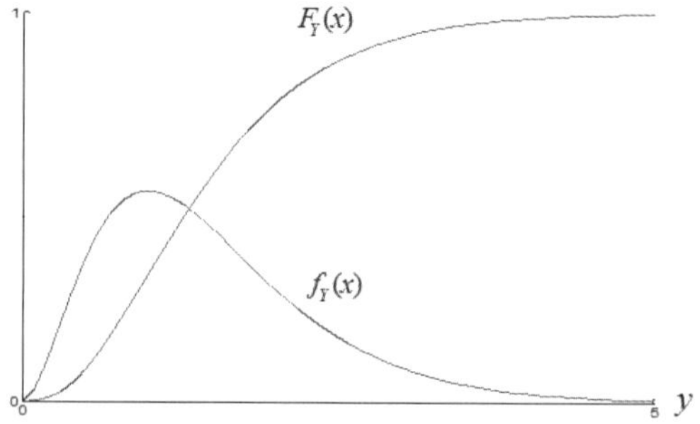

2) 식(7.24)의 적분을 수행하여도 같은 결과를 얻는다.

$$\mu_Y = \frac{k}{\lambda} \tag{7.26}$$

$$\sigma^2_Y = \frac{k}{\lambda^2} \tag{7.27}$$

예제 7.5

푸아송 카운팅 프로세스가 변수 λ=2/sec을 갖는다. 이 변수는 시분할 컴퓨터의 큐(Queue)에 작업이 도착되는 비율에 대응한다. 이같은 프로세스에서 연이어 도착하는 이산적 사건들 간의 평균 도착 시간은 얼마일까? 연이어 도착된 사건들 간의 시간에 관심이 있기 때문에 이 질문은 k가 1(1개의 작업이 큐에 도착)과 같을 때 Erlang 랜덤 변수를 사용하려는 것을 의미한다. k=1일 때 Erlang 랜덤 변수는 지수 랜덤 변수가 된다. 예제 4.11으로부터 지수 랜덤 변수는 $\mu_Y = 1/\lambda$의 평균을 갖는다. 그러므로 주어진 푸아송 카운팅 프로세스에서 연이은 사건들 간의 평균 도착 시간은 0.5초이다.

예제 7.6

예제 7.5에 소개되었던 큐잉 문제를 계속해나가기 위하여 변화율 변수가 λ=2/sec인 Erlang 랜덤 변수를 고려한다. k=3으로 놓자. 그러면 Erlang 랜덤 변수는 컴퓨터 큐에 매 세 번째 작업의 도착 시간을 말해준다. 그 다음에 식(7.24)의 Erlang pdf의 계산을 수행하면

모드(mode)값은 $t_{MODE} = (k-1)/\lambda = 2/2 = 1$초이고,

중앙값(median)은 $t_{MEDIAN} = \Gamma^{-1}(P,k,1/\lambda) = gaminv(0.5,3,1/2) = 1.3370$초이고

평균(mean) $t_{MEAN} = k/\lambda = 3/2 = 1.5$초임를 계산해낼 수 있다.

식(7.25)와 위에 주어진 값들을을 사용하여 cdf에 대하여 다음을 계산하면

$F(t_{\mathrm{MODE}}) = 0.3233$

$F(t_{\mathrm{MEDIAN}}) = 0.5000$

$F(t_{\mathrm{MEAN}}) = 0.5768$

시간의 독립인 변수는 지금까지 푸아송 카운팅 프로세스의 논의에서 줄곧 사용되어왔다. 이 절의 주제를 소개하는데 편리하도록 이해를 돕기 위해 이러한 제한을 두었지만 실제로는 임의의 연속적인 독립 변수를 사용할 수 있는데, 실제적 예들로는 시간외에 길이, 넓이, 부피 등을 들 수 있다.

7.4.1 감마(Gamma) 랜덤 변수

Erlang 랜덤 변수에 대한 pdf 식(7.24)에서 k가 정수가 아닌 경우에 대하여 일반화하려고 한다. 이를 이

해하기 위하여 우선 k가 양의 정수일 때 k의 factorial이 감마 함수(3장 연습문제 9를 보라)로 표현된다.

$$\Gamma(k) = (k-1)!; \Gamma(k+1) = k\Gamma(k)$$

factorial 함수의 확장으로 감마 함수는 인수 k의 실수 값에 대하여 정의된다. 감마 분포를 갖는 랜덤 변수 Y는 스케일 변수 λ와 모양 변수 ν를 갖으며 식(7.24)의 pdf를 다음과 같이 고쳐 쓸 수 있다.

$$f_Y(y) = \frac{\lambda^\nu y^{\nu-1}}{\Gamma(\nu)} e^{-\lambda y} u(y) \tag{7.28}$$

여기서 변수 $\nu > 0$이다. $x = \lambda y$로 변수 치환을 이용하면 이 감마 분포 함수의 정의는 아래와 같이 쓸 수 있다:

$$F_Y(y;\lambda,\nu) = \int_0^y f_Y(u)du = \frac{1}{\Gamma(\nu)} \int_0^y \lambda^\nu u^{\nu-1} e^{\lambda u} du = \frac{\gamma(\nu, \lambda y)}{\Gamma(\nu)}$$

$$\int_0^\infty f_Y(y)dy = \frac{1}{\Gamma(\nu)} \int_0^\infty \lambda^\nu y^{\nu-1} e^{\lambda y} dy = \frac{1}{\Gamma(\nu)} \int_0^\infty x^{\nu-1} e^{-x} dx = 1$$

또한 감마 랜덤 변수의 평균과 분산은 Eralng 랜덤 변수의 평균과 분산을 따른다.

$$\mu_Y = \nu/\lambda \quad \text{and} \quad \sigma_Y^2 = \nu/\lambda^2 \tag{7.29}$$

7.5 큐잉(Queuing)

큐잉[3]은 매우 흥미로운 확률이론의 응용이다. 우리 모두는 은행 창구나, 고속도로 톨게이트나, 수퍼마켓의 카운터 앞에서나, 장거리 전화를 몇 번이고 시도하는 것과 같이 전화 회선을 기다리는 큐를 경험해 보았다. 이같은 공학적 응용의 예는 끝이 없으며 독자들은 자신들의 경험으로부터 더 많은 여러 가지 예들을 쉽게 찾아 볼 수 있을 것이다.

공학적으로, 큐잉을 공부하는 것은 다음과 같은 이유에서 중요하다.

1. 사용자의 관점에서 볼 때 큐잉(대기 즉 줄서서 기다리기)은 불쾌한 것이며, 최소한의 수준에서 불편을 견디도록 해야 할 것이다.
2. 서비스 제공자의 관점에서 볼 때 큐는 필요한 것이다. 발생할 수 있는 가장 큰 혼잡을 피하기 위해 많은 수의 서버를 제공하는 것은 붐비는 시간대를 제외하고는 대부분의 시간에 쉬게 되므로 지극히

3) A. Leon-Garcia, *Probability & Random Processes for Electrical Engineering*, 2nd Ed., Chapter 9, Pearson Education Inc., 1994

그림 7.6 큐에 도착하는 고객들과 큐에서 서비스를 받고 얼마후 서버로부터 떠나는 고객의 예를 보여주는 개략적인 큐잉 시스템

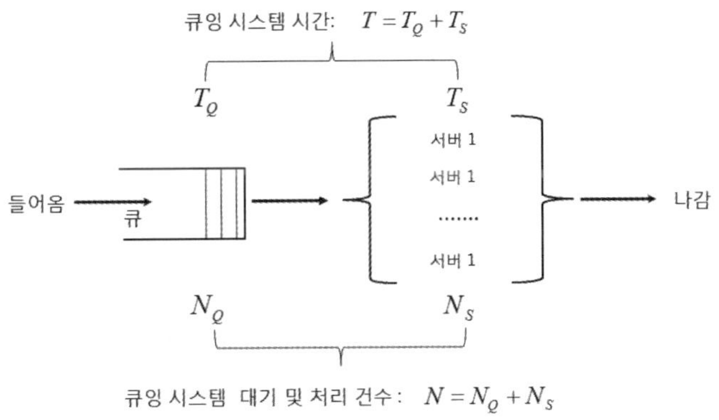

비경제적이다.

큐잉을 공부하게 되는 한 동기는 두 개의 대립되는 관점 사이에 몇 가지 균형을 찾기 위한 것이다. 확률 이론은 큐에 (사건) 도착과 출발이 랜덤하게 이루어지므로 큐잉의 공부에 유용한 도구가 된다.

그림 7.6은 **큐잉 시스템**의 대략적 표현이다. 큐잉 시스템의 입력에 고객(customers)이 들어올 때, 만일 어떤 서버도 비어 있지 않다면 고객은 서비스 받을 차례가 돌아올 때까지 큐에서 기다려야만 한다. **큐 제어**(queue discipline)는 고객이 서비스를 받기위해 큐로부터 어떤 규칙에 의해 선택되어지는 그런 규칙에 주어진 이름이다. 일반적으로 공정성을 기하기 위해 선입 선출(FIFO) 큐 제어를 원하지만 모든 경우에 편리한 것은 아니다. 예를 들어 만일 큐가 저장 창고 내의 상자들의 스택이라면 (여기서 "손님"은 상자이다) 후입 선출(LIFO)의 큐 제어를 갖는 것이 더 편리하다. 장거리 회선에 접속하려고 많은 사람들이 전화 다이얼을 재빨리 돌릴 때에는 손님들은 큐로부터 랜덤하게 선택되어질지도 모른다.

7.5.1 Little의 법칙

고객들이 큐잉 시스템에 도착하는 평균율이 상수 λ이다. 정상 상태(steady-state)에서 큐잉 시스템 내의 고객의 평균 수는 일정하므로 고객들이 큐잉 시스템을 떠나는 평균율 또한 λ이다. 큐잉 시스템으로부터의 출발은 서버가 고객과의 업무 처리가 끝났을 때 일어난다. 큐잉 시스템으로의 도착은 그림 7.7에 보인 것과 같은 카운팅 프로세스 $A(t)$처럼 표현될 것이다. 주어진 임의 어떤 샘플 데이터를 갖고 **도착 평균율**을 계산할 수 있다.

$$\bar{\lambda} = \frac{A(t)}{t} \text{(customers per time)} \tag{7.30}$$

여기서 $A(t)$=[(0,t)의 도착 수이다. 큐잉 시스템의 $D(t)$로부터 출발도 카운팅 프로세스에 의해 설명되어진다. 그 한 예를 그림 7.7에 보였다. 모든 시간에 대하여 $A(t) \geq D(t)$임을 주목하라. 각 고객들이 큐

그림 7.6 큐잉 시스템에 대한 도착과 출발 카운팅 프로세스의 도시

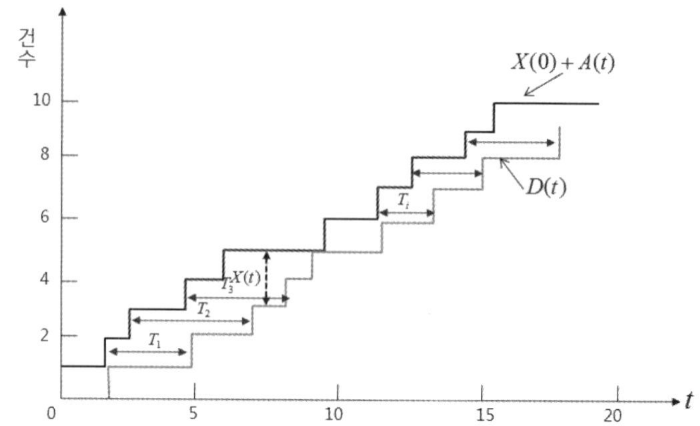

잉 시스템에서 보내는 시간은 고객의 도착과 서비스를 받아 서버로부터 떠나는 것 사이의 시간 차이다. 이 도착 i에 대한 대기 시간을 T_i, i=1, 2, 3, …로 표기하는데, 이것 또한 그림 7.7에 보였으며 여기서는 FIFO 큐 제어를 가정하였다.

어느 시간 t에 대해 큐잉 시스템에서 고객이 기다리는데 보내는 평균 시간은 다음과 같이 계산된다.

$$\overline{T}=\frac{1}{A(t)}\sum_{i=1}^{A(t)}T_i \quad \text{(고객당 평균 대기시간)} \tag{7.31}$$

어느 시간 t에 대해 큐잉 시스템 내의 고객의 평균 수는 식(7.30)과 식(7.31)로부터 아래와 같다.

$$\overline{N}=\frac{1}{t}\sum_{i=1}^{A(t)}T_i=\overline{\lambda}\,\overline{T} \qquad \text{(차원이 없음)} \tag{7.32}$$

만일 충분한 데이터(i가 임의로 큰 경우와 같이)가 주어졌고, 표본 평균이 통계적 기댓값으로 근사화된다고 가정하면 $\overline{\lambda}\to\lambda$, $\overline{T}\to E[T]$, $\overline{N}\to E[n]$. 그러므로 식(7.32)는

$$E[N]=\lambda E[T] \tag{7.33}$$

이 관계식은 **리틀의 법칙**(Little's formula)으로 알려져 있다. 식(7.31)에 이르는 경험기반 기법적(heuristic) 데모가 주어진다면 이 법칙은 우리가 가정하는 그 이상의 일반성을 가지고 있다.

예제 7.7 FIFO 큐

FIFO 큐잉에서 모든 데이터는 단일 큐에 들어 온 순서대로 놓이게 되며 큐에 들어 온 순서에 따라 서비스된다. [표 7.4] 데이터는 FIFO 큐에서 도착 시간(T_A), 큐 대기 시간(T_Q), 서비스 시간(T_S), 시스템 (처리) 시간(T_i)과 출발 시간(T_D)을 나타내준다.

표 7.4 예제에 사용된 FIFO 큐의 시간 데이터

i	T_A	T_Q	T_S	T_i	T_D
1	0.0	0.0	2.0	2.0	2.0
2	1.5	0.5	2.9	3.4	4.9
3	2.2	2.7	2.1	4.8	7.0
4	4.1	2.9	0.8	3.7	7.8
5	5.5	2.3	1.7	4.0	9.5
6	10.0	0.0	1.5	1.5	11.5
7	11.3	0.2	1.6	1.8	13.1
8	13.4	0.0	2.3	2.3	15.7
9	15.0	0.7	2.0	2.7	17.7
10	15.5	2.2	3.0	5.2	20.7

[표 7.4]로부터 $T_i = T_Q + T_S$, $T_D = T_A + T_i$임을 보여준다. FIFO 큐에서는 이전 고객이 처리되기 전에 새로운 고객이 도착하면 서버가 처리중인 작업을 마칠 때까지 큐에서 대기하고 있어야 한다. 만일 새 고객이 도착하기 전에 이전 고객의 업무가 처리된다면 큐에서의 대기시간 $T_Q = 0$이다.

이제 [표 7.4]에 주어진 데이터를 이용하여 평균 도착률을 계산하면

$$\bar{\lambda} = \frac{A(t)}{\text{전체시간}} = \frac{i}{t_D} = \frac{10}{20.7} = 0.48\ \text{min}^{-1}$$

고객이 큐잉 시스템에서 처리하는 평균 시간은

$$\bar{T} = \frac{1}{A(t)}\sum_{i=1}^{A(t)} T_i = \frac{1}{10}\sum_{i=1}^{10} T_i = \frac{31.4}{10} = 3.14\ \text{min}$$

마지막으로 식(7.32)의 리틀의 법칙을 사용하여 큐잉 시스템내의 고객의 평균 수는

$$\bar{N} = \bar{\lambda}\bar{T} = \frac{10}{20.7} \cdot \frac{31.4}{10} = 1.52$$

7.5.2 M/M/1 큐잉 시스템 – 상태 확률

큐잉 시스템을 표기하는 일반적인 표기법은 A/S/m/K이다. 여기서 A는 큐잉 시스템에 들어오는 도착 시간의 동적 역학의 표현이며 S는 큐로부터 고객들을 처리하는 서버의 서비스 시간 동적 역학의 표현이고 m은 서버의 수이며, K는 큐의 용량을 나타낸다. 서버가 도착하지 않은 고객을 처리할 수 없다는 당연한 전제를 제외(이 예외는 그림 7.7에서 $A(t) \ge D(t)$인 제약을 모델화한다)하고는 도착과 서버는 서로 독립적이다. 큐잉 시스템의 상태(state)를 큐 안에 있는 고객과 서버에서 서비스를 받고 있는 고객의 수로 정의한다.

본 절에서는 서버의 수 m=1인 경우로 제한한다. 도착 과정의 동적 역학은 (상수 도착률 λ를 갖는) 마코프 (Markov) 프로세스 (푸아송 도착 프로세스)이고, 서버의 동적 역학도 (상수 처리율 λ_S를 갖는) 마코프 프로세스 (푸아송 서비스 프로세스)라고 가정한다. 또한 고객이 서버의 수 m=1이므로 우리가 본절에서 다루고자 하는 큐잉 시스템은 **M/M/1/∞ 큐**이다. 이 M/M/1/∞ 큐잉 시스템을 **출생—사망 과정**(birth

그림 7.8 M/M/1 시스템에 대한 천이율 다이어그램

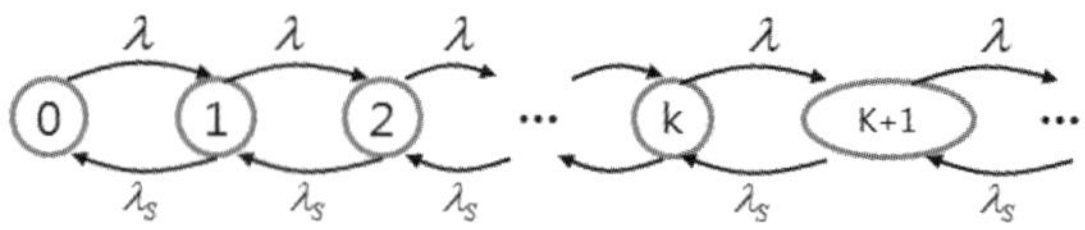

and death process)라고도 한다(그림 7.8).

평균 도착 시간과 평균 서비스 시간에 대한 지수 랜덤 변수의 사용은 큐잉 시스템이 마코프(3장을 보라)임을 의미하며, 큐잉 시스템의 각 상태는 바로 전 상태에만 의존하고 그보다 전의 상태와는 무관하다. 도착(출생)이 발생하면 프로세스는 상태 n에서 n+1로 진행되고, 출발(사망)이 발생하면 프로세스는 상태 n에서 이전 상태인 n-1로 진행한다.

작은 시간 구간 $\Delta t(\Delta t \to 0)$에서 많아야 오직 1개의 도착과 1개의 출발만이 존재한다. 도착에 관한한 만일 Δt가 시간의 작은 증분이면 간격 Δt 내에 큐잉 시스템에 도착하는 확률은

$$P(A) = \lambda \Delta t \tag{7.34}$$

상대적으로 Δt 내에 도착되지 않을 확률은

$$P(\overline{A}) = 1 - \lambda \Delta t \tag{7.35}$$

마찬가지로, 적어도 한 고객이 큐잉 시스템에 있다는 조건하에 서버가 고객을 처리하여 내보내는 확률은

$$P(D) = \lambda_s \Delta t \tag{7.36}$$

이미 서비스하고 있는 고객을 계속 서비스할 확률은 (즉, 서버에서 손님을 내보지 못한다)

$$P(\overline{D}) = 1 - \lambda_s \Delta t \tag{7.37}$$

시간 $t + \Delta t$에서 큐잉 시스템의 상태는 0이라고 가정한다. 그러면 이같은 시스템의 상태는 3개의 상호배타적인 경우중의 하나로 볼 수 있다. 첫 번째 가능한 경우는 시간 t에서 상태가 0이라면 작은 시간 증분 Δt동안 도착이 하나도 없거나 혹은 Δt시간 동안 도착이 하나 발생하면 같은 Δt 시간 내에 출발이 하나 있어야할 것이다. 세 번째의 경우는 시간 t에서 상태가 1이면 Δt시간 구간 내에서 출발만 있고 도착은 없어야 한다. $P_n(t)$의 표기는 시간 t에서 상태 n에 있게 될 큐잉 시스템의 확률을 나타낸다. 도착 역학이 서버 역학과 독립적이라는 가정을 계속하면 다음과 같이 나타낼 수 있다.

$$P_0(t + \Delta t) = P_0(t)[P(\overline{A})P(\overline{D}) + P(A)P(D)] + P_1(t)P(\overline{A})P(D)$$

식(7.34)에서 식(7.37)를 사용하여 1차항 근사 미분식 형태로 고쳐 쓰면

$$\frac{P_0(t+\Delta t)-P_0(t)}{\Delta t}=-\lambda P_0(t)[1-\lambda_s\Delta t]+\lambda_s P_1(t)[1-\lambda\Delta t]+h.o.t$$

$\Delta t\to 0$의 극한값을 취하면 미분식을 얻는다:

$$\frac{dP_0(t)}{dt}=\lambda_s P_1(t)-\lambda P_0(t)$$

큐잉 시스템이 정상 *상태에 도달되어 있다*면 시간에 대한 확률의 변화률은 0이 된다. 따라서

$$\lambda P_0(t)=\lambda_s P_1(t) \tag{7.38}$$

만일 시간 $t+\Delta t$에서 큐잉 시스템의 상태는 n(>0)이라고 가정하면,

$$P_n(t+\Delta t)=P_n(t)[P(\overline{A})P(\overline{D})+P(A)P(D)]+P_{n+1}(t)P(\overline{A})P(D)+P_{n-1}(t)P(A)P(\overline{D})$$

이 등식의 오른쪽 첫 번째 식은 시간이 t에서 t+Δt로 증가함에 따라 n이 똑같은 상태로 남아 있게 되는 두 방법을 설명해준다. 즉 도착하지도 않고 출발하지도 않는 일이 발생되거나 또는 정확하게 한 개 도착하고 한 개 출발하는 일이 발생되는 경우이다. 두 번째 식은 도착은 없고 정확히 한 개가 출발할 때 n+1에서 n으로 변하는 것을 설명한다. 세 번째 식은 정확히 한 개 도착하고 출발이 없을 때 n-1에서 n 상태로 변하는 것을 설명한다. n>0인 경우 앞서 설명한 경우 외에 도착과 출발의 조합에 의해 그밖의 다른 가능성을 가질 수 없다.

$$\begin{aligned}P_n(t+\Delta t)&=P_n(t)-(\lambda+\lambda_s)\Delta tP_n(t)+2\lambda\lambda_s(\Delta t)^2P_n(t)\\&+\lambda_s\Delta tP_{n+1}(t)-\lambda\lambda_s(\Delta t)^2P_{n+1}(t)+\lambda\Delta tP_{n-1}(t)-\lambda\lambda_s(\Delta t)^2P_{n-1}(t)\end{aligned}$$

Δt→0의 극한 값으로 감에 따라 식(7.34)에서 식(7.37)를 사용하여 1차항 근사 미분식 형태로 고쳐 쓰면

$$P_n(t+\Delta t)=P_n(t)-(\lambda+\lambda_s)\Delta tP_n(t)+\lambda_s\Delta tP_{n+1}(t)+\lambda\Delta tP_{n-1}(t)$$

만일 이제 $P_n(t)$의 미분 계수가 존재한다고 가정하면 다음을 이용하여

$$\lim_{t\to 0}\frac{P_n(t+\Delta t)-P_n(t)}{\Delta T}=\frac{dP_n(t)}{dt}$$

아래의 식으로 쓸 수 있다.

$$\frac{dP_n(t)}{dt}=-(\lambda+\lambda_s)P_n(t)+\lambda_s P_{n+1}(t)+\lambda P_{n-1}(t)$$

큐잉 시스템이 *정상 상태에 도달되어 있다*면 시간에 대한 확률의 변화율, 즉 위의 미분 계수가 0일 때 사건이 발생할 것이다.

$$(\lambda+\lambda_s)P_n(t)=\lambda_s P_{n+1}(t)+\lambda P_{n-1}(t) \tag{7.39}$$

서버가 동작하고 있는 전체시간에 대한 비율 ρ를 도입하면

$$\rho=\frac{\lambda}{\lambda_s} \tag{7.40}$$

이 ρ는 만일 큐잉 시스템이 안정하다면 1보다 작아야 하지만 1에 가까울수록 좋은 지표가 된다. n=0일 때, 식(7.38)로 부터 아래와 같음을 알 수 있다.

$$P_1(t)=\rho P_0(t)$$

n=1일 때, 식(7.39)는 아래와 같음을 알 수 있다.

$$(\lambda+\lambda_s)P_1(t)=\lambda_s P_2(t)+\lambda P_0(t)$$

이것을 $P_1(t)$와 결합하여 단순화시키면

$$(1+\rho)\rho P_0(t)=P_2(t)+\rho P_0(t) \Rightarrow P_2(t)=\rho^2 P_0(t)$$

이를 반복적으로 적용하면 아래와 같은 식이 성립된다.

$$P_n(t)=\rho^n P_0(t) \tag{7.41}$$

큐잉 시스템은 이론적으로 n=0, 1, 2, …의 어느 상태도 될 수 있으므로 (즉, 큐잉 시스템에서 고객의 수는 어떤 음수가 아닌 수이어야 한다) 다음이 요구된다.

$$\sum_{n=0}^{\infty} P_n(t)=1 \tag{7.42}$$

식(7.41)과 식(7.42)를 결합하면

$$P_0(t)\sum_{n=0}^{\infty}\rho^n=1$$

정리하면

$$\sum_{n=0}^{\infty}\rho^n=\frac{1}{1-\rho}\ (\rho<1) \tag{7.43}$$

따라서 n=0일 때

$$P_0(t) = 1 - \rho \tag{7.44}$$

식(7.44)를 식(7.41)에 대입하면 M/M/1 큐잉 시스템에 대한 임의의 상태 n에 있을 확률을 준다.

$$P_n(t) = (1-\rho)\rho^n \tag{7.45}$$

큐잉 시스템의 상태가 0보다 크기만 하면 고객 중 하나는 서버에 와 있어야 한다. 그러므로 서버가 서비스 (바쁜) 상태에 있을 확률은 P{N>0}이다.

여기서 $P_0(t)$는 서버가 사용되지 않을 확률이다. 그러므로 식(7.44)로부터 ρ는 여사건(complimentary) 확률과 같다.

$$\rho = 1 - P_0(t) \tag{7.46}$$

즉, ρ는 서버가 서비스 (바쁜) 상태에 있을 확률이 된다. 따라서 ρ를 단일 **서버 시스템의 효율**(utilization)이라고 한다.

7.5.3 M/M/1 큐잉 시스템 - 평균과 분산

본 절의 주된 목적은 앞 절에서 살펴본 M/M/1 큐의 랜덤 변수인 N과 T에 대한 통계적 파라미터인 평균과 분산을 구하는 것이다. 소문자 n과 t는 랜덤 변수 N과 T에 대한 실현 값을 나타낸다. 식(7.43)의 양변을 ρ에 대하여 미분하면

$$\sum_{n=0}^{\infty} n\rho^{n-1} = \frac{1}{(1-\rho)^2} \Rightarrow \sum_{n=0}^{\infty} n\rho^n = \frac{\rho}{(1-\rho)^2} \tag{7.47}$$

이를 다시 한 번 미분하면

$$\sum_{n=0}^{\infty} n^2\rho^{n-1} = \frac{1+\rho}{(1-\rho)^3} \Rightarrow \sum_{n=0}^{\infty} n^2\rho^n = \frac{\rho(1+\rho)}{(1-\rho)^3} \tag{7.48}$$

랜덤 변수 N에 대한 기댓값은 정의식과 식(7.45)와 식(7.47)를 사용하여 얻어진다:

$$E[N] = \sum_{n=0}^{\infty} nP_n(t) = \sum_{n=0}^{\infty} n(1-\rho)\rho^n = \frac{\rho}{1-\rho} \tag{7.49}$$

비슷한 방법으로 N^2에 대한 기댓값은 식(7.45)와 식(7.48)을 사용하여 얻어진다:

$$E[N^2] = \sum_{n=0}^{\infty} n^2 P_n(t) = \sum_{n=0}^{\infty} n^2 (1-\rho)\rho^n = \frac{\rho(1+\rho)}{(1-\rho)^2} \tag{7.50}$$

식(7.49)와 식(7.50)을 사용하여 분산에 대한 기댓값을 얻는다:

$$Var[N] = E[N^2] - (E[N])^2 = \frac{\rho}{(1-\rho)^2} \tag{7.51}$$

$\lambda_S \to \lambda$이면 $\rho \to 1$이 되며 큐잉 시스템 내에 고객의 평균 수와 이의 분산은 발산하게 됨을 주목하라.

예제 7.8 M/M/1 큐잉 시스템

M/M/1 큐잉 시스템의 효율 $\rho = 0.6$의 값을 갖는다. 이는 서버가 40%의 휴지(idle) 시간을 가짐을 의미한다. 이 큐잉 시스템에서 고객의 평균 수는 식(7.49)로부터

$$E[N] = \frac{\rho}{1-\rho} = 1.50$$

이 값의 표준 편차는 식(7.51)로부터

$$\sqrt{Var[N]} = \frac{\sqrt{\rho}}{1-\rho} = 1.94$$

$\rho = 0.6$의 효율을 갖는 M/M/1 큐잉 시스템의 구현은 큰 표준 편차 때문에 약 1.5의 평균에서 크게 요동되리라는 것이 기대된다.

리틀의 법칙 식(7.33)과 식(7.49)를 사용하여 다음과 같이 쓸 수 있다.

$$E[N] = \frac{\rho}{1-\rho} = \lambda E[T] \tag{7.52}$$

따라서 한 고객이 큐잉 시스템에서 대기하는데 보내는 평균 시간(T)은

$$E[T] = \frac{\rho/\lambda}{1-\rho} = \frac{1}{\lambda_S - \lambda} = \frac{1/\lambda_s}{1-\rho} \tag{7.53}$$

이는 비율 상수 $\lambda_S - \lambda$를 갖는 지수 랜덤 변수에 대한 기댓값과 같다. 한 고객이 서버에서 대기하는데 보내는 평균 시간은 $T_S = 1/\lambda_S$ 이다. 그러므로 서비스 받기 전에 큐에서 대기하며 보내는 평균 시간(T_Q)은

$$E[T_Q] = E[T] - \left(\frac{1}{\lambda_s}\right) = \frac{1/\lambda_s}{1-\rho} - \left(\frac{1}{\lambda_s}\right) = \frac{\rho}{1-\rho}\left(\frac{1}{\lambda_s}\right) \tag{7.54}$$

유사하게 큐 내의 고객의 평균 수(N_Q)

$$E[N_Q] = E[N] - \rho = \frac{\rho}{1-\rho} - \rho = \frac{\rho^2}{1-\rho} \tag{7.55}$$

예제 7.8 M/M/1 큐잉 시스템의 평균 대기시간과 평균 고객수

M/M/1 큐잉 시스템은 $\rho = 0.6$의 효율을 갖는다. 서버는 평균 매 45초마다 한 고객을 서비스하며 이는 다음 서비스율을 의미한다.

$$\lambda_s = \frac{1}{45}(s^{-1})$$

식(7.54)를 사용하여 고객이 서비스 받기 전에 큐에서 대기하는 평균 시간은 다음과 같이 계산된다.

$$E[T_Q] = \frac{45\rho}{1-\rho} = 1.13(\text{min})$$

어느 주어진 시간에서 큐 내에서 서비스 받기 위해 기다리는 평균 고객의 수는 식(7.55)을 사용하여 구하면 다음과 같다.

$$E[N_Q] = \frac{\rho^2}{1-\rho} = 0.90$$

복 습

본 장의 전개 과정에서 핵심적인 사항은 독립적인 증분과 베르누이 시행의 가정이다. 이 가정을 토대로

1. 이산 푸아송 랜덤 변수, 즉 어떤 고정된 시간 구간에서 발생하는 이산적인 사건의 랜덤 카운팅 프로세스를 고려하였고 또한
2. 연속 얼랑 랜덤 변수, 즉 이산적인 사건의 고정된 숫자가 발생하기까지의 랜덤한 시간 구간 프로세스를 기수하였다.
3. 이 두 가정과 함께 정상 상태의 가정을 추가하여 M/M/1 큐에 대한 평균과 분산을 구하는 과정을 소개하였다.
4. 만일 충분한 데이터(i가 임의로 큰 경우와 같이)가 주어졌고, 표본 평균이 통계적 기댓값으로 근사화된다고 가정하면 $\overline{\lambda} \to \lambda$, $\overline{T} \to E[T]$, $\overline{N} \to E[n]$. 따라서 식(7.32)는 $E[N] = \lambda E[T]$인 리틀의 법칙(Little's formula) 관계식을 얻는다.
5. M/M/1 대기 시스템에서 시스템의 고객수는 연속 마코프 체인이다. 도착까지의 시간은 지수 랜덤 변수이고, 이미 시스템에 있는 고객들의 서비스 시간들에 독립적이다.

연습문제

카운팅 프로세스 개념

1. 이항 랜덤 변수 X에 대한 변수는 n=5, p=0.61이다.

   a. k=0에서 5까지에 대한 $P_5(k)$를 찾아라. X에 대한 pdf와 cdf를 그려라.
   b. X=1이 적어도 4번 발생하는 확률을 찾아라.

2. 특정한 납땜 연결시 1000개중 1개가 결함이 생긴다. 제조한 제품에는 이같은 납땜 연결이 76곳을 포함하고 있다. 25,000개의 제품이 제조되었다면 이중 납땜불량이 적어도 1개를 갖는 것은 얼마나 될 것인가?

3. 어떤 마이크로칩에서 매 10개 생산된 것 중에 3개의 양호한 칩이 발견된다.

   a. 무작위로 한 마이크로칩을 선택하여 테스트한다. 만일 선택한 칩이 양호한 것이면 사용된다. 만일 양호하지 않은 것이라면 불량원인을 분석하기 위해 별도로 분리해두고 두 번째 마이크로칩을 무작위로 선택하여 테스트한다. 이 과정은 1개의 양호한 마이크로칩을 찾을 때까지 계속 반복된다. 1개의 양호한 마이크로칩을 찾을 확률이 적어도 90%가 된다면 (테스트)시퀀스의 길이인 n을 찾아라.
   b. 7개의 마이크로칩이 무작위로 선택되었다. 7개중 적어도 1개가 양호할 확률은 얼마인가?

   주: (a)와 (b)의 선택과정사이의 차이점을 주목하라.

4. 방안에 10개의 컴퓨터 터미널이 놓여 있고 각 터미널은 3개의 컴퓨터 L, M, N 중의 하나와 네트워크 스위치를 통해 연결되어 있다. 사용자가 임의적으로 L컴퓨터를 33%의 확률을 가지고 선택한다는 것을 데이터가 보여준다. 적어도 90%의 시간을 성공적으로 연결시킬 수 있도록 하기 위하여 이 방에 공급되어야 할 최소한의 컴퓨터의 수는 얼마인가?

5. 어떤 특수한 지역에서 지진과 같은 드문 사건이 평균적으로 매 50년마다 한 번씩 발생한다고 한다. 다음 1년에서 10년 사이에 이 지역에서 다음 지진이 발생할 확률은 얼마인가?

6. 변수 n, p를 갖는 이항 랜덤 변수에 대한 특성식(characteristic function)이 $\Phi_Y(j\omega) = (q + pe^{j\omega})^n$ 임을 보이기 위하여 식(3.99a), 식(4.89)과 (7.1)을 사용하라.

7. Z=X+Y, 여기서 X와 Y는 독립적인 이항 랜덤 변수이다: X는 변수 n, p를 갖고 Y는 변수 m, p를 갖는다. Z 또한 이항 랜덤 변수이고 변수가 m+n, p가 됨을 보이라.

8. 한 타스의 전구 상자에는 2개의 불량 전구가 들어 있다. 4개의 전구 샘플를 교체함이 없이 시험을 위해 선택한다. 샘플 중에 0개, 1개, 2개의 불량전구를 포함할 확률을 계산하라.

9. 한 타스의 전구 상자에는 4개의 불량 전구가 들어 있다. 2개의 전구 샘플을 교체함이 없이 시험을 위해 선택한다. 샘플 중에 0개, 1개, 2개의 불량전구를 포함할 확률을 계산하라.

10. N=50 트랜스포머의 뭉치 속에 2개가 불량하다. 5개의 트랜스포머 샘플이 교체함이 없이 선택된다면 적어도 1개의 불량 트랜스포머가 발견될 확률은 얼마인가?

11. 어떤 랜덤 변수 X는 푸아송이고 평균 5를 갖는다는 것이 알려졌다.

    a. X에 대한 pdf와 cdf를 그려라.
    b. X가 평균의 1 표준편차(1σ) 이내에 있을 확률은 얼마인가?

푸아송 카운팅 프로세스

12. 어떤 이산 랜덤 변수 X=0, 1, 2, 3, …를 조사했더니 평균이 3.6이었다. 만일 X가 푸아송 랜덤 변수이면 P{ X>E[X] }는 어떤 값을 가져야 하는가?

13. 어떤 랜덤변수 X가 푸아송이고 분산이 3.2를 갖는 다는 것이 알려졌다. P(X=3)를 구하라.

14. 케이블 절연 결함은 길이에 따라 평균적으로 1743m당 1개의 결함이 임의적으로 발생한다. 적어도 1개의 결함이 50% 확률을 허용하는 경우 케이블의 길이는 얼마인가?

15. 마이크로칩내의 한 개만의 불량으로도 충분히 거절할 이유가 있지만 거절된 마이크로칩은 아마도 1개 이상의 불량을 가질 수 있다. 한

마이크로칩 내에서 가능한 불량의 수는 어떤 타당한 상한선을 갖고 있지 않는다고 가정하자. 시험 생산라인에서 생산된 전체 10,812개의 마이크로칩 중에 전혀 불량이 없는 제품의 수가 3791개이다. 이 생산라인을 설계하고 있는 기술자는 결함이 임의적으로 발생하는지를 알고 싶어한다. 결함이 임의적으로 발생하고 있다는 것을 기술자가 알아내려면 정확히 1, 2, 3, 4개의 결함을 갖는 칩이 얼마나 되는지를 기술자에게 말하라.

16. IC칩의 실험적 생산 공정은 제조한 매 500개 칩마다 평균적으로 2000개의 결함을 발생시킨다. 주어진 칩이 다음을 가질 확률은 얼마인가?

    a. 2개 이하의 결함
    b 적어도 2개의 결함.
    c. 칩에 무결함확률이 80%이라면 500개 칩마다 얼마나 많은 결함이 존재하는가?

17. 전구가 정격전압에서 평균수명 1000h(1000 시간)을 갖는다고 광고하고 있다. 전구의 수명은 $\lambda = \dfrac{1}{1000h}$ 인 지수 함수적으로 분포되었다고 가정하자. 어떤 특별한 응용에서 한 전구가 고장나면 즉시 다른 전구로 대치하기 위하여 여분의 전구를 보유하고 있다. 일년 동안(8760h)에 걸쳐 90%의 확률로 전구를 계속하여 켜 있도록 하기 위하여 얼마 만큼의 전구를 (여분으로) 필요로 하는가?

근사화

18. 어떤 IC 칩내에 1250개의 독립적인 논리 게이트가 있다. 한 게이트가 결함이 될 확률은 10^{-4}이다. 푸아송과 이항 정리 이론을 사용하여 0, 1, 2, 혹은 3개의 게이트가 결함이 될 확률을 구하고 그 결과를 비교하라.

19. X는 파라미터 b=35를 갖는 푸아송 랜덤 변수이다. 확률 $P(30 \le X \le 40)$을 구하라.

20. 이항 문제에서 푸아송 근사를 사용하라: 5000개 장치가 제조된다. 한 장치가 불량이 될 확률은 0.0007이다. 500개중 3개 이상의 장치가 불량이 될 확률은 얼마인가?

21. 식(3.99a)을 사용하여 푸아송 랜덤 변수 X에 대한 특성 함수가 $\Phi_X(j\omega) = \exp[b(e^{j\omega} - 1)]$ 임을 보여라.

22. Z=X+Y, 여기서 X와 Y는 독립 푸아송 랜덤 변수이다. X가 파라미터 b_X를 갖고 Y가 파라미터 b_Y를 갖는다. 랜덤변수 Z가 파라미터 $(b_X + b_Y)$를 갖는 푸아송 랜덤 변수임을 보여라.

23. 이항 랜덤 변수 X가 파라미터 n=30, p=1/6를 갖는다. 다음 합을 찾아라: $\sum_{k=3}^{7} P_{30}(K)$

24. 1000개의 장치가 제조되어 전세계에서 서비스 중에 있다. 장치가 1년 이내에 고장날 확률은 30%이다. 고장 발생은 독립적이라고 가정한다. 300에서 320개(300, 320포함)의 장치가 1년에 고장날 확률은 얼마인가?

25. 전화 호 연결 기간은 지수 랜덤 변수라고 가정하라. 평균 전화 연결 시간은 3.7분이다. 9개의 연이은 전화 호 연결이 25분 이상이 될 확률은 얼마인가?

26. Y는 변수 n=10, $\lambda = 1$를 갖는 Erlang 랜덤 변수이다. $\mu_Y \pm \sigma_Y$범위에서의 $f_Y(y)$하의 면적과 가우시언 pdf하의 대응하는 면적을 비교하라.

27. 신호등에 기인한 지연은 평균적으로 0.5분 지연을 갖는 지수 랜덤 변수라고 가정하라. 운전자가 7개의 비동기화된(독립적인 신호등) 신호등을 통과하는 길을 운전하고 있다. 신호등으로 인해 5분 이상 지연이 발생될 확률은 무엇인가?

큐잉

28. 만일 $P(n,t) = (1-\rho)\rho^n$ 이라면 다음을 보여라. 여기서 0<P<1이다.

    a. $\sum_{n=0}^{\infty} p(n,t) = 1$　　b. $E[N] = \sum_{n=0}^{\infty} nP(n,t) = \dfrac{\rho}{1-\rho}$

    c. $E[N^2] = \sum_{n=0}^{\infty} n^2 P(n,t) = \dfrac{\rho(1+\rho)}{(1-\rho)^2}$　　d. $Var[N] = \dfrac{\rho}{(1-\rho)^2}$

29. 관리자는 큐(M/M/1)를 위해 한 개의 서버만을 임대하고 싶어하며 0.8의 효율 비(Utilization Ratio)를 갖기 원한다. 시간당 10명의

비율로 사람들이 큐에 입력으로 나타난다면

a. 서버가 고객을 처리해야 할 비율은 얼마인가?
b. 큐에서 서버를 기다리고 있는 사람들의 평균수는 얼마인가?
c. 서비스 받기 전에 사람들이 큐에서 대기해야한다고 기대하는가?
d. 평균적으로 한 사람이 전체 시스템을 통과하는데 얼마 정도 걸리는가?

30. 많은 수의 원격 터미널이 12MIPS(millions of instructions per second)처리능력을 갖는 한 개의 중앙 컴퓨터에 연결되어 있다. (중앙컴퓨터의) 유용비는 비교적 낮은 0.35라고 추정한다.

a. 사용자가 시스템에서 instruction당 얼마의 시간을 기다려야 한다고 기대하는가?
b. 평균적으로 컴퓨터의 큐에 얼마나 많은 instructions이 있을 것이라고 기대하는가?
c. 효율비가 0.95가 되면 (a)와 (b)의 답이 어떻게 되겠는가?

31. 제조 공정의 한 부분을 측정하였는데 평균적으로 매 3분당 17개가 생산된다는 것이 알려졌다. 한 항목(item)이 이 과정을 통과하는데 1분 23초 소요한다면 (서버에 의해) 작업중에 있는(혹은 큐에서 작업 중인 상태로 대기하고 있는) 공정내의 기대 제품수는 얼마인가? (제조공정에서 처리중 작업(work in process)를 WIP로 표기한다.)

32. M/M/1 큐에 대하여 서버가 큐에 m혹은 그 이상의 고객을 갖을 확률에 대한 관계를 유도하라.

컴퓨터 활용

본 장에서 컴퓨터 활용에 사용될 알고리듬은 지수 랜덤 변수를 발생시키는 구현이다. 이 알고리듬에 대한 설명은 예제 3.23에서 언급되었다. 이를 의사코드와 MATLAB 코드로 표현해보자.

의사코드	MATLAB 코드(exrng.m)

function y=exprng(a, seed)
URNG에 대한 seed를 초기화한다.
lambda =a 로 초기화한다
y=(-1/lambda)*ln(1-URNG(seed));
	s=rand('state');
	lambda = a ; % a>0 인 임의의 양의 정수
	y=exprnd(1/lambda);

이 지수 랜덤 변수 발생기를 사용하여 이항 랜덤 변수, 푸아송 랜덤 변수, Erlang 랜덤 변수 와 FIFO 큐에 대한 데이터를 생성할 것이다.

이항 카운팅 프로세스 생성 시뮬레이션

이항 난수 발생기는 베루누이 난수 발생기로부터 만들어진다. 베루누이 난수 발생 알고리듬은 2장 컴퓨터 활용에서 설명하였다.

이항 랜덤 변수는 식(7.1)에 의해 주어진 베루누이 시행의 카운트 합인 0, 1, 2, ⋯, 혹은 n과 같으며, $(p+q)^n=1$이 성립된다.

의사코드	MATLAB 코드(binrng.m)

function Ky=binrng(p, n, seed)
URNG에 대한 seed를 초기화한다.
Ky =0 으로 초기화한다.
For i=1 to n
//베루누이 난수를 발생한다
Kx =0;
y=URNG(seed);
if y < p then Kx=1
//Increment Binomial RV count by Kx
Ky=Ky+Kx;
endFor
	function Ky = binrng(p,n)
	For I=1:n
	Ky=0;
	y=rand;%URNG에 대한 built-in 함수
	%베루누이 난수를 발생한다
	if y < p
	Kx = 1;
	end
	%Binomial RV Ky count를 Kx 씩 증가
	Ky = Ky+Kx;
	end

푸아송 카운팅 프로세스 생성 시뮬레이션

t>0인 어느 일정 시간 구간 안에서 발생하는 사건의 수는 푸아송 랜덤 카운트 변수 k이다. 푸이송 랜덤 카운트 변수 k의 확률 값은 식(7.12)에 의해 주어지며 이를 다시 쓰면

$$P(k,t)=\frac{b^k}{k!}e^{-b},\ b=\lambda t,\ k=0,1,2\cdots$$

의사코드	MATLAB 코드(poirng.m)

function K=poirng(lamda, T, seed)
URNG에 대한 seed를 초기화한다.
Tum=0, K =-1 로 초기화한다.
While (Tsum < T)
//사건의 발생 시간 난수를 발생한다
Ty=(-1/lambda)*ln(1-URNG(seed));
Ty=Tsum+Ty;
K = K+1;
endWhile
	function K = poirng(lambda, T)
	Tsum=0;
	K=-1;
	while (Tsum < T)
	%사건의 발생 시간 난수를 발생한다
	Ty=exprnd(1/lambda);
	Ty=Tsum+Ty;
	K = K+1;
	end

이 poirng 함수를 사용하여 푸아송 프로세스의 카운트 랜덤 변수 K를 발생시키는 루틴은

MATLAB code (PoissonCount.m)

```
% main routine to generate Poisson Random count K
global SEED;
SEED=1;
fprintf(1,'----------------------------\n')
fprintf(1,'Poisson event i      Count K\n')
fprintf(1,'----------------------------\n')
for i=1:10
      %K= poirng(2.0, 1.0);
      K=poirng(2.0, 1.0, SEED);
      fprintf(1,'%10d %10d \n', i, K)
end
fprintf(1,'---------------------------\n')
```

Erlang 카우팅 프로세스 생성 시뮬레이션

Erlang 랜덤 변수의 관점은 k (>0)번의 사건이 발생하기까지의 필요한 랜덤 (시간) 구간의 길이에 대한 랜덤 변수를 기술해준다. 사건의 발생 수 k를 고정하였을 때 (시간) 구간의 변화는 Erlang 랜덤 변수의 분포를 갖는다. 얼랑 랜덤 구간 변수 Y의 확률밀도함수는 식(7.24)에 의해 주어지며 이를 다시 쓰면

$$f_Y(t) = \frac{\lambda^k t^{k-1}}{(k-1)!} e^{-\lambda t}, \quad t > 0$$

의사코드	MATLAB 코드(erlrng.m)

function Yt=erlrng(lamda, k, seed)
URNG에 대한 seed를 초기화한다.
Ytsum=0 으로 초기화한다.
for i=1 to k
//사건의 발생 시간 구간 변수를 발생한다
Yt=(-1/lambda)*ln(1-URNG(seed));
Ytsum=Ytsum+Yt;
endFor
	function Ytsum= erlrng(lambda, k, seed)
	Ytsum=0;
	for i=1:k %k는 요구되는 카운트 변수
	%사건의 발생 시간 구간 변수를 발생한다
	Ty=exprnd(1/lambda);
	Ytsum=Ytsum+Ty;
	end

이 Erlrng 함수를 사용하여 얼랑 프로세스의 구간 랜덤 변수 Y를 발생시키는 루틴은

MATLAB code (ErlangCount.m)

```
% main routine to generate Erlanf Random (time) Interval
%k = required count No.
%lambda = rate parameter
global DSEED;
DSEED=1; k=5; lambda = 2.0;
fprintf(1,'----------------------------\n')
fprintf(1,'Erlang event i      Interval T\n')
fprintf(1,'----------------------------\n')
for i=1:10
     Y=erlrng(lambda, k, DSEED);
     fprintf(1,'%10d %10.4f \n', i, Y)
end
fprintf(1,'---------------------------\n')
```

FIFO 큐 데이터 생성 시뮬레이션

표 7.4에 보인 것과 비슷한 FIFO 큐에 대한 데이터 생성은 다음과 같다. M/M/1 큐에서 도착률 상수($\lambda = a$)를 갖는 도착 프로세스는 지수 랜덤 변수를 따르고, 서버 프로세스는 처리율 상수($\lambda_s = u$)를 갖는 지수 랜덤 변수를 따른다.

$$\lambda/\lambda_s = a/u = \rho < 1.$$

의사코드	MATLAB 코드(mm1que.m)

function [Ta, Ts]=mm1que(a, u,   seed)
 	
URNG에 대한 seed를 초기화한다.
Ta=0 으로 초기화한다.
//사건의 도착발생 시간 난수를 발생한다
    Ty=(-1/a)*ln(1-URNG(seed));
//사건의 서비스 시간 난수를 발생한다
    Tys=(-1/u)*ln(1-URNG(seed));
	function [Ta, Ts] = mm1que(a, u, DSEED)
	
	%사건의 도착발생 시간 난수를 발생한다
	  Ta=exprnd(1/a);
	  %Ta=(-1/a)*log(1-URNG);
	
	%사건의 서비스 시간 난수를 발생한다
	  Ts=exprnd(1/u);
	  %Ts=(-1/u)*log(1-URNG);

표 7.4에 보인 FIFO 큐 데이터의 i, T_a, T_s와 유사한 데이터를 생성하는 MATLAB 코드는 다음과 같다.

MATLAB code (FIFOQue.m)

```
% main routine to generate FIFO Que Random (time) Arrival and Service
% Interval (routune name: mm1que.m)
%a = arrival rate parameter.
%u  = server service rate parameter
global DSEED;
%s = rand('state');
DSEED=4567*rand;  a =0.5;  u=0.8; Ta=0;
fprintf(1,'-----------------------------------------------------\n')
fprintf(1,'Erlang event i     Arrival Interval Ta  Service Interval Ts\n')
fprintf(1,'-----------------------------------------------------\n')
for i=1:10
     [Ty ,Tys] =mm1que(a, u, DSEED);
      Ta=Ta+Ty;
      Ts=Tys;
     fprintf(1,'%10d              %12.4f              %12.4f \n', i, Ta, Ts)
end
fprintf(1,'-------------------------------------------------------\n')
```

실습 과제

1. 부록 A.6은 푸아송 랜덤 변수(POIRNG)를 모의 실험하는 알고리듬을 보여준다. 이 알고리듬은 고정된 구간 T안에서 발생하는 지수 랜덤 변수의 수를 세는 것에 기초하고 있다. 이 알고리듬을 변수 b=5 (에를 들면, A=5, T=1)에서 n=1000번 수행하라. 랜덤 변수 값 X가 평균의 1 표준 편차 범위내에 있을 확률을 추정하기 위해 상대도수 기법(relative frequency technique)을 사용하라. 이 모의 실험 결과를 이론치 결과인 연습문제 11의 결과와 비교하라.

2. t=10이고 $\lambda = 0.5$의 파라미터를 갖는 n=1000개의 푸아송 랜덤 변수의 실현을 MATLAB를 사용하여 생성하라. n=1000개의 정수 k에 대한 평균과 분산을 이론적으로 계산하고 컴퓨터 시뮬레이션을 통해 얻은 추정치 결과와 비교하라.

3. $\lambda = 0.5$의 파라미터를 갖는 차수 k=5인 n=1000개의 얼랑 랜덤 변수의 실현을 MATLAB을 사용하여 생성하라. n=1000개의 실현 값에 대한 평균과 분산을 이론적으로 계산하고 컴퓨터 시뮬레이션을 통해 얻은 추정치 결과와 비교하라.

4. $\lambda = 0.5, \lambda_s = 0.6$라고 하자. [표 7.4]에 나온 열 1,2, 와 4와 유사한 데이터를 생성하도록 MATLAB을 사용하라. 나머지 열을 계산하여 채우고 $\overline{\lambda}$, $\overline{T}$, $\overline{N}$을 표와 주어진 파라미터 값을 사용하여 계산하라.

신뢰도

오늘날 공학 전공의 학부생 교육에 직면하고 있는 주요 문제는 설계와 제조 사이의 관계이다. 종종 공학도들은 설계와 제조가 서로 독립적이라고 느끼고 있다. 이런 설계와 제조 사이의 괴리를 계속 되도록 놓아둘 수는 없다. 이러한 관계는 제어차트(control chart)와 신뢰도에 대해 설명한 이 책의 1장 부분에서 일부 언급하였다.

공정 제어 차트는 본서의 1장에서 정량적 데이터에 대한 제어 차트가 표본 통계의 한 응용으로써 소개되었다. 일부 강사들은 이러한 기법을 소개하는 것을 즐겨할 지도 모르며, 그로 인해 학생들은 생산품의 기술과 제작에 사용된 어떤 강력한 도구들을 더욱 자각하게 될 것이다.

공학인증의 요소 설계에 있어서 "기능"과 동시에 "신뢰도"를 소개하는 것이 필요 불가결해지고 있다. 신뢰도는 설계가 이루어질 때 사후에 처리되는 고려사항이 되어서는 안된다. 이는 고성능 VLSI 칩, 경쟁에 의한 가전 상품, 효과적인 군용 시스템과 같은 모든 상품과 고객에게 이용되는 서비스들을 포함하는 것이 사실이다. 신뢰도는 확률 이론에 직접적으로 근거하고 있으며 따라서 확률론 방법의 교과과정 내에 들어 있다. 본장에서 신뢰도의 세 가지 중요한 부분을 소개하고 있다: 8.3절 – 고장률, 8.4절 – 시스템의 신뢰도, 8.5절에서 8.7절 – **와이블**(Weibull)과 **로그노말**(lognormal) 모델을 이용한 고장률 추정 기법을 소개하였다.

스트레스를 가하는 과정으로서 *가속 수명 시험*은 매우 제한적인 기법에 초점을 맞추어 설명되었다.

학습목표

1. 알려진 고장 랜덤 변수를 사용하여 하드웨어 장치 혹은 컴포넌트나 소프트웨어의 신뢰도에 대한 확률을 구할 수 있다.
2. 여러 개의 컴포넌트로 구성되어 연결(직렬 연결, 병렬 연결, 혼합 연결, 대기 시스템, 상호 연결)된 시스템의 고장률, 평균 고장 시간, 고장 시까지의 평균 시간 등을 구할 수 있다.
3. 주어진 실험 데이터를 사용하여 대표적인 와이블 수명 모델과 로그노말 수명 모델에 관한 파라미터를 구하고 회귀선을 사용하여 수치적으로 해석하는 방법을 설명할 수 있다.
4. 가속 수명 시험에 관한 스트레스 모델을 설정할 수 있으며 시험으로부터 고장 발생률과 고장 시까지의 평균 시간을 구하는 방법을 설명할 수 있다.
5. 수명 모델을 사용하여 장치나 시스템의 고장 발생을 시뮬레이션하는 데이터의 획득과 해석을 컴퓨터 프로그래밍을 작성하여 실험할 수 있으며, 관련 파라미터들(고장률, 평균고장시간, 고장 시까지의 평균 시간, 모델 파라미터 등)를 추정하는 알고리듬을 작성할 수 있다.

8.1 서론

오늘날의 공학 설계에 있어서 신뢰도에 대한 고려는 제품의 설계 단계에서부터 일찍 시작해야 하며, 제품의 공정 과정과 시험 그리고 제품을 고객에게 배포하여 활용하는 단계에 이르기까지 포괄적 범위를 망라하게 된다.

신뢰도란 어떤 제품이 기술된 시간 기간 동안 주어진 환경하에서 요구되는 기능을 수행할 확률이다[1].

제품을 사용하는 고객이 신뢰도에 대해 관심을 갖게 된다. 제조업자들은 제품을 설계하고 조립하고 시험하고 유통하여 최종적으로 소비자에게 전달한다. 제품이 의도한 대로 작동할 것인가? 그러기를 바라지만 종종 그렇지 못한 오동작의 결과를 초래하여 안전사고, 재정적 손실, 소비자 불만족, 당혹감등 매우 심각한 결과를 가져다 줄 수 있다. 그러므로 책임성 있는 기술에 있어서 신뢰도는 제조 공정, 시험, 기능성 등을 동시에 고려해야한다. 결코 모든 것이 결정된 후의 사후 고려 사항으로 처리되어서는 안될 것이다.

제품이 고장나면 사람들은 그것을 즉시 버리거나 고쳐서 사용한다. 반면 훈련된 기술자들은 고장난 제품을 버리거나 고쳐 사용하기 전에 각 제품을 면밀히 검사하기 원한다. 이와 같은 검사를 통해 기술자는 그의 지식을 확장해나가고 신뢰도는 더 개선되고 더 적은 비용을 들이고 더 많은 수익을 올리는 결과를 가져오게 된다.

1) "IEEE Stardard 100-1977." IEEE Stardard Dictionary of Electrical and Eelctronic Terms. New York: The Institude of ELectrical Electronics Engineers Press, 1977.

본 장은 신뢰도, 고장률, 연결된 콤포넌트들의 시스템 신뢰도에 대한 간단한 서론에 해당한다. 실제적인 데이터에 유용한 몇가지 특수한 모델(**와이블**과 **로그노말**)을 예제로 하여 결론을 내리고자 한다. 본 장이 신뢰도에 대한 모든 것을 포함하고 있는 것은 아니다. 참고문헌[15-18]은 신뢰도 이론과 실제적으로 기법들을 더 탐구하는데 도움을 줄 것이다.

8.2 신뢰도

신뢰도 연구에서 장치는 시간 0에서 서비스가 개시되고 나서 그 장치가 고장날 때까지 계속 따라가게 된다. T는 고장 시간을 나타내기 위해 사용한 랜덤 변수이다. 누적 분포 함수[2)]는 고장시간이 시간 0보다 크고, 0보다 큰 어느 시간 t 사이에 장치가 고장날 확률을 나타낸다:

$$F(t) = P\{T \le t\} = P\{0 \le T \le t\} \tag{8.1}$$

독립 변수 시간 t는 비 음수(non-negative)이다.

신뢰도 $R(t)$는 t시간 이후에 장치가 고장나게 될 확률로 정의된다:

$$R(t) = P\{T > t\} \tag{8.2}$$

그러므로 식(8.1)을 사용하여

$$R(t) = 1 - F(t) \tag{8.3}$$

그러면 식(3.5)와 함께 신뢰도(혹은 신뢰성 함수)는 또한 다음과 같이 쓸 수 있다.

$$R(t) = 1 - \int_0^t f(\tau)d\tau \tag{8.4}$$

여기서 우리는 신뢰도를 아래와 같이 두 가지로 해석할 수 있다:

1. 한 개의 장치를 가지고 있다고 가정하고 시간 0에서 서비스 개시에 들어간다고 할 때 장치가 t시간 단위보다 더 오래 지속할 확률이 $R(t)$라고 말할 수 있다. 혹은 장치가 시간 t이전에 고장날 확률은 $1-R(t)$가 된다.

2. 같은 종류의 많은 장치를 가지고 있고 이 모든 장치가 시간 0에서 서비스 개시에 들어갈 때 여러 개 중 일부는 t시간 단위 이후에도 계속 작동할 확률은 $R(t)$이다. 혹은 장치들 중 일부가 t시간 이전에 고장을 일으킬 확률은 $1-R(t)$이다.

---

2) 편이상 pdf $f_T(t)$와 cdf $F_T(t)$에서 첨자 T를 생략한다.

랜덤 변수 T에 대한 **평균 고장 시간**(Mean Time To Failure, MTTF)은 식(3.49)에 의해

$$\text{MTTF} = E[T] = \int_0^\infty tf(t)dt \tag{8.5}$$

로 쓸 수 있다.

예제 8.1

전반적인 것은 아니지만 보통 전자 부품의 고장은 지수 랜덤 변수로 모델링된다. 특히 신뢰도 연구에 대하여 지수 pdf와 cdf를 다시쓰면

$$f(t) = \lambda e^{-\lambda t} \text{와 } F(t) = 1 - e^{-\lambda t}$$

여기서 시간의 역 단위를 갖는 λ를 **rate 변수**(parameter)라고 부른다.
지수 랜덤 변수에 대한 신뢰도는 식(8.3)에 의해

$$R(t) = e^{-\lambda t}$$

이다. 이 신뢰도는 서비스 시간이 증가함에 따라 0의 값으로 지수 함수적으로 감소해간다.
지수 랜덤변수에 대한 식(8.5)의 평균 고장 시간은 시정수와 같다:

$$\text{MTTF} = \int_0^\infty t\lambda e^{-\lambda t}dt = \frac{1}{\lambda}$$

예를 들어 전구가 1000시간의 정격 평균 수명을 갖고 전구에 대한 고장 시간이 지수 랜덤 변수라고 하면 전구가 적어도 t=1000시간의 서비스를 제공하게 될 확률은

$$R\left(\frac{1}{\lambda}\right) = e^{-1} = 0.368$$

이다. 다시 말해서 지수 함수 확률 모델을 가정하면 오직 36.8%만이 정격 평균 수명인 1000시간 이후까지 동작하게 될 것이다.

신뢰도란 일반적으로 그림 8.1에 보인바와 같이 단조 감소 함수이다. 그러므로 $y = R(t)$의 역, 즉 $t = R^{-1}(y)$ 또한 함수이다. $R(t)$는 구간 $0 \le t < \infty$에서 정의되고 $y = R(t)$는 구간 $0 \le R \le 1$에서 정의된다. 따라서 신뢰도 함수 아래의 면적은 다음과 같이 두 가지 방법으로 기술될 수 있다:

$$\int_0^\infty R(t)dt = \int_0^1 R^{-1}(y)dy$$

식(8.4)로부터

그림 8.1 시간에 따라 단조적으로 감소하는 것을 보여주는 임의의 신뢰도의 그래프

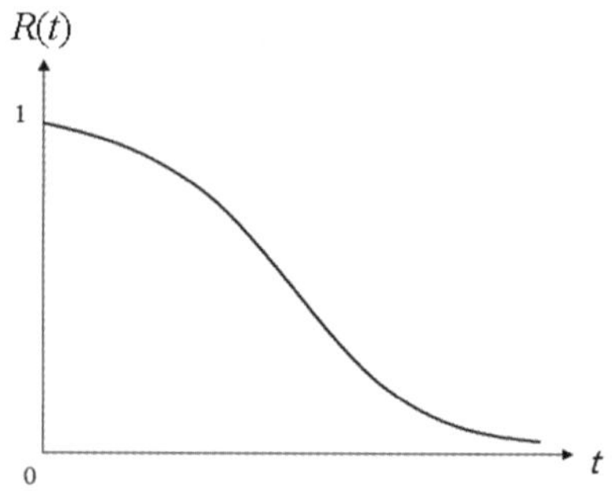

$$\frac{dR}{dt} = \frac{dy}{dt} = -f(t)$$

윗 식을 두 번째 적분에서 변수 치환으로 사용하면

$$t = R^{-1}(y),\, dy = -f(t)dt$$

$$y = 0 \rightarrow t = \infty$$

$$y = 1 \rightarrow t = 0$$

$$\int_0^1 R^{-1}(y)dy = -\int_\infty^0 tf(t)dt = \text{신뢰도함수의 면적}$$

따라서 식(8.5)를 사용하면,

$$\text{MTTF} = \int_0^\infty R(t)dt = \int_0^\infty tf(t)dt \tag{8.6}$$

이 결과는 신뢰도 plot하의 면적이 MTTF와 같음을 보여준다.

예제 8.2

고장 시간 T가 지수 랜덤 변수라고하면 예제 8.1의 결과를 사용하여

$$R(t) = e^{-\lambda t}$$

이다. 식(8.6)에 대입하면

$$\text{MTTF} = \int_0^\infty R(t)dt = \int_0^\infty e^{-\lambda t}dt = 1/\lambda$$

를 얻는다. 이 접근법을 사용하여 MTTF를 찾는 것은 물론 예제 8.1에서 사용한 보다 직접적인 방법과도 일치한다.

8.3 고장률

제조된 장치들의 신뢰성을 다룰 때 고장의 경우보다 오히려 **고장률**에 더 관심이 있다. 보통 사용되는 고장률은 **위험률**(hazard rate) 혹은 **위험 함수**(hazard function)라고 하며, 어떤 장치가 시간 t까지는 정상적으로 작동한다는 것이 주어졌다고 하면 이 장치가 시간 구간 내 $t < T < t + dt$ 내에서 고장을 일으킬 확률을 찾는 것으로 연관지울 수 있다. 이같은 조건 확률 두 가지 방법으로 표현될 수 있다.

첫 번째 방법은 상대 도수의 개념을 사용하여

$$P\{t < T \leq t + dt) | (T > t)\} = \frac{\Delta n}{N(t)} \tag{8.7}$$

여기서 $N(t)$는 t시간까지 정상적으로 동작하는 장치의 수이고, Δn은 시간 구간 t와 t+dt 사이에 고장난 장치의 수를 나타낸다.

두 번째 방법은 조건 확률의 정의식(2.22)를 사용하는 것이다:

$$P\{t < T \leq t + dt) | (T > t)\} = \frac{\{P(t < T \leq t + dt) \cap (T > t)\}}{P\{T > t\}}$$

이 관계식에서 분자의 결합 확률의 사건에서 $(t < T \leq t + dt)$와 $(T > t)$의 공통 부분은 이미 $(t < T \leq t + dt)$ 안에 포함되어 있다는 사실로부터 계산된다. 이 경우 식(3.16)과 식(8.2)를 사용하여 표현하면

$$P\{t < T \leq t + dt) | (T > t)]\} = \frac{f(t)dt}{R(t)} \tag{8.8}$$

이 얻어지며 식(8.7)과 식(8.8)을 결합하면

$$\frac{\Delta n}{N(t)} = \frac{f(t)dt}{R(t)}$$

을 얻는다. 이 관계식을 다시 정리하면 **고장률 함수** $h(t)$는 다음과 같이 정의된다.

$$h(t) = \frac{1}{N(t)} \frac{\Delta n}{dt} = \frac{f(t)}{R(t)} = \frac{f(t)}{1 - F(t)} \tag{8.9}$$

고장률에 대한 몇 가지 일반적인 특징들은 그림 8.2에 도시되었다. 이 그림 8.2에서의 plot은 이상적인 경우이며 **욕조 곡선**(bathtub curve)의 모양을 갖는다. 초기에 고장률은 검사 과정을 간과한 제조의 결점 때문에 (가령 느슨한 나사 조임, 납땜 불량 등) 높게 나타나고 있다.

이같은 결점들은 장치의 수명 중 초기에(**초기 고장** 기간에) 종종 나타나게 된다. 초기 고장의 결점들이

그림 8.2 제조된 장치의 고장률의 변화를 보이는 이상적인 plot

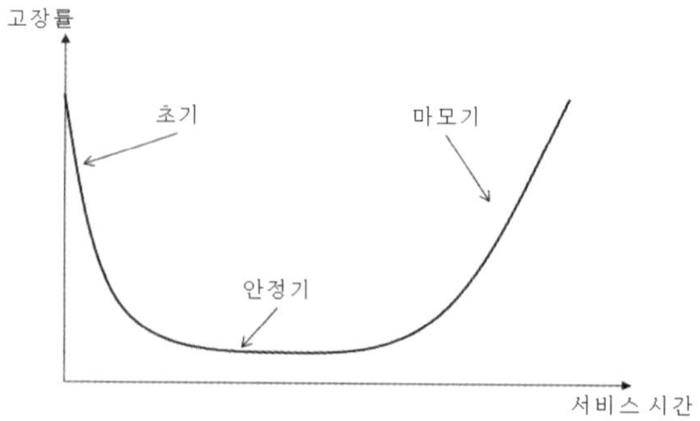

더 이상 나타나지 않을 때 장치는 **안정 단계**(혹은 정상 상태)에 들어간다. 이 기간 동안에 고장률은 주어진 설계, 제조과정, 시험 절차에 대하여 갖게 될 낮은 값을 유지한다. 이때가 고장률이 거의 일정하게 되는 기간에 해당한다. 최종적으로 마모의 누적 효과가 나타나기 시작하면 고장률은 증가하기 시작한다. 이 과정을 **마모**(wearout)기라고 부른다.

예제 8.3

릴레이의 고장이 변수 $\lambda = 0.002$/년을 갖는 지수 pdf에 의해 기술된다고 가정하자:

$$f(t) = \lambda e^{-\lambda t} \text{와 } F(t) = 1 - e^{-\lambda t}$$

신뢰도 식(8.4)은

$$R(t) = 1 - F(t) = e^{-\lambda t}$$

그러므로 식(8.9)에 따라 고장률은

$$h(t) = \frac{f(t)}{R(t)} = \lambda = 0.002\ failures/yr$$

지수 랜덤 변수와 관련된 고장률은 상수 λ임을 주목하기 바란다. 이는 지수 랜덤 변수는 안정된 일정한 고장률 구간과 연관되어 있음을 의미한다.

또한 신뢰성 함수 $R(t)$를 누적분포함수의 관계식으로부터 얻은 $F(t) = 1 - R(t)$을 이용하여 확률밀도함수를 구하면

$$f(t) = \frac{d}{dt}F(t) = \frac{d}{dt}[1 - R(t)] = -\frac{d}{dt}R(t)$$

이 되며, 위의 고장률 함수와 연관지어 표현하면

$$h(t)=\frac{f(t)}{1-F(t)}=\frac{-\frac{d}{dt}R(t)}{R(t)}=-\frac{d}{dt}\ln R(t) \tag{8.10}$$

누적 고장률 $H(t)$는 $h(t)$를 시간 t_0에서부터 t_1까지 적분하여 얻어진다:

$$H(t_0,t_1)=\int_{t_0}^{t_1}h(\tau)d\tau=-\ln R(t)\Big|_{t_0}^{t_1}=\frac{\ln R(t_1)}{\ln R(t_0)} \tag{8.11}$$

누적 고장률은 어떤 시간 구간에서 고장 발생의 기대값을 계산하는데 유용하다. 어떤 시간 구간에 대하여 즉 시간 t_0에서 t_1까지의 **평균 고장률**(Average Failure Rate, AFR)은

$$AFR=\frac{1}{t_1-t_0}\int_{t_0}^{t_1}h(t)dt$$

식(8.11)을 사용하면 평균 고장률은

$$AFR=\frac{H(t_0,t_1)}{t_1-t_0}=-\frac{\ln R(t_1)/\ln R(t_0)}{t_1-t_0} \tag{8.12}$$

식(8.12)로부터 시간 0에서 t_1동안의 평균 혹은 **기대 고장률**은

$$(AFR)t_1=H(0,t_1)=-\ln R(t_1) \tag{8.13}$$

이 된다. 여기서 $H(0,t)\equiv H(t)$로 두자.

예제 8.4

예제 8.3에서 릴레이는 일정한 고장률 $\lambda=0.002$ 고장/년을 갖는다. 릴레이 제조업자는 처음 6개월 사용에서 고장이 발생될 릴레이의 수를 추정하여 보장 비용을 산정하고 싶다. 이 경우 지수 랜덤 변수를 갖는 식(8.13)을 사용하면,

$$H(0.0,0.5)=-\ln R(0.5)=-\ln e^{-0.5\lambda}=0.5\lambda=0.001\ \textit{failures}$$

따라서 제조업자는 1000개 중 한 개가 처음 6개월 사용 기간 중에 고장을 일을 킬 것이라고 기대해야 할 것이다. 따라서 이 결과로부터 제조업자는 보장 비용을 산출해야 할 것이다.

보통은 고장률에 대한 단위로 %/K 혹은 PPM/K를 사용한다. 고장률 %/P는 1000시간 작동된 100개의 장치 중에 1개의 고장을 의미한다. 이것을 다른 말로 바꾸면 1개 고장/시간을 10,000로 곱하는 것과 같다. 이와 비슷하게 PPM/K는 1000시간 작동된다고 할 때 백만 개 중 1개의 고장을 의미한다. 이것은 다른 말로 1개 고장/시간에 10^9을 곱한 것과 같다. FIT(Failrues In Time)라는 고장률은 PPM/K와 같다.

고 신뢰도 항목에 대해 특히 FIT의 단위가 좀 더 정규적으로 사용되어진다. 요약하면

$$10^9 FIT = 1 \ failture/hr$$

$$1\,FIT = 10^{-9} failure/hr$$

예제 8.5

시간 t_1 시점에 고장률의 값은

$$h(t_1) = 0.0099 \ failure/yr$$

시간단위로 고장률의 값을 구하면

$$h(t_1) = \frac{0.0099}{(365)(24)} = 1.130 \times 10^{-6} \ failure/hr$$

이를 FIT 단위로 다시 표현해보면

$$h(t_1) = 1130 \text{PPM/K} = 1130 \ \text{FIT}$$

8.4 시스템의 신뢰도

시스템을 구성하기 위해 여러 개의 컴포넌트가 연결될 때 시스템의 신뢰도는 컴포넌트 간에 함수적인 관계에 의존한다.

고장을 일으킬 경향에 관한한 시스템 내의 모든 컴포넌트들은 **독립적**[3)]이라고 가정한다; 좀더 일반적인 취급은 본 서의 범위를 벗어난다. 여기서는 세 가지의 경우 즉 직렬 연결 시스템, 병렬 연결 시스템과 대기 (standby) 시스템만을 고려한다.

8.4.1 직렬 연결 시스템

직렬 시스템(Chain systems)은 컴포넌트 중의 하나가 고장나면 전체 시스템이 고장나는 특징을 갖는다. 식(2.37)에서 스위치의 직렬 배열을 사용했던 것과 같은 개념이다. 직렬 시스템은 모든 컴포넌트가 그림 2.7에 보인바와 같이 물리적으로 연결되어 있을 필요는 없다. 필요한 모든 것은 정의가 말해주듯이 첫 번

3) 많은 경우에 2개 혹은 그 이상의 서브 시스템이 동시에 고장을 일으키게 되는 어떤 이유를 결정하지도 않은 채 독립성을 가정하게 된다. 예를 들면 2개의 서브 시스템이 공통인 전원을 공유하고 있고 전원이 고장나면 두 서브 시스템은 고장을 일으키게 된다. 따라서 독자들은 독립성에 대한 가정은 "우연한" 가정이 되어서는 결코 안되며 각 응용마다 조심스러운 연구를 통해 입증되어야 함을 유의해야 한다.

째 컴포넌트가 고장나면 시스템은 고장을 일으킨다는 것이다.

$T_i, i = 1,2,3,\cdots,n$를 전체 시스템에서 n 서브컴포넌트의 고장시까지의 시간에 대한 랜덤 변수라고 하자. 또한 T_S를 직렬 시스템의 고장 시간에 대한 랜덤 변수라고 하자. 그러면 시스템이 시간 t에서 잘 동작하고 있다면 각 컴포넌트는 시간 t에서 잘 동작되고 있음을 나타내준다. 이 상황을 확률을 사용하여 다음과 같이 표현할 수 있다:

$$P\{T_S > t\} = P\{(\mathrm{T}_1 > \mathrm{t}) \cap (\mathrm{T}_2 > \mathrm{t}) \cap \cdots \cap (\mathrm{T}_\mathrm{n} > \mathrm{t})\} \tag{8.14}$$

여기서 $(T > t)$은 고장날 때까지의 시간이 시간 t보다 클 때의 사건을 말한다. 가정한 컴포넌트의 독립성 때문에 식(2.36)을 사용해서 식(8.14)를 다음과 같이 쓸 수 있다.

$$P\{T_S > t\} = \prod_{i=1}^{n} P\{T_i > t\}$$

식(8.2)의 신뢰도를 소개하면

$$R_S(t) = \prod_{i=1}^{n} R_i(t) \tag{8.15}$$

자연 대수를 취하면

$$\ln[R_S(t)] = \sum_{i=1}^{n} \ln[R_i(t)]$$

이 식의 양변을 시간에 대하여 미분하고 식(8.10)을 사용하면

$$h_S(t) = \sum_{i=1}^{n} h_i(t) \tag{8.16}$$

이 주목할 만한 결과는 각 컴포넌트가 독립적이라는 것 외에는 직렬 시스템의 각 컴포넌트에 아무런 제약을 두고 있지 않다는 것이다.

특수한 경우로서 각 컴포넌트가 지수 랜덤 변수에 대응하는 일정한 고장률을 갖는 경우라면 이때

$$h_S(t) = \sum_{i=1}^{n} \lambda_i = \lambda_S \tag{8.17}$$

을 얻는다. 그리고 시스템의 신뢰도 식(8.15)는

$$R_S(t) = e^{-\lambda_S t} \tag{8.18}$$

이 된다. 예제 8.1에서 살펴본 지수 함수 랜덤 변수에 대한 결과를 사용하면

$$MTTF = \frac{1}{\lambda_S} \tag{8.19}$$

이 된다.

직렬 시스템에 있는 컴포넌트 전부가 지수 함수적 고장 양상을 띈다고 하면 각 컴포넌트는 일정 고장률을 갖는다. 식(8.17)에 따르면 이 경우 직렬 시스템은 일정 고장률을 갖게 된다. 한 컴포넌트가 고장나서 비슷한 유닛으로 대체되면 고장률은 일정하며 직렬 시스템의 고장률은 일정하게 유지된다. 다시 말해서 직렬 시스템이 과거 고장에 대하여 zero 메모리를 갖는 것은 바로 모든 컴포넌트가 지수적 고장률을 가질 경우이다. 그렇지만 직렬 시스템에 있는 컴포넌트가 시간에 따라 변하는 고장률을 갖는다면 과거 고장에 대하여 zero 메모리의 현상은 가정할 수가 없다.

예제 8.6

전기 전력의 이용에서 배전시스템은 (i) 전송선 (ii) 감압변압기와 (iii) 단전 릴레이로 구성되어 있다. 이 3개의 컴포넌트는 직렬로 연결되어 있다. 왜냐하면 이 중 어느 하나의 컴포넌트가 고장을 일으키면 전체 시스템은 제대로 작동하지 않기 때문이다. 이들 컴포넌트들에 대한 데이터는 지수 함수적인 고장률을 갖는다고 가정한다:

전송선 : $\lambda_{TL} = 0.02\,failures/yr$

변압기 : $\lambda_{XR} = 0.001\,failures/yr$

단전 릴레이 : $\lambda_{DR} = 0.007\,failures/yr$

배전 시스템에 대한 고장률은 식(8.17)에 의해

$$\lambda_S = 0.028\,failures/yr.$$

배전 시스템의 신뢰도는 식(8.18)에 의해

$$R_S(t) = e^{-0.028t}$$

고장 없이 $t=1$년간 작동할 배전 시스템의 확률은

$$R_S(1yr) = e^{-0.028} = 0.97$$

식(8.19)로부터 배전시스템의 평균 고장 시간은

$$MTTF = \frac{1}{\lambda_S} = 35.7yr.$$

8.4.2 병렬 연결 시스템

병렬 시스템(parallel system)은 여분의 예비 컴포넌트들이 병렬로 구성되어 있고 모든 컴포넌트가 모두 고장을 일으킬 때 시스템이 고장으로 처리된다. 이같은 개념은 스위치의 병렬 배열을 사용했던 식(2.38)과 유사하게 표현된다.

전과 같이 $T_i, i=1,2,3,\cdots,n$를 n 컴포넌트의 고장 시간에 대한 랜덤 변수라고 하자. T_P는 전체 병렬 시스템의 고장 시간에 대한 랜덤 변수이다. 이때 병렬 시스템이 시간 t에서 고장이 났다면 시스템에 연결된 각 컴포넌트도 동시에 시간 t에서 고장났음을 의미한다. 확률을 사용하여 쓰면

$$P\{T_P \le t\} = P\{(\mathrm{T_1} \le \mathrm{t}) \cap (\mathrm{T_2} \le \mathrm{t}) \cap \cdots \cap (\mathrm{T_n} \le \mathrm{t})\} \tag{8.20}$$

사건 $(T \le t)$는 t시간 혹은 그 이전에 고장이 발생하는 사건을 나타낸다. 이 사건의 확률은 랜덤 변수 T의 cdf로 간주할 수 있다. 그러므로 이 사실과 사건의 독립성을 가정하면 식(8.20)은

$$F_P(t) = \prod_{i=1}^{n} F_i(t) \tag{8.21}$$

이 된다. 식(8.3)을 사용하여 이것을 쓰면

$$R_P(t) = 1 - \prod_{i=1}^{n} [1 - R_i(t)] \tag{8.22}$$

이 된다.

n=2인 경우로 제한한다면 지금까지의 설명을 간단히 단순화시켜 표현된다:

$$R_P(t) = R_1(t) + R_2(t) - R_1(t) R_2(t) \tag{8.23}$$

윗 식은 이같은 응용을 위해 다시 쓴 식(2.20)과 같다. n=2일 때 식(8.21)은

$$F_P(t) = F_1(t) F_2(t) \tag{8.24}$$

랜덤 변수 T_P에 대한 pdf는 시간에 대하여 식(8.24)을 미분함으로써 얻어진다:

$$f_P(t) = f_1(t) F_2(t) + F_1(t) f_2(t) \tag{8.25}$$

병렬 시스템에 대한 고장률은 일반적으로 식(8.23)과 식(8.25)를 사용해 정의식(8.10)으로부터 아주 쉽게 얻어진다. 더 이상의 가정을 전제하지 않고 진행해 가는 것은 어렵다.

가령 변수 T_1과 T_2가 λ_1, λ_2를 갖는 지수 랜덤 변수라고 가정하자. 그러면 식(8.23)은

$$R_P(t) = e^{-\lambda_1 t} + e^{-\lambda_2 t} - e^{-(\lambda_1 + \lambda_2)t} \tag{8.26}$$

식(8.6)을 사용하여 병렬 시스템에 대한 평균 고장 시간을 표현하면

$$MTTF = \int_0^\infty R_P(t)dt$$

이 된다. 식(8.26)을 이 식에 대입하면

$$MTTF = \int_0^\infty e^{-\lambda_1 t}dt + \int_0^\infty e^{-\lambda_2 t}dt - \int_0^\infty e^{-(\lambda_1 + \lambda_2)t}dt$$

이 된다. 적분하여 정리하면

$$MTTF = \frac{1}{\lambda_P} = \frac{1}{\lambda_1} + \frac{1}{\lambda_2} - \frac{1}{\lambda_1 + \lambda_2} \tag{8.27}$$

로 쓸 수 있다. 여기서 λ_P는 병렬 시스템에 대한 고장률이다.

더욱이 식(8.25)를 사용하여 pdf를 구하면

$$f_P(t) = \lambda_1 e^{-\lambda_1 t} + \lambda_2 e^{-\lambda_2 t} - (\lambda_1 + \lambda_2)e^{-(\lambda_1 + \lambda_2)t}$$

이 되며 식(8.26)과 함께 정의식(8.9)를 사용하여 cdf를 구하고 고장률 함수를 표현하면

$$F_P(t) = 1 - e^{-\lambda_1 t} - e^{-\lambda_2 t} + e^{-(\lambda_1 + \lambda_2)t} \tag{8.28}$$

$$h_P(t) = \frac{\lambda_1 e^{-\lambda_1 t} + \lambda_2 e^{-\lambda_2 t} - (\lambda_1 + \lambda_2)e^{-(\lambda_1 + \lambda_2)t}}{e^{-\lambda_1 t} + e^{-\lambda_2 t} - e^{-(\lambda_1 + \lambda_2)t}} \tag{8.29}$$

을 얻는다.

예제 8.7

어느 도시에 전력 배전이 2개의 독립적인 전송선으로부터 얻어진다고 가정하자. 전선은 도시에 병렬로 연결되어 있어 어느 한 전력선이 잘못되면 다른 전력선이 도시에 전력 공급을 계속할 것이다. 전력선의 고장률은 지수적이라고 가정한다:

전송선 A : $\lambda_A = 0.02 failures/yr$

전송선 B : $\lambda_B = 0.015 failures/yr$

전송선의 병렬 시스템의 신뢰도 식(8.26):

$$R_P(t) = e^{-0.02t} + e^{-0.015t} - e^{-0.035t}$$

그림 8.3 병렬 시스템에 대한 고장률 plot :(a) $\lambda_2 = \lambda_1 = \lambda$, (b) $\lambda_2 = 2\lambda_1 = 2\lambda$

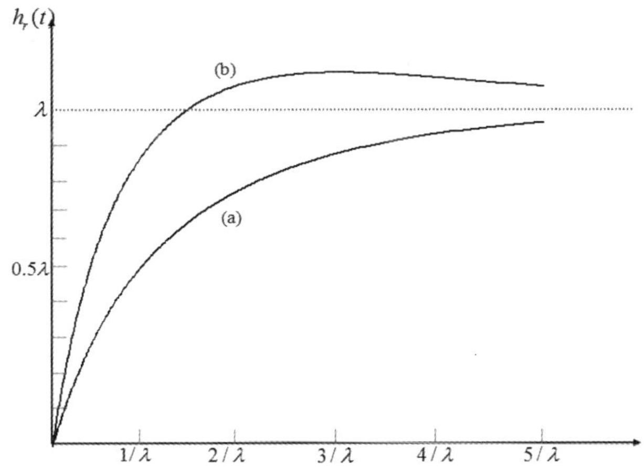

이 여분의(redundant) 병렬 시스템에 대한 cdf는 $F_P(t) = 1 - R_P(t)$, 그러므로 pdf는

$$f_P(t) = 0.02e^{-0.02t} + 0.015e^{-0.015t} - 0.035e^{-0.035t}$$

이 관계식과 식(8.4)을 사용하여 1년의 시점에서 병렬 시스템의 신뢰도는 $R_P(1yr) = 0.9997$임을 계산할 수 있다. 1년의 시점에서의 pdf는 $f_P(1yr) = 0.000584$가 된다. 그러므로 식(8.29)를 사용하여 1년 시점에서의 고장률을 계산하면 $h_P(1yr) = 0.000585 failures/yr$가 된다. 또한 식(8.27)을 사용하여 병렬 시스템의 평균 고장 시간을 구하면

$$MTTF = \frac{1}{0.02} + \frac{1}{0.015} - \frac{1}{0.035} = 88.1 years$$

식(8.29)의 고장률에 대한 plot을 그림 8.3에 나타내었다. 흥미롭게도 그림 8.3에서 보는 것은 병렬 시스템에서 두 컴포넌트의 고장률이 크게 다르다고 할지라도 이득이 별로 없다는 것이다. 예를 들어 만일 $\lambda_2 = 2\lambda_1, \lambda_1 = \lambda$이면 시스템 작동의 처음 시작의 짧은 시간 동안만을 제외하고는 고장률은 컴포넌트 1만을 사용하는 것이 항상 더 좋다.

8.4.3 대기 시스템

대기 시스템에서 1차 서브 시스템은 고장시까지 서비스 중에 있다. 1차 서브 시스템 컴포넌트가 고장나면 2차 대기 컴포넌트가 곧바로 서비스에 들어가게 된다. 따라서 대기 시스템의 고장시간에 대한 랜덤 변수 T_{SB}는 $T_{SB} = T_1 + T_2$와 같이 각 컴포넌트의 합으로 표현된다. 여기서 T_1은 1차 컴포넌트의 고장시간에 대한 랜덤 변수이고 T_2는 예비 컴포넌트의 고장 시간에 대한 랜덤 변수이다. 이때 예비 컴포넌트까지 고장을 일으키면 시스템은 (만일에 1차 컴포넌트가 수리되거나 그때까지 대치되지 않았다면) 고장을 내게 된다.

이 경우에 평균 고장 시간은 항상 1차 컴포넌트의 평균 고장 시간과 예비 컴포넌트의 평균 고장 시간의 합으로 주어진다:

$$MTTF = E[T_{SB}] = E[T_1] + E[T_2] \tag{8.30}$$

보편적으로 예비 컴포넌트는 1차 컴포넌트와 동일하다. 독립성을 가정하면 T_{SB}에 대한 pdfs는 식 (4.89)에서 컨볼루션 적분의 결과이다. 그러므로,

$$f_{SB}(t) = f_1(t)^* f_2(t) = \int_0^t f(x) f(t-x) dx \tag{8.31}$$

pdf $f_{SB}(t)$의 적분에 의해 cdf를 얻는다:

$$F_{SB}(t) = \int_0^t f_{SB}(u) du \tag{8.32}$$

이 cdf와 더불어 신뢰도는 식(8.3)에 의해 얻어진다:

$$R_{SB}(t) = 1 - F_{SB}(t) \tag{8.33}$$

끝으로 이 결과와 식(8.9)를 사용하여 대기 시스템의 고장률 함수를 구할 수 있다:

$$h_{SB}(t) = \frac{f_{SB}(t)}{R_{SB}(t)} \tag{8.34}$$

예제 8.8

대기 시스템의 1차와 예비 2차 서브시스템은 서로 독립적이고 동일하다고 가정한다:

$$f_1(t) = f_2(t) = f(t)$$

따라서 식(8.31)에 의해 대기 시스템의 pdf는

$$f_{SB}(t) = f_1(t)^* f_2(t) = \int_0^t f(x) f(t-x) dx$$

서브 시스템은 고장률 λ를 갖는 지수 랜덤 변수로 모델링된다고 가정한다:

$$f(t) = \lambda e^{-\lambda t}$$

따라서 컨볼루션 적분의 결과는

$$f_{SB}(t) = \int_0^t \lambda e^{-\lambda x} \lambda e^{-\lambda(t-x)} dx = \lambda^2 e^{-\lambda t} \int_0^t dx = \lambda^2 t e^{-\lambda t} \tag{8.35}$$

이것은 k=2일 때 Erlang 랜덤 변수의 pdf인 식(7.24)와 같다. 식(8.32)의 적분을 수행하여 cdf를 얻는다:

$$F_{SB}(t) = 1-(1+\lambda t)e^{-\lambda t} \tag{8.36}$$

식(8.3)으로부터 신뢰도 식을 쓰면

$$R_{SB}(t) = (1+\lambda t)e^{-\lambda t} \tag{8.37}$$

끝으로 식(8.9)를 사용하여 1개의 동일한 2차 예비 서브 시스템을 갖고 고장 시간이 독립적인 지수 랜덤 변수인 대기 시스템의 고장률을 구하면

$$h_{SB}(t) = \frac{\lambda^2 t}{1+\lambda t} \tag{8.38}$$

를 얻는다.

예제 8.9

어떤 모터가 지수 함수적 고장률 $\lambda = 2.3\%/K$를 갖는다. 두 번째 모터를 구입해서 첫 번째 모터에 대한 예비 컴포넌트로 사용된다면 이 시스템에 대한 평균 고장 시간은 얼마인가? t=1 yr일 때 신뢰도와 고장률은 얼마인가? 각 모터간의 독립성을 가정한다.

$$\lambda = 2.3\%/K = 2.3\times 10^{-5}\, failures/h = 0.20\, failures/yr$$

식(8.30)으로부터,

$$MTTF = \frac{2}{\lambda} = \frac{2}{0.2} = 10\ yr$$

식(8.37)로부터

$$R_{SB}(t) = (1+0.2t)e^{-0.2t}$$

이고 t=1 yr일 때

$$R_{SB}(1yr) = 0.98.$$

식(8.38)로부터

$$h_B(t) = \frac{(0.2)^2 t}{1+0.2^* t}$$

이고 t=1 yr일 때

$$h_{SB}(1yr) = 0.03\, failures/yr.$$

8.4.4 n개 중 k개 동작 시스템

병렬 시스템의 한 변형이 n개 중 k개($n > k$) 동작 시스템이다(그림 8.4). 병렬 시스템에서는 시스템이 정상적으로 동작하기 위해서는 적어도 한 개의 서브 시스템이 올바르게 동작해야 한다. n개 중 k개 동작 시스템에서는 전체 독립적인 n개의 서브 시스템 중 일반적으로 $k(>1)$개가 정상적으로 동작해야 한다.

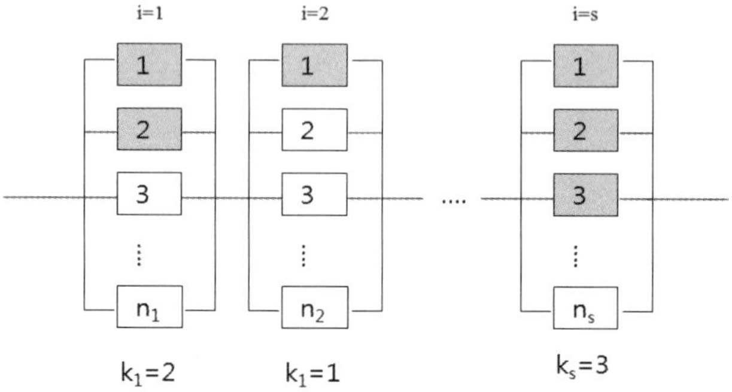

그림 8.4 n개 중 k개 서브 시스템이 동작하는 시스템

따라서 전체 n개 중 k는 정상 동작하고 나머지 $(n-k)$개는 대기 상태에 있거나 수리 중에 있는 동작하고 있지 않은 상태에 있게 된다. 이같은 시스템은 n개 중 k 동작, $(n-k)$개 비동작의 이항 분포의 특성으로 모델링된다. 즉, p+q=1. 신뢰도 응용에서, $R(t)+F(t)=1$이다.

$$p = R(t)$$
$$q = 1 - R(t) = F(t)$$

예제 8.10

전화시스템은 3개의 동일하고 독립적인 중계 회선을 갖도록 설계되었다. 중계 회선 중 2개가 동작하면 시스템은 올바르게 동작한다. 중계회선에 대한 고장률은 λ라고 가정하라. 시스템의 신뢰도 $R_S(t)$와 MTBF를 구하라.

단일 중계 회선의 고장률이 상수 λ를 갖는 지수 pdf를 갖기 때문에 신뢰도는

$$R(t) = e^{-\lambda t} = p = 1 - p$$

시스템 신뢰도는 이항 분포 모델을 따르므로 시스템 t시간까지 고장 없이 동작되는 경우는 3개의 회선 중 2개 이상이 올바르게 동작할 경우에 해당된다:

$$\begin{aligned} R_S(t) &= \sum_{k=2}^{3} C_k^3 p^k q^{n-k} = C_2^3 p^2 q^1 + C_3^3 p^3 q^0 = 3e^{-2\lambda t}(1-e^{-\lambda t}) + e^{-3\lambda t} \\ &= 3e^{-2\lambda t} - 2e^{-3\lambda t} \end{aligned}$$

평균 고장 시간은 시스템 신뢰도의 적분 식(8.6)에 의해 주어진다:

$$MTTF = \int_0^\infty R_S(t)dt = \frac{5}{6\lambda}$$

예비 컴포넌트를 갖추지 않은 오직 2개의 중계 회선만이 시스템에 설치되었다면 이 경우 시스템 신뢰도는 $e^{-2\lambda t}$이며 MTTF를 구하면 1/2λ이다. 이 두 경우를 비교해보면 3개의 중계 회선을 갖는 경우가 훨씬 신뢰도가 높다는 것을 알 수 있다. 그러나 추가 중계회선을 가설하는 것이 신뢰도를 높일 수 있지만 경제적으로 추가 비용이 발생한다는 점을 감안해야 할 것이다.

8.4.5 상호 연결 시스템

상호 연결 시스템은 직렬과 병렬 연결 시스템의 한 변형으로 볼 수 있다. 상호 연결 시스템에서 내부 경로는 서브시스템간의 순수 직렬 연결이나 혹은 병렬 연결만으로 된 경우는 찾아볼 수 없는 단일 방향으로 연결되어 있다(그림 8.5). 상호 연결 시스템의 신뢰도 계산은 전체 확률 정리의 제2형태인 식(2.28)을 사용한다.

예제 8.11

그림 8.5에 보인 상호 연결 시스템을 생각해보자. 서브 시스템간에는 상호 독립적이라고 가정한다. 어떤 시간 t에서 각 서브 시스템은 다음의 신뢰도를 갖는 것이 알려졌다:

$$R_A(t) = P(A) = 0.88 \ ; \ R_B(t) = P(B) = 0.92$$

$$R_C(t) = P(C) = 0.90 \ ; \ R_D(t) = P(D) = 0.94$$

그림 8.5 상호 연결된 신뢰도 시스템의 예

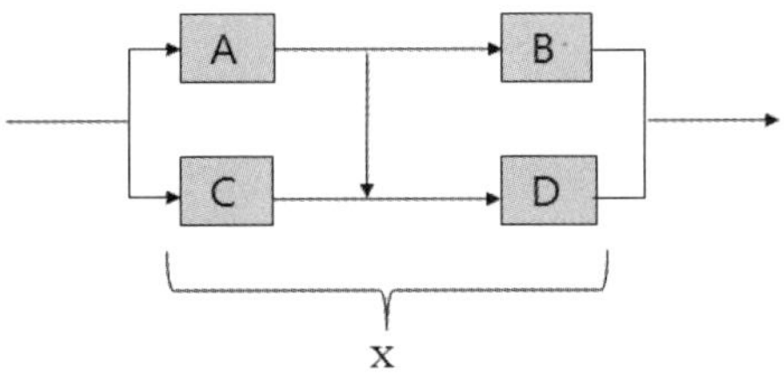

전체 확률 정리의 제2형태인 식(2.28)로부터 전체 시스템에 신뢰도는

$$R_X(t) = P(X) = P(X|A)P(A) + P(X|\overline{A})P(\overline{A})$$

여기서 A는 서브시스템 A, B, C, D로부터 임의적으로 선택되었다. 조건부 확률 $P(X|A)$는 A가 연결된 상태에서 시스템 X가 동작하고 있을 조건부 확률이다:

$$P(X|A) = P(B \cup D) = P(B) + P(D) - P(B \cap D) = 0.9952$$

비슷한 방법으로 조건부 확률 $P(X|\overline{A})$는 A가 아닌 다른 연결이 이루어진 상태에서 시스템 X가 동작 상태에 있을 조건부 확률이다:

$$P(X|\overline{A}) = P(C \cap D) = P(C)P(D) = 0.8460$$

따라서 전체 확률 P(X)는

$$R_X(t) = P(X) = P(X|A)P(A) + P(X|\overline{A})P(\overline{A})$$
$$= (0.9952)(0.88) + (0.8460)(0.12) = 0.9773$$

한 가지 질문이 나올 수 있는 것은 왜 하필이면 서브시스템 A를 선택하고 전체 확률을 적용하였는가이다. 앞서 언급한 것처럼 서브시스템 A의 선택은 임의적이며, 연습문제 16에서 서브시스템 B, C, D를 선택하여 전체 확률을 계산하는 과정을 확인하게 될 것이다. 결과는 모두 동일하다.

8.5 와이블(Weibull) 수명 모델

1951년 스웨덴 기술자 Waloddi Weibull[4]은 광범위한 응용의 소위 "통계적 분포 함수"라는 것을 소개하였다. 그가 소개한 cdf는 미지의 변수를 갖는 랜덤 변수의 관측으로부터 얻은 데이터를 모델링해주는 융통성 때문에 널리 받아들여졌다.

이같은 융통성을 얻기위해 와이블은 지수적 cdf의 확장의 한 형태인 cdf를 사용하였다. 멱 지수에 간단한 변수를 사용하는 대신에 **와이블**은 다항식을 선택하였다:

$$F(t) = 1 - \exp\left[-(\frac{t}{c})^m\right],\ t \geq 0 \tag{8.39}$$

변수 m과 c는 양수이어야 하지만 임의적이다. 그래서 데이터에 가장 잘 맞도록 선택되어진다. 식 (8.39)의 cdf를 미분하면 pdf를 얻는다:

$$f(t) = (\frac{m}{c})(\frac{t}{c})^{m-1}\exp\left[-(\frac{t}{c})^m\right] \tag{8.40}$$

와이블 랜덤 변수의 평균과 분산은

$$E[T] = c\Gamma(1 + \frac{1}{m}) \tag{8.41}$$

4) Weibull, Waloddi, "A Statistical Distribution Function of Wide Applicability." *J. Appl. Mech,* 18, 293-297, Semtember 1951

$$Var[T] = c^2\left[\Gamma(1+\frac{2}{m}) - \Gamma^2(1+\frac{1}{m})\right] \tag{8.42}$$

여기서 $\Gamma(x)$는 감마 함수이다(3장의 연습문제 9를 참고하기 바란다). 식(8.41)과 식(8.42)의 증명은 연습 문제로 남겨둔다. 와이블 랜덤 변수의 신뢰도는 식(7.3)에 의해

$$R(t) = \exp\left[-(\frac{t}{c})^m\right] \tag{8.43}$$

고장률은 식(8.9), 식(8.40)과 식(8.43)을 결합하여 얻어진다:

$$h(t) = (\frac{m}{c})(\frac{t}{c})^{m-1} \tag{8.44}$$

그림 8.6은 와이블 랜덤 변수를 사용하는 여러 고장률에 대한 다양한 모양을 보여준다. $m<1$일 때 고장률은 초기 고장 기간과도 같이 감소하고 있다.

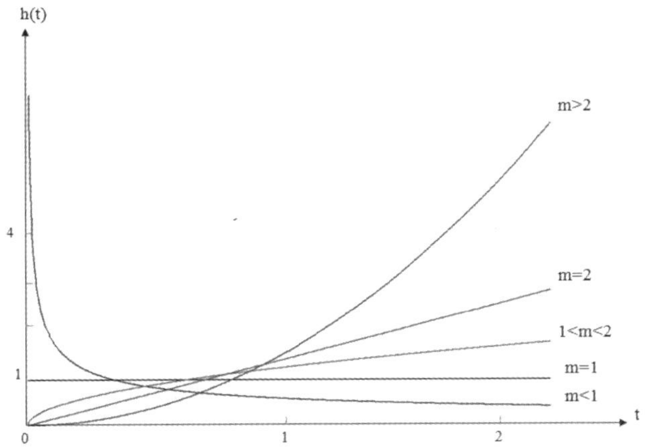

그림 8.6 Weibull 형태의 함수로서 시간에 대한 와이블 고장률의 여러 모양

m=1일 때 와이블 pdf는 지수 함수 pdf와 같게 되고 고장률은 예제 8.3에서 논의했던 바와 같이 일정하다. $m>1$일 때 고장률은 마모 고장 기간에서와 같이 증가하고 있다. 이같은 이유에서 와이블 변수 m을 **형태 변수**(shape parameter)라고 한다.

m의 값에 상관없이 t=c일 때 cdf 식(8.39)는 0.632의 값을 갖는다. 이 의미는 물론 랜덤 변수 T가 고장 시간을 나타낸다면 고장의 63.2%는 시간 t=c 이전에 발생함을 의미한다. 따라서 시간 t=c에서 신뢰도는 36.8%가 된다. 이런 이유 때문에 와이블 pdf에서 변수 c를 **시간 변수**(time parameter) 혹은 **특성 시간**(characteristic time)이라고 한다.

예제 8.12

소나(sonar) 시스템의 제조업자는 평균적으로 소나 시스템 중 얼마가 정상적인 사용 중 처음 10,000시간(hr) 안에 고장을 일으키는지를 알고 싶어 한다. 소나 시스템 사용 경험으로 보면 고장률은 형태 변수 m=0.3과 시간 변수 $c = 90.5 \times 10^6\,hr$를 갖는 와이블 랜덤 변수로 모델링이 된다. $m < 1$이기 때문에 이 모델은 제조후의 초기 고장 기간을 나타내준다.

와이블 모델에 대한 신뢰도는 식(8.43)으로 주어진다. 이것을 사용하여 처음 10,000시간 동안에 제품의 고장수를 알고 싶다. 식(8.43)으로부터

$$R(t_2) = R(10,000) = 9.3705 \times 10^{-1}$$

이 식의 의미는 원래 제조된 n개 중 10,000시간 이후에도 계속 동작할 비율이 93.7%가 된다는 뜻이다. 따라서 원래 n개중 주어진 시간 구간내(10,000시간)에 고장날 경우는 6.3%가 된다. 소나 시스템의 제조업자는 판매한 1000개 중 63개는 정상 사용시 처음 10,000시간 이내에 고장을 일으킬 것이라고 기대해야 한다.

8.5.1 회귀선을 사용한 수치적 방법

본 절에서 우리는 경험적으로 와이블 pdf를 사용하고자 한다. 즉 단지 변수 m과 c를 어떤 주어진 데이터에 가장 잘 맞도록 선택한다. 와이블 변수를 추정하는 한 방법은 1장에서 소개한 회귀선 기법을 사용하는 것이다. 이를 조사하기 위해 식(8.39)으로 시작한다:

$$F(t) = 1 - \exp\left[-\left(\frac{t}{c}\right)^m\right]$$

1를 이항하고 난후 자연 대수를 양변에 취하고 정리하면

$$-\ln[1 - F(t)] = \left(\frac{t}{c}\right)^m$$

이 되고 다시 양변을 자연 대수 취하면

$$\ln - \ln[1 - F(t)] = \mathrm{m}\ln(t) - m\ln(c)$$

윗 식은 선형 관계식

$$y = mx + b \tag{8.45}$$

와 유사하다. 여기서

$$y = \ln - \ln[1 - F(t)] \tag{8.46}$$

$$x = \ln(t) \tag{8.47}$$

$$b = -m\ln(c) \tag{8.48}$$

식(8.46)에서 y의 값을 계산하기 위해 cdf F(t)에 대한 추정이 필요하다. 중앙값 순위(Median Ranking) 기법[5)]을 사용하여

$$F(t_k) \approx \overline{F}(t_k) = \frac{N_k}{n} = \frac{k}{n+1} \tag{8.49}$$

식(8.46)과 식(8.47)에 의해 제안된 x,y 데이터를 사용하여 식(1.15)로 요약된 회귀선 기법을 사용하면 직접 형태 변수 m을 얻을 수 있고 특성 시간 c는 식(8.48)로부터 아래 식에 의해 얻어진다.

$$c = \exp\left(-\frac{b}{m}\right) \tag{8.50}$$

예제 8.13

[표 8.1]의 데이터에 회귀 분석 방법을 사용한다. 중앙값 순위 방법 식(8.49)을 사용하여 cdf를 근사화한다. n=76이기 때문에 다음 식을 얻는다:

$$F(t_k) \approx \frac{k}{n+1} = \frac{k}{77}$$

식(8.46)을 사용하여

$$y_k = \ln\left[-\ln(1-\frac{k}{77})\right]$$

식(8.47)로부터

$$x_k = \ln(t_k)$$

이 표에 나온 데이터에 회귀 분석법을 사용하면 $m = 0.5432$, b=-4.8277와 c=7240 hr를 얻는다(그림 8.6은 [표 8.1]의 데이터 y_k를 x_k에 대하여 그린 것이다). 식(8.50)을 사용하여 특성 시간을 구하면 c=7240hr가 된다. $m < 1$인 값은 [표 8.1]에 나온 데이터에 대한 초기 고장 과정을 나타내준다(추정 고장률의 plot은 그림 8.5의 $m < 1$인 경우를 참고하라).

---

5) 평균 순위 기법 공식: $N_k = kn/(n+1)$, 여기서 n은 전체 데이터의 수, k는 순위를 나타낸다.

표 8.1 26개 항목의 고장 시간 t_k (단위: 시(hour))

순위	tk	xk	yk
1	7	1.9459	−4.3373
2	7	1.9459	−3.6375
3	24	3.1781	−3.2254
4	28	3.3322	−2.931
5	38	3.6376	−2.701
6	46	3.8286	−2.5118
7	66	4.1897	−2.3506
8	139	4.9345	−2.21
9	159	5.0689	−2.0851
10	172	5.1475	−1.9725
11	231	5.4424	−1.8698
12	236	5.4638	−1.7754
13	247	5.5094	−1.6878
14	375	5.9269	−1.6061
15	391	5.9687	−1.5294
16	407	6.0088	−1.457
17	480	6.1738	−1.3885

*순위순으로 나열하였다. 76 항목이 시험되었으며, 나머지 50개 항목은 1460h에서 테스트로부터 제거되었다. 예제 8.13에서 회귀선 기법과 함께 사용된 x_k와 y_k에 대한 값도 표에 나타내었다.

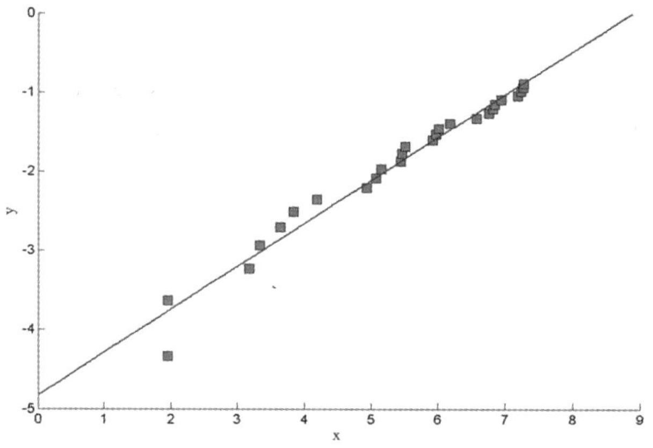

그림 8.6 데이터로부터 추정한 회귀선 y=0.5432x −4.8277와 함께 표 8.1에 나온 데이터 y_k를 x_k에 대하여 그린 plot

이 예제에서 계산한 와이블 변수는 추정치이다. 이 추정값에 대한 신뢰 한계 (confidence limits)은 좀더 고급 교과서에서 찾아 볼 수 있다.

8.6 로그노말 모델

여러 연구자들은 **로그노말 모델**을 고장률의 분석과 예측을 위한 와이블 모델의 유용한 동반자로 소개한다. 로그 노말 모델은 예제 3.20과 3.21에서 소개한바 있다. 거기서 사용한 기호를 사용하기로 한다. 만일 X를 평균이 μ_X이고 표준 편차가 σ_X인 가우시언 랜덤 변수라고하면 $T=e^X$는 고장 시간에 대한 로그 노말 랜덤 변수가 된다. 로그 노말 랜덤 변수의 평균과 분산을 가우시언 랜덤 변수의 평균과 분산인 μ_X와 σ_X로 연관시켜 설명하는 것이 보편적이다. μ_X는 가우시언 랜덤 변수의 중앙값이므로 t_{50}로 표현한 로그 노말 랜덤 변수의 중앙값은

$$t_{50}=e^{\mu_X} \rightarrow \ln t_{50}=\mu_X \tag{8.51}$$

이 된다. 식(8.51)을 사용하여 로그 노말 랜덤 변수의 pdf와 cdf를 표현하면

$$f(t)=\left(\frac{t}{t_{50}}\sigma_X e^{\mu_X}\sqrt{2\pi}\right)^{-1}\exp\left[-\ln^2\left(\frac{t}{t_{50}}\right)/2\sigma_X^2\right] \tag{8.52}$$

$$F(t)=\Psi\left[\ln\left(\frac{t}{t_{50}}\right)/\sigma_X\right] \tag{8.53}$$

이 표현은 매우 중요하다 왜냐하면 첫째 독립 변수 t가 정규화되었다: t/t_{50}. 둘째 로그 노말 고장률을 얻으려면 정의 관계식(8.9)에서 직접 식(8.52)와 식(8.53)을 사용할 수 있다:

$$h(t)=\frac{f(t)}{1-F(t)} \tag{8.54}$$

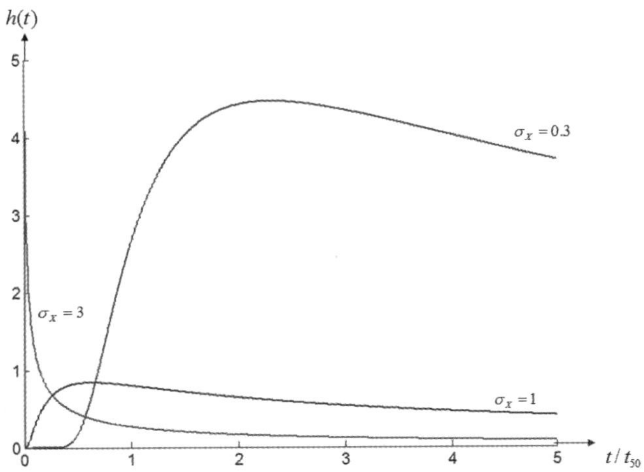

그림 8.7 로그노말 랜덤 변수에 대한 대표적인 고장률의 plots (각 plot에서 $\mu_X=0$)

그림 8.7은 로그 노말 랜덤 변수로 모델한 대표적인 고장률의 모양을 나타내준다. 이 그림으로부터 우리가 알 수 있는 것은 어떤 범위 내에서 로그 노말 랜덤 변수는 그림 8.2에 보인 것처럼 초기와 안정기와 마모기의 고장률을 근사화할 수 있다.

8.6.1 회귀선을 사용하는 수치적 방법

로그 노말 변수 σ_X와 t_{50}을 추정하는 한 방법은 1장에서 언급한 회귀선 방법을 사용하는 것이다. 이 기법을 적용하기 위해 식(8.53)의 cdf로 시작한다. cdf는 엄격한 단조 증가 함수이므로 식(8.53)에 대한 역관계를 다음과 같이 쓸 수 있다.

$$\ln t = \sigma_X \Psi^{-1}[F(t)] + \ln t_{50} \tag{8.55}$$

이는 다음과 같이 선형적 관계식과 매치시킬 수 있다.

$$y = mx + b \tag{8.56a}$$

여기서

$$y = \ln t \tag{8.56b}$$

$$x = \Psi^{-1}[F(t)] \tag{8.56c}$$

$$m = \sigma_X \tag{8.56d}$$

$$b = \ln t_{50} = \mu_X \tag{8.56e}$$

다시 평균 순위 방법 식(8.49)을 사용하여 cdf를 근사화 한다. 식(8.56c)에서의 역함수는 부록 C의 식(C.7)을 사용하여 계산된다. 예를 들어, $F(t)=0.8888$이면 식(C.7)에 따라 MATLAB 함수 norminv()을 사용하면 다음을 얻는다.

$$\Psi^{-1}[F(t)] = 1.22$$

또한 $F(t) = 0.1112 = 1 - 0.8888$이면 $\Psi^{-1}[F(t)] = -1.22$.

회귀선 방법이 식(8.55)에 어떻게 적용되는지는 다음 예제의 설명을 이해하기 바란다.

예제 8.14

[표 8.2]는 26개의 항목에 대한 순위급 순으로 고장 시간을 첫 번째와 두 번째 열에 나열하였다. [표 8.2]의 3번째 열은 (8.56b)를 사용하여 직접 계산되었다. 4번째 열은 식(8.49)를 사용하여 계산한 cdf의 평균 랭킹의 추정치이다. 5번째 열은 4번째 열의 값을 식(8.56c)을 결합하고 부록 C의 식(C.7)를 사용하여 계산되었다.

[표 8.2]의 3번째와 5번째 열의 데이터를 1장에서 소개한 회귀선 방법을 적용하여 해당 변수값을 찾으면

$$\sigma_X = 3.3 \text{ 와 } \mu_X = \ln t_{50} = 8.83$$

이 된다(그림 8.8은 회귀선 $y = 3.3x + 8.83$와 더불어 표 8.2의 데이터 set(x_k, y_k)의 그림을 보여준다).

표 8.2 26개의 항목에 대한 고장시간 $t_k(hr)$

순위 k	t_k	$y_k = \ln t_k$	$F_Y(t_k) = \frac{k}{77}$	$x_k = \Psi^{-1}[F_Y(t_k)]$
1	7	1.946	0.013	-2.23
2	7	1.946	0.026	-1.94
3	24	3.178	0.039	-1.76
4	28	3.332	0.052	-1.626
5	38	3.638	0.065	-1.514
6	46	3.829	0.078	-1.42
7	66	4.190	0.091	-1.335
8	139	4.934	0.104	-1.26
9	159	5.069	0.117	-1.19
10	172	5.147	0.130	-1.126
11	231	5.442	0.143	-1.1067
12	236	5.464	0.156	-1.01
13	247	5.509	0.169	-0.96
14	375	5.927	0.182	-0.908
15	391	5.969	0.195	-0.86
16	407	6.009	0.208	-0.813
17	480	6.174	0.221	-0.77
18	714	6.571	0.234	-0.725
19	859	6.756	0.247	-0.683
20	911	6.815	0.260	-0.643
21	940	6.846	0.273	-0.603
22	103	6.941	0.286	-0.565
23	1324	7.188	0.299	-0.527
24	1388	7.236	0.312	-0.49
25	1439	7.272	0.325	-0.454
26	1444	7.275	0.338	-0.418

* 순위순으로 나열하였다. 76 항목이 시험되었다. 나머지 50개 항목은 1460h에서 테스트로부터 제거되었다. 예제 8.14에서 회귀선 기법과 함께 사용된 데이터가 표의 열 3에서 5에 나타내었다.

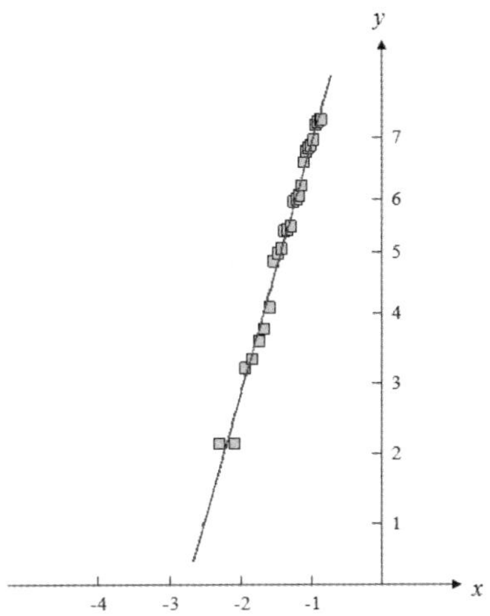

그림 8.8 예제 8.14에서 계산한 회귀선 $y = 3.3x + 8.83$와 더불어 표 8.2으로부터 데이터 (x_k, y_k)의 plot

식(8.51)을 사용하면 $t_{50} = 6800\,hr$, $\sigma_X = 3.3$일 때 h(t)의 plot은 (그림 8.7에 보인 바와 같이) $\sigma_{X=3}$일 때 h(t)의 plot과 그렇게 다르지 않다. 그러므로 [표 8.2] 데이터의 로그노말 모델은 예제 8.13에서 계산했던 와이블 모델에서와 같이 초기 고장 기간(early failure period)을 나타내준다.
로그 노말 변수의 추정치에 대한 신뢰 구간(Confidence Intervals)은 고급 교과서에서 찾아볼 수 있다.

주어진 데이터 set에 대한 고장률을 추정하기 위해 와이블 모델를 사용할 것인지, 로그-노말 모델을 사용할 것인지에 대한 토론은 개방되어있다. 보편적으로 이들 두 모델이 실험적 데이터를 **보간**(interpolation)하기 위해 사용된다면 둘 사이에 실제적인 차이점은 거의 없다. 가장 두드러진 차이점을 보일 때는 실험적 데이터를 **외삽**(extrapolation)할 때 발생한다.

8.7 가속 수명 시험

가속 수명 시험에서 두 가지 주요 질문이 제기된다. 하나는 시험 항목에 강제적으로 스트레스를 가하고 수명을 단축하기 위하여 정상 한계를 넘어 어떤 환경 조건으로 수행되어져야하는 가이다. 이같은 종류의 시험동안 어떤 적정 시간 내에 상당수의 시험 대상 제품이 고장이 발생하길 원하기 때문이다. 두 번째 질문은 스트레스를 받는 동안의 상태와 정상 동작하의 상태를 어떻게 연결시킬 수 있는 가이다. 스트레스를 가하는 과정은 본질적으로 비선형적이기 때문에 원하는 관계를 구현하기 위해 실제적으로 많은 기법들이 소개되었다. 본 절에서는 이중 매우 제한적인 기법에 초점을 맞추어 살펴보려고 한다.

본 절에서 강조한 수학적 기법들은 단지 전체 이야기의 일부에 지나지 않는다. **고장 해석**(Failure Analysis)이란 아이템의 잠재적 또는 현재적(顯在的) 고장의 메커니즘 발생률 및 고장의 영향을 검토하여 시정조치를 결정하기 위한 계통적 조사 연구이다. 고장해석에 있어서 시험대상의 항목에 대한 물리-화학적인 기본 처리 과정 연구가 가속 수명 시험에 관련된 수학적 공식화보다 신뢰성 설계에 더 중요하다.

그림 8.9는 정상 수명의 실제 시간 t와 스트레스 시간의 가속 시간 t_s와의 관계를 상수 **가속 인자**(accelerated factor) A로 이상화하여 나타낸 모양을 보여준다. 기본 아이디어는 가속 수명 시험에서 고장시까지의 시간이 실제 정상 운영 시간에서 고장 발생이 훨씬 빨리 발생한다는 것이다.

동일한 제품의 샘플이 스트레스 환경하에서 고장시까지 동작한다고 가정하자. 고장 시간은 앞 절에서 언급한 와이블 혹은 로그-노말 확률 모델을 사용한다고 가정한다. 스트레스 모델은 pdf, $f_s(t_s)$; cdf, $F_s(t_s)$; 신뢰성, $R_s(t_s)$; 와 고장률, $h_s(t_s)$를 갖는다. 그림 8.9의 선형적 관계와 3.5절의 단일 랜덤 변수의 함수 변환 방법을 사용하여 실제 시간에 대한 cdf를 표현하면

그림 8.9 가속 수명시험에서 정상 시간과 스트레스 시간간의 관계를 보여주는 plot

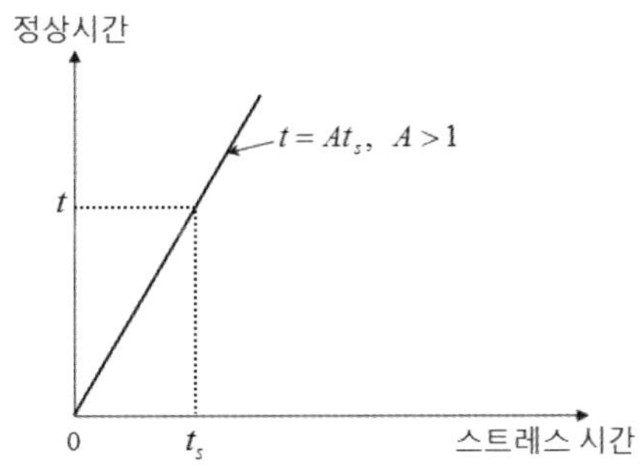

$$F(t) = P\{T \le t\} \qquad (8.57)$$
$$= P\{T_s \le t_s\} = F_s(t_s)$$
$$= F_s\left(\frac{t}{A}\right)$$

cdf를 미분하여 pdf를 얻는다:

$$f(t) = \frac{d}{dt}F(t) = \frac{d}{dt}F_s\left(\frac{t}{A}\right) \qquad (8.58)$$
$$= \frac{1}{A}f_s\left(\frac{t}{A}\right)$$

식(8.3)을 사용하여 시간의 함수로 신뢰도를 표현하면

$$R(t) = 1 - F(t) = 1 - F_s\left(\frac{t}{A}\right) \qquad (8.59)$$

식(8.9)에 따라 실제 시간에서의 고장률은

$$h(t) = \frac{f(t)}{R(t)} = \frac{\frac{1}{A}f_s\left(\frac{t}{A}\right)}{1 - F_s\left(\frac{t}{A}\right)} = \frac{1}{A}h_s\left(\frac{t}{A}\right) \qquad (8.60)$$

그러므로 실험 데이터에 기초한 적절한 모델을 가지고 있고 가속 인자 A를 알고 있다면 실제 시간에서 스트레스를 받지 않는 등가 모델로 변환할 수 있다.

예제 8.15

동일한 반도체 소자가 정격전압보다 1.25배 높은 전압으로 스트레스를 받는다. 수명 시험의 데이터는 m=0.42와 c=1472분의 시간 변수 (혹은 특성 시간)를 갖는 와이블 모델를 나타낸다. 또 다른 실험적 경험으로부터 가속 인자 A=1270이며, 정격 전압에서 형태 변수 m은 스트레스를 받는 경우의 것과 거의 같다고 본다: $m \approx m_s$.

식(8.60)으로부터

$$h(t)=\frac{1}{A}h_s\left(\frac{t}{A}\right)$$

그리고 $t=At_s$ 관계와 와이블 랜덤 변수에 대한 고장률 식(8.44)을 사용하여 스트레스시의 고장률을 얻는다:

$$h_s(t_s)=\left(\frac{m}{c_s}\right)\left(\frac{t_s}{c_c}\right)^{m-1}$$

따라서 실제 시간에서의 고장률은 식(8.60)으로부터

$$h(t)=\left(\frac{m}{Ac_c}\right)\left(\frac{t}{Ac_s}\right)^{m-1}$$

실제 시간의 특성 시간 변수는 관계식 $t=At_s$로부터 얻어진다:

$$c=Ac_c$$
$$=(1270)(1472)=1{,}869{,}440\text{분}=3.56\text{년}$$

마지막으로 주어진 데이터를 사용하여 실제 시간에서의 고장 발생률을 구하면 다음과 같다:

$$h(t)=0.0010t^{-0.58}\text{ 고장/분}$$

가속 인자 A의 의미를 찾아볼 수 있는 한 노력으로 어떤 방법들은 실제적으로 상수 인자가 아닌 다른 인자를 사용하기를 선호한다. 전압 스트레스에 대한 한 방법으로 사용되는 정상 시간과 스트레스 시간간의 관계식은 다음과 같다:

$$c_1=c_0\exp\left[\frac{B(V_1-V_0)}{V_0}\right] \tag{8.61}$$

여기서 c_0와 V_0는 정격 조건에 대한 값이고, c_1과 V_1은 스트레스 조건하에서의 값이며, B는 상수이다. B와 c_0는 초기에 알려져 있지 않으며 실험으로부터 결정되어야 한다.

온도 스트레스에 적합한 또 다른 한 방법은 *Arrhenius* 모델이다.

$$c_1=c_0\exp\left[C\left(\frac{1}{T_1}-\frac{1}{T_0}\right)\right] \tag{8.62}$$

여기서 c_0와 T_0는 정격 온도에 대한 값이며, c_1과 T_1은 스트레스 조건하에서의 값이며, C는 상수이다.

식(8.61)과 식(8.62) 두 식에서 c_0는 정격(비스트레스) 조건하에서 와이블 랜덤 변수의 시간 변수이다. 예제 8.18은 식(8.61)의 전압 모델(혹은 식(8.62)의 온도 모델)이 어떻게 사용되어지는지를 예시해준다. 가속 수명 시험의 보다 깊은 논의를 위해서는 참고문헌[6)7)]를 참고할 것을 권한다.

예제 8.16

수명 시험이 두 스트레스 조건하에서 동일한 전기 소자에 가해졌다. 첫 번째 경우에 인가 전압은 정격의 1.5배이다: $V_1 = 1.5V_0$. 그리고 두 번째 경우에 인가 전압은 정격의 2.0배이다: $V_1 = 2.0V_0$. 두 경우에 실험 데이터는 와이블 형태 변수 $m \approx 5.5$를 갖는다. V_1의 경우에 시간 변수 $c_1 = 5653$분이고, V_2의 경우에 시간 변수 $c_2 = 139$분이다. 정격 전압에서 와이블 고장률과 MTTF는 얼마인가?

식(8.61)를 사용하여 정격의 1.5배에 대한 시간 변수 관계는

$$5653 = c_0 \exp\left[\frac{B(1.5V_0 - V_0)}{V_0}\right] = c_0 \exp(0.5B)$$

다시 식(8.61)를 정격 2.0배에 대하여 사용하면 시간 변수 관계는

$$139 = c_0 \exp\left[\frac{B(2.0V_0 - V_0)}{V_0}\right] = c_0 \exp(1.0B)$$

위 두 식을 미지수 c_0와 B에 대하여 풀면

$$B = -7.4109$$

$$c_0 = 229,902\text{분} = 3832\,hr$$

을 얻는다. 따라서 식(8.41)로부터 고장시까지의 평균 시간은

$$MTTF = c_0 \Gamma\left(1 + \frac{1}{m}\right) = 3538\,hr$$

---

6) Paul A. Tobias et. al., *Applied Reliability*, New York: Van Nostrand Reinhold Co., 1986
7) David J. Klinger et. al., *AT & T Reliability Manual*, New York: Van Nostrand Reinhold Co., 1990

복 습

본 장은 기술자들이 만든 제품에 적용하여 품질 개선과 서비스 개선을 위한 신뢰도 연구에 간단한 서론을 제공한다. 미래의 기술자들은 소비자들 위하여 품질의 개선을 위한 일반적인 노력의 일환으로 제품과 서비스 신뢰도에 항상 주의를 기울여야할 것이다. 시스템의 신뢰도란 시간 0에서 서비스가 개시된 시스템이 시간 t에서 계속 동작하고 있을 확률로 정의된다. 본 장에서 여러 유형의 시스템(직렬, 병렬, 대기, n개 중 k, 상호 연결 시스템)의 신뢰도를 분석하였다. 측정된 신뢰도 데이터 fitting에 유용한 와이블과 로그-노말 확률 모델이 소개되었다. 스트레스 조건하에서 제품으로부터 기록된 데이터가 정상 정격 조건하에서 동작과 어떻게 연관지울 수 있는지에 대한 가속 수명 시험에 대한 간략한 설명을 더하였다.

1. 시스템이 동작 개시후 작동이 멈출 때까지의 수명을 T로 표기하면, 시스템의 신뢰도는 다음과 같이 정의된다:

$$R(t) = 1 - F(t) = P\{T > t\}$$

2. 시스템의 평균 수명은 다음과 같다:

$$\text{MTTF} = E[T] = \int_0^\infty R(t)dt = \int_0^\infty tf(t)dt$$

3. 시스템의 고장률 함수는

$$h(t) = \frac{1}{N(t)}\frac{\Delta n}{dt} = \frac{f(t)}{R(t)} = \frac{f(t)}{1 - F(t)}$$

   이때 $N(t)$는 시간 t에서 작동을 계속하고 있는 시스템의 개수를 나타낸다. 윗 식은 다음 식으로도 표현 가능하다.

$$h(t) = \frac{f(t)}{1 - F(t)} = \frac{-\frac{d}{dt}R(t)}{R(t)} = -\frac{d}{dt}\ln R(t)$$

4. 여러 개의 서브시스템이 직렬로 연결된 시스템이 동작을 하기 위해서는 각 서브 시스템이 모두 동시에 정상 동작해야 한다. 따라서 전체 직렬 시스템의 신뢰도는 다음과 같다.

$$R_S(t) = \prod_{i=1}^{n} R_i(t)$$

   이러한 직렬 시스템의 고장률은 윗식의 양변을 자연대수를 취하고 $h(t) = -\frac{d}{dt}lnR(t)$ 관계를 적용하면 다음을 얻는다.

$$h_S(t) = \sum_{i=1}^{n} h_i(t)$$

5. 병렬 시스템이 시간 t에서 고장이 났다면 시스템에 연결된 각 컴포넌트도 동시에 시간 t에서 고장이 났음을 의미한다. 사건의 독립성을 가정하면 식(8.20)은

$$F_P(t) = \prod_{i=1}^{n} F_i(t)$$

식(8.3)을 사용하여 이것을 쓰면

$$R_P(t) = 1 - \prod_{i=1}^{n} [1 - R_i(t)]$$

6. 대기 시스템의 고장시간에 대한 랜덤 변수 T_{SB}는 $T_{SB} = T_1 + T_2$와 같이 각 컴포넌트의 합으로 표현된다. 여기서 T_1은 1차 컴포넌트의 고장 시간에 대한 랜덤 변수이고 T_2는 예비 컴포넌트의 고장 시간에 대한 랜덤 변수이다. 독립성을 가정하면 T_B에 대한 pdfs는 식(4.89)에서 컨볼루션 적분의 결과이다. 그러므로,

$$f_{SB}(t) = f_1(t) * f_2(t) = \int_0^t f(x) f(t-x) dx$$

신뢰도는 다음 식으로 얻어진다:

$$R_{SB}(t) = 1 - F_{SB}(t)$$

끝으로 이 결과와 식(8.9)를 사용하여 대기 시스템의 고장률을 구하면:

$$h_{SB}(t) = \frac{f_{SB}(t)}{R_{SB}(t)}$$

7. 와이블 랜덤 변수는 다음의 cdf로 그 특성을 표현할 수 있으며,

$$F(t) = 1 - \exp\left[-(\frac{t}{c})^m\right], \quad t \geq 0$$

해당 pdf는 다음과 같이 구할 수 있다.

$$f(t) = (\frac{m}{c})(\frac{t}{c})^{m-1} \exp\left[-(\frac{t}{c})^m\right]$$

와이블 랜덤 변수의 평균과 분산은

$$E[T] = c\Gamma(1 + \frac{1}{m})$$

$$Var[T] = c^2\left[\Gamma(1 + \frac{2}{m}) - \Gamma^2(1 + \frac{1}{m})\right]$$

와이블 랜덤 변수의 신뢰도는 식(8.3)에 의해

$$R(t) = \exp\left[-(\frac{t}{c})^m\right]$$

고장률은 식(8.9), 식(8.40)과 식(8.43)을 결합하여 얻어진다:

$$h(t) = (\frac{m}{c})(\frac{t}{c})^{m-1}$$

8. 로그 노말 랜덤 변수의 pdf와 cdf를 표현하면

$$f(t) = \left(\frac{t}{t_{50}}\sigma_X e^{\mu_X}\sqrt{2\pi}\right)^{-1}\exp\left[-\ln^2\left(\frac{t}{t_{50}}\right)/2\sigma_X^2\right]$$

$$F(t) = \Psi\left[\ln\left(\frac{t}{t_{50}}\right)/\sigma_X\right]$$

로그 노말 고장률을 얻으려면 정의 관계식(8.9)에서 직접 식(8.52)와 식(8.53)을 사용할 수 있다:

$$h(t) = \frac{f(t)}{1-F(t)}$$

와이블 랜덤 변수의 평균과 분산은

$$E[T] = c\Gamma(1+\frac{1}{m})$$

$$Var[T] = c^2\left[\Gamma(1+\frac{2}{m}) - \Gamma^2(1+\frac{1}{m})\right]$$

와이블 랜덤 변수의 신뢰도는 식(8.3)에 의해

$$R(t) = \exp\left[-(\frac{t}{c})^m\right]$$

고장률은 식(8.9), 식(8.40)과 식(8.43)을 결합하여 얻어진다:

$$h(t) = (\frac{m}{c})(\frac{t}{c})^{m-1}$$

9. 동일한 제품의 샘플이 스트레스 환경하에서 고장시까지 동작한다고 가정하자. 고장 시간은 앞 절에서 언급한 와이블 혹은 로그-노말 확률 모델을 사용한다고 가정한다. 스트레스 모델은 pdf, $f_s(t_s)$; cdf, $F_s(t_s)$; 신뢰성, $R_s(t_s)$; 와 고장률, $h_s(t_s)$를 갖는다. 그림 8.9의 선형적 관계와 3.5절의 단일 랜덤 변수의 함수 변환 방법을 사용하여 실제 시간에 대한 cdf를 표현하면

$$\begin{aligned} F(t) &= P\{T \le t\} \\ &= P\{T_s \le t_s\} = F_s(t_s) \\ &= F_s\left(\frac{t}{A}\right) \end{aligned}$$

식(8.3)을 사용하여 시간의 함수로 신뢰도를 표현하면

$$R(t) = 1 - F(t) = 1 - F_s\left(\frac{t}{A}\right)$$

식(8.9)에 따라 실제 시간에서 고장률은

$$h(t) = \frac{f(t)}{R(t)} = \frac{\frac{1}{A} f_s\left(\frac{t}{A}\right)}{1 - F_s\left(\frac{t}{A}\right)} = \frac{1}{A} h_s\left(\frac{t}{A}\right)$$

연습문제

신뢰도와 고장률

1. 전구가 1000시간의 평균 수명을 갖는다고 광고한다. 전구에 대한 고장 시간이 지수 랜덤 변수를 따르며 전구는 안정기의 고장 기간에 있다고 가정하라. 신뢰도가 50%되는 시간은 언제인가?

2. 어떤 유형의 건전지는 지수 함수적인 고장률을 갖는다고 가정한다. 건전지의 90%가 36 개월의 보장 기간 이후에 고장나게 하려면 λ는 어떤 값을 가져야하는가?

3. 얼랑 랜덤 변수에 대한 pdf와 cdf가 식(7.24)와 식(7.25)로 주어졌다. k=2일 때 얼랑 랜덤 변수의 고장률을 찾아라. $t=\frac{1}{\lambda}$일 때 고장률은 얼마인가?

4. 열악한 환경에서 사용할 때 전원의 고장 시간이 레이라이(Rayleigh) 랜덤 변수에 의해 기술되어진다면 이때 pdf는

$$f(t)=\frac{t}{a}e^{-t^2/2a},\ t\ge 0$$

로 주어진다.
   a. 고장률을 찾아라.
   b. 전원의 신뢰도가 5000시간에서 50%라면 변수 a의 값은 무엇인가?

5. 시스템의 신뢰도 연구에서 랜덤 변수 T에 대한 cdf가

$$F(t)=1-0.7e^{-c_1t}-0.3e^{-c_2t}$$

로 주어졌다. 여기서 $c_1=10^{-5}/h$, $c_2=2\times10^{-5}/h$이다. 시스템의 MTTF를 구하라.

6. 어떤 제품은 파라미터 $b=3\times10^7h^2$을 갖는 레일리 랜덤 변수로 주어진 고장 시간을 갖는다.
   a. 5000, 5500, 6000시간(h)에서 제품의 신뢰도는 얼마인가?
   b. 5000, 5500, 6000시간(h)에서 제품의 고장률은 얼마인가?
   c. 이 제품은 고장의 3단계(초기, 안정기, 마모기) 중 어느 단계에 있는가? 왜 그런지 이유를 설명하라.

7. 어떤 제품은 파라미터 $\mu_T=10{,}000h, \sigma_T=1000h$를 갖는 가우시언 랜덤 변수로 주어진 고장 시간을 갖는다.
   a. 8,500, 10,000, 11,500시간(h)에서 제품의 신뢰도는 얼마인가?
   b. 8,500, 10,000, 11,500시간(h)에서 제품의 고장률은 얼마인가?
   c. 이 제품은 고장의 3단계(초기, 안정기, 마모기) 중 어느 단계에 있는가? 왜 그런지 이유를 설명하라.

8. 어떤 시스템의 고장 시간에 대한 cdf가

$$F(t)=1-\exp\left[-\left(\frac{t}{c}\right)^m\right]$$

임이 알려졌다. 여기서 $m=1.8$, $c=2\times10^5h$이다.
   a. 2.5×10^5h에서 시스템의 신뢰도는 얼마인가?
   b. 2.5×10^5h에서 시스템의 고장률은 얼마인가?
   c. 이 제품은 고장의 3단계(초기, 안정기, 마모기) 중 어느 단계에 있는가? 왜 그런지 이유를 설명하라.

9. 지수 랜덤 변수는 비율 상수 $\lambda=1/10{,}000h^{-1}$를 갖는다. 이 랜덤 변수를 사용하여 5,000개의 유사한 독립적인 장치로 구성된 시스템의 신뢰도를 모델링하려고 한다.
   a. 9,000h와 11,000h 사이에 장치의 고장 확률을 구하라.
   b. 10,000개의 장치 중 얼마만큼이 35개월과 45개월 사이에 고장을 일으킬 것이라고 기대되는가?

10. 시스템이 15,000개의 부품으로 구성되어 있고 각 부품은 안정 고장기에 있다고 가정하라. 각 부품의 고장률은 $\lambda=10\,FITs$이다. 또한 한 부품 중 어느 하나가 고장을 일으키면 시스템은 고장난 것으로 가정한다. 예상 월간 시스템 고장은 얼마인가?

11. 250개의 IC 칩(각 $\lambda_{MISC}=10$ FITS), 12개의 선형 ICs(각 $\lambda_{LIC}=35$FITS), 125개의 실리콘 트랜지스터 (각 $\lambda_T=20$FITS), 350개의 탄소피막 저항(각 $\lambda_R=1$FIT)과 300개의 세라믹 캐패시터(각 $\lambda_C=1$ FITS)으로 구성되어 있는 회로 기판이 있다. 이들 각 소자는 회로가 정상적으로 동작하기 위해서 모두 동작해야 한다. 어떤 시간 t_0에서 봤을 때 회로가 동작하고 있다고 한다. 10,000h이후에 회로가 동작할 확률은 무엇인가? 독립성을 가정하라.

직렬, 병렬 연결, 대기, n개 중 m 연결 시스템

12. 유인 우주선에서 사용되는 컴퓨터 시스템은 3개의 독립적인 서브 시스템으로 구성되어 있다. 컴퓨터 시스템은 서브 시스템 중 어느 2개가 정상 동작하면 정상적으로 동작한다. 각 서브 시스템에 대한

고장률이 λ라고 하면 컴퓨터 시스템에 대한 신뢰도는 얼마인가? λ의 항으로 컴퓨터 시스템의 평균 고장 시간을 표현하라. 오직 2개의 독립적인 서브 시스템만을 사용하여 것에 비해 이같은 시스템의 설계가 어떤 가치가 있는지 말해보라.

13. 전화 시스템은 2개의 중계선 사용이 요구한다. 3개의 독립적인 중계선을 갖도록 시스템이 설계 되어 있어 3개 중 어느 2개 선이 동작하면 동작하는 것으로 생각한다. 중계선에 대한 고장률은 λ라고 가정하라. 시스템의 신뢰도는 얼마인가? 단지 2개의 독립적인 중계선을 갖는 시스템에 비해 이 시스템의 가치(성능)가 어떤가를 말해보라.

14. 전원 공급 장치는 의도된 응용에 사용하기에는 너무 신뢰할 수 없는 것으로 알려졌다: 전원 공급 장치의 고장률은 1년에 2번이다. 전원공급을 사용하여 시스템의 신뢰도를 개선시키기 위하여 전원버스로부터 고장난 전원을 차단시켜주는 릴레이와 함께 3개의 전원을 병렬로 연결하기로 결정하였다. 차단 릴레이는 전원보다 훨씬 믿을 만하다고하며 고장에 관한 한 3개의 전원은 독립적이라고 가정한다. 병렬 시스템의 MTBF는 얼마인가?

15. 어떤 고강도 램프의 평균 고장 시간은 3개월이다. 독립성과 지수 함수 고장률을 가정했을 경우에 적어도 90%의 확신을 갖고 1년 동안 고강도 램프를 유지시키려면 얼마의 전구를 대기해야하는가?

16. 그림 8.5에 보인 상호 연결 시스템을 고려하자. 서브시스템은 상호 독립적이다. 어느 시간 t에서 서브시스템은 다음의 신뢰도를 갖는다:

$$R_A(t) = P(A) = 0.88$$
$$R_B(t) = P(B) = 0.92$$
$$R_C(t) = P(C) = 0.90$$
$$R_D(t) = P(D) = 0.94$$

시스템의 신뢰도를 구하기 위해 전체 확률 정리를 사용하라. 예제 8.11의 경우와 달리 이번에는 서브 시스템 B가 동작한다는 가정과 서브시스템 B가 동작하지 않는다라는 조건부 확률을 계산함으로써 풀이과정을 유도하라.

17. 그림 8.11의 모든 서브 시스템은 독립적이다. 성공적인 서브 시스템의 동작 확률은 모두 똑같으며 0.90이다. 시스템이 성공적으로 동작할 확률인 P(X)는 얼마가 되는가?

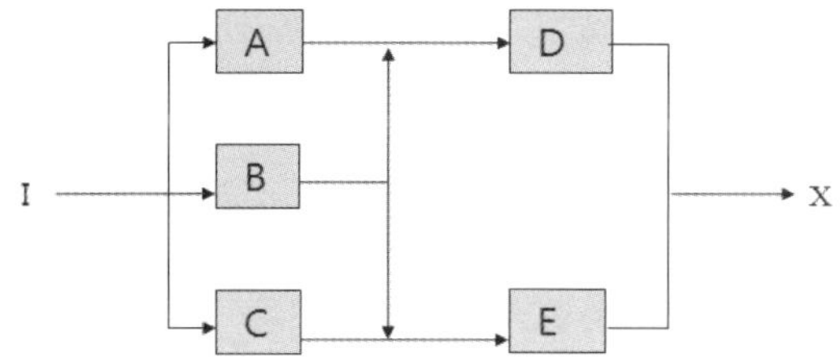

그림 8.10 문제 17에 대한 시스템 서브 블록도

와이블, 로그노말 모델, 가속 수명 시험

18. 식(8.41)에서 와이블 랜덤 변수에 대한 평균 E[T]의 유도를 증명하여라.
식(8.42)에서 와이블 랜덤 변수에 대한 분산 Var[T]의 유도를 증명하여라. [힌트: 연습문제 18에 주어진 T의 평균을 다시 유도할 필요없이 그대로 사용해도 된다.]

19. 식(8.49)의 중앙값 순위(median ranking) 기법을 사용하여 본문 표 8.1의 데이터 (k, t_k)에 대한 와이블 모델을 구하라.

20. 두 개의 스트레스 조건에서 동일한 전기 컴포넌트에 수명시험이 인가되었다. 한 조건에서는 인가 전압이 정격에 1.5배인 $V_1 = 1.5V_0$이고 다른 조건에서는 정격 전압의 2배인 $V_2 = 2.0V_0$이 인가되었다. 두 경우에 데이터는 와이블 형태 변수 $m \approx 5.5$를 갖는다. V_1에 대해서 시간 변수 $c_1 = 5880\,\text{min}$(분)이고 V_2에 대해서는 시간 변수 $c_2 = 138\,\text{min}$(분)를 갖는다. (인가) 전압이 V_0일 때 컴포넌트의 추정 MTTF는 얼마인가?

21. 와이블 모델을 포함하는 가속 수명 시험에서 $400^o K$에서의 시험에서 $m \approx 5.5$과 $c_1 \approx 140h$ 파라미터 값을 얻었다. 첫 번째와 똑같은 유형의 컴포넌트로 $375^o K$에서의 두 번째 가속 시험에서 얻어진 파라미터 값은 $m \approx 5.5$과 $c_1 \approx 271h$이다. 25℃에서 모델의 MTTF 추정값은 얼마가 되는가?

22. n=76개의 장치가 수명시험대에 올랐다. 1460시간 종료시점에서 76개 중 12개가 고장을 일으켰고 여기서 수명시험은 중단되었다. 고장시간에 따른 데이터가 [표 8.3]에 나열되었다. 회귀분석 방법을 사용하여 이들 데이터에 대한 와이블 모델를 찾아라(즉 m과 c를 찾아라.). t=5000시간에서 고장률을 찾아라. 제조되고 나서 처음 작

동 100시간 내에 고장을 일으키게 될 장치의 수는 얼마나 되는가?

표 8.3 연습문제 7.22에 사용된 데이터

순위 k	고장발생시간(h)
1	3.3
2	7.1
3	8.0
4	50.8
5	92.4
6	331.1
7	464.9
8	592.7
9	784.0
10	929.1
11	1011.1
12	1451.6

23. n=76개의 장치가 수명 시험대에 올랐다. 1460시간의 종료시점에서 76개 중 12개가 고장을 일으켰고 여기서 수명 시험은 중단되었다. 고장 시간에 따른 데이터가 표 8.3에 나열되었다. 회귀 분석 방법을 사용하여 이들 데이터에 대한 로그노말 모델을 찾아라(즉 t_{50} 과 σ_X). 제조되고 나서 처음 작동 100시간 내에 고장을 일으키게 될 장치의 수는 얼마나 되는가?

컴퓨터 활용

와이블 혹은 로그노말 수명 모델을 사용하여 장치(혹은 시스템)의 고장 발생을 컴퓨터로 시뮬레이션하여 테이블을 쉽게 생성할 수 있다. 식(3.130)으로 시작하면

$$t = F^{-1}(y)$$

식(8.39)으로부터 와이블 랜덤 변수에 대한 cdf는

$$F(t) = 1 - \exp\left[-\left(\frac{t}{c}\right)^m\right],\ t \geq 0$$

따라서

$$y = F(t) = 1 - \exp[-(t/c)^m]$$

t에 대해 정리하면 다음을 얻는다:

$$t = c[-\ln(1-y)]^{1/m} = c[-\ln(1-URNG)]^{1/m} \tag{8.63}$$

예를 들어 c=3000이고 m=0.5이고 처음 3개의 y의 값이 URNG로부터 0.7029, 0.1611, 0.6454이면 식(8.63)을 사용하여 처음 3개의 t값이 얻어진다: 4419.1, 92.6, 3026.9.
물론 t의 값은 임의적인 순서로 나타날 것이다. 따라서 중앙값 순위 기법을 적용하여 순위대로 정렬하여 표를 만들게 될 것이다. 다음은 이같은 와이블 모델에 의해 만들어진 테이블 표를 작성하는 의사코드이다.

의사코드	MATLAB 코드(weibulltime.m)

URNG에 대한 seed를 초기화한다.
와이블 파라미터 m,c를 초기화한다
데이터 수 n을 설정한다
for i=1 to n
y=URNG(seed)
t=c*[- ln(1-y)]^(1/m)
write i, t
endFor
	rand('twister', 1234);
	m=1.0; c=2000;%와이블 파라미터m,c 값 설정
	n = 20 ; % 테이블 데이터 수 n을 설정
	for i=1:n
	y=rand;
	t=c*[- log(1-y)]^(1/m);
	fprintf(1,'i=%10d t=%10.2f \n', i, t);
	end

실습 과제

1. 안정기의 고장 기간에 제품의 고장 시간은 부록 A??에 나온 EXPRNG와 같은 지수 랜덤 수 발생기를 사용하여 모의 실험 할 수 있다. 예를 들어 전구 제품이 1000h의 평균 수명 시간을 갖는다고 광고하고 있다고 하자. 이때 지수 변수 $\lambda = 1/1000$(EXPRNG에서 파라미터 $\lambda = a$에 해당).

2. 어떤 제품에 대한 고장시까지의 시간(고장 시간)은 파라미터 m=0.8, c=2000를 갖는 와이블 모델을 따른다라고 가정하라. 주어진 와이블 모델을 사용하여 15개의 독립적인 제품에 대한 고장 시간을 컴퓨터를 사용하여 데이터를 생성하는 프로그램을 작성하라. 중앙값 순위 기법을 적용하여 표를 작성하고 표의 데이터로부터 회귀선 기법을 사용하여 역으로 와이블 파라미터를 추정하는 프로그램을 작성하라.

3. 어떤 제품에 대한 고장시까지의 시간(고장 시간)은 파라미터 $\mu = 4.0$, $\sigma = 3.0$을 갖는 로그노말 모델을 따른다라고 가정하라. 주어진 로그노말 모델을 사용하여 15개의 독립적인 제품에 대한 고장 시간을 컴퓨터를 사용하여 데이터를 생성하는 프로그램을 작성하라. 중앙값 순위 기법을 적용하여 표를 작성하고 표의 데이터로부터 회귀선 기법을 사용하여 역으로 로그노말 파라미터를 추정하는 프로그램을 작성하라.

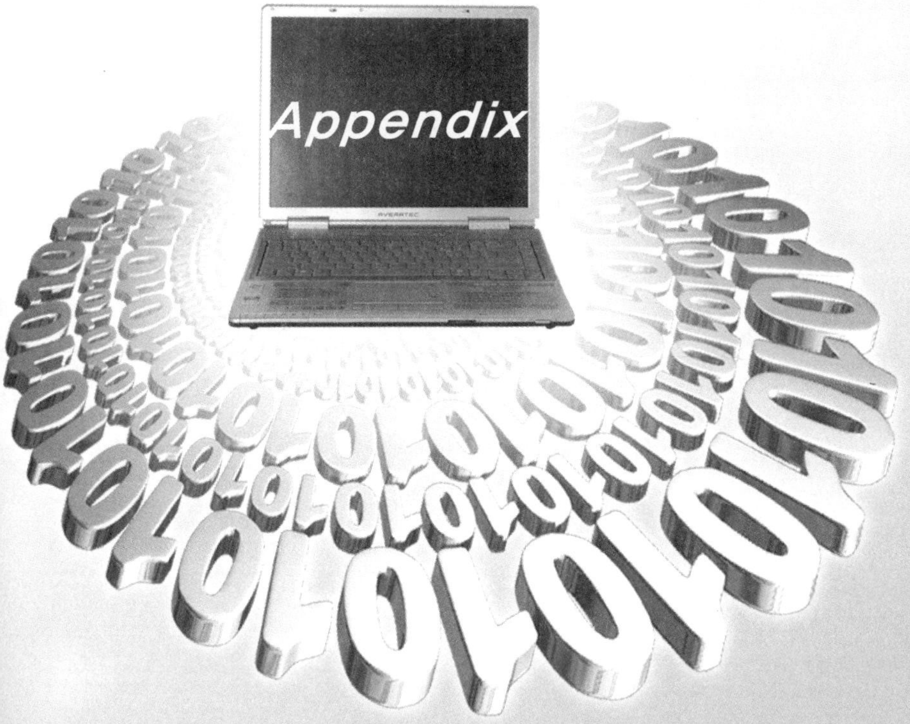

부 록

A. 난수 발생기에 대한 알고리듬

B. 몇 가지 카운팅 기법의 간단한 복습

C. 정규 가우시언 누적 분포 함수

D. 가우시언과 레이라이 확률 모델의 유도

E. 누적확률분포 표: χ^2와 t-분포

F. Wiener-Khinchin 관계 유도

G. 일부 확률 모델 함수들

H. 일부 연습문제 해답

부록 A. 난 수 발생기에 대한 알고리듬

본 부록은 여러 가지의 랜덤 변수 모델링에 기본적으로 필요로 하는 균일 난수 발생기에 대한 알고리듬의 개발 배경을 보여준다. 대부분의 컴퓨터 시스템(혹은 언어)은 함수의 일부로서 이 균일한(uniform) 난 수 발생기를 제공한다. 하지만 경우에 따라서 내장된 난수를 직접 사용하는 것이 적절치 않거나 별도의 난수 발생이 필요한 경우 본 부록의 URNG 난수 발생기는 유용할 것이다.

균일 난 수 발생기의 사용에는 "**seed**"라는 정수의 적절한 관리를 요하는데 이 정수값은 URNG (Uniform Random Number Generator)를 초기화하는데 사용된다.

다음은 균일 랜덤 수 발생기가 어떻게 설계되었는지에 대한 알고리듬의 개요를 보여준다. 알고리듬 설계에 대한 개요 설명을 시작해보자. m은 **modulus**라고 하는 어떤 상수이고, n은 m에 비해 일반적으로 대단히 큰 어떤 가변 정수이다. n의 다른 값들이 선택이 되면 n/m의 *나머지*(Remainder)는 랜덤한 모양을 주는 정수가 된다. 이 나머지를 n(mod m)이라고 명하자. 정수가 된다는 것 외에도 나머지는 취할 수 있는 가능한 값의 범위가 다음과 같이 제한된다:

$$0 \le n(\mathrm{mod}\, m) \le m-1 \tag{A.1}$$

$n(\mathrm{mod}\ m)$의 모든 생성된 값이 구간 0에서 $m-1$범위 내에서 균일하게 발생한다고 가정하자. 그러면 비율

$$x = n(\mathrm{mod}\, m)/m \tag{A.2}$$

는 구간 $0 \le x < 1$에서 *균일하게* 발생하는 수가 된다. 이같은 관측은 0과 1사이에 균일하게 분포된 랜덤 수를 발생하는 알고리듬 뒤에 숨어 있는 근본적 아이디어를 예시해준다.

알고리듬은 또한 *순환적*(recursive)이다: 일련의 정수는 다음 식을 사용하여 구성된다.

$$I_k = aI_{k-1}(\mathrm{mod}\, m) \tag{A.3}$$

이 순환공식은

$$I_k = a^* I_{k-1} - INTEGER(a^* I_{k-1}/m)^* m \tag{A.4}$$

을 사용하여 프로그래밍 될 수 있다. 정수 함수는 독립 변수인 a와 작거나 같은 가장 큰 정수를 제공해준다. 순환 과정에서 각 정수 I_k는 식(A.1)의 극한치를 만족하며 식(A.2)를 사용하면 랜덤 수 x_k를 계산하는데 사용될 수 있다:

$$x_k = I_k / m \tag{A.5}$$

seed I_0는 순환 프로세스를 시작하는데 사용된다. 이같은 유형의 알고리듬을 *적 선형 합동*(Multiplicative Linear Congruent) 균일 랜덤 변수 발생기라고 한다. Law와 Kelton씨의 모의실험에 대한 개론에서는 균일 랜덤 변수 발생기에 대한 더 깊은 연구에 편리함을 준다[1]. Law와 Kelton은 경험과 이론에 의해 다른 것에 비해 더 잘 맞는 m과 a에 대한 값들을 추천하고 있다. 그들 중의 하나는

$$m = 2^{31} - 1 = 2{,}147{,}483{,}647$$

$$a = 7^5 = 16{,}807$$

m과 a에 대한 이 값들의 선택은 Lewis, Goodman과 Miller[2]의 연구에 기초하고 있다. 식(A.3)으로부터 만일 $I_k = 0$이라면 알고리듬은 소용없게 되는데, 이는 따라 나오는 모든 I_k의 값들이 0이 되기 때문이다. 그러나 m과 a에 대한 이 특수한 값들로는 I_k에 대한 값들이 구간 $0 < I_k \leq m-1$ 안의 $2^{31}-2$로 제한된다고 보고되었다. 즉 알고리듬은 단 한 번 되돌아오기 전 0과 m사이의 정수 $2^{21}-2 = 2{,}147{,}483{,}646$을 사용할 것이다.

전체 시퀀스가 0과 m사이에 균일하기 때문에 내부의 작은 시퀀스도 균일하다고 가정한다. 이 가정은 사실이 아닐 수도 있다. 알고리듬에서 I_k는 정확히 0이거나 1이 될 수 없다. 왜냐면 $\ln(x_k)$나 $\ln(1-x_k)$을 계산하고 싶어 할 경우도 있기 때문이다.

본 서의 각 장 마지막 부분에 URNG를 사용하여 여러 가지 다른 알고리듬을 설계할 수 있음을 부분적으로 보였다: 베루누이(Bernoulli), 이항(Binomial), 지수(Exponential), 가우시언(Gaussian(normal)), 포아송(Poisson)등이다. 이들 알고리듬이 어떻게 동작하는지에 대해서는 교과서의 해당 장절에 설명되었다. 독자들이 지금 관찰하기 원하는 것은 URNG가 각기 다른 랜덤 변수 발생기에 사용되었다는 것이다. 알고리듬은 MATLAB언어로 작성되었다.

---

1) Law, A.M., and W.D. Kelton, *Simulation Modeling and Analysis*, New York: McGraw-Hill Co., 1982

2) Lewis, P.A.W., A.S. Gooman, and J.J. Miller, "A Pseudo-Random Number Generator for the System/360," *IBM System J.*, Vol. 8, pp.136-146, 1969

부록 A.1: Code: URNG–Uniform Random Number Generator

URNG – Uniform Random Number Genarator

```
% URNG - Uniform Random Number Genarator
function URNG(DSEED)

% A recursion formula is started for DSEED.
DSEED = 16807 * DSEED;
m = 2147483647;
% Calculate the next seed.
DSEED = DSEED - floor(DSEED / m ) * m
%  Calculate the random number : 0 < URNG < 1, and then return.

URNG = DSEED/m;
```

다음 코드는 URNG 함수를 사용하여 균일 난수를 발생시키는 예를 보여준다. 10개의 데이터를 생성한 후의 결과는 아래와 같다.

```
    % urngM.m
    %URNG 혹은 rand를 사용한 10 개의 균일 난수 데이터 발생 코드

rand('twister',1234 );%seed 초기화
for i=1:10
x=rand;
fprintf('i=%10d x=%10.4f \n',i, x)
end

---------------------------------------
        i         x
---------------------------------------
          1      0.1915
          2       0.6221
          3       0.4377
          4       0.7854
          5       0.7800
          6       0.2726
          7       0.2765
          8       0.8019
          9       0.9581
         10      0.8759
---------------------------------------
```

부록 A.2 Code: BRNRNG–Bernoulli Random Number Gernerator

BRNRNG – Bernoulli Random Nember Generator

```
% BRNRNG is a subroutine which uses a uniform random
% number generator rand to produce random numbers with
% Bernoulli  statistics: Mean = p, Variance = pq.

function [KX]= BRNRNG(p)

%입력 파라미터 p
%출력 파라미터는 정수 KX

Y = rand;
% If 0<Y<p then set KX to one. Otherwise leave KX as zero.
% Then return to the calling program.
KX = 0;
if (Y < p && Y > 0)
   KX = 1;
end
```

부록 A.3 Code: BINRNG–Binomial Random Number Generator

BINRNG – Binomial Random Number Generator

```
% BINRNG is subroutine which uses a uniform random number
% generator rand to produce random numbers with Binomial
% statistics. The Binomial random variable is an integer
% having the value 0, 1, 2, . . . , or N. .
% Bernoulli  statistics: Mean = Np, Variance = Npq.

function [KY]= BINRNG(p, N, DSEED)

%입력 파라미터 p, N 과 DESSED
%출력 파라미터는 정수 KY


% Add N Bernoulli random numbers, the return to the
% calling program.

KY = 0;
%rand('twister', DSEED); %rand 초기화
for i=1:N
% Generate a Bernoulli random number.
   KX = 0;
   Y = rand;
   if (Y > 0 && Y < p)
       KX = 1;
   end
   KY = KY + KX;
end
```

부록 A.4 Code: EXPRNG–Exponential Random Number Generator

EXPRNG – Exponential Random Number Generator

```
function [Y]= EXPRNG(A,N, DSEED)
% EXPRNG is a subroutine which uses a uniform random number
% generator URNG to produce random numbers with Expotential
% statistics. The Expotential random variable is obtained from
% the density function f(x) = a exp(-ax) where x is non-negative
% Exponential random number returned by the subroutine is Y, a
% real number. Mean =1/a , Variance =1/a^2 .

% Use rand as an input for the inverse function of f(x) to
% calculate an Exponential random number.
% Then return to the calling program.

    X=rand(1,N);
    Y=(-1.0 ./ A) .* log(X);
```

부록 A.5 Code: GRNG–Gaussian Random Number Generator

GRNG – Gaussian Random Number Generator

```
function [X]= GRNG(XAV, XSD, DSEED)

% GRNG is a subroutine which uses a uniform random number
% generator URNG to produce random numbers with Gaussian
% (Normal) statistics. The Gaussian random variables has a mean
% of XAV, and a standard deviation of XSD. The input parameters
% to the subroutine are XAV, XSD, and DSEED. The Gaussian
% random variables returned by the subroutine is x, a real number.
% Add twelve values obtained from the uniform random number
% generator URNG.

X=0.0;
rand('twister', DSEED);
for i=1:12
   X=X+rand;
end

% Scale the result by XSD, and adjust the mean to XAV.
% Then return to the calling program.

X=XSD.*(X-6.0)+XAV;
```

부록 A.6 Code: POIRNG–Poisson Random Number Generator

POIRNG – Poisson Random Number Generator

```
function [K]= POIRNG(A, T, DSEED)

% POIRNG is a subroutine which uses a uniform random number
% generator URNG to produce random numbers with Poisson
% statistcs. The Poisson random variable is the integer k:
% p(k) = (b**k)*exp(-b)/ (k1), b=a*t, k=0, 1, 2 ....
% a is the parameter from the Exponential random variables
% The input parameter to the function are A, T, DSEED
% The poisson random number returned by the subroutine is the
% integer K. Mean=b, Variance=b, b= a*t

K = 0;

% K is the number of times exponential random numbers can be
% added without having the sum exceed T.
rand('twister', DSEED);
YSUM = 0.0;
X = rand;
Y = (-1.0./A).*log(1.0-X);
YSUM = YSUM + Y;
while YSUM <= T
   X = rand;
   Y = (-1.0./A).*log(1.0-X);
   YSUM = YSUM + Y;
   K = K+1;
end
```

부록 B. 몇 가지 카운팅 기법의 간단한 복습

부록 B.1 카운팅의 기본 원리

n_1개 항목을 갖는 집합에서 각 구성 항목은 서로 구별이 된다고 가정하자. 또한 n_2개 항목을 갖는 두 번째 집합에서 각 구성 항목도 서로 구별된다고 가정하자. 이때 n_1으로부터 한 항목을 선택하고 다음에 n_2로부터 한 항목을 선택하여 두 집합을 결합시켜 배열시킬 수 있는 방법의 수는

$$n_1 n_2$$

예제 B.1

26개의 문자를 갖는 영문 알파벳 문자를 첫 번째 위치에 두고 10(1, 2, 3, ⋯, 10)개의 숫자 집합에서 한 숫자를 선택하여 결합할 수 있는 방법의 수는

$$26 \cdot 10 = 260$$

카운팅의 이과정은 다른 집합을 결합하는 경우에도 똑같이 적용된다. 즉

$$n_1 n_2 n_3 \ldots$$

부록 B.2 순열

순열(permutations)은 특별한 순서로 구별할 수 있는 항목들의 배열이다.

예제 B.2

5개의 구별할 수 있는 항목 a, b, c, d, e를 가지고 있다고 하자. 이때 abcde, abced, edcba는 한 번에 5개 항목을 취해 배열한 것 중에서 3개의 다른 순열을 나타낸다. 또한 abc, abd, eca는 5개 항목 중에서 3개를 택하여 배열하는 순열의 예를 나타낸다.

n개의 항목 중 한 번에 k개씩 택하여 배열하는 경우의 순열의 수를 나타내기 위하여 기호 $P(n,k)$를 사용한다.

$$P(n,n) = n(n-1)(n-2) \cdots \cdot 3 \cdot 2 \cdot 1 = n! \quad \text{(B.1)}$$

$$P(n,k) = \frac{n!}{(n-k)!} \quad \text{(B.2)}$$

예제 B.3

$P(5,5) = 5! = 120$ 와 $P(5,2) = 5!/3! = 120/6 = 20.$

부록 B.3 조합

조합(combination)은 집합에서 항목의 순서를 고려하지 않고 항목들을 배열하는 집합의 경우의 수이다.

예제 B.4

다음 순열의 각각은 순서가 의미가 없기 때문에 같은 조합이다.

abc, acb, bca, cba

n개의 항목중 한 번에 k개를 취하는 조합의 수는 C_k^n로 표기하여 나타낸다. 다음을 증명하기 위해 카운팅의 기본 원리 식(B.1)를 적용하자.

$$P(n,k) = C_k^n k!$$

그러므로 식(B.2)를 사용하여

$$C_k^n = \frac{n!}{k!(n-k)!} \quad \text{혹은} \quad \binom{n}{k} \tag{B.3}$$

조합에 관련 유용한 몇몇 관계식은 다음과 같다:

$$C_k^n = C_{n-k}^n$$

$$C_0^n = 1$$

$$C_1^n = n$$

순열의 순환식은

$$C_k^n = C_k^{n-1} + C_{k-1}^{n-1}$$

이항정리는

$$(a+b)^n = \sum_{k=0} \binom{n}{k} a^k b^{n-k}$$

부록 C. 정규 가우시언 누적 분포 함수

임의의 평균 μ_X과 표준 편차 σ_X를 갖는 가우시언 랜덤변수에 대한 누적 분포 함수(cdf)는

$$F_X(x) = \frac{1}{\sqrt{2\pi\sigma_X^2}}\int_{-\infty}^{x} \exp[-(\alpha-\mu_X)^2/2\sigma_X^2]d\alpha$$

변수치환 $\beta = (\alpha-\mu_X)/\sigma_X$로 하면

$$F_X(x) = \frac{1}{\sqrt{2\pi}}\int_{-\infty}^{(x-\mu_X)/\sigma_X} \exp(-\beta^2/2)d\beta \quad \text{(C.1)}$$

정규(normalized) 가우시언 cdf(3.55)는 $\Psi(z)$로 나타낸다. 즉

$$\Psi(z) = \frac{1}{\sqrt{2\pi}}\int_{-\infty}^{z} \exp(-\beta^2/2)d\beta \quad \text{(C.2)}$$

다음 관계는 식(C.1)과 (C.2)로부터 얻어진다.

$$\Psi(-z) = 1-\Psi(z) \quad \text{(C.3)}$$

$$F_X(x) = \Psi(\frac{x-\mu_X}{\sigma_X}) \quad \text{(C.4)}$$

$$P(x < X) = 1-F_X(x) = 1-\Psi(\frac{x-\mu_X}{\sigma_X}) \quad \text{(C.5)}$$

$$P(a < X \le b) = F_X(b)-F_X(a) = \Psi(\frac{b-\mu_X}{\sigma_X})-\Psi(\frac{a-\mu_X}{\sigma_X}) \quad \text{(C.6)}$$

MATLAB의 normcdf( ) 함수를 사용하여 0.00에서 4.00까지 z에 대한 $\Psi(z)$의 값을 얻을 수 있다. 이에 대한 간단한 출력을 MATLAB 코드로 작성하여 얻어졌다.

```
% 정규 가우시언 누적 분포 함수 Ψ(z)의 계산
i=1;
for z=0.0:0.1:4.0
    z1=z;
    z2=z+0.09;
    Pz(i,:)=[z normcdf(z1:0.01:z2)];
    i=i+1;
end
```

부록 D. 가우시언과 레이라이 확률 모델의 유도

평면상의 한 특정 점을 타겟으로 두고 타겟 중심점으로부터 거리를 계산하려는 시도를 하게 되는 경우가 있다: 예를 들면 전자 빔을 인광 스크린에 초점을 맞춘다거나 로봇 팔을 PC 보드상의 어떤 칩에 위치시킨다거나 천문학자가 별의 위치를 측정한다거나 할 경우 등이다. 그림 D.1의 원점을 위치시킬 점을 나타낸다고 하자. 전혀 오류가 없다면 점(0,0)은 매번 정확히 찾을 수 있다. 허지만 오류가 무작위로 발생하는 상태에서 점(x,y) 위치가 선정된다. 이점은 원점 (0,0)로부터

$$\rho = \sqrt{x^2 + y^2}$$

만큼 떨어져 있게 된다.

이 경우 관측치가 그림 D.1에 보인 반경 r인 원내부에 발생할 확률을 기술하고 싶다. 반경 거리의 랜덤 변수를 Z로 나타내자. 식(4.13)을 사용하면

$$P\{Z < r\} = F_Z(r) = \int_R f_{XY}(x,y)\,dxdy$$

여기서 범위 R은 원점을 중심으로 한 반경 r인 원으로 제한되어있다.

xy평면의 어떤 방향으로도 선호성이 없고 x와 y 방향의 랜덤 변화는 서로 독립적이라고 가정한다. 그러면 식(4.18)이 적용된다. 이같은 가정은 $f_X(x)$와 $f_Y(y)$는 같은 pdf이어야 하며 직교좌표계가 어떤 방향인가의 선택은 임의적이어야 한다.

이때

$$F_Z(r) = \int_R f_X(x) f_Y(y)\,dxdy = \int_R f_X(x) f_Y(y)\,dxdy$$

직교좌표에서 원통좌표로 바꾸면 미소면적 dxdy는 $\rho d\theta d\rho$가 된다. 또한 x,y 평면의 어떤 방향으로도 선호성이 없다고 가정하였으므로 원통좌표계에서 integrand는 θ와 무관하며 ρ만의 함수이다:

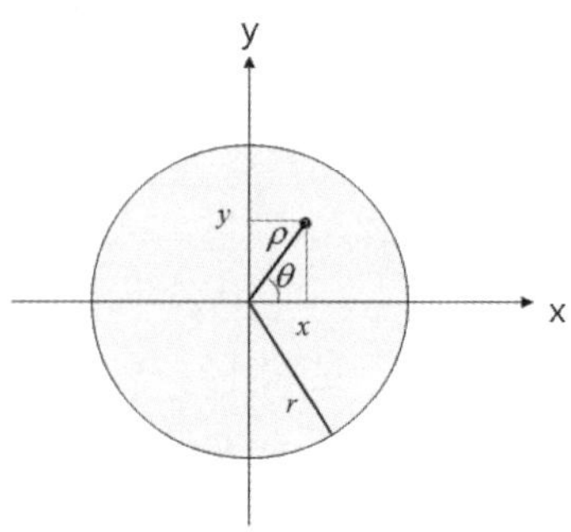

그림 D.1 x,y 평면에서 랜덤 관측의 위치를 나타내주는 그래프. 점은 직교좌표 (x,y)나 원통좌표(ρ, θ)에 위치해도 된다. $0 \le \rho \le r$로 둘러싸인 원을 나타냄.

$$F_Z(r) = 2\pi \int_0^r f_X(x) f_Y(y) \rho d\rho$$

여기서 x와 y는

$$r = \sqrt{x^2 + y^2} \tag{D.1}$$

로 주어진다. 식(3.11)을 사용하여

$$f_Z(r) = 2\pi r f_X(x) f_Y(y) \tag{D.2}$$

자연대수를 사용하면

$$\ln\left(\frac{f_Z(r)}{2\pi r}\right) = \ln f_X(x) + \ln f_Y(y)$$

x에 대하여 양변을 미분하면

$$\frac{dr}{dx}\frac{d}{dr} ln\left(\frac{f_Z(r)}{2\pi r}\right) = \frac{d}{dx}\ln f_X(x) \tag{D.3}$$

식(D.1)을 사용하여

$$\frac{dr}{dx} = \frac{x}{r}$$

이때 미분방정식 (D.3)에서 등식부호 왼쪽 편은 r만의 함수로 쓸 수 있으며, 오른쪽 편은 x만의 함수로 쓸 수 있다. 이것이 모든 가능한 r과 x 위 값에 대하여 사실이 되려면 식의 각 변이 같은 상수이어야 한다. 이 상수를 "분리 상수(Constant of Separation)"라고 하고 $-a^2$으로 나타내자. 여기서 a는 실수이지만 임의적이다. 식(D.3)은

$$\frac{1}{r}\frac{d}{dr} ln\left(\frac{f_Z(r)}{2\pi r}\right) = \frac{1}{x}\frac{d}{dx} ln f_X(x) = -a^2 \tag{D.4}$$

이 된다.

식(D.4)에서 x 포함하는 식만을 사용하여 $pdf\, f_X(x)$에 대해 풀면:

$$\frac{1}{x}\frac{d}{dx}\ln f_X(x) = -a^2 \tag{D.5}$$

$$\frac{d}{dx}\ln f_X(x) = -a^2 x$$

그림 D.2 레일라이 pdf의 그래프

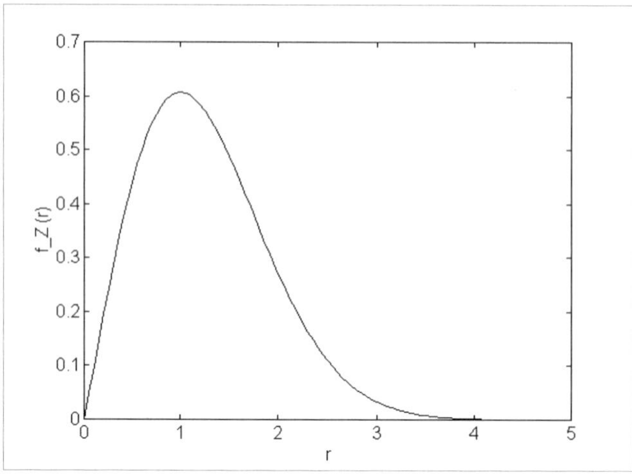

$$\ln f_X(x) = -a^2x^2/2 + b$$

$$f_X(x) = c\ \exp(-a^2x^2/2)$$

여기서 $c = e^b$이다. 식(3.14)를 식(D.5)에 적용하면

$$a = c\sqrt{2\pi}$$

랜덤변수 X는 가정에 의해 평균 0을 갖는다. 그러므로 분산식 (3.54)을 식(D.5)에 적용하면 상수 a와 c를 포함하는 다른 관계식

$$a^3\sigma_X^2 = c\sqrt{2\pi}$$

이 된다.

a와 c 포함하는 위 두 관계식을 결합하면

$$a^2 = \frac{1}{\sigma_X^2}$$

$$c = \frac{1}{\sqrt{2\pi\sigma_X^2}}$$

이 된다.

이 두 상수를 식(D.5)에 대입하면 랜덤변수 X는 평균 0을 갖는 가우시언 식(3.115)이 얻어진다.

$$f_X(x) = \frac{1}{\sqrt{2\pi\sigma_X^2}}\exp(-x^2/2\sigma_X^2) \tag{D.6}$$

$pdf\ f_X(x)$가 알려져 있으므로 이것을 식(D.2)에 대입하여 랜덤 반경 거리 Z에 대한 pdf를 찾을 수 있다.

$$f_Z(r) = \frac{2\pi r}{2\pi\sigma_X^2}\exp[-(x^2+y^2)/2\sigma_X^2]$$

식(D.1)을 사용하여

$$f_Z(r) = \frac{r}{\sigma_X^2}\exp[-r^2/2\sigma_X^2] \tag{D.7}$$

이것이 레이라이(Rayleigh) pdf이며 그림 D.2에 그래프로 도시하였다(레이라이 pdf는 또한 예제 3.12에서 토의되었다).

본 부록은 가우시언 pdf 식(D.6)과 레이라이 pdf 식(D.7)은, 즉 랜덤 오류가 발생하는 등방 평면에 한 점을 위치시키는 실제적인 경우를 사용하여 유도될 수 있음을 예시하고 있다.

부록 E. 누적 확률 분포표: χ^2와 student의 t 분포

통계적 작업은 종종 χ^2와 student's t 확률 밀도 함수로부터 나온 데이터를 사용한다. 통계적 응용을 보면 먼저 확률을 pdf의 면적과 관련시키고 난 뒤 면적을 규정하는 종축 값을 찾게 된다. χ^2와 student's t pdfs를 그림 E.1에 예시하였다. 이들 두 pdfs에 대한 선택된 확률의 함수로서 종축 값을 표 E.1과 표 E.2에 나열하였다.

부록 E.1 χ^2 랜덤 변수

전형적인 χ^2 랜덤 변수의 pdf에 대한 plot를 그림 E.1에 보였다. v축의 어떤 한 값을 ν라고 하면 ν의 오른쪽까지 pdf의 면적을 $Q(\nu|n)$로 나타내었다. 여기서 n은 자유도이다. $Q(\nu|n)$의 계산은 $Q(\nu|n) = P\{V > \nu\}$로부터 ν값을 구할 수 있다.

이에 대한 알고리듬은 Handbook of Mathematical Functions[3)]에서 찾을 수 있다.

MATLAB의 Statistics Toolbox를 사용하여 주어진 확률 값 $p = P\{V > \nu_a\} = 1 - P\{V \le v_a\}$에 대응한 횡축 ν_a의 값을 MATLAB 함수 chi2inv()를 사용하여 쉽게 구할 수 있다.

주어진 p와 자유도 n에 대한 cdf의 역함수 값 ν_a는 다음과 같이 chi2inv( ) 함수를 사용하여 구한다.

그림 E.1 χ^2 pdf에 대한 특정 영역의 면적

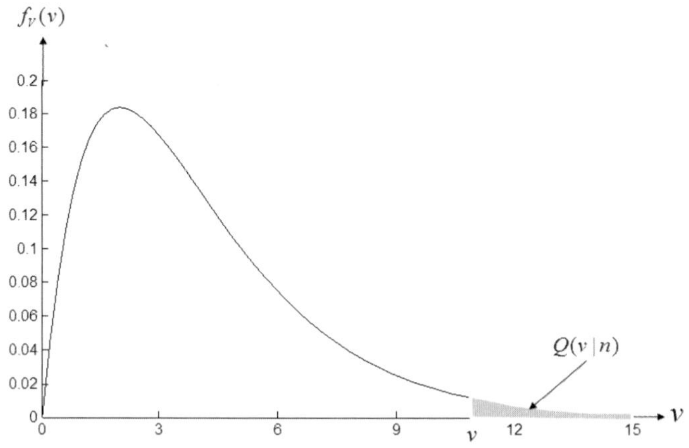

3) Handbook of Mathematical Functions, ed. M. Abramobitz and I. Stegan, Chpater 26, "Probability Functions"의 ebook 사이트 http://mintaka.sdsu.edu/faculty/wfw/ABRAMOWITZ-STEGUN/page_941.htm 참조

```
p=0.995;
q=1-p;
n=1:20;
ν = chi2inv(q,n);
```

자유도 1에서 20까지 0.995의 확률값을 갖는 횡축 값은

```
v =[ 0.0000  0.0100  0.0717  0.2070  0.4117  0.6757  0.9893  1.3444  1.7349  2.1559  2.6032
     3.0738  3.5650  4.0747  4.6009  5.1422  5.6972  6.2648  6.8440  7.4338 ].
```

부록 E.2 Student's t 랜덤 변수

진형적인 student's t 랜덤 변수의 pdf에 대한 plot를 그림 E.2에 보였다. t축의 어떤 한 값을 t_c라고 하면 t의 오른쪽까지 pdf의 면적을 $A(t|n)$로 나타내었다. 여기서 n은 자유도이다. $A(t|n)$의 계산은 $A(t|n)=P\{T>t\}$로부터 t값을 구할 수 있다.

이에 대한 알고리듬은 Handbook of Mathematical Functions[4]에서 찾을 수 있다.

MATLAB의 Statistics Toolbox를 사용하여 주어진 확률 값 $p=P\{T>t_c\}=1-P\{T\le t_c\}$에 대응한 횡축 t_c의 값을 MATLAB 함수 tinv()를 사용하여 쉽게 구할 수 있다.

주어진 p와 자유도 n에 대한 cdf의 역함수 값 t_c는 다음과 같이 tinv() 함수를 사용하여 구한다.

```
p=0.995;
q=1-p;
n=1:20;
t = tinv(q,n);
```

그림 E.2 Student's t pdf에 대한 특정 영역의 면적

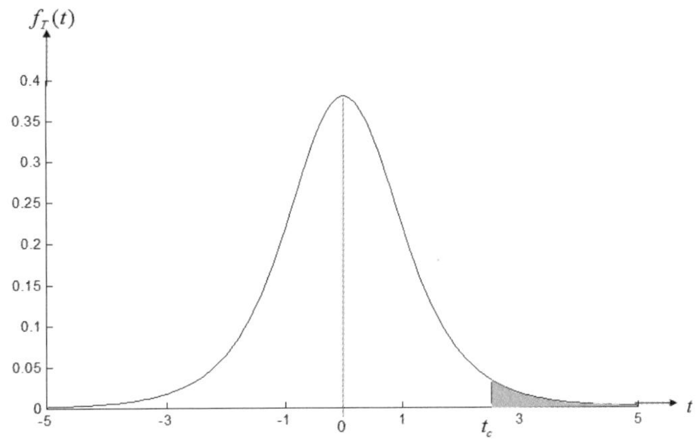

4) Handbook of Mathematical Functions, ed. M. Abramobitz and I. Stegan, Chpater 26, "Probability Functions"의 ebook 사이트 http://mintaka.sdsu.edu/faculty/wfw/ABRAMOWITZ-STEGUN/page_949.htm 참조

자유도 1에서 20까지 0.950의 확률값을 갖는 횡축값은

```
t =[ 6.3138    2.9200    2.3534    2.1318    2.0150    1.9432    1.8946    1.8595    1.8331
     1.8125    1.7959    1.7823    1.7709    1.7613    1.7531    1.7459    1.7396    1.7341
     1.7291    1.7247 ].
```

부록 F. 위너-킨친 관계식(Wiener-Khinchin Relations)

여기서 우리는 자기 상관 함수 $R_X(\tau)$와 전력 스펙트럼 밀도 함수 $S_X(\omega)$는 서로 프리어 변환 쌍임을 보이고자 한다. WSS 랜덤 프로세스에서의 전력 스펙트럼 밀도 식(5.102)에 대한 관계를 정의에서 시작하자.

$$S_X(\omega) = \lim_{T\to\infty}\frac{1}{T}E[|X_T(\omega)|^2]$$

다음 프리에 변환의 적분식을 사용한다. 이 식은 랜덤 프로세스의 일부인 $X_T(t)$를 포함한다.

$$S_X(\omega) = \lim_{T\to\infty}\frac{1}{T}E[\int_{-\infty}^{\infty} X_T(t_2)\exp(-j\omega t_2)dt_2\int_{-\infty}^{\infty} X_T(t_1)\exp(+j\omega t_1)dt_1]$$

광의의 정상 랜덤 변수의 자기 상관 함수 식(5.32)는 우함수 식(5.44)이다:

$$E[X(t_2)X(t_1)] = R_X(t_1-t_2) = R_X(t_2-t_1)$$

그러므로

$$S_X(\omega) = \lim_{T\to\infty}\frac{1}{T}\int_{-T/2}^{T/2}\int_{-T/2}^{T/2} R_X(t_2-t_1)\exp[-j\omega(t_2-t_1)]dt_1dt_2$$

이 적분이 계산되어지는 영역을 그림 F.1에 보였다. 전체 $t_{1,}t_2$ 평면을 $T\to\infty$의 확장에 의해 둘러싸게 된다.

이제 변수를 $t_2=t$과 $\tau=t_2-t_1$로 치환하여 정리하면

이때 전력 스펙트럼 밀도에 대한 적분은

$$S_X(\omega) = \lim_{T\to\infty}\frac{1}{T}\int_{-T/2}^{T/2}\int_{-T/2-t}^{T/2-t} R_X(\tau)e^{-j\omega\tau}d\tau dt$$

이 된다. 그림 F.2는 $(t,\tau)-$평면에서의 적분 구간을 보여준다. 전체 $(t,\tau)-$평면은 $T\to\infty$의 확장에 의해 둘러싸이게 된다.

다음 유도과정에서 편의상 적분을 $I(T)$로 둔다:

$$I(T) = \int_{-T/2}^{T/2}\int_{-T/2-t}^{T/2-t} R_X(\tau)e^{-j\omega\tau}d\tau dt$$

그러면 전력 스펙트럼 밀도는

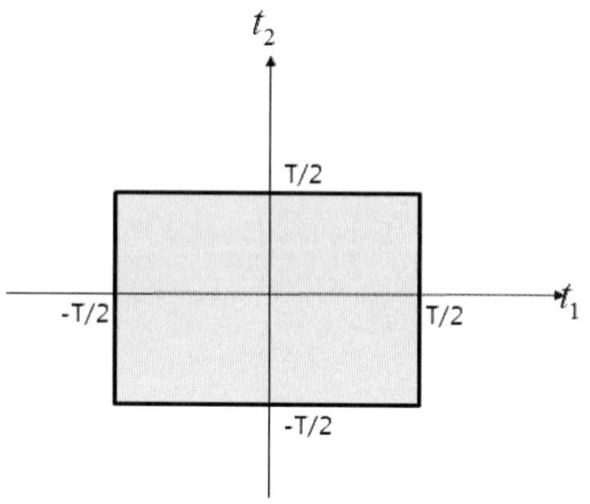

그림 F.1 적분의 사각형 영역

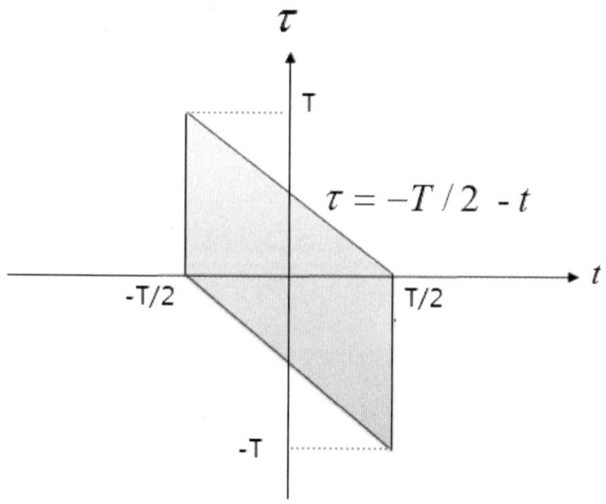

그림 F.2 그림 F.1에서 영역이 $t=t_1$과 $\tau=t_2-t_1$에 의해 변환되었을 때 얻어진 적분 영역

$$S_X(\omega)=\lim_{T\to\infty}\frac{1}{T}I(T) \tag{F.1}$$

그런 다음 적분 구간을 2개의 부분으로 나눈다: $I^{+}(T)$는 $\tau>0$인 영역에 대한 것이고 $I^{-}(T)$는 $\tau<0$ 영역에 대한 것이다.

$$I(T)=I^{+}(T)+I^{-}(T)$$

먼저

$$I^{+}(T)=\int_0^T\int_{-T/2}^{T/2-\tau}R_X(\tau)e^{-j\omega\tau}dtd\tau$$

을 찾는다. 적분을 수행하면 다음을 얻는다.

$$I^{+}(T)=\int_0^T(T-\tau)R_X(\tau)e^{-j\omega\tau}d\tau$$

이와 비슷한 방법으로

$$I^{-}(T)=\int_{-T}^{0}(T+\tau)R_X(\tau)e^{-j\omega\tau}d\tau$$

이 두 적분을 합치면

$$I(T)=T\int_{-T}^{T}R_X(\tau)e^{-j\omega\tau}d\tau-2\int_0^T\tau\cos(\omega\tau)R_X(\tau)d\tau$$

을 얻는다.

그런 다음 식(F.1)으로 되돌아가서

$$S_X(\omega)=\lim_{T\to\infty}\frac{1}{T}[T\int_{-T}^{T}R_X(\tau)e^{-j\omega\tau}d\tau-2\int_{0}^{T}\tau\cos(\omega\tau)R_X(\tau)d\tau]$$

마지막으로 $T\to\infty$라고 두고 $S_X(\omega)$와 $R_X(\tau)$는 $\tau R_X(\tau)$가 절대 적분 가능(absolutely integrable)하다면 서로의 프리어 변환 쌍임을 보일 수 있다.

$$\int_{0}^{\infty}|\tau R_X(\tau)|d\tau<\ \infty \tag{F.2}$$

$$S_X(\omega)=\int_{-\infty}^{\infty}R_X(\tau)e^{-j\omega\tau}d\tau \tag{F.3}$$

$$R_X(\tau)=\frac{1}{2\Pi}\int_{-\infty}^{\infty}S_X(\omega)e^{+j\omega\tau}d\omega \tag{F.4}$$

이 변환 쌍 식(F.3)과 식(F.4)를 **위너-킨친 관계**라고 부른다.

부록 G. 일부 확률 모델 함수들

부록 G.1 이산 랜덤 변수

기준 : $\delta(x)$는 다이렉 델타(Dirac delta) 함수이고, $u(x)$는 단위 계단 (unit step) 함수이다.

베루누이(Bernoulli) : $p,q \geq 0,\ p+q=1$(2.5절, 7.2절 참고)

$$f_X(x) = q\delta(x) + p\delta(x-1)$$

$$F_X(x) = qu(x) + pu(x-1)$$

$$\mu_X = p, \quad \sigma_X^2 = pq$$

$$\Phi_X(j\omega) = q + pe^{j\omega}$$

베루누이 랜덤 변수는 n=1인 이항 랜덤 변수의 특수한 경우이다.

이항(Binomial) : $p,q \geq 0,\ p+q=1$(2.5절,7.2절 참고)

$$P_n(k) = \binom{n}{k} p^k q^{n-k}, \quad 0 \leq k \leq n$$

$$f_X(x) = \sum_{k=0}^{n} P_n(k)\delta(x-k)$$

$$F_X(x) = \sum_{k=0}^{n} P_n(k)u(x-k)$$

$$\mu_X = np, \quad \sigma_2^x = npq$$

$$\Phi_X(j\omega) = (q + pe^{j\omega})^n$$

기하(Geometric) : $p,q \geq 0,\ p+q=1$.(7.2절 참고)

$$P(k,1) = pq^{k-1}, \quad 1 \leq k \leq \infty$$

$$f_X(x) = \sum_{k=0}^{\infty} P(k,1)\delta(x-k)$$

$$F_X(x) = \sum_{k=0}^{\infty} P(k,1)u(x-k)$$

$$\mu_X = \frac{1}{P}, \quad \sigma_X^2 = \frac{q}{p^2}$$

$$\Phi_X(j\omega) = pe^{j\omega}(1-qe^{j\omega})^{-1}$$

기하 랜덤 변수는 m=1인 파스칼 랜덤 변수의 특별한 경우이다.

초기하(Hypergeometric) : $r,b \geq 0,\ r+b=N,\ 0 \leq n \leq N.$

$$P(X=k)=\frac{\binom{r}{k}\binom{b}{n-k}}{\binom{N}{n}},\quad 0 \leq k \leq \min(n,r)$$

$$f_X(x)=\sum_{k=0}^{\min(n,r)} P(X-k)\delta(x-k)$$

$$F_X(x)=\sum_{k=0}^{\min(n,r)} P(X-k)u(x-k)$$

$$\mu_X=n\frac{r}{N},\quad \sigma_X^2=n\frac{r}{N}(1-\frac{r}{N})\frac{N-n}{N-1}$$

파스칼(Pascal) : $p,q \geq 0,\ p+q=1, m \geq 1$. (7.2절 참고)

$$P(k,m)=\binom{k-1}{m-1}p^m q^{k-m},\quad k=m,m+1,m+2,\ \cdots$$

$$f_X(x)=\sum_{k=m}^{\infty} P(k,m)\delta(x-k)$$

$$F_X(x)=\sum_{k=m}^{\infty} P(k,m)u(x-k)$$

$$\mu_X=\frac{m}{p},\quad \sigma_X^2=\frac{mq}{p^2}$$

$$\Phi_X(j\omega)=(pe^{j\omega})^m(1-qe^{j\omega})^{-m}$$

파스칼 랜덤 변수에 대한 다른 이름은 음 이항(negative binomial) 랜덤 변수이다.

푸아송(Poisson) : (7.3절 참고).

$$P_k=\frac{b^k}{k!}e^{-b},\quad k=0,1,2,\cdots$$

$$f_X(x)=\sum_{k=0}^{\infty} P_k\delta(x-k)$$

$$F_X(x)=\sum_{k=0}^{\infty} P_k u(x-k)$$

$$\mu_X=b,\quad \sigma_X^2=b$$

$$\Phi_X(j\omega)=\exp[b(e^{j\omega}-1)]$$

부록 G.2 연속 랜덤 변수

기준 : $\Gamma(x)$는 감마 함수이고 $\Psi(x)$는 정규 가우시언 랜덤 변수에 대한 cdf이다(부록 C 참고).

베타(beta) : $a,b>0$. (3장 연습문제 참고.)

$$f_X(x)=\begin{cases}\dfrac{\Gamma(a+b)}{\Gamma(a)\Gamma(b)}x^{a-1}(1-b)^{b-1}, & 0<x<1\\ 0, & \text{그 밖에서}\end{cases}$$

$$\mu_X=\frac{a}{a+b},\quad \sigma_X^2=\frac{ab}{(a+b)^2(a+b+1)}$$

코쉬(Cauchy): $a>0$. (3장 연습문제, 4.9절 참고.)

$$f_X(x)=\frac{a}{\Pi(x^2+a^2)},\quad |x|<\infty$$

$$F_X(x)=\frac{1}{\Pi}\tan^{-1}(\frac{x}{a})+\frac{1}{2},\quad |x|<\infty$$

코쉬 랜덤변수에 대한 평균과 분산은 정의되지 않는다.

$$\Phi_X(j\omega)=\exp(-a|\omega|)$$

카이제곱(Chi-square) : n은 자유도라고 하는 양의 정수이다. (4.7절과 부록 E. 참고.)

$$f_x(x)=\begin{cases}\dfrac{1}{\Gamma(\frac{n}{s})2^{n/2}}x^{(n/2)-1}e^{-x/2}, & x>0\\ 0, & \text{그 밖에서}\end{cases}$$

$$\mu_X=n,\quad \sigma_X^2=2n$$

$$\Phi_X(j\omega)=(1-2j\omega)^{-n/2}$$

카이제곱 랜덤 변수는 b=2이고 a=n/2인 감마 랜덤 변수의 특수한 경우이다.

얼랑(Erlang) : k는 양의 정수이고, $\lambda>0$이다. (4.6절, 4.7절 참조.)

$$f_X(x) = \frac{\lambda^k x^{k-1} e^{-\lambda x}}{(k-1)!}, \quad x > o$$

$$= 0 \qquad \text{그밖에서}$$

$$\mu_X = \frac{k}{\lambda}, \sigma_X^2 = \frac{k}{\lambda^2}$$

$$\Phi_X(j\omega) = \left(1 - \frac{j\omega}{\lambda}\right)^{-k}$$

Erlang 랜덤 변수는 a=k이고, $\frac{b=1}{\lambda}$인 감마 랜덤 변수의 특수한 경우이다.

지수(Exponetial) : $\lambda > 0$. (3.2절 참고.)

$$f_X(x) = \begin{cases} \lambda e^{-\lambda x}, & x \geq 0 \\ 0, & \text{그밖에서} \end{cases}$$

$$F_X(x) = \begin{cases} 1 - e^{-\lambda x}, x \geq 0 \\ 0, \quad \text{그밖에서} \end{cases}$$

$$\mu_X = \frac{1}{\lambda}, \quad \sigma_X^2 = \frac{1}{\lambda^2}$$

$$\Phi_X(j\omega) = \frac{\lambda}{\lambda - j\omega}$$

지수 랜덤 변수는 k=1인 Erlang 랜덤변수의 특수한 경우이다.

감마(Gamma) : a, $b > 0$. (3장 연습문제, 7.4절 참조.)

$$f_X(x) = \begin{cases} \frac{1}{b^a \Gamma(a)} x^{a-1} e^{-x/b}, & x > 0 \\ 0, & \text{그밖에서} \end{cases}$$

$$\mu_X = ab, \quad \sigma_X^2 = ab^2$$

$$\Phi_X(j\omega) = (1 - j\omega b)^{-a}$$

가우시언(Gaussian) : (3.2절과 부록 C 참고.)

$$f_X(x) = \frac{1}{\sqrt{2\pi\sigma_X{}^2}} \exp(\frac{-(x-\mu_x)^2}{2\sigma_X{}^2}), \quad |x| < \infty$$

$$F_X(x) = \Psi(\frac{x-\mu_X}{\sigma_X}), \quad |x| < \infty$$

$$\mu_X = E[X], \quad \sigma_X^2 = Var[X]$$

$$\Phi_X(j\omega) = \exp(j\omega\mu_X - \frac{\omega^2\sigma_X{}^2}{2})$$

가우시언 랜덤 변수에 대한 다른 이름은 정규(normal) 랜덤 변수이다.

라플라스(Laplace): $b > 0$ (3장 연습문제 참고.)

$$f_X(x) = \frac{b}{2}\exp(-b|x|), \quad |x| < \infty$$

$$F_X(x) = \begin{cases} \frac{1}{2}e^{bx}, & -\infty < x < 0 \\ 1 - \frac{1}{2}e^{-bx}, & 0 \le x \le \infty \end{cases}$$

$$\mu_X = 0, \quad \sigma_X^2 = \frac{2}{b^2}$$

$$\Phi_X(j\omega) = \frac{b^2}{\omega^2 + b^2}$$

로그노말(lognormal): $Y = e^X$, 여기서 X는 평균이 μ_X이고 분산이 σ_X^2인 가우시언이다(3.5절 참고).

$$f_Y(y) = \begin{cases} \frac{1}{y\sigma_X\sqrt{2\pi}} \exp[-(\ln y - \mu_X)^2 / 2\sigma_X^2], & y > 0 \\ 0, & \text{그 밖의영역} \end{cases}$$

$$F_Y(y) = \begin{cases} \Psi[(\ln y - \mu_X)/\sigma_X], & y > 0 \\ 0, & \text{그 밖의영역} \end{cases}$$

$$\mu_Y = \exp(\mu_X + \frac{\sigma_X^2}{2})$$

$$\sigma_Y^2 = \exp(2\mu_X + \sigma_X^2)[\exp(\sigma_X^2) - 1]$$

레이라이(Rayleigh): $b > 0$. (4.6절 참고.)

$$f_X(x)=\begin{cases}\frac{2x}{b}\exp(\frac{-x^2}{b}), & x \ge 0\\ 0, & \text{그 밖의영역}\end{cases}$$

$$\mu_X=\sqrt{\frac{\Pi b}{4}},\quad \sigma_X^2=(4-\Pi)\frac{b}{4}$$

레이라이 랜덤변수 X는 다음 식으로부터 얻어진다.

$$X=\sqrt{Z_1^2+Z_2^2}$$

여기서 Z_1^2와 Z_2^2는 평균 0과 분산이 σ_Z^2을 갖는 가우시언 랜덤 변수이다. 이 경우 $b=2\sigma_Z^2$.

Student's t : $r>2$. (4.9절과 부록 E 참고.)

$$f_X(x)=\frac{\Gamma(\frac{r+1}{2})}{\sqrt{\pi r}\,\Gamma(\frac{r}{2})(1+\frac{x}{r})^{(r+1)/2}},\quad |x|<\infty$$

$$\mu_X=0,\quad \sigma_X^2=\frac{r}{r-2}$$

균일(Uniform) : (3.2절 참고.)

$$f_X(x)=\begin{cases}\frac{1}{b-a}, & a<x<b\\ 0, & \text{그 밖에서}\end{cases}$$

$$\mu_X=\frac{a+b}{2},\quad \sigma_X^2=\frac{(b-a)^2}{12}$$

$$\Phi_X(j\omega)=\frac{e^{j\omega b}-e^{j\omega a}}{j\omega(b-a)}$$

와이불(Weibull): m, $c>0$. (8.5절 참고.)

$$f_X(x)=\begin{cases}(\frac{m}{c})(\frac{x}{c})^{m-1}\exp[-(\frac{x}{c})^m], & x>0\\ 0, & \text{그밖에서}\end{cases}$$

$$F_X(x)=\begin{cases}1-\exp[-(\frac{x}{c})^m], & x>0\\ 0, & \text{그밖에서}\end{cases}$$

$$\mu_X=c\Gamma(1+\frac{1}{m})$$

$$\sigma_X^2=c^2[\Gamma(1+\frac{2}{m})-\Gamma^2(1+\frac{1}{m})]$$

부록 H. 일부 연습 문제 해답

1장

2. $\bar{x}=-8.5, s_x=69.8$

4. $\alpha=-0.153, \beta=\bar{y}-\alpha\bar{x}=-8.67, r_{xy}=0.801$

6. x=URNG(seed); (a) y=[76x]; (b) y=1440x+6480; (c) IF x〈0.45 THEN y=1 ELSE y=0

8. $\bar{x}\pm 2s_X=299.80\pm 2(10.02)=(279.76,319.84)$

$$w=\frac{319.84-279.76}{k_M}=\frac{319.84-279.76}{9}=4.4533$$

$$k=\left[\frac{x_i-279.76}{w}\right]+1$$

If k〈0 then k=0

if k〉10 then k=10

freq(k)=freq(k)+1

11. $$\begin{bmatrix}\sum x_i^2 & \sum x_i \\ \sum x_i & n\end{bmatrix}\begin{bmatrix}\alpha \\ \beta\end{bmatrix}=\begin{bmatrix}\sum x_i y_i \\ \sum y_i\end{bmatrix}$$

12.

k	x_k	$N_k=(10/11)k$
1	0.071	0.909
2	0.121	1.818
3	0.140	2.727
4	0.175	3.636
5	0.278	4.545
6	0.371	5.455
7	0.469	6.364
8	0.576	7.273
9	0.717	8.182
10	0.836	9.091

13. (b) n=963, $\sum x_i$=12,886.36, $\sum x_i^2$=172,710.76, $\bar{x}=13.38, s_x^2=0.283$

14. $R_{MAX}=1210//1001=547.81\Omega$, $R_{MIN}=990//819=448.21\Omega$

$w=(R_{MAX}-R_{MIN})/8=12.450$, k=[(Ri-448.21)/12.45]+1

15. $UCL=\bar{\bar{x}}+3s=1729.2\Omega$; $LCL=\bar{\bar{x}}-3s=1399.8\Omega$, $\bar{\bar{x}}=1564.51\Omega$

2장

2. 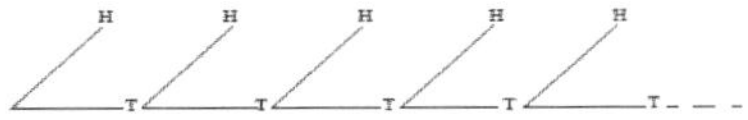

$S = \{H, TH, TTH, TTTH, TTTTH, \cdots\}$

4. a. 확률적(probabilistic) 사건

   b. 확률적 사건

   c. 확정적(deterministic) 사건

6. 선정된 항목은 11 27 42 43

9. 4/12, 5/12, 4/12, 2/12, 7/12, 2/12, 7/12, 0, 8/12

11. 7/12, 1/12, 6/12, 0, 8/12, 1/12, 6/12, 1/12, 1

13. 0.0508, 0.1791, 0.2748, 0.4031, 0.6325, 0, 0.1914, 0.3264

16. $P(G|\overline{R}) = \dfrac{P(G \cap \overline{R})}{P(\overline{R})} = \dfrac{P(G)}{P(\overline{R})} = \dfrac{1/5}{3/5} = 1/3$

19. $P(B) = 0.4191,\ P(V) = 0.3470,\ (a)\ P(B \cap V) = 0.1170,\ P(B \cup V) = 0.6491$

   $(b)\ P(B|V) = 0.3371, P(V|B) = 0.2791$

   (c) A와 U는 독립적이지 않다

22. $P(\text{회로도통}) = 1-(1-0.72)^2(1-0.8) = 0.9843$

25. $P(D|A) = 0.10, P(D|B) = 0.05, P(D|C) = 0.02$

   $P(D) = 0.0370, P(B|D) = 0.4054$

26. $P(Y_1) = P(Y_1|X_1)P(X_1) + P(Y_1|X_2)P(X_2) + P(Y_1|X_3)P(X_3) = 1/3,$

   $P(X_1|Y_1) = P(X_1 \cap Y_1)/P(Y_1) = 0.98$

31. $P(\text{좌석 벨트사용}) = p = 2/3$

   $P(\text{5개의 좌석벨트중 적어도4개이상 사용}) = 0.4609$

3장

1. (a) c=1.5, (b) $F_X(0.5) = 11/16 = 0.6875$

3. $P(1.1 < X < 2.1) = 0.4069$

5. $E[X] = 3/8, E[X^2] = 1/5,\ Var[X] = E[X^2] - (E[X])^2 = 0.0594$

12. $\mu_X = \dfrac{d}{dj\omega}\Phi_X(j\omega)|_{\omega=0} = 2/c,\ E[X^2] = \dfrac{d^2}{d(j\omega)^2}\Phi_X(j\omega)|_{\omega=0} = 6/c^2\text{-}2/c,$

   $\sigma_X^2 = E[X^2] - (\mu_X)^2 = 2/c^2$

15. (a) $P(7.0 < X) = 0.8413$, (b) $P(Y \le 11.5) = 0.6915$,

(c) $P(7.0 < Y \le 11.5) = 0.5328$

18. $P(L = 1.0mH \pm 10\%) = P(L = 1.0 \pm 0.1mH)$

$= P(0.9 \times 10^{-3} < L < 1.1 \times 10^{-3})$

$= F_L(1.1 \times 10^{-3}) - F_L(0.9 \times 10^{-3}) = \Psi(-1.0) - \Psi(-3.0) = 0.1574$

19. Pseudo code

```
Xav=0.0012, Xsd=0.0001;
Count=0; Seed=1234;
for I=1 to 1000
    Y=grng(Xav, Xsd, Seed)
    if (0.0009 < Y < 0.0011) then C=1 else C=0;
    Count = Count+C;
endfor
print Count;
Pr=Count/1000;
```

23. (b) $P(Z > 1.3) = 1 - P(Z \le 1.3) = 1 - F_Z(1.3) = 0.34$,

(c) $\mu_Z = \sum_k z_k P(z_k) = 0.53$, $E[Z^2] = \sum_k z^{2_k} P(z_k) = 4.070$

$\sigma_Z^2 = E[Z^2] - (\mu_Z)^2 = 3.7891$

28. 연습문제 3.27을 사용하여

$f_Y(y) = f_X(\frac{y-\beta}{\alpha})(\frac{-1}{\alpha}) = f_X\left(\frac{y-900}{-200}\right)\left(\frac{-1}{-200}\right) = \frac{1}{200}$, $700 < Y < 900$

29. (a)와 (b) 모두 μ_Y=900, σ_Y^2=40,000를 갖는 가우시언 분포

32. 랜덤 변수 X가 라프라시안인 경우 pdf:

$F_y(Y) = F_X(\sqrt{y}) - F_X(-\sqrt{y})$

$f_x(Y) = \frac{1}{2\sqrt{y}} e^{-\sqrt{y}}, y > 0$

33. $1/\pi\sqrt{V^2 - y^2}$, $|y| < V$

36. y= 3ln(2x), 0〈x〈1/2

=-3ln[2(1-x)], 1/2〈x〈1

38. (a) a=0.4667, (b) FX(x)=0.3 + 0.4667x - 0.0778x2, 0〈x〈3

40. $f_Y(y) = \frac{2}{7}\delta(y) + f_X(6y)6 = \frac{2}{7}\delta(y) + \frac{6}{7}$, $0 < y < 5/6$

41. E[X]=3.035, Var[X]=7.676

42. E[Y]=17.19, Var[Y]=43.40

44. P(A | B)=0.5483, P(A)=0.6688

46. (a) 0.0668, (b) 0.0808, (c) 0.0738

48. 0.38exp(-y/4)u(y-4)

50. 식(3.142)을 사용하여 구하면 $P(4 < |Z-\mu_Z|) \le \frac{2.25}{16} = 0.141$

4장

1. (a) $C = 1/3$, (b) 아니오, (c) FXY(x,y)=(1/3)(xy+x2y2/4), 여기서 0〈x〈1, 0〈y〈2

   (d) $F_{XY}(1,1) = 5/12$

3. (a) X와 Y는 독립적이지 않다 (b) $F_{XY}(0.5, 1.5) = 1/3$

5. (a) $\rho = -0.2066$ (b) E[XY]= -6.8

6. (a) E[WX]=59 (b) E[WY]=13

8. (a) E[X]=2/3 (b) E[Y]= 2/3 E[XY]=1/3

11. (1/2)(3)(3c)=1 따라서 c=2/9,

$$f_V(v) = \int_{-0}^{v} (2/9)(3-x)(1/3)dx = (v/27)(6-v), \quad 0 < v < 3$$

$$f_V(v) = \int_{v-3}^{3} (2/9)(3-x)(1/3)dx = (v^2 - 12v + 36)/27, \quad 3 < v < 6$$

$f_V(v) = 0$, 그밖의영역에서

14. $f_W(w) = \frac{1}{10}(1 - e^{-3(w+5)}), -5 < w < 5,$

$f_W(w) = \frac{1}{10}(e^{15} - e^{-15})e^{-3w}, 5 < w < \infty$, $f_W(w) = 0$, 그밖의 영역

16. $f_W(w) = 0.09\delta(w+2) + 0.42\delta(w-1) + 0.49\delta(w-4)$

19. $E[W] = 5$, $\sigma_W = \sqrt{11} = 3.317$

21. (a) $\mu_Y = \mu_U = 1/3$, $Var[Y] = 1.5/53 = 0.0283$

    (b) $\mu_Y = n\mu_U = 53/3$, $Var[Y] = n\,Var[U] = 53(1.5)$

23. $n \ge 21 \therefore n = 21$

25. n=165

27. $\Psi(-0.2236) = 0.4115$

29. $P(40 < Y < 50) = 0.6103$

5장

1. (a) 0 (b) $R_W(\tau) = R_X(\tau)\frac{A^2}{2}cos\omega_0\tau$ (c) 예

3. (a) $\frac{AP}{2}cos\omega_0\tau\frac{\sin W\tau}{W\tau}$

5. $\tau = t_2 - t_1$일 때 $R_Z(\lambda) = V^2e^{-\lambda|\tau|}$

7. (a) $\mu_Y = -3$ (b) $R_X(\tau)+9$ (c) 15 (d) RX(τ)

9. $S_Z(\omega) = a^2S_X(\omega) + b^2S_Y(\omega)$

11. $\sigma_X^2 = kW/\pi$

13. (a) $E[X^2(t)] = \frac{29}{2\pi}$ (b) $\sigma_X^2 = \frac{12}{\pi}$ (c) $|\mu_Y(t)| = |\pm\sqrt{DC\ Power}| = 0$

14. $R_X(0) = \frac{5}{\sqrt{2}\,10^{1/4}} = 1.9882$

15. $S_X(\omega) = \frac{60}{\omega^2+4} + 18\pi\delta(\omega)$

17. (a) $R_X(0) = 10\omega_M/\pi^2 = 1.0132\omega_M$

(b) $S_Y(\omega) = \begin{cases} 250\cos(\pi(\omega+\omega_M)/2\omega_M + 250\cos(\pi(\omega-\omega_M)/2\omega_M, & |\omega\pm\omega_0| < \omega_M \\ 0, & \text{그밖의영역} \end{cases}$

$R_Y(0) = \frac{1000\omega_M}{\pi^2} = 101.3$

19. 750π, 900〈|ω|〈1100, 그밖의 영역에서 0

21. (a) 6.46×10-19 V2/radians per second,

(b) $V_s = \sqrt{< v^2(t) >} \doteq 3.594\times10^{-7}V$

23. $S_Y(\omega) = \frac{3.7\times10^{-8}}{\omega^2+9}V^{-2}-s$

25. $v_{0,s} = 0.6350mV$

28. $R_{XY}(\tau) = 15.1984$

30. $S_Y(\omega) = \frac{112\omega^2}{\omega^4+10\omega^2+9}$

34. $x_0(t_s) = 0$, $x_0(t_s+0.5) = -0.2500A^2/K$, $x_0(t_s+1) = -0.5000A^2/K$
$(t_s+1.5) = -0.2500A^2/K$, $x(t_s+2) = 0$

6장

3. (a) 미디안=1056.15, 평균=1054.62, (b) 미디언=1049.85, 평균=949.56

5. a^2에 대한 추정량은 $\frac{1}{2n}\sum_{i=1}^{n} X_i^2$, $E[\widehat{a^2}] = a^2$, 불편향임

7. (a) 53.76μs (b) $\mu_Y = 53.75\mu s$, $s.d. = \sqrt{Var[Y]} = 0.685\mu s$

9. (a) $\bar{x} = 1000.54$ (b) (964.50, 1036.58) (c) (949.58, 1051.50)

11. $n = 10^5$

13. 63.47〈σX〈158.9

15. 10개 표본: $\mu_X = \bar{x} \pm z_c\sigma_X / \sqrt{n} = 9.94 \pm 1.960\sqrt{4} / \sqrt{10} = 9.94 \pm 1.2396$

$$8.7004 < \mu_X < 11.1796$$

100개 표본 : $\mu_X = \bar{x} \pm z_c\sigma_X / \sqrt{n} = 10.1620 \pm 1.960\sqrt{4} / \sqrt{100} = 10.1620 \pm 0.3920$

$$9.7700 < \mu_X < 10.5540$$

17. $\bar{x} = 982.49$, $s_X = 82.77$; 표본 평균에 대한 신뢰 구간:(923.26, 1041.72)

표본 표준 편차에 대한 신뢰 구간: (56.93, 151.12)

7장

1. (a) $P_5(k)$=0.0090, 0.0796, 0.3003, 0.6455, 0.9155, 1;

(b) P(X=1이 적어도 4번 이상 발생) =0.355

3. (a) $\sum_{k=1}^{n} P(k,1) = \sum_{k=1}^{n} pq^{k-1} = \sum_{k=1}^{n} (0.3)(0.7)^{k-1} \geq 0.9 \quad n = 7$

5. $p = 1/50$, $q = 49/50$ $\quad P(\text{적어도한번지진발생}) = 1 - P_{10}(0) = 0.1829$

9. P(X=0)=0.4242, P(X=1)=0.4848, P(X=2)=0.0909

11. (b) $P(2.76 < X < 7.24) = 0.742$

12. $P(X > \mu_X) = P(X > 3.6) = 1 - P(X \leq 3.6) = 1 - 0.5153 = 0.4847$

14. $b = E[X] = \lambda L, \lambda L' = \ln(2) = 0.6931 \ \therefore L' = 1208.2m$

15. $n_k = P_k \times N$, 여기서 $N = \text{총칩수} = 10{,}812$

$n_1 = \text{1개결함개수} = 3973$, $n_2 = \text{2개결함개수} = 2081$,

$n_3 = \text{3개결함개수} = 728, n_4 = \text{4개결함개수} = 190$

17. P(8760〈Y)=0.893 if n=13; =0.938 if n=14

20. P(3개 이상) = 0.4633

24. 0.4352

27. 연속 조정 기법($\sum_{k=i}^{j} P_k \approx \int_{i-1/2}^{j+1/2} f_{X(x)dx} = F_X(j+1/2) - F_X(i-1/2)$)을 사용하여 $\sum_{k=300}^{320} P_k = 0.4352$

29. (a) 12.5 per hr (b) 3.2 (c) 19.2(min) (d) 24(min)

31. E[N]=7.84 units

34. $\sum_{i=1}^{10} t_i = 17.2[\mathrm{min}]$, $\overline{\lambda} = 10/16.8 = 0.60[\mathrm{min}^{-1}]$, $\bar{t} = 17.2/10 = 1.72[\mathrm{min}]$,

$\overline{n} = \overline{\lambda}\,\bar{t} = (10/16.8)(17.2/10) = 1.02$

8장

1. t= 693.1 h

3. $h(t) = \dfrac{\lambda^2 t}{1+\lambda t}$, $h(1/\lambda) = \lambda/2$

5. $MTTF = 85 \times 10^3 [h]$

7. (a) $R(8500) = 0.9332$, $R(10000) = 0.500$, $R(11500) = 0.0668$

   (b) f(8500)=0.000130, h(8500)=0.000139[h-1], f(10000)=0.000399, h(10000)=0.000798[h-1], f(11500)=0.000130, h(11500)=0.0001939[h-1]

   (c) h(t)는 시간에 따라 증가하기 때문에 마모기에 해당됨

9. (a) P(9000〈T〈10000)=0.0387 (b) 고장날 시스템 수 = 193

11. R(10,000)=0.941

14. $MTTF = 11/6\lambda$

16. $P(X) = P(X|B)P(B) + P(X|\overline{B})P(\overline{B}) = 0.9900$

19. 식(8.41)로부터 MTTF = 231,298 min = 3855 hr

참고문헌

[1] Handbook of Mathematical Functions With Formulas, Graphs, and Mathematical Tables (eBook), Ed. by Milton Abramowitz and Irene A. Stegun, Issued June 1964, Tenth Printing, December 1972

[2] 한국교원대학교 국정도서편찬 위원회, 확률과 통계, (주)천재교육, 2007년(4쇄)

[3] R. E. Ziemer 원저(김중규 역), 공학용 확률통계 및 랜덤 프로세스 이론, 홍릉과학출판사, 1997

[4] R.H. Williams, Electrical Engineering Probability, West Publishing Co., 1991

[5] R. Larson and B. Farber, Elementary Statistics, 2nd Ed., Prentice-Hall, Upper Saddle River, NJ, 2003

[6] Mathworks Inc., 웹사이트
http://www.mathworks.com/academia/student_center/tutorials/launchpad.html

[7] Rudra Pratap, Getting Started with MATLAB 7, A quick introduction for scientists and engineers, New York, Oxford University Press, 2006

[8] Grant, Eugene L., and Richard S. Keavenworth, Statistical Quality Control, 6th ed., New York: McGraw-Hill Book Company, 1988

[9] Asmessen, soren. Applied Probability and Queues. Chichester, UK:John Wiley and Sons, 1987

[10] A. Leon-Garcia, Probability & Random Processes for Electrical Engineering, 2nd Ed., Pearson Education Inc., 1994

[11] Kleinrock, Leonard and Richard Gail, Queuing Systems Problems and Solutions, John Wiley & Sons, Inc., 1996

[12] Allen, Arnorld O., Probability, Statistics, and Queuing Theory with Computer Science Applications, 2nd Ed. Boston: Academic Press, Inc., 1999

[13] 박철훈, 송익호, 남동경, 확률 과정, 생능출판사, 2004

[14] M/M/1 Solver & Simulator , http://staff.um.edu.mt/jskl1/simweb/simmm1.html

[15] O'Connor, Patrick D.T. Practical Reliability Engeering 2d ed.
Chichester: John Wiley and Sons, Ltd., 1985

[16] Tobias, Paul A. and David C. Trinidade. Applied Reliability. New York: Van Nostarand

Reinhold Company, 1986

[17] Kliger, David J., Yoshinao Nakada and Maria A. Menendez. AT&T Reliability Manual. New York: Van Nostrand Reinhold Company, 1990

[18] Musa, John D., Anthoney Iannino, and Kazuhira Okumoto. Software Reliability Measurement, Predicion, and Application. New York: McGraw-Hill Book Company, 1987

찾아보기

ㄱ

가속 수명 시험 354
가속 인자 354
감마(Gamma) 함수 130
강인 267
결과 53
결정적 랜덤 프로세스 212
결합 누적 분포 함수 144
결합 확률 55
경험적(혹은 통계적) 확률 12
계급 24
고장 해석 354
고장률 함수 333
고장률 333
고전적(혹은 이론적) 확률 12
공 50
공리 49
공분산 156
관측값 86
광의의 에르고딕 랜덤 프로세스 222
광의의 정상적 랜덤 프로세스 209
교집합 51
구간 (interval) 추정량 266
구간 추정 272
규칙법 49
균일 난수 발생기 22
균일 의사 난 수 22
균일하게 92
기대 고장률 335
기대값 103
기술 11
기하(geometric) 랜덤 변수 295

ㄴ

나머지 14
누적 고장률 335
누적 분포 함수 87
누적 빈도수 분포 25
누적 상대 도수 87

ㄷ

대기 시스템 341
대수(Large number)의 법칙 270
도수 24
도수분포표 24
도착 평균율 309
독립적 63, 69, 336
동기(coherence) 시간 215
동조(coherence) 시간 247
드 모르간 52
등가 49

ㄹ

라프라스(Laplace) 랜덤 변수 130
랜덤 변수 86
랜덤 프로세스 203
레일리 랜덤 변수 172
로그노말 327, 330
로그노말 모델 351
로그노말(lognormal) 랜덤 변수 118
리틀의 법칙 310

ㅁ

마모 334
마코프 부등식 127
마코프 체인 68
모드 101
몬테 칼로 32
무관 19, 156
무한 합 57
밀도 함수 87

ㅂ

배반적 51
배타적 51
백색 잡음 236
베루누이 69
베이즈 정리 61, 184
베타(Beta) 함수 130
벤 다이어그램 50
병렬 시스템 339
보간 354
부분 집합 49
분산 104, 266
분할 59
불가능 사건 54
불편향 266

ㅅ

사전(a priori) 확률 61
사전 48
사전에 297
사후(a posteriori) 확률 61

산탄(shot) 잡음 248
상관 155, 218
상대 도수 87
상대빈도 48
상위 제어 한계 36
상태(state) 천이 확률 68
상호 공분산(crosscovariance) 함수 218
상호 상관 211
상호 스펙트럼 밀도 238
서로 독립적 184
서버 시스템의 효율 315
스케일 23
시간 변수 347
시간차 209
시정수 241
신뢰 구간 271
신뢰 수준 270
신뢰 한계 271
신호대잡음비(Signal-to-Noise Ratio, SNR) 250
실체 49

ㅇ

안정 단계 334
앙상블 203
에르고딕 랜덤 프로세스 222
여집합 52
열거법 49
열잡음 246
와이블 327, 330, 346
외삽 354
욕조 곡선 333
위너-킨친 201, 231
위험 함수 333
위험률 333
유형 I 오류 61
유형 II 오류 61
음 이항(negative binomial) 카운팅 프로세스 295
의사코드 22
이동 23
이변량 변수 17
이변량(Bivariate) 확률 밀도 함수 147
이산 랜덤 변수 96
이항 시행 70
이항(binomial) 랜덤 변수 293
일관성 266

ㅈ

자기 공분산(autocovariance) 함수 218
자기 상관 함수 210
자승정류기 120
자유도 274, 276
자코비언 행렬 163
전 확률 정리 59
전 확률 정리의 제1형태 59
전 확률 정리의 제2형태 59
전력 필터(power filter) 함수 244
전체 집합 49
점 추정 272
점(point) 추정량 266
정규 가우시언 이변량 랜덤 변수 164
정규화 270
정밀도 16
정상성 208
정합 필터 251
정확도 16
제로-메모리 69
조건부 확률 57
조건부 cdf 123
조건부 pdf 123
주관적 확률 12
중복적인 65
중앙 극한 정리 180
중앙값 101
직교 156
직렬 시스템 336
집합 49
짝수 패리티 검출 코드 296

ㅊ

천이 확률 61
체계적인 오차 16
체비세프 부등식 127
초기 고장 333
최소 자승법 18
추정 265
추정량 226, 266
출생-사망 과정 311
측정 85

ㅋ

카운팅 함수 99
카이 제곱 랜덤 변수 172
컨벌루션 234
컨볼루션 적분 169
코쉬 랜덤 변수 186
코쉬 186
코시(Cauchy) 랜덤 변수 130
큐 제어 309
큐잉 시스템 309
큐잉 308

ㅌ

통계적 공정 제어 34
통계적 일관성 86
통계적 프로세스 203
특성 시간 347
특성 함수 110
특이점 219

ㅍ

파스칼(Pascal) 카운팅 프로세스 295
패리티 비트 296
편향 266
평균 고장률 335
평균 전력 210
평균 제곱 오차 266
표본 계산 14

표본 공간 44, 53
표본 공분산 19
표본 분산 15
표본 상관계수 19
표본 평균 14
표본 표준 편차 15
푸아송 확률 300
프리어 변환 쌍 110
플리커(flicker) 잡음 249

ㅎ

하위 제어 한계 36
한계 누적 분포 함수 146
한계 확률 밀도 함수 149
합성 표본 기법 32
합집합 50
협의의 정상적 랜덤 프로세스 209
형태 변수 347
혼합 랜덤 변수 100
홀수 패리티 검출 코드 296
확률 실험 43
확률 질량 함수 96
확정 사건 54
회귀 분석 19
회귀선 19
회전 변환 161
효율 315
히스토그램 24

ABC

Bienaymye 부등식 127
Erlang 랜덤변수 305
IID(Independent and Identically Distributed) 173
likelihood 함수 268
Maximum Likelihood(ML: 최대가능도) 기법 268
M/M/1/ 큐 311
one-over-f 잡음 249
Parseval의 정리 229
periodograms 230
rate 변수 331
student't 분포 188

확률과 통계

2010년 1월 5일 초판 인쇄
2010년 1월 10일 초판 발행

저 자	박대철
발행인	송기수
발행처	도서출판 **GS인터비전**
편집처	북큐브
인쇄처	선우문화사
등록번호	제2008-27호
ISBN	978-89-93668-25-4 (92410)

주 소 서울시 중랑구 묵동 신도브래뉴 1차 102동 1301호
전 화 02-976-7898, 0707-720-7898
팩 스 02-6468-7898
E-mail gsinter7@chol.com

정 가 **26,000원**